Mathematikdidaktik im Fokus

Reihe herausgegeben von

Rita Borromeo Ferri, FB 10 Mathematik, Universität Kassel, Kassel, Deutschland

Andreas Eichler, Institute for Mathematics, University of Kassel, Kassel, Deutschland

Elisabeth Rathgeb-Schnierer, Institut für Mathematik, Universität Kassel, Kassel, Deutschland

In dieser Reihe werden theoretische und empirische Arbeiten zum Lehren und Lernen von Mathematik publiziert. Dazu gehören auch qualitative, quantitative und erkenntnistheoretische Arbeiten aus den Bezugsdisziplinen der Mathematikdidaktik, wie der Pädagogischen Psychologie, der Erziehungswissenschaft und hier insbesondere aus dem Bereich der Schul- und Unterrichtsforschung, wenn der Forschungsgegenstand die Mathematik ist.

Die Reihe bietet damit ein Forum für wissenschaftliche Erkenntnisse mit einem Fokus auf aktuelle theoretische oder empirische Fragen der Mathematikdidaktik.

Weitere Bände in der Reihe http://www.springer.com/series/16000

Natalie Hock

Förderung von diagnostischen Kompetenzen

Eine empirische Untersuchung mit Mathematik-Lehramtsstudierenden

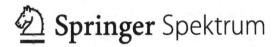 Springer Spektrum

Natalie Hock
Leipzig, Deutschland

Dissertation an der Universität Kassel, Fachbereich 10 Mathematik und Naturwissenschaften, Natalie Hock, u. d. T.: Förderung der Fehler-Ursachen-Diagnosekompetenz
von Mathematiklehramtsstudierenden, Tag der Disputation: 11.05.2020

Mathematikdidaktik im Fokus
ISBN 978-3-658-32285-4   ISBN 978-3-658-32286-1   (eBook)
https://doi.org/10.1007/978-3-658-32286-1

Die Deutsche Nationalbibliothek verzeichnet diese Publikation in der Deutschen Nationalbiblio-
grafie; detaillierte bibliografische Daten sind im Internet über http://dnb.d-nb.de abrufbar.

Planung/Lektorat: Marija Kojic
Springer Spektrum ist ein Imprint der eingetragenen Gesellschaft Springer Fachmedien Wiesbaden
GmbH und ist ein Teil von Springer Nature.
Die Anschrift der Gesellschaft ist: Abraham-Lincoln-Str. 46, 65189 Wiesbaden, Germany

Geleitwort

Das Thema Diagnostik im Mathematikunterricht bzw. die diagnostischen Kompetenzen von (angehenden) Mathematiklehrkräften ist ein aktuelles sowie wichtiges nationales und internationales Forschungsfeld in der Mathematikdidaktik. Im Zuge der fortschreitenden Untersuchungen in der Lehrerprofessionalisierung für das Fach Mathematik sind in dem relativ jungen Forschungsfeld der diagnostischen Kompetenzen von (angehenden) Mathematiklehrkräften noch viele Forschungsdesiderate zu verzeichnen.

Natalie Hock hat sich, basierend auf bereits bestehenden Ansätzen zu den diagnostischen Kompetenzen von Lehrkräften, mit interessanten Fragestellungen hinsichtlich der Förderung dieser auseinandergesetzt.

Vor allem für angehende Lehrkräfte, die noch wenig praktische Erfahrung bzw. Routine haben, bedeutet Diagnostizieren lernen dieses nicht nur durch ein theoretisches Seminar zu belegen, sondern es heißt auch konkrete diagnostische Instrumente kennenzulernen, sich intensiv mit diesen auseinanderzusetzen und sie schließlich auch anzuwenden sowie zu reflektieren.

Mit dem Einsatz der FIMS (Fehlerdiagnostische Interviews für mathematische Inhalte der Sekundarstufen), die die Lehramtsstudierenden in der Studie von Natalie Hock kennenlernten und zum Teil mit einem Lernenden auch selbst durchführten, wurde genau diese praktische Komponente berücksichtigt. Darüber hinaus erlangten die angehenden Mathematiklehrkräfte theoretisches Hintergrundwissen zur Diagnostik sowie zu den Schülerfehlern und deren Ursachen in den Themengebieten Ganze Zahlen und Prozentrechnung und wendeten dieses bei der Auseinandersetzung mit den FIMS an, wodurch sie auf Diskursebene einen weiteren Einblick erhielten. Dieses Vorgehen sollte die sogenannte Fehler-Ursachen-Diagnosekompetenz fördern, die eine spezifische diagnostische Kompetenz ist und sowohl die Fähigkeit als auch die Bereitschaft umfasst, Schülerfehler und deren Ursachen zu diagnostizieren.

Durch diese Erläuterungen wird bereits deutlich, dass der Untersuchungs-gegenstand Natalie Hocks Dissertation, inwieweit eine gezielte Intervention im Lehramtsstudium dazu beitragen kann, diagnostische Kompetenzen bei Mathe-matiklehramtsstudierenden zu fördern, um Schülerfehler und deren Ursachen zu diagnostizieren, eine innovative Fragestellung ist.

Die Erkenntnisse der Forschungsarbeit von Natalie Hock ermöglichen neue Sichtweisen im Hinblick auf die Bedeutung des konkreten Einsatzes von Diagno-seinstrumenten, wie etwa den FIMS, in der Lehreraus- und Fortbildung mit dem Ziel der Förderung der Diagnosekompetenzen. Beispielsweise waren für einige angehende Mathematiklehrkräfte die Durchführung und die Reflexion des FIMS's ausschlaggebend für die eigene diagnostische Kompetenzentwicklung.

2020   Prof. Dr. Rita Borromeo Ferri
                                                        Universität Kassel, Kassel, Deutschland

Danksagung

Mit dieser Danksagung beende ich eine sehr aufregende und zeitgleich herausfordernde Reise. Alleine hätte ich sie niemals erfolgreich bewältigt.

Daher möchte ich an dieser Stelle meiner Doktormutter Frau Prof. Dr. Rita Borromeo Ferri, meinem Zweitgutachter Herrn Prof. Dr. Michael Besser sowie meinem Drittgutachter Herrn Prof. Dr. Werner Blum für die intensive Betreuung und die konstruktiven Rückmeldungen während der gesamten Promotion herzlich Danke sagen.

Außerdem bedanke ich mich bei meinen Kolleginnen und Kollegen für die tolle Arbeitsatmosphäre, die Herzlichkeit und den umfassenden Kenntnisaustausch. Mein besonderer Dank gilt Stella Pede – Es hätte keine bessere Person geben können, mit der ich mein Büro teile!

Weiterhin möchte ich mich bei meinen Freunden bedanken, denn ihr habt mich zur richtigen Zeit motiviert und mit aufmunternden Worten unterstützt.

Diese Reise hätte ich niemals ohne meine Familie – meine Eltern, meinen Bruder und meinen Freund – erfolgreich abgeschlossen. Vielen Dank, dass ihr immer ein offenes Ohr für mich habt, immer an mich glaubt und immer für mich da seid!

Einleitung

Schülerfehler sind „[...] Fenster auf die Lern- und Denkprozesse von Schülerinnen und Schülern. Daß sich Fenster öffnen und den Blick ins Innere freigeben, bedeutet, daß man sie analysieren und sich mit ihnen auseinandersetzen kann" (Reusser, 1999, S. 203).

Vor allem im Fach Mathematik dominieren Aufgaben im Unterricht und sind dabei ein entscheidendes Mittel, um den Unterricht zu gestalten (Jordan, Ross et al., 2006; Jordan et al., 2008). Dabei treten nicht selten Schülerlösungen wie die folgende auf (Abbildung 1):

Auf einer Baustelle wird gerade ein großes Loch gegraben, welches später einmal den Keller eines Einfamilienhauses darstellen soll. Die Bauarbeiter graben ein 3 Meter tiefes Loch. Nach Rücksprache mit dem Bauleiter muss dieses jedoch um weitere 2 Meter in die Tiefe ausgegraben werden. Wie tief muss insgesamt gegraben werden?

Schülerlösung:

$$- 3\,m - (- 2\,m) = - 3\,m + 2\,m = - 5\,m$$

Insgesamt muss 5 m tief gegraben werden.

Abbildung 1 Baustellenaufgabe (Foto: Eigene Aufnahme)

Betrachtet man nur das Ergebnis, ist die Schülerlösung richtig, denn insgesamt muss das Loch laut Aufgabe tatsächlich fünf Meter tief sein. Jedoch sind
bei der aufgestellten Gleichung sowie bei der Zusammenfassung der Zahlen
Fehler erkennbar. Daher stellt sich die Frage, welche Ursachen zu den Fehlern
geführt haben könnten – warum macht der Schüler[1] diese Fehler? Mit dieser
Thematik setzt sich die Diagnostik, genauer die Prozessdiagnostik, auseinander,
die auch in den Standards für die Lehrerbildung Berücksichtigung findet (Kultusministerkonferenz, 2004; von Aufschnaiter et al., 2015). Diese wurden von
der Kultusministerkonferenz (kurz: KMK) unter anderem eingeführt, nachdem
die deutschen Lernenden in der internationalen Schulleistungsvergleichsstudie
PISA im Jahr 2000 schlecht abschnitten, um die Anforderungen an angehende
Lehrkräfte zu definieren (Hesse & Latzko, 2011). In den Standards werden
vier Kompetenzbereiche beschrieben, wobei an dieser Stelle nur der Kom-
petenzbereich Beurteilen betrachtet wird, der unter anderem die Kompetenz
„Lehrerinnen und Lehrer diagnostizieren Lernvoraussetzungen und Lernprozesse
von Schülerinnen und Schülern; sie fördern Schülerinnen und Schüler gezielt
und beraten Lernende und deren Eltern" umfasst, nach der Lehramtsstudierende
bereits während der universitären Ausbildung unter anderem die Grundlagen der
Lernprozessdiagnostik erlangen sollten (Kultusministerkonferenz, 2004, S. 11).
Weiterhin gaben die Fachverbände DMV, GDM und MNU Empfehlungen für
die Standards der Lehrerbildung im Fach Mathematik heraus mit dem Ziel,
den Zusammenhang zwischen den erwarteten Kompetenzen einer Lehrkraft und
den mathematischen Inhalten des Studiums zu verdeutlichen. Darin werden die
Ausprägungen der fachdidaktischen Kompetenzen differenzierter erläutert, zu
denen neben den mathematikdidaktischen Basiskompetenzen auch die mathe-
matikbezogenen diagnostischen Kompetenzen sowie die unterrichtsbezogenen
Handlungskompetenzen zählen (Ziegler, Weigand & Campo, 2008). Die Ver-
ankerung der Diagnostik als Schwerpunkt in den Standards der Lehrerbildung
sowie die Empfehlungen der Fachverbände DMV, GDM und MNU deuten zum
einen darauf hin, dass die Bedeutung der Diagnostik für die adaptive Unterrichtsgestaltung zur individuellen Förderung der Lernenden wahrgenommen wird
und zum anderen auf die Notwendigkeit, sich mit der Diagnostik bereits in der
Lehrerbildung auseinanderzusetzen (Schütze, Souvignier & Hasselhorn, 2018).
Außerdem nimmt in der aktuellen Bildungspolitik das Individuum einen hohen
Stellenwert ein, denn Aspekte wie die Differenzierung im Unterricht oder diverse
Förderangebote für Lernende erhalten aufgrund der zunehmenden Heterogenität

---

[1]Zur Verbesserung der Lesbarkeit wird im Rahmen dieser Arbeit auf die weibliche
Personenbezeichnung verzichtet. Die männliche Form gilt als geschlechtsneutral zu verstehen.

der Schülerschaft eine immer stärkere Beachtung (siehe zum Beispiel: F. Müller (2018), Klippert (2016), Wischer und Trautmann (2014)). Dadurch wird nochmals die Relevanz der Diagnostik sowie der diagnostischen Kompetenz einer Lehrkraft deutlich. Mit Bezug zum einleitenden Beispiel stellt sich nun die Frage:

Inwieweit kann eine gezielte Intervention im Lehramtsstudium dazu beitragen, diagnostische Kompetenzen von Mathematik-Lehramtsstudierenden zu fördern, um Schülerfehler wahrzunehmen und zu beschreiben sowie mögliche Ursachen zu analysieren?

Mit dieser Frage setzt sich die vorliegende Arbeit auseinander, in der diese spezifische und notwendige Diagnosekompetenz als „Fehler-Ursachen-Diagnosekompetenz" definiert wird. Um sowohl eine theoretische als auch eine empirische Auseinandersetzung mit dieser Fragestellung zu realisieren, ist die vorliegende Arbeit wie folgt gegliedert. Zudem befindet sich zu Beginn jedes einzelnen Kapitels auch nochmal eine Zusammenfassung des jeweiligen Inhalts.

Theoretischer Rahmen (Teil I)
Zunächst ist es notwendig, zu verstehen, was sich hinter dem Begriff der „Fehler-Ursachen-Diagnosekompetenz" verbirgt. Dafür werden in Kapitel 1 Diagnosen und die Diagnostik in der Pädagogik erläutert sowie die Status- und die Prozess-diagnostik einander gegenübergestellt. In Kapitel 2 findet eine Erläuterung der diagnostischen Kompetenz statt, die essenziell ist, damit eine Lehrkraft ihre dia-gnostischen Aufgaben erfolgreich bewältigen kann. In der Vergangenheit wurde sie unterschiedlich operationalisiert, worauf in Abschnitt 2.2 im Detail einge-gangen wird, indem die unterschiedlichen Forschungsansätze einander gegen-übergestellt werden. Anschließend wird die Fehler-Ursachen-Diagnosekompetenz in Kapitel 3 als eine Facette der diagnostischen Kompetenz definiert, die die kognitive Fähigkeit sowie die Bereitschaft umfasst, in diagnostischen Situa-tionen Schülerfehler und deren Ursachen zu diagnostizieren. Weiterhin wird in diesem Kapitel detailliert auf ausgewählte diagnostische Dispositionen der Fehler-Ursachen-Diagnosekompetenz eingegangen, indem das Wissen für eine erfolgreiche Diagnose und die Motivation als stellvertretende nicht-kognitive Dis-position ausführlich analysiert werden. Bezüglich der Motivation erfolgt eine umfangreiche Darstellung der selbstbezogenen Kognitionen Selbstkonzept und Selbstwirksamkeitserwartung (Unterabschnitt 3.2.2). Ferner werden diagnostische Situationen in Abschnitt 3.3 allgemein beschrieben und speziell wird auf schrift-liche Schülerlösungen eingegangen, da diese in der vorliegenden Studie zur Anwendung kommen. Diagnostische Situationen können unter anderem durch die Anwendung von Diagnosemethoden entstehen, deren umfassende Betrach-tung in Abschnitt 3.4 stattfindet. Im letzten Abschnitt des dritten Kapitels wird

der diagnostische Prozess zur Diagnose von Schülerfehlern und deren Ursachen ausführlich analysiert, wobei das Eingangszitat von Reusser (1999) bereits
aufzeigt, dass Schülerfehler nicht nur das Resultat von fehlender Motivation
oder mangelnder Konzentration sein können. Durch die Anwendung der Fehler-
Ursachen-Diagnosekompetenz können folglich Schülerfehler und vor allem deren
Ursachen diagnostiziert werden, wobei diese Diagnose die Grundlage für eine
entsprechende individuelle Förderung des Lernenden bildet. Daher ist eine gut
ausgebildete Fehler-Ursachen-Diagnosekompetenz essenziell, weshalb deren Förderung in der vorliegenden Studie im Mittelpunkt steht. Diese wird in Kapitel 4
thematisiert, indem unter anderem auf Maßnahmen eingegangen wird, die zur
Förderung der Fehler-Ursachen-Diagnosekompetenz beitragen können.

Da die Fehler-Ursachen-Diagnosekompetenz neben der kognitiven Fähigkeit
auch die Bereitschaft umfasst, Schülerfehler und deren Ursachen zu diagnostizieren, müssen die eingesetzten Maßnahmen auch diese entsprechend fördern. Den
Abschluss des theoretischen Rahmens bildet das Kapitel 5, in dem die wichtigsten
Erkenntnisse nochmals zusammengefasst und die Forschungsfragen hergeleitet
werden.

Stoffdidaktische Analysen (Teil II)
Sowohl in der Intervention als auch in der Datenerhebung erfolgt eine Konzentration auf die Themengebiete „ganze Zahlen" und „Prozentrechnung", weshalb sie
im Teil II dieser Arbeit in den Kapiteln 7 und 8 stoffdidaktisch analysiert werden,
indem sie in Bezug zu den Bildungsstandards sowie dem Unterricht dargestellt
und zudem die entsprechenden Grundvorstellungen erläutert werden. Außerdem
wird auf bereits bekannte Schülerfehler und deren Ursachen themenspezifisch
eingegangen, die in der vorliegenden Studie Berücksichtigung finden. Ergänzend
werden in Kapitel 6 Grundvorstellungen allgemein erörtert.

Methode (Teil III)
Der Methodenteil beginnt mit einer systematischen Darlegung der hergeleiteten
Forschungsfragen (Kapitel 9), wobei in Kapitel 10 das entsprechend entwickelte
Studiendesign vorgestellt wird, um diese zu beantworten. Die Stichprobe wird
allgemein und bedingungsabhängig in Kapitel 11 präsentiert und ferner wird
in Kapitel 12 die entwickelte Intervention beschrieben, mit der eine Förderung
der Fehler-Ursachen-Diagnosekompetenz realisiert werden soll. Um die Entwicklung der Fehler-Ursachen-Diagnosekompetenz zu untersuchen, wurde sowohl ein
Fragebogen zur Erhebung der Motivationsaspekte Selbstkonzept und Selbstwirksamkeitserwartung als auch ein Leistungstest entwickelt und zu Beginn sowie

am Ende der Intervention eingesetzt. Zudem wurden Interviews mit ausgewählten Probanden zu vier Erhebungszeitpunkten durchgeführt, um einerseits deren subjektive Sichtweise auf die Diagnostik im Mathematikunterricht zu erheben und andererseits deren Selbsteinschätzung hinsichtlich ihrer Fehler-Ursachen-Diagnosefähigkeit in den Themengebieten „ganze Zahlen" und „Prozentrechnung" zu erforschen. Diese Datenerhebungsmethoden werden in Kapitel 13 dargestellt und die verwendeten Methoden zur Datenauswertung entsprechend in Kapitel 15 erläutert. Weiterhin wird im Methodenteil auf den tatsächlichen Ablauf der vorliegenden Untersuchung eingegangen (Kapitel 14).

Ergebnisse (Teil IV)
Der Ergebnisteil strukturiert sich durch die untersuchten Forschungsfragen in die Kapitel 16 bis 21, wobei sie mit Hilfe der in Kapitel 15 dargestellten Auswertungsmethoden beantwortet werden. Dieser Teil schließt mit einer überblicksartigen Zusammenfassung der ermittelten Ergebnisse. Die zentralen Ergebnisse der vorliegenden Studie werden zusätzlich in einem Schaubild dargestellt (Kapitel 22).

Diskussion (Teil V)
Im letzten Teil der vorliegenden Arbeit findet zunächst eine Diskussion der erhaltenen Ergebnisse in Kapitel 23 statt, woraus sich Implikationen für die Lehrerbildung ergeben, die nach der Ergebnisdiskussion hergeleitet und analysiert werden. Ferner wird in Kapitel 24 auf die Grenzen der vorliegenden Studie eingegangen, die es bei der Interpretation der Ergebnisse zu berücksichtigen gilt. Außerdem erfolgt im Ausblick eine Darlegung weiterer Forschungsmöglichkeiten, wobei bereits die Vielzahl der aktuellen Forschungsprojekte zur diagnostischen Kompetenz von (angehenden) Lehrkräften das derzeitige große Interesse zeigt (Kapitel 25).

   An dieser Stelle sei kurz erwähnt, ohne die gewonnenen Ergebnisse bereits im Detail zu berichten, dass es möglich war, die Fehler-Ursachen-Diagnosekompetenz durch die entwickelte Intervention zu fördern. Demnach ist neben der Vermittlung diagnostischen Wissens auch die Anwendung dessen in praktischen Situationen, beispielsweise bei der Auseinandersetzung mit diagnostischen Interviews, notwendig, um die Fehler-Ursachen-Diagnosekompetenz zu fördern. Dabei nimmt vor allem die selbstständige Durchführung eines diagnostischen Interviews mit einem Lernenden für die Lehramtsstudierenden eine bedeutende Rolle ein, was beim Auswerten der erhobenen Daten deutlich wurde.

   Die vorliegende Arbeit ist im Zuge des Projektes DiMaS-net (Diagnose und individuelle Förderung im Mathematikunterricht der Sekundarstufen durch vernetzende Lehreraus- und -fortbildung) entstanden, welches ein Teilprojekt von PRONET (**Pro**fessionalisierung durch Ver**net**zung) war. PRONET wurde durch das Programm „Qualitätsoffensive Lehrerbildung" vom Bundesministerium für Bildung und Forschung finanziert, wobei der Bund mit Hilfe dieser Förderung das Ziel verfolgte, neue Konzepte für die Lehrerbildung in Deutschland zu erstellen und dadurch die Lehrerbildung mittel- und langfristig zu verbessern. Die erste Förderphase, in deren Rahmen die vorliegende Studie entstanden ist, lief von 2015 bis 2018. Auch während der zweiten Förderphase, die zwischen 2019 und 2023 stattfindet, wird die Universität Kassel berücksichtigt. Das Hauptaugenmerk der Universität Kassel liegt auf der „[…] systematische[n] Verknüpfung fachwissenschaftlicher, fachdidaktischer und bildungswissenschaftlicher Studieninhalte sowie wissenschaftlichen Wissens mit berufspraktischen Erfahrungen" (Universität Kassel-PRONET). Dies wird durch die Einteilung in drei Handlungsfelder und neun Maßnahmen realisiert, die aufgrund bestehender Professionalisierungsansätze gebildet wurden und die Vernetzung zwischen den einzelnen Teilprojekten unterstützen sollen (Universität Kassel-PRONET).

Inhaltsverzeichnis

Teil I   Theoretischer Rahmen

1   Diagnosen und die Diagnostik in der Pädagogik   3
   1.1   Statusdiagnostik   5
   1.2   Prozessdiagnostik   6

2   Diagnostische Kompetenz   11
   2.1   Modifikation und Erweiterung des diagnostischen
       Kompetenzbegriffes   11
   2.2   Forschungsansätze zur Erfassung der diagnostischen
       Kompetenz   14
       2.2.1   Ansatz 1: Die Urteilsgenauigkeit   15
       2.2.2   Ansatz 2: Auseinandersetzung mit dem
             diagnostischen Prozess   17
       2.2.3   Ansatz 3: Die diagnostische Kompetenz als
             Facette der professionellen Kompetenz   24
       2.2.4   Ansatz 4: Modellierung der diagnostischen
             Kompetenz als eigenständiges Konstrukt   32

3   Einsatz der Fehler-Ursachen-Diagnosekompetenz
in diagnostischen Situationen   39
   3.1   Definition und Veranschaulichung der
       Fehler-Ursachen-Diagnosekompetenz   39
   3.2   Ausgewählte diagnostische Dispositionen der
       Fehler-Ursachen-Diagnosekompetenz   42
       3.2.1   Wissen für eine erfolgreiche Diagnostik   43
       3.2.2   Motivation   50

3.3   Schülerlösungen als Beispiel für eine diagnostische
       Situation 60
3.4   Diagnosemethoden als Verursacher einer diagnostischen
       Situation 62
       3.4.1   Arten von Diagnosemethoden 63
       3.4.2   Diagnostische Interviews 65
3.5   Der diagnostische Prozess zur Diagnose von
       Schülerfehlern und deren Ursachen 73
       3.5.1   Definition von Fehlern sowie deren
               Wahrnehmung und Beschreibung als Bestandteil
               des diagnostischen Prozesses 73
       3.5.2   Ursachenanalyse bei Schülerfehlern 75
       3.5.3   Fehlerklassifikationen im Mathematikunterricht 80

4 **Förderung der Fehler-Ursachen-Diagnosekompetenz** 93
   4.1   Notwendigkeit zur Förderung der
          (Fehler-Ursachen-)Diagnosekompetenz in der
          universitären Lehrerbildung 94
   4.2   Maßnahmen zur Förderung der
          Fehler-Ursachen-Diagnosekompetenz 94
   4.3   Forschungsergebnisse zur Förderung der
          (Fehler-Ursachen-)Diagnosekompetenz 97

5 **Zusammenfassung des theoretischen Rahmens und
   Herleitung der Forschungsfragen** 105

Teil II   Stoffdidaktische Analysen

6 **Grundvorstellungen** 115

7 **Ganze Zahlen** 119
   7.1   Die ganzen Zahlen in den Bildungsstandards und im
          Unterricht 119
   7.2   Entstehung negativer Zahlen als eigene Denkgegenstände
          und entsprechende Grundvorstellungen 121
   7.3   Schülerfehler und deren Ursachen im Themengebiet der
          ganzen Zahlen 125

8 **Prozentrechnung** 133

8.1 Die Prozentrechnung in den Bildungsstandards und
in den Kerncurricula sowie Lehrplänen des Bundeslandes
Hessen 133
8.2 Grundbegriffe der Prozentrechnung und
Grundvorstellungen des Prozentbegriffes 134
8.3 Lösungsverfahren in der Prozentrechnung 136
8.4 Vermehrter und verminderter Grundwert 137
8.5 Schülerfehler und deren Ursachen im Themengebiet der
Prozentrechnung 138

Teil III Methode

9 Forschungsfragen 147

10 Studiendesign 153

11 Stichprobe 159
11.1 Deskriptive Darstellung der gesamten Stichprobe 159
11.2 Deskriptive Darstellung der einzelnen Bedingungen 160

12 Intervention 163
12.1 Interventionssitzung 1 164
12.2 Interventionssitzung 2 164
12.3 Interventionssitzung 3 174
12.4 Interventionssitzung 4 178

13 Datenerhebung 181
13.1 Die klassische und die probabilistische Testtheorie in der
quantitativen Datenerhebung 182
13.2 Psychometrische Kennwerte zur Item- und Skalenanalyse 184
13.3 Fragebogen zur Erhebung des Selbstkonzeptes und der
Selbstwirksamkeitserwartung 186
13.3.1 Entwicklung des Fragebogens 186
13.3.2 Aufbau des Fragebogens 187
13.3.3 Item- und Skalenanalyse bei den
erhobenen Konstrukten Selbstkonzept und
Selbstwirksamkeitserwartung 188
13.4 Leistungstest zur Erhebung der
Fehler-Ursachen-Diagnosefähigkeit 193

13.4.1   Notwendigkeit für die Entwicklung eines
          neuen Leistungstests zur Erhebung der
          Fehler-Ursachen-Diagnosefähigkeit 193
13.4.2   Struktur des Leistungstests 194
13.4.3   Erläuterung der Testaufgaben (inklusive
          Kategoriensystem) 196
13.4.4   Codierung des Leistungstests 216
13.4.5   Skalierung der Daten unter Berücksichtigung
          des Partial-Credit-Modells 225
13.5   Interviews zur Analyse ausgewählter Probanden 232
13.5.1   Merkmale und Ablauf eines halbstrukturierten
          Interviews 233
13.5.2   Leitfäden der durchgeführten Interviews 234
13.5.3   Transkription 235

14   Tatsächlicher Ablauf der Untersuchung 237

15   Methoden zur Datenauswertung 239
15.1   Zusammenhangsanalysen – Korrelationen 239
15.2   Unterschiedsanalysen 240
15.2.1   t-Tests bei abhängigen und unabhängigen
          Stichproben 240
15.2.2   (Ko-)Varianzanalysen 241
15.3   Theorie zur Auswertung der halbstrukturierten Interviews 244
15.3.1   Kontrastierung der selbsteingeschätzten und der
          tatsächlichen Fehler-Ursachen-Diagnosefähigkeit
          auf quantitativer Ebene 244
15.3.2   Qualitative Inhaltsanalyse zur Analyse der
          Probandenaussagen 245

Teil IV   Ergebnisse

16   Zusammenhänge zwischen Selbstkonzept
      bzw. Selbstwirksamkeitserwartung und der
      Fehler-Ursachen-Diagnosefähigkeit 255
16.1   Analysen zu den Forschungsfragen 1a und 1b 255
16.2   Ergebnisse zu den Forschungsfragen 1a und 1b 259

17   Förderung der Fehler-Ursachen-Diagnosefähigkeit 261
17.1   Analysen zu den Forschungsfragen 2a bis 2c 261
17.2   Ergebnisse zu den Forschungsfragen 2a bis 2c 271

**18 Förderung des Selbstkonzeptes zur Diagnose von
      Schülerfehlern sowie deren Ursachen** 273
   18.1 Analysen zu den Forschungsfragen 3a bis 3c 273
   18.2 Ergebnisse zu den Forschungsfragen 3a bis 3c 279

**19 Förderung der Selbstwirksamkeitserwartung zur Diagnose
      von Schülerfehlern und deren Ursachen** 281
   19.1 Analysen zu den Forschungsfragen 4a und 4b 281
   19.2 Ergebnisse zu den Forschungsfragen 4a und 4b 287

**20 Subjektive Sichtweise sowie allgemeine Erkenntnisse
      ausgewählter Probanden bezüglich der Diagnostik im
      Mathematikunterricht (unter Berücksichtigung der Relevanz
      einzelner Interventionsinhalte)** 289
   20.1 Analyse zu den Forschungsfragen 5a und 5b 289
   20.2 Ergebnisse zu den Forschungsfragen 5a und 5b 295

**21 Einschätzungen ausgewählter Probanden bezüglich
      der eigenen Fehler-Ursachen-Diagnosefähigkeit in den
      Themengebieten ganze Zahlen und Prozentrechnung sowie
      des einflussreichsten Interventionsinhaltes auf die eigene
      diagnostische Kompetenzentwicklung** 297
   21.1 Analysen zu den Forschungsfragen 6a und 6b 297
   21.2 Ergebnisse zu den Forschungsfragen 6a und 6b 304

22 Zusammenfassung aller Ergebnisse der vorliegenden Studie 307

Teil V Diskussion

23 Diskussion der Ergebnisse 313
   23.1 Zusammenhänge zwischen Selbstkonzept
         bzw. Selbstwirksamkeitserwartung und der
         Fehler-Ursachen-Diagnosefähigkeit 314
   23.2 Förderung der Fehler-Ursachen-Diagnosefähigkeit 317
   23.3 Förderung der selbstbezogenen Kognitionen 324
   23.4 Implikationen für die Lehrerbildung 327

24 Grenzen der vorliegenden Studie 335
   24.1 Vergleichbarkeit der Bedingungen 335
   24.2 Schwächen der Testinstrumente 337
      24.2.1 Leistungstest zur Erhebung der
              Fehler-Ursachen-Diagnosefähigkeit 337

24.2.2   Fragebogen zur Erhebung des Selbstkonzeptes
          und der Selbstwirksamkeitserwartung 338
24.3   Zeitpunkt der Datenerhebung 339
24.4   Normalverteilung der erhobenen Daten 340

25   Ausblick 343

Literaturverzeichnis 351

Abkürzungsverzeichnis

A	Testheft A
Anker	Ankeraufgabe
B	Testheft B
bzgl.	bezüglich
bzw.	beziehungsweise
DI – GZ	Diagnostisches Interview – Ganze Zahlen
DI – PR	Diagnostisches Interview – Prozentrechnung
DIFF	Differenz zwischen den Messwerten von MZP 2 und MZP 1
EB	Experimentalbedingung
EB 1	Experimentalbedingung 1
EB 1 (kein dI)	Experimentalbedingung 1 (Probanden, die kein diagnostisches Interview zwischen der 3. und 4. Interventionssitzung durchführten)
EB 2	Experimentalbedingung 2
EB 3	Experimentalbedingung 3
emp. Max.	empirisches Maximum
emp. Min.	empirisches Minimum
FUD	Fehler-Ursachen-Diagnosefähigkeit
FUD – DIFF	Entwicklung Fehler-Ursachen-Diagnosefähigkeit
FUDK	Fehler-Ursachen-Diagnosekompetenz
FW	Fehlerwahrnehmung
IB	Interventionsbedingung
k. A.	keine Angabe
KB	Kontrollbedingung
keine FW	keine Fehlerwahrnehmung
M	Median

MW	Mittelwert
MZP	Messzeitpunkt
MZP 1	Messzeitpunkt 1
MZP 2	Messzeitpunkt 2
N	Probandenanzahl
PAK	Aufgabe 7 (Testheft A): „Autokauf"
PB	Proband
PDP	Aufgabe 7 (Testheft B): „DVD-Player-Kauf"
PEA	Aufgabe 8 (Testheft A): „Einkommen"
PP1	Aufgabe 5 (Ankeraufgabe): „20 Prozent – 1. Schülerlösung"
PP2	Aufgabe 5 (Ankeraufgabe): „20 Prozent – 2. Schülerlösung"
PP3	Aufgabe 5 (Ankeraufgabe): „20 Prozent – 3. Schülerlösung"
PP4	Aufgabe 5 (Ankeraufgabe): „20 Prozent – 4. Schülerlösung"
PZA	Aufgabe 8 (Testheft B): „Zeitung"
SD	Standardabweichung
SK	Selbstkonzept
SK – DIFF	Entwicklung Selbstkonzept
SWE	Selbstwirksamkeitserwartung
SWE – DIFF	Entwicklung Selbstwirksamkeitserwartung
ZHI	Aufgabe 4 (Testheft B): „Hosenkauf-Dialog"
ZHR	Aufgabe 4 (Testheft A): „Hosenkauf"
ZKS	Aufgabe 1 (Ankeraufgabe): „Kontostandberechnung"
ZLI	Aufgabe 2 (Testheft A): „Ordnen ganzer Zahlen"
ZMK	Aufgabe 3 (Testheft A): „Temperatur in Moskau"
ZRK	Aufgabe 3 (Testheft B): „Riesenkalmar"
ZVN	Aufgabe 2 (Testheft B): „Vorgänger & Nachfolger"
Δ MW	Mittelwertunterschiede

Abbildungsverzeichnis

Abbildung 1.1   Aufgliederung nach Aufschnaiter et al. (2015, S. 747) 6

Abbildung 1.2   Grad der Planung und der Formalität des formativen Assessments nach Shavelson et al. (2008, S. 300) 9

Abbildung 2.1   Komponenten des diagnostischen Prozesses nach Beretz et al. (2017, S. 151) 18

Abbildung 2.2   Prozessmodell nach Klug et al. (2013, S. 39) 19

Abbildung 2.3   Fehlerkompetenzmodell nach Heinrichs (2015, S. 66) 21

Abbildung 2.4   Modell des diagnostischen Prozesses nach Philipp (2018, S. 123) 22

Abbildung 2.5   Kompetenz als Kontinuum nach Blömeke et al. (2015, S. 7) 25

Abbildung 2.6   Aspekte der professionellen Kompetenz nach Baumert und Kunter (2011, S. 32) 27

Abbildung 2.7   „Mathematical Knowledge for Teaching" nach Ball et al. (2008, S. 403) 29

Abbildung 2.8   Verzahnung der diagnostischen und didaktischen Kompetenz nach Ophuysen (2010, S. 226) 33

Abbildung 2.9   Arbeitsmodell nach Herppich et al. (2017, S. 81) 35

Abbildung 2.10   Diagnostische Kompetenz als ein Kontinuum nach T. Leuders et al. (2018, S. 9) 37

Abbildung 3.1   Veranschaulichung des Zusammenhangs sowie der Fehler-Ursachen-Diagnosekompetenz. (eigene Darstellung) 40

Abbildung 3.2   Diagnostische Fähigkeiten nach Brunner et al.
                (2011, S. 217) 47
Abbildung 3.3   Einordnung der Diagnosemethodenbeispiele
                in die Veranschaulichung des Zusammenhangs
                sowie der Fehler-Ursachen-Diagnosekompetenz
                (eigene Darstellung) 63
Abbildung 3.4   Selbsteinschätzungsbogen aus den FIMS 71
Abbildung 3.5   Interviewleitfaden aus den FIMS 72
Abbildung 3.6   Aufgabe aus den FIMS zur Prozentrechnung 72
Abbildung 3.7   Verortung von Schwierigkeiten der Schüler
                in die Übersetzungsschritte nach Wartha (2009,
                S. 10) 85
Abbildung 3.8   Modell nach Prediger (2009, S. 221) 86
Abbildung 3.9   Idealtypische Kompetenzabfolge beim
                Bearbeiten von realitätsbezogenen Aufgaben 89
Abbildung 3.10 Prozessbezogene Kompetenzen im
                Modellierungskreislauf nach Kleine (2012, S. 55) ... 90
Abbildung 7.1   Missverständnis an der Zahlengerade nach
                Widjaja et al. (2011, S. 87) 126
Abbildung 7.2   Kontexte an der Zahlengerade in Anlehnung
                an Gallardo (2003, S. 408) 126
Abbildung 7.3   „mental number line" – links: Continuous
                Number Line model; rechts: Divided Number
                Line model – nach Peled et al. (1989, S. 110) 127
Abbildung 10.1 Design der Studie 154
Abbildung 10.2 Interventionsbegleitende Interviews 157
Abbildung 12.1 Aufgabe „Fassadenanstrich" nach Schupp (2011,
                S. 159) 165
Abbildung 12.2 Aufgabe „Thermometer"
                (https://www.iqb.hu-berlin.de/vera/aufgaben/ma1,
                Zugriff am 06.08.2019) 166
Abbildung 12.3 Baustellenaufgabe in der Intervention. (Foto:
                Eigene Aufnahme) 168
Abbildung 12.4 Aufgabe „Schokoladenfiguren"
                (https://www.iqb.hu-berlin.de/vera/aufgaben/ma1,
                Zugriff am 06.08.2019) 170
Abbildung 12.5 Aufgabe „Prozentschreibweise"
                (https://www.iqb.hu-berlin.de/vera/aufgaben/ma1,
                Zugriff am 06.08.2019) 172

Abbildung 12.6 Stationen zur Auseinandersetzung mit den FIMS 176
Abbildung 12.7 Stationen in der Stationsarbeit 178
Abbildung 13.1 Einsatz der Testhefte im Rotationsdesign 195
Abbildung 13.2 Tanzendes Mädchen bei Aufgabe 2 (Testheft A)
(eigene Grafik) 203
Abbildung 13.3 Schneemann bei Aufgabe 3 (Testheft A) (eigene
Grafik) 204
Abbildung 13.4 Riesenkalmar bei Aufgabe 3 (Testheft B) (eigene
Grafik) 204
Abbildung 13.5 Antwort des Probanden 43, MZP 1,Aufgabe 2
(ZLI, Testheft A) 217
Abbildung 13.6 Antwort des Probanden 75, MZP 1, Aufgabe 2
(ZVN, Testheft B) 217
Abbildung 13.7 Antwort des Probanden 27, MZP 1, Aufgabe 7
(PAK, Testheft A) 217
Abbildung 13.8 Antwort des Probanden 99, MZP 1, Aufgabe 7
(PDP, Testheft B) 218
Abbildung 13.9 Antwort des Probanden 11, MZP 1, Aufgabe 3
(ZRK, Testheft B) 221
Abbildung 13.10 Antwort des Probanden 40, MZP 1, Aufgabe 5 –
Schülerlösung 2 (PP2, Testheft B) 221
Abbildung 13.11 Wright Map 231
Abbildung 15.1 Ablauf der qualitativen Inhaltsanalyse nach
Kuckartz (2016, S. 45) 247
Abbildung 15.2 Inhaltliche Strukturierung nach Kuckartz (2016,
S. 100) 248
Abbildung 17.1 Entwicklung der FUD in EB 1, EB 1 (kein dI)
und EB 2 265
Abbildung 17.2 Entwicklung der FUD in IB, EB 3 und KB 265
Abbildung 18.1 Entwicklung des SK in EB 1, EB 1 (kein dI) &
EB 2 275
Abbildung 18.2 Entwicklung des SK in IB, EB 3 & KB 275
Abbildung 19.1 Entwicklung der SWE in EB 1 & EB 2 283
Abbildung 19.2 Entwicklung der SWE in IB, EB 3 & KB 283
Abbildung 20.1 Ablauf der Hauptkategoriendarstellung 290
Abbildung 22.1 Darstellung der zentralen Ergebnisse der
vorliegenden Studie 308

Tabellenverzeichnis

Tabelle 3.1   Fehlerklassifikationen diverser Autoren 81
Tabelle 7.1   Schülerfehler und denkbare Ursachen im
              Themengebiet der ganzen Zahlen 131
Tabelle 8.1   Schülerfehler und mögliche Ursachen im
              Themengebiet der Prozentrechnung 141
Tabelle 10.1   Datenerhebungsinstrumente in der vorliegenden
              Studie 156
Tabelle 11.1   Demografische Angaben der EB 1 160
Tabelle 11.2   Demografische Angaben der sieben interviewten
              Probanden 160
Tabelle 11.3   Demografische Angaben der EB 2 161
Tabelle 11.4   Demografische Angaben der EB 3 161
Tabelle 11.5   Demografische Angaben der KB 162
Tabelle 12.1   Fehlerbeschreibung sowie denkbare Ursachen bei
              der Schülerlösung 1 zur Aufgabe „Thermometer" 167
Tabelle 12.2   Fehlerbeschreibung sowie denkbare Ursachen bei
              der Schülerlösung 2 zur Aufgabe „Thermometer" 167
Tabelle 12.3   Fehlerbeschreibung sowie denkbare Ursachen bei
              der Schülerlösung zur „Baustellenaufgabe" 168
Tabelle 12.4   Fehlerbeschreibung sowie denkbare Ursachen bei
              der Schülerlösung zur Aufgabe „Ordnen von ganzen
              Zahlen" 169
Tabelle 12.5   Fehlerbeschreibung sowie denkbare Ursachen bei der
              Schülerlösung 1 zur Aufgabe „Schokoladenfiguren" 171
Tabelle 12.6   Fehlerbeschreibung sowie denkbare Ursachen bei der
              Schülerlösung 2 zur Aufgabe „Schokoladenfiguren" 171

Tabelle 12.7   Fehlerbeschreibung sowie denkbare Ursachen bei der
               Schülerlösung zur Aufgabe „Prozentschreibweise"   172
Tabelle 12.8   Fehlerbeschreibung sowie denkbare Ursachen bei
               Julians Lösung zur Aufgabe „Iphone 7"   172
Tabelle 12.9   Fehlerbeschreibung sowie denkbare Ursachen bei
               Timos Lösung zur Aufgabe „Iphone 7"   173
Tabelle 12.10   Vor- und Nachteile des „Guthaben und Schulden" –
               Kontextes   179
Tabelle 12.11   Vor- und Nachteile des „Hin und Her" – Spiels   180
Tabelle 13.1   Datenerhebungsinstrumente und die erhobenen
               Konstrukte   182
Tabelle 13.2   Angelehnte Items zur Erhebung des Selbstkonzeptes   189
Tabelle 13.3   Item- und Skalenanalyse zum Konstrukt
               Selbstkonzept (Pilotierung)   189
Tabelle 13.4   Item- und Skalenanalyse zum Konstrukt
               Selbstkonzept (MZP 1)   190
Tabelle 13.5   Item- und Skalenanalyse zum Konstrukt
               Selbstkonzept (MZP 2)   190
Tabelle 13.6   Angelehnte Items zur Erhebung der
               Selbstwirksamkeitserwartung   191
Tabelle 13.7   Item- und Skalenanalyse zum Konstrukt
               Selbstwirksamkeitserwartung (Pilotierung)   192
Tabelle 13.8   Item- und Skalenanalyse zum Konstrukt
               Selbstwirksamkeitserwartung (MZP 1)   192
Tabelle 13.9   Item- und Skalenanalyse zum Konstrukt
               Selbstwirksamkeitserwartung (MZP 2)   192
Tabelle 13.10   Aufgaben im Leistungstest   198
Tabelle 13.11   Beschreibung des Schülerfehlers in der Aufgabe 1
               mit Beispielformulierungen   200
Tabelle 13.12   Denkbare Ursachen zum Schülerfehler in der
               Aufgabe 1 mit Beispielformulierungen   200
Tabelle 13.13   Beschreibung des Schülerfehlers in der Aufgabe 2
               (Testheft A und B) mit Beispielformulierung   202
Tabelle 13.14   Denkbare Ursachen zum Schülerfehler
               in der Aufgabe 2 (Testheft A und B) mit
               Beispielformulierungen   202
Tabelle 13.15   Beschreibung der Schülerfehler in der Aufgabe 3
               (Testheft A und B) mit Beispielformulierungen   205

Tabelle 13.16   Denkbare Ursachen zu den Schülerfehlern
                 in der Aufgabe 3 (Testheft A und B) mit
                 Beispielformulierungen 205
Tabelle 13.17   Beschreibung der Schülerfehler in der Aufgabe 5 –
                 Schülerlösung 1 mit Beispielformulierungen 207
Tabelle 13.18   Denkbare Ursachen zu den Schülerfehlern
                 in der Aufgabe 5 – Schülerlösung 1 mit
                 Beispielformulierungen 208
Tabelle 13.19   Beschreibung des Schülerfehlers in der Aufgabe 5 –
                 Schülerlösung 2 mit Beispielformulierung 209
Tabelle 13.20   Denkbare Ursachen zum Schülerfehler
                 in der Aufgabe 5 – Schülerlösung 2 mit
                 Beispielformulierungen 209
Tabelle 13.21   Beschreibung des Schülerfehlers in der Aufgabe 5 –
                 Schülerlösung 4 mit Beispielformulierung 210
Tabelle 13.22   Denkbare Ursachen zum Schülerfehler
                 in der Aufgabe 5 – Schülerlösung 4 mit
                 Beispielformulierungen 210
Tabelle 13.23   Beschreibung des Schülerfehlers in der Aufgabe 7
                 (Testheft A und B) mit Beispielformulierung 213
Tabelle 13.24   Denkbare Ursachen zum Schülerfehler in Aufgabe 7
                 (Testheft A und B) mit Beispielformulierungen 214
Tabelle 13.25   Codierung der Probandenantworten 219
Tabelle 13.26   Anzahl der MCAR-Werte in den jeweiligen Items 223
Tabelle 13.27   Anzahl der MNAR-Werte in den jeweiligen Items 224
Tabelle 13.28   Darstellung der Skalenkennwerte auf latenter Ebene 227
Tabelle 13.29   Itemanalyse auf manifester Ebene zum MZP 1 228
Tabelle 13.30   Itemanalyse auf manifester Ebene zum MZP 2 228
Tabelle 15.1   Umrechnung der Gesamtpunktzahl (kurz: GPZ) des
                 Leistungstests in Schulnoten 245
Tabelle 15.2   Umrechnung der Punktsumme bei den ganzen
                 Zahlen in Schulnoten 245
Tabelle 15.3   Umrechnung der Punktsumme bei der
                 Prozentrechnung in Schulnoten 245
Tabelle 15.4   Entwickeltes Kategoriensystem inklusive inhaltlicher
                 Beschreibung 250
Tabelle 16.1   Alle möglichen Pearson-Korrelationen in der
                 vorliegenden Studie 256

Tabelle 16.2   Pearson-Korrelationen zwischen dem SK und der
               FUD zum MZP 1 und MZP 2 bei der IB   257
Tabelle 16.3   Pearson-Korrelationen zwischen der SWE und der
               FUD zum MZP 1 und MZP 2 bei der IB   258
Tabelle 17.1   Fehlerwahrnehmung EB 1 (Probandenanzahl = 22)
               – MZP 1 und MZP 2   263
Tabelle 17.2   Deskriptive Darstellung der FUD der Bedingungen
               zu den MZP 1 und 2   264
Tabelle 17.3   Überprüfung der Normalverteilung der Daten zur
               Erhebung der FUD durch den Shapiro-Wilk-Test
               (Angabe der Überschreitungswahrscheinlichkeit p)   267
Tabelle 17.4   Untersuchung der Mittelwertunterschiede der FUD
               in den Bedingungen zum MZP 1   267
Tabelle 17.5   Entwicklung der FUD in den einzelnen Bedingungen . . .   268
Tabelle 17.6   Interaktionseffekte von Zeit und
               Bedingungszugehörigkeit bzgl. der FUD   270
Tabelle 18.1   Deskriptive Darstellung des SK der Bedingungen zu
               den MZP 1 und 2   274
Tabelle 18.2   Entwicklung des SK in den einzelnen Bedingungen   277
Tabelle 18.3   Interaktionseffekte von Zeit und
               Bedingungszugehörigkeit bzgl. des SK   278
Tabelle 19.1   Deskriptive Darstellung der SWE der Bedingungen
               zu den MZP 1 und 2   282
Tabelle 19.2   Untersuchung der Mittelwertunterschiede der SWE
               in den Bedingungen zum MZP 1   285
Tabelle 19.3   Entwicklung der SWE in den einzelnen Bedingungen . . .   285
Tabelle 19.4   Interaktionseffekte von Zeit und
               Bedingungszugehörigkeit bzgl. der SWE   286
Tabelle 20.1   Relevanz der Interventionsinhalte für die subjektive
               Sichtweise der Probanden auf die Diagnostik im
               Mathematikunterricht   294
Tabelle 21.1   Übersicht über die FUD, die Gesamtpunktzahl, die
               Punktzahl in den einzelnen Themengebieten und die
               Selbsteinschätzung der interviewten Probanden zum
               MZP 1 und MZP 2   299
Tabelle 21.2   Absolute Häufigkeiten der Unter-, Über-
               und passenden Selbsteinschätzung bei jedem
               interviewten Proband für MZP 1 und MZP 2   301

Tabelle 21.3   Einschätzung der Probanden bzgl. des
               Interventionsinhaltes mit dem größten Einfluss auf
               die eigene diagnostische Kompetenzentwicklung im
               „Post"-Interview 302

Tabelle 21.4   Einschätzung der Probanden bzgl. des
               Interventionsinhaltes mit dem größten Einfluss auf
               die eigene diagnostische Kompetenzentwicklung im
               „Follow-up"-Interview 303

Tabelle 22.1   Zusammenfassung aller Ergebnisse der vorliegenden
               Studie 308

Teil I
Theoretischer Rahmen

Der theoretische Rahmen dieser Arbeit besteht aus fünf Kapiteln, die aufeinander aufbauen. In Kapitel 1 werden die Begriffe Diagnose und Diagnostik in der Pädagogik dargestellt und zudem die Status- und Prozessdiagnostik analysiert. Anschließend erfolgt eine Erläuterung der diagnostischen Kompetenz, indem zunächst auf die Modifikation und Erweiterung des diagnostischen Kompetenzbegriffes eingegangen wird und ferner die unterschiedlichen Forschungsansätze zur Erfassung der diagnostischen Kompetenz gegenübergestellt werden (Kapitel 2). Weiterhin wird in Kapitel 3 die Fehler-Ursachen-Diagnosekompetenz definiert und deren Einsatz in diagnostischen Situationen im Rahmen eines diagnostischen Prozesses veranschaulicht, was auf Grundlage existierender Forschungsansätze erfolgt. Zudem wird deren Förderung thematisiert, was in der vorliegenden Studie durch eine Intervention realisiert werden soll (Kapitel 4). Auf Grundlage der theoretischen Überlegungen ergeben sich schließlich die Forschungsfragen für diese Arbeit (Kapitel 5).

Diagnosen und die Diagnostik in der Pädagogik

1

In diesem Kapitel werden die Begriffe Diagnose und Diagnostik in der Pädagogik erläutert und auf die Notwendigkeit von Diagnosen im Unterricht eingegangen, denn sie stellen eine wichtige Grundlage dar, um den Unterricht an die Lernbedürfnisse der Schüler anzupassen. Ferner werden die Statusdiagnostik in Abschnitt 1.1 erläutert und die unterschiedlichen Auffassungen des Prozessdiagnostikbegriffes in Abschnitt 1.2 dargestellt. Außerdem wird der Zusammenhang zwischen der Prozessdiagnostik und dem formativen Assessment herausgearbeitet und anschließend auf die Besonderheiten des formativen Assessments eingegangen. Dieses Kapitel dient als Grundlage zum besseren Verständnis der diagnostischen Kompetenz in Kapitel 2.

Im alltäglichen Sprachgebrauch denkt man bei Diagnosen meist an die Medizin, aber auch innerhalb des Schulunterrichts besitzen Diagnosen und die Diagnostik eine große Bedeutung (Helmke et al., 2011; Ophuysen, 2010). Denn wenn dem Lehrenden nicht bewusst ist, wo der Schüler gerade steht, kann er auch nicht dort abgeholt werden (Langfeldt, 2014). Tenorth und Tippelt (2007, S. 152) definieren in ihrem „Lexikon Pädagogik" die Diagnose als „das Resultat eines diagnostischen Prozesses [...]", bei dem aus den erfassten Informationen eine einzige Aussage generiert wird. Inhaltlich bezieht sich die Diagnose auf die Ist-Situation, wobei auch Informationen aus der Vergangenheit und der Gegenwart berücksichtigt werden (Tenorth & Tippelt, 2007). Schrader (2014, S. 866) setzt Diagnosen ebenso mit Aussagen gleich, aber auch mit „[...] Urteile[n] über Personen und lern- und unterrichtsrelevante Sachverhalte [...]". „Diagnostik [hingegen] meint immer einen Prozess, bei dem Informationen erfasst und verarbeitet werden, um zu einem Urteil bzw. zu einer Entscheidung zu kommen" (Ophuysen & Behrmann, 2015, S. 89). Um eine Diagnose zu erhalten,

© Der/die Autor(en), exklusiv lizenziert durch Springer Fachmedien Wiesbaden GmbH, ein Teil von Springer Nature 2021
N. Hock, *Förderung von diagnostischen Kompetenzen*, Mathematikdidaktik im Fokus, https://doi.org/10.1007/978-3-658-32286-1_1

muss folglich zunächst die Diagnostik ablaufen. Sobald sich die Diagnose und die Diagnostik auf pädagogische Fragestellungen beziehen, wird die Diagnostik als „Pädagogische Diagnostik" bezeichnet (Kleber, 1992) und nach Klauer (1982, S. 5, Hervorhebung im Original) ist sie „[...] *das Insgesamt von Erkenntnisbemühungen im Dienste aktueller pädagogischer Entscheidungen.*" Ingenkamp, der die pädagogische Diagnostik intensiv erforscht und beschrieben hat, definiert sie zusammen mit seinem Kollegen Lissmann folgendermaßen und geht dabei explizit auf die Eigenschaften der berücksichtigten diagnostischen Tätigkeiten ein:

> Pädagogische Diagnostik umfasst alle diagnostischen Tätigkeiten, durch die bei einzelnen Lernenden und den in einer Gruppe Lernenden Voraussetzungen und Bedingungen planmäßiger Lehr- und Lernprozesse ermittelt, Lernprozesse analysiert und Lernergebnisse festgestellt werden, um individuelles Lernen zu optimieren. Zur Pädagogischen Diagnostik gehören ferner die diagnostischen Tätigkeiten, die die Zuweisung zu Lerngruppen oder zu individuellen Förderungsprogrammen ermöglichen sowie die mehr gesellschaftlich verankerten Aufgaben der Steuerung des Bildungsnachwuchses oder der Erteilung von Qualifikationen zum Ziel haben. (Ingenkamp & Lissmann, 2008, S. 13)

Die diagnostischen Tätigkeiten ermöglichen eine Informationserhebung durch Befragungen und Beobachtungen, die anschließend interpretiert und aufgearbeitet werden, um das dargelegte Verhalten zu beschreiben, zugehörige Gründe zu erläutern und späteres Verhalten vorherzusagen. Entsprechende pädagogische Entscheidungen hinsichtlich der Förderung, Platzierung und Selektion des Lernenden sind anschließend möglich. Aus diesem Grund hilft die pädagogische Diagnostik bzw. die entsprechende Diagnose, das individuelle Lernen zu verbessern sowie Qualifikationen zu erteilen (Behrmann & Kaiser, 2017; Ingenkamp & Lissmann, 2008).

Nach Schrader (2014) lassen sich informelle und formelle Diagnosen unterscheiden, was nach Hascher (2008) den Formalitätsgrad der Diagnosen widerspiegelt. Hascher (2008) spricht in diesem Zusammenhang von informeller und formeller Diagnostik, um den Blick noch stärker auf den Entstehungsprozess der Diagnosen zu richten. Informelle Diagnosen sind intuitive, subjektive Urteile und Einschätzungen, die eher beiläufig und unsystematisch erfolgen. Selten findet eine gründliche Reflexion statt, wobei eine Beeinflussung durch bestehende subjektive Theorien, Unter- und Überschätzung des eigenen Handelns als Lehrperson, fehlerhafte Einschätzung der Lerninhalte sowie durch Klassenmerkmale möglich sind. Informelle Diagnosen besitzen daher eine größere Fehleranfälligkeit. Formelle Diagnosen sind das Resultat von zielgerichteten und systematischen Erhebungen mit Hilfe wissenschaftlicher erprobter Methoden, die meistens sprachlich kommuniziert werden (Hascher, 2008; Schrader, 2006; Schrader & Helmke, 2014;

Schrader, 2014). Hascher (2008, S. 75) beschreibt außerdem noch die semiformelle Diagnostik und versteht sie als „[...] Gesamtheit aller diagnostischen Tätigkeiten, die nicht den Kriterien der formellen Diagnostik genügen, aber nicht nur zu impliziten Urteilen führen". Führt die Lehrkraft beispielsweise gezielte Beobachtungen durch, aber verwendet dabei keine erprobten Methoden, dann liegt eine semiformelle Diagnostik vor (Hascher, 2008).

Mit Hilfe der festgestellten Diagnosen kann, wie bereits angedeutet, eine individuelle Förderung des Lernenden stattfinden, die nach Hasselhorn, Decristan und Klieme (2019, S. 375) folgendermaßen definiert ist: „Individuelle Förderung wird [...] als pädagogisches Handeln mit der Absicht aufgefasst, die Kompetenzentwicklung jedes einzelnen Lernenden unter konsequenter Berücksichtigung individueller Voraussetzungen zu unterstützen". Um sie im Unterricht zu realisieren, lassen sich die Unterrichtsstrategien Mastery Learning, Adaptive Teaching sowie Scaffolding unterscheiden (Hasselhorn et al., 2019). Kretschmann (2004, S. 210) zufolge sind Diagnosen „[...] wertlos, mitunter sogar kontraproduktiv [...]", wenn der Lernende keine Lernangebote erhält, die an die diagnostizierte Lernausgangslage angepasst sind.

Innerhalb der pädagogischen Diagnostik lassen sich die Status- und die Prozessdiagnostik unterscheiden (Horstkemper, 2006; Leutner, 2010; von Aufschnaiter et al., 2015), die in den nächsten zwei Abschnitten präsentiert werden. Dabei ist die Darstellung der Prozessdiagnostik in Abschnitt 1.2 ausführlicher, denn sie nimmt in der vorliegenden Studie eine zentrale Stellung ein.

1.1 Statusdiagnostik

Die Statusdiagnostik, die von Ingenkamp und Lissmann (2008) auch als Ergebnisdiagnostik bezeichnet wird, fokussiert die Erfassung einer aktuellen Kompetenz bzw. einer aktuellen Merkmalsausprägung (von Aufschnaiter et al., 2015), wobei manche Autoren die Auffassung vertreten, dass es sich hierbei um „[...] die Erfassung relativ stabiler Personenmerkmale [...]", wie zum Beispiel Intelligenz, handelt (Horstkemper, 2006; Leutner, 2010; Schrader, 2011, S. 684). Nach Ingenkamp und Lissmann (2008, S. 32) ist sie unentbehrlich, „[...] wenn sich der Lehrer über den Lernerfolg in umfangreichen Lerneinheiten informieren will, wenn er wissen will, was nach einer gewissen Zeit noch beherrscht wird, wenn er Schüler vor unterschiedlichen Bildungswegen beraten soll [und] wenn Berechtigungen vergeben werden müssen." Obwohl diverse Autoren die Ansicht vertreten, dass die Statusdiagnostik eher das Ziel der Selektion verfolgt (siehe Horstkemper (2006), Siemes (2012)), sind von Aufschnaiter et al. (2015) der Auffassung, dass sie auch der Ausgangspunkt für eine anschließende Förderung des Lernenden sein kann (siehe Abbildung 1.1, (b)). Im englischsprachigen Raum lassen sich die adäquaten Bezeichnungen summatives Assessment oder auch assessment of learning finden, die eine abschließende Beurteilung von lernrelevanten Merkmalen, wie zum Beispiel der Schülerleistung, fokussieren und das Ziel der Notengebung bzw. der Selektion verfolgen (Birenbaum et al., 2006; Glogger-Frey & Herppich, 2017; Maier, 2010; Philipp, 2018; Schütze et al., 2018; von Aufschnaiter et al., 2015). Die Denkprozesse und Vorgehensweisen der Lernenden stehen während der Statusdiagnostik jedoch nicht im Zentrum (Wessolowski, 2012). Sie werden im Rahmen der Prozessdiagnostik betrachtet, die im nächsten Abschnitt erläutert wird.

1.2   Prozessdiagnostik

Hinsichtlich des Begriffes der Prozessdiagnostik lassen sich in der Literatur zwei Erklärungen finden, denn zum einen steht der Lösungsprozess beim Bearbeiten einer Aufgabe im Fokus (siehe von Aufschnaiter et al. (2015)) und zum anderen wird dieser Begriff für „ […] die Erfassung von Verläufen und Veränderungen bei modifizierbaren Merkmalen […]" genutzt (siehe Schrader (2014, S. 866)). Diese Erklärungen sollen zunächst beleuchtet werden. Anschließend wird der Begriff des „formativen Assessments" mit dem Begriff der „Prozessdiagnostik" in Verbindung gebracht.

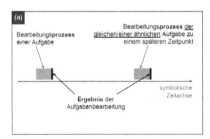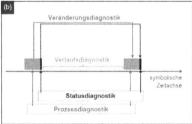

Abbildung 1.1 Aufgliederung nach Aufschnaiter et al. (2015, S. 747)

Die Prozessdiagnostik soll nach von Aufschnaiter et al. (2015, S. 745, Hervorhebung im Original) die Frage klären „[…] *wie* Schüler zu den Lösungen einzelner Aufgaben gelangt sind". Dabei steht der Lösungsprozess im Zentrum der Untersuchung – Wie lange hat der Lernende gebraucht, um die Aufgabe zu bearbeiten? Wie wurden vorhandene Lernmaterialien sowie Wissensressourcen zur Lösung der Aufgabe genutzt? (siehe Abbildung 1.1, (a)). Folglich kann auch festgestellt werden, ob richtige Ergebnisse aus fehlerhaften Prozessen generiert wurden und wo die Defizite des Schülers, beispielsweise beim Lösen der Baustellenaufgabe (siehe Einleitung, Abb. 1), liegen bzw. welche Ursachen und Vorgehensweisen zu den Fehlern geführt haben könnten. Das Ziel „dieser" Prozessdiagnostik ist ferner der Einsatz von Fördermaßnahmen, die spezifisch auf diese Diagnose abgestimmt sind (von Aufschnaiter et al., 2015). Schrader (2008, 2014) verwendet den Begriff der Prozessdiagnostik für die Erhebung von Verläufen und die Veränderung von modifizierbaren Merkmalen bei wiederholten Messungen. Auch Ingenkamp und Lissmann (2008) nutzen den Ansatz der Prozessdiagnostik, um unterrichtliche Abläufe besser zu beurteilen und entsprechend zu beeinflussen, wobei sowohl bei Ingenkamp und Lissmann als auch bei Schrader das Ziel der Förderung des Schülers im Vordergrund steht. Um hier eine klare Differenzierung zu ermöglichen, führen von Aufschnaiter et al. (2015) die Begriffe Veränderungs[1]- und Verlaufsdiagnostik[2] ein (siehe Abbildung 1.1, (b)). Zudem betonen sie, dass die Prozessdiagnostik ihrer Auffassung nach die Prozesse des Denkens und Handelns im Schüler zu einem bestimmten Zeitpunkt thematisiert, aber keine Veränderung im Lernverlauf. In der vorliegenden Arbeit wird das Verständnis der Prozessdiagnostik nach von Aufschnaiter et al. (2015) berücksichtigt.

Das formative Assessment umfasst nach Black und Wiliam (1998, S. 7) „[…] all those activities undertaken by teachers, and/or by their students, which provide information to be used as feedback to modify the teaching and learning activities in which they are engaged." Demnach steht bei dieser lernprozessbegleitenden Beurteilung von Leistungen vor allem das Ziel im Vordergrund, den Unterricht an das Können der Lernenden zu adaptieren und somit das individuelle Lernen zu unterstützen und zu verbessern (Schütze et al., 2018). Nach Wiliam und Thompson (2008, siehe auch Schütze et al., 2018) weist das formative Assessment die folgenden fünf Schlüsselmerkmale auf:

---

[1]Bei der Veränderungsdiagnostik wird die Kompetenzänderung zwischen mindestens zwei Messzeitpunkten analysiert, die eine Interpretation bezüglich Zuwachs, Abnahme oder Stagnation ermöglicht. Sie hilft, die Wirksamkeit von Fördermaßnahmen und Interventionsstudien einzuschätzen.

[2]Die Verlaufsdiagnostik umfasst „[…] *alle* Handlungs- und Denkprozesse, die auf den Aufbau bzw. die (Weiter-) Entwicklung einer bestimmten Kompetenz gerichtet sind" (Aufschnaiter et al. (2015, 746, Hervorhebung im Original)). Sie schließt ein, wie die Veränderungen zwischen zwei Messzeitpunkten ablaufen.

1. Verdeutlichen und Aufzeigen der zukünftigen Lernziele
2. Ermittlung des Lernstandes im Unterricht (Leistungsbeurteilung)
3. Lernförderliche Rückmeldung geben
4. Aktivieren der Schüler zur gegenseitigen Hilfe
5. Aktivieren der Schüler selbst als Verantwortliche für das eigene Lernen

Wichtig ist dabei, das formative Assessment nicht auf ein Merkmal zu reduzieren und vor allem die Rückmeldungen an den Lernenden immer zu bedenken. Außerdem gilt nach Schütze et al. (2018) zu berücksichtigen, dass formatives Assessment nur realisiert werden kann, wenn sowohl eine Diagnostik sowie entsprechende Rückmeldungen stattfinden als auch Lehrkräfte und Lernende als Akteure handeln. Demnach ist das Verständnis der Prozessdiagnostik nach von Aufschnaiter et al. (2015) auch ein Teil des formativen Assessments, da es die Analyse des Lösungsprozesses des Schülers beim Bearbeiten einer Aufgabe fokussiert und das Ziel hat, den Schüler entsprechend zu fördern, was im Grunde mit entsprechenden Rückmeldungen einhergeht. Das formative Assessment, auch assessment for learning genannt, bildet das Gegenstück zum summativen Assessment (assessment of learning) und dient, wie bereits dargelegt, der Lernförderung (Birenbaum et al., 2006; Glogger-Frey & Herppich, 2017; Schütze et al., 2018). Denn beim formativen Assessment fordert die Lehrkraft beispielsweise den Schüler auf, seinen Lösungsweg zu erklären, oder stellt Nachfragen, wodurch es möglich ist, das Verständnis des Schülers sowie das Vorhandensein von Fehlkonzepten einzuschätzen und eine entsprechende Rückmeldung bzw. Unterstützung im nächsten Lehr-Lernschritt anzubieten (Glogger-Frey & Herppich, 2017; Herppich, Wittwer, Nückles & Renkl, 2014). Die größte Herausforderung ist jedoch der erhöhte Zeitaufwand, den das formative Assessment benötigt (Schütze et al., 2018).

Nach Shavelson et al. (2008) kann der Planungs- und Formalitätsgrad des formativen Assessments von einem „On the-Fly Formative Assessment" über ein „Planned-for-Interaction Formative Assessment" bis zu einem "Embedded-in-the-Curriculum Formative Assessment" reichen (siehe Abbildung 1.2), wobei stets entsprechende Rückmeldungen an die Lernenden generiert werden.

Bei dem „On-the-Fly Formative Assessment" stößt die Lehrkraft spontan in einer Unterrichtssequenz auf eine Fehlvorstellung bei einem Schüler und adaptiert just in dem Moment entsprechend den Unterricht durch gezieltes Verhalten. Innerhalb des „Planned-for-Interaction Formative Assessment" plant die Lehrkraft während einer Unterrichtssequenz, durch wohlüberlegte und lernzielorientierte Fragen, Informationen über den Lernstand des Schülers und dessen Vorstellungen zu erhalten. Das „Embedded-in-the-Curriculum Formative Assessment" ist

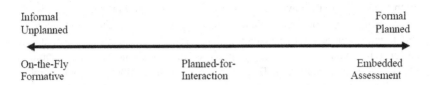

Abbildung 1.2 Grad der Planung und der Formalität des formativen Assessments nach Shavelson et al. (2008, S. 300)

bereits in den Lehrplan eingebettet und befindet sich meistens an sogenannten Knotenpunkten, um der Lehrkraft zu zeigen, was ein Schüler bisher erreicht hat und was er noch lernen muss (Shavelson et al., 2008). Grundsätzlich gilt nach Glogger-Frey und Herppich (2017, S. 45), dass Methoden, „[…] die das Aufdecken von Schülerdenken und Verständnis ermöglichen […]“, dem formativen Assessment zugeordnet werden können. Bisher fanden jedoch formative, lernprozessorientierte Perspektiven nur selten Berücksichtigung in der Forschung zur diagnostischen Kompetenz von Lehrkräften und sollten in zukünftigen Modellbildungen nach Glogger-Frey und Herppich (2017) mehr Aufmerksamkeit erhalten. Black und Wiliam (1998) zufolge hat sich das formative Assessment als effektiv für den Lernerfolg von Schülern erwiesen. Jedoch berücksichtigten Black und Wiliam (1998) bei ihrem literarischen Review sehr heterogene Studien, weshalb die Auswirkung des formativen Assessments auf den Lernerfolg der Schüler gegebenenfalls überbewertet wird (Bennett, 2011). Aus diesem Grund führten Rakoczy, Pinger, Hochweber, Schütze und Besser (2018, 2019) eine Studie zum formativen Assessment durch und konnten direkte Effekte des formativen Assessments auf die wahrgenommene Nützlichkeit des Feedbacks, die Selbstwirksamkeitserwartung der Lernenden sowie deren Interesse (marginal signifikant) nachweisen. Hingegen ergaben sich keine direkten Effekte auf die Leistungen der Schüler. Weiterhin zeigte sich, dass das formative Assessment zum einen einen indirekten Effekt auf das Interesse der Schüler, unter Berücksichtigung der wahrgenommenen Nützlichkeit des Feedbacks, hatte und zum anderen einen indirekten Effekt auf die Schülerleistung, unter Berücksichtigung der Selbstwirksamkeitserwartung der Schüler (marginal signifikant) (Rakoczy et al., 2019). Durch diese Ergebnisse wird die Bedeutsamkeit der lernprozessbegleitenden Beurteilung sowie des entsprechenden Feedbacks für die Lernenden nochmals bestärkt.

Dieses Kapitel hat gezeigt, dass die diagnostischen Tätigkeiten einer Lehrkraft umfangreich sind. Jedoch ist eine Diagnostik, wie bereits dargestellt, notwendig, um beispielsweise die Lernvoraussetzungen zu ermitteln, den Lernfortschritt zu

kontrollieren, die Lernschwierigkeiten zu erfassen oder den Lernprozess des Schülers zu beurteilen, um anschließend adäquate pädagogische Entscheidungen zu
treffen und somit die Kompetenzentwicklung des Schülers entsprechend zu unterstützen (Hasselhorn et al., 2019; Herppich et al., 2017; Klauer, 1982; Schrader,
2014). Um die diagnostischen Tätigkeiten erfolgreich ausführen zu können, muss
die Lehrkraft allerdings gute diagnostische Kompetenzen besitzen, die bei den
Lehrkräften insgesamt in den letzten Jahrzehnten vielfach kritisiert wurden (Praetorius, Lipowsky & Karst, 2012). Mit ihr setzt sich das nächste Kapitel intensiv
auseinander.

Diagnostische Kompetenz 2

Das Kapitel 2 fokussiert die diagnostische Kompetenz einer Lehrkraft und soll dazu beitragen, die bisherige Forschung und deren Erkenntnisse besser zu verstehen. Daher gibt der Abschnitt 2.1 zunächst einen Einblick in die begriffliche Entwicklung der diagnostischen Kompetenz – von der Gleichsetzung mit der Urteilsakkuratheit über die Berücksichtigung der zugrundeliegenden Wissensbasis durch das Konzept der diagnostischen Expertise bis hin zur Erweiterung des diagnostischen Kompetenzbegriffes. Weiterhin werden in Abschnitt 2.2 die diversen Ansätze zur Modellierung der diagnostischen Kompetenz – die Urteilsgenauigkeit (2.2.1), der diagnostische Prozess (2.2.2) und die Kompetenzmodellierung (2.2.3/2.2.4) – kontrastiert. Hierbei wird trotz dessen aufgezeigt, dass die diagnostische Kompetenz als fundamental für die Unterrichtsqualität gilt. Vor allem auf Grundlage der Kompetenzmodellierung lässt sich im Anschluss die Fehler-Ursachen-Diagnosekompetenz definieren.

2.1 Modifikation und Erweiterung des diagnostischen Kompetenzbegriffes

Weinert (2000) zufolge ist die diagnostische Kompetenz eine von vier zentralen Kompetenzen, um gut zu unterrichten und in diversen Situationen gegenüber verschiedenen Schülern pädagogisch-psychologisch entsprechend zu handeln. Nach Schrader (2006, S. 95) bezeichnet die diagnostische Kompetenz, im Englischen auch „diagnostic competence" oder „accuracy of judgment" genannt, „[...] die Fähigkeit eines Urteilers, Personen zutreffend zu beurteilen". Sie wird dadurch mit der Genauigkeit von Urteilen gleichgesetzt, das heißt mit der Übereinstimmung zwischen Urteilen der Lehrkraft und den tatsächlichen Ausprägungen des

N. Hock, *Förderung von diagnostischen Kompetenzen*, Mathematikdidaktik im Fokus, https://doi.org/10.1007/978-3-658-32286-1_2

Schülermerkmals, welches eingeschätzt werden soll (Praetorius et al., 2012).
Weinert (2000) nimmt in seiner Definition zur diagnostischen Kompetenz die
Beurteilung von Kenntnisstand, Lernfortschritt und Leistungsproblemen der Lernenden sowie die Einschätzung der Schwierigkeit von Lernaufgaben noch stärker
in den Blick. Lange Zeit wurde die diagnostische Kompetenz lediglich durch
die Beurteilung von Schülerleistungen erhoben (siehe Schrader und Helmke
(1987), Schrader, Helmke, Hosenfeld, Halt und Hochweber (2006)). Spinath
(2005) hingegen untersuchte die diagnostische Kompetenz auch hinsichtlich der
Einschätzung von nichtkognitiven Schülermerkmalen, wie Lernmotivation oder
Schulängstlichkeit. Allein ihre Studie konnte belegen, dass es nicht die eine
diagnostische Kompetenz gibt und eigentlich der Plural – diagnostische Kompetenzen – verwendet werden sollte (siehe auch Brunner, Anders, Hachfeld und
Krauss (2011)). Denn eine Lehrkraft, die die Leistungsängstlichkeit ihrer Lernen-
den gut einschätzt, kann nicht automatisch auch die Lernmotivation gut beurteilen
(Spinath, 2005). Ferner fiel die diagnostische Kompetenz derselben Lehrkraft in
verschiedenen Schulfächern unterschiedlich aus (C. Lorenz & Artelt, 2009). Die
Ergebnisse von Binder et al. (2018) verdeutlichten zudem, dass unterschiedliche
Einschätzungen unterschiedlicher diagnostischer Kompetenzen[1] bedürfen. Dem-
nach ist die diagnostische Kompetenz nicht universal, sondern bereichsspezifisch
(Karing, 2009; Karst, 2012; C. Lorenz & Artelt, 2009; C. Lorenz & Karing, 2011;
McElvany et al., 2009; Spinath, 2005).

Zunächst wurde die diagnostische Kompetenz von Lehrkräften, wie bereits
beschrieben, sehr einseitig – lediglich durch die Übereinstimmung von Einschätzung und tatsächlichem Merkmal – analysiert, wobei die individuellen
Vorstellungen und Verständnisprozesse sowie deren Bezug zur kognitiven Entwicklung der Lernenden keine Berücksichtigung fanden (Bromme, 1997; Moser
Opitz & Nührenbörger, 2015). Nach Bromme (2008, S. 164) gehört zur diagnostischen Kompetenz jedoch nicht nur die formalisierte Beurteilung von Schülern in
Form von Notengebungen, „ebenso wichtig ist die Lehrerwahrnehmung der individuellen Fehlvorstellungen, Lernstrategien und Verständnisschwierigkeiten und
ihr Bezug zur kognitiven Entwicklung der Schüler […]". Helmkes (2007, 2012)
Ziel war es, die Beschränkung auf Fragen der Urteilsgenauigkeit bei der Erhebung
der diagnostischen Kompetenz zu überwinden. Aus diesem Grund führte er das
Konzept der diagnostischen Expertise ein: „*Expertise* ist das umfassendere Konzept; sie beinhaltet sowohl *methodisches und prozedurales Wissen* (Verfügbarkeit
von Methoden zur Einschätzung von Schülerleistungen und zur Selbstdiagnose)

---

[1]Anmerkung: Binder et al. (2018) verwenden den Begriff diagnostische Fähigkeiten. Zur
besseren Lesbarkeit wird hier jedoch der Kompetenzbegriff verwendet.

als auch *konzeptuelles Wissen* (Kenntnis von Urteilstendenzen und –fehlern)."
(Helmke, 2012, S. 119, Hervorhebung im Original). Er war der Überzeugung,
dass eine fundierte Wissensbasis notwendig ist, um eine Person zutreffend zu
beurteilen und demnach diagnostische Kompetenz aufzuweisen.
Ein Vergleich mit der Kompetenzdefinition nach Klieme und Leutner (2006)
(siehe Unterabschnitt 2.2.3) lässt Zweifel aufkommen, ob die diagnostische Kompetenz wirklich mit der Urteilsgenauigkeit gleichgestellt werden kann. Nach
Praetorius et al. (2012) ist der Abgleich des Lehrerurteils mit der Merkmalsausprägung der Lernenden nicht ausreichend, um den Kompetenzbegriff
zu verwenden, da keine Berücksichtigung des unterrichtlichen Kontextes und
der unterrichtlichen Anforderungen stattfindet. Schrader (2014, S. 865) erweitert später seine eingeschränkte Definition und bezeichnet „die Gesamtheit der
zur Bewältigung dieser Diagnoseaufgaben erforderlichen Fähigkeiten [...]" als
diagnostische Kompetenz. Die wahrgenommenen Veränderungen bezüglich der
Erforschung der diagnostischen Kompetenz beschreibt er folgendermaßen:

> Während früher Fragen der Beurteilung und Bewertung von Lernergebnissen im
> Vordergrund standen, richtet sich der Blick gegenwärtig stärker auf die Nutzung der
> Diagnostik für die Unterrichtsgestaltung, die Steuerung des Lehr-Lern-Prozesses
> und die Unterrichtsentwicklung. Diagnostische Kompetenz wird häufig mit der
> Fähigkeit gleichgesetzt, genaue diagnostische Urteile abzugeben (Schrader, 2011).
> Daneben rücken aber Fragen, die den Urteilsprozess und die Urteilsbildung betref-
> fen, zunehmend in den Blickpunkt wissenschaftlichen Interesses (Artelt & Gräsel,
> 2009). (Schrader, 2013, S. 155)

Der Wunsch, den diagnostischen Kompetenzbegriff über die Urteilsgenauigkeit
hinaus zu erweitern, kollidiert jedoch mit der Messbarkeit (Praetorius et al., 2012).
Bisher existiert zudem auch noch kein einheitliches, fundiertes und empirisch
überprüftes Modell zur diagnostischen Kompetenz (Praetorius & Südkamp, 2017;
Schrader, 2011). Denn die Operationalisierung der diagnostischen Kompetenz
stellt eine komplexe Aufgabe dar, da mit ihr der Versuch unternommen wird,
alle Diagnoseleistungen abzudecken, die von der Lehrkraft in diagnostischen
Situationen notwendig sind (Schrader, 2017). Die bisherigen Forschungsansätze
zur Erfassung der diagnostischen Kompetenz werden nun im nächsten Abschnitt
gegenübergestellt.

2.2   Forschungsansätze zur Erfassung der diagnostischen Kompetenz

Ein Großteil der bisherigen Untersuchungen setzt die diagnostische Kompetenz mit der Urteilsgenauigkeit bzw. Akkuratheit von Lehrerurteilen gleich, worauf in Unterabschnitt 2.2.1 eingegangen wird. Ferner fokussieren andere Untersuchungen den diagnostischen Prozess, der zu einer Diagnose führt, wobei sich hier zwei Herangehensweisen unterscheiden lassen: entweder wird der gesamte Diagnoseprozess beschrieben oder es wird konkret untersucht, wie die Informationsverarbeitung im diagnostischen Prozess abläuft (Unterabschnitt 2.2.2) (Förster & Karst, 2017; von Aufschnaiter et al., 2015). In der Literatur wurden diese zwei Forschungszugänge, beispielsweise bei Artelt und Gräsel (2009), eher als Kontrast betrachtet. Es könnte jedoch gewinnbringend für die Forschung bezüglich der diagnostischen Kompetenz sein, sie nicht als Gegensätze anzusehen, sondern sie als „[…] zwei verschiedene, aber gleichermaßen zentrale Aspekte von Diagnostik" aufzufassen (von Aufschnaiter et al., 2015, S. 741). Ein weiterer Zugang ist die Kompetenzmodellierung (T. Leuders, Leuders & Philipp, 2014), bei dem die diagnostische Kompetenz entweder in ein Modell der professionellen Kompetenz integriert sein kann (Unterabschnitt 2.2.3) oder ein eigenes Modell zur diagnostischen Kompetenz entwickelt wird (Unterabschnitt 2.2.4) (von Aufschnaiter et al., 2015). Eine Modellierung als eigenständiges Konstrukt liegt vor allem dann vor, wenn die diagnostische Kompetenz „den Kerngegenstand der Forschung" darstellt (von Aufschnaiter et al., 2015).

Trotz der unterschiedlichen Forschungsansätze wird die diagnostische Kompetenz als wesentlich für die Unterrichtsqualität wahrgenommen (T. Leuders, Dörfler, Leuders & Philipp, 2018; Philipp, 2018). Denn mit ihrer Hilfe können Informationen über Lernvoraussetzungen, Lernvorgänge und Lernergebnisse der Lernenden gewonnen werden, die dann bei pädagogischen Entscheidungen, wie Versetzungen, Notengebung, Unterrichtsadaption und individueller Unterstützung von Lernenden, adäquate Anwendung finden (E. Beck et al., 2008; S. Bruder, Klug, Hertel & Schmitz, 2010; Hasselhorn et al., 2019; T. Leuders et al., 2018; McElvany et al., 2009; Praetorius et al., 2012; Praetorius & Südkamp, 2017; Schrader, 2013; Südkamp, Möller & Pohlmann, 2008).

In den nächsten Unterabschnitten werden diese Forschungsansätze zur diagnostischen Kompetenz kontrastiert und entsprechende Forschungsergebnisse dargestellt bzw. auf diese verwiesen.

2.2.1 Ansatz 1: Die Urteilsgenauigkeit

Schrader (2006, S. 95) definiert die diagnostische Kompetenz, wie bereits in Abschnitt 2.1 dargestellt, als „[...] die Fähigkeit eines Urteilers, Personen zutreffend zu beurteilen" und verwendet den Begriff der Urteilsgenauigkeit. Spinath (2005) benutzt den Begriff Urteilsakkuratheit bzw. Akkuratheit von Lehrerurteilen als Synonym. Dieser methodische Ansatz bildet die Grundlage für zahlreiche Forschungsvorhaben und Artikel in der Vergangenheit (siehe Hoge und Coladarci (1989); Südkamp, Kaiser und Möller (2012)). Mit Hilfe der Gütekriterien Objektivität, Reliabilität und Validität kann die Qualität diagnostischer Urteile eingeschätzt werden (Helmke, Hosenfeld & Schrader, 2004; Helmke, 2007, 2012; Schrader, 2008), wobei in der Urteilsforschung neben diesen drei benannten Gütekriterien noch die Veridikalität (Urteilsgenauigkeit) angegeben wird, die theoretisch nur ein Sonderfall der kriterienbezogenen Validität darstellt, denn sie gibt die Übereinstimmung zwischen dem zu beurteilenden Merkmal und dem Urteil wieder (Helmke et al., 2004; Schrader, 2008). „Der Grad an Übereinstimmung zwischen Lehrerurteil und Schülerleistung wird dann als Indikator für die diagnostische Kompetenz des urteilenden Lehrers gesehen" (Helmke et al., 2004, S. 120). Anstatt eines globalen Übereinstimmungsmaßes werden drei verschiedene Komponenten der Urteilsgenauigkeit unterschieden, was in Anlehnung an Cronbach (1955) geschieht (Schrader & Helmke, 1987; Schrader, 2008). Die Rangkomponente gibt die Fähigkeit wieder, wie genau die Lehrkraft die Rangfolge der Schüler bezüglich einer Merkmalsausprägung korrekt darlegen kann (Spinath, 2005). Sie stellt das Kernstück der diagnostischen Kompetenz dar und wird auch als diagnostische Sensitivität bezeichnet (McElvany et al., 2009; Schrader, 2013). Mit Hilfe eines Korrelationskoeffizienten wird die tatsächliche Rangfolge der Schüler mit der eingeschätzten Rangfolge verglichen (Helmke et al., 2004). Innerhalb der Korrelationsberechnung wird jedoch nicht berücksichtigt, inwiefern die Lehrkraft die zutreffenden Merkmalsausprägungen sowie die Unterschiede zwischen den Lernenden unter- oder überschätzt. Daher ist es notwendig, weitere Komponenten, wie die Niveau- und die Differenzierungskomponente, zu berücksichtigen (Praetorius, Greb, Lipowsky & Gollwitzer, 2010). Die Niveaukomponente sagt aus, ob die Lehrkraft das Schülermerkmal richtig, zu niedrig oder zu hoch einschätzt (Helmke et al., 2004). Die Differenzierungskomponente bezieht sich auf die Gegenüberstellung der Streuung der real vorkommenden Merkmale der Lernenden mit den zugehörigen Lehrereinschätzungen und spiegelt die eingeschätzte Heterogenität durch die Lehrkraft bezüglich dem zu betrachtenden Merkmal wider (Helmke et al., 2004; Praetorius et al.,

2012). In vielen Studien wird jedoch nur von einer Auswahl dieser Akkurat-
heitsmaße berichtet, wodurch die Vergleichbarkeit der Studien eingeschränkt ist
(Spinath, 2005). Spinath (2005) hatte in ihrer Untersuchung alle drei Komponenten für ein Merkmal erhoben und sowohl die Korrelation der Komponenten
untereinander bezüglich eines Merkmals, als auch die Korrelationen der jeweiligen Komponente über mehrere Merkmale erforscht. Sie konnte jedoch keine
bedeutsamen Korrelationen feststellen (Spinath, 2005).

     Die Forschungsergebnisse zur diagnostischen Kompetenz einer Lehrkraft im
Rahmen der Urteilsgenauigkeit sind umfangreich und zugleich sehr heterogen.
Meistens stehen die Leistungsmerkmale oder die nicht-kognitiven Merkmalen der
Lernenden im Mittelpunkt. Neben den personenbezogenen Einschätzungen analysieren manche Untersuchungen auch die Einschätzung von Aufgabenmerkmalen
sowie die Verbindung von aufgaben- und personenbezogenen Einschätzungen.
Da in der vorliegenden Arbeit die diagnostische Kompetenz nicht im Sinne der
Urteilsgenauigkeit betrachtet wird, wird an dieser Stelle lediglich auf die folgenden Artikel und deren Befunde verwiesen: Hoge und Coladarci (1989), Südkamp
et al. (2012), Artelt, Stanat, Schneider und Schiefele (2001), Hosenfeld, Helmke
und Schrader (2002), Schrader und Helmke (1987), Schrader und Helmke et al.
(2006), Urhahne et al. (2010), Feinberg und Shapiro (2009), Südkamp, Möller
und Pohl (2008), Karing (2009), Brunner et al. (2011), Spinath (2005), Praetorius et al. (2010), Ophuysen (2009), McElvany et al. (2009), Karing und Artelt
(2013), Karing, Pfost und Artelt (2011), Lehmann et al. (2000), Schrader (1989),
Karst, Schoreit und Lipowsky (2014), Helmke und Schrader (1987), Binder et al.
(2018).

     Die Erhebung der diagnostischen Kompetenz durch die Urteilsakkuratheit
weist außerdem Limitationen auf, denn jede Urteilskomponente besitzt Ein-
schränkungen. „Die Rangkomponente hat den Nachteil, dass sie auch dann hoch
ausfällt, wenn eine Lehrperson die Schüler absolut betrachtet falsch einschätzt,
die eingeschätzte Rangreihe der Schüler mit der tatsächlichen jedoch weitgehend übereinstimmt" (Praetorius et al., 2012, S. 122). Die Niveaukomponente
befindet sich auch in Optimumsnähe, wenn einige Lernende überschätzt und
einige Lernende unterschätzt werden. Die Differenzierungskomponente schließlich kann ebenfalls hoch ausfallen, wenn die Streuung gut eingeschätzt wird,
aber die Mittelwerte nicht übereinstimmen (Praetorius et al., 2012). Weiterhin
existieren keine Kennwerte bzw. Richtlinien, ab wann von einer hohen oder niedrigen Urteilsgenauigkeit gesprochen werden kann (Spinath, 2005). Zudem ist
die Urteilsakkuratheit lediglich für die Einschätzung einzelner, isolierter Merkmale brauchbar, denn sie versagt bei der Abgabe von komplexen Urteilen,
bei denen unterschiedliche Informationen integriert werden müssen (Ophuysen,

2010). Außerdem ist ungewiss, inwieweit die Operationalisierung der diagnostischen Kompetenz als Urteilsakkuratheit für den aktuellen Unterrichtsalltag tatsächlich relevant ist (Abs, 2007; Baumert & Kunter, 2013; Praetorius & Südkamp, 2017). Aufschnaiter et al. (2015) zufolge bezieht sich die Urteilsgenauigkeit beispielsweise nur auf die Statusdiagnostik (siehe Abschnitt 1.1), vermittelt dadurch ein zu statisches Bild der schulischen Realität und geht dabei unter anderem zu wenig auf die Prozessdiagnostik (siehe Abschnitt 1.2) ein.

Der zweite Ansatz, der im nächsten Unterabschnitt erläutert wird, untersucht den diagnostischen Prozess, der am Ende zu einer Diagnose führt und durchaus auch beeinflusst werden kann.

2.2.2 Ansatz 2: Auseinandersetzung mit dem diagnostischen Prozess

Gemäß Klug, Bruder, Kelava, Spiel und Schmitz (2013) ist unklar, welche Folgen akkurate Urteile hinsichtlich Schülerleistungen oder Aufgabenschwierigkeit haben können, da sie keinerlei hilfreiche Informationen enthalten, an welcher Stelle die Lehrkraft beispielsweise ihren Unterricht verändern könnte oder wie sie die Entwicklung der Schüler individuell unterstützen und fördern kann. Ferner wurde in der Vergangenheit oft darauf aufmerksam gemacht, dass die Notengebung in Deutschland – und demnach das Urteil – nicht den Gütekriterien genügt, die für eine zuverlässige, objektive und valide Diagnose gelten sollten (siehe Ingenkamp (1985), Ingenkamp und Lissmann (2008), Jäger (2009)). Unter welchen Bedingungen treten Urteilsverzerrungen im Diagnoseprozess auf bzw. nicht auf und wie könnte man diese Verzerrungen abbauen, um beispielsweise eine verzerrungsarme Notengebung zu stärken (Dünnebier, Gräsel & Krolak-Schwerdt, 2009)? Um diese Fragen zu beleuchten, ist es notwendig, den diagnostischen Prozess in den Fokus zu stellen und den Entstehungsprozess des diagnostischen Urteils bzw. der Diagnose nicht als Blackbox zu betrachten (siehe Karst und Förster (2017)). In der Forschung existieren dafür zwei Herangehensweisen – entweder wird der komplette Diagnoseprozess beschrieben (siehe Heinrichs (2015); Klug et al. (2013), Philipp (2018), Beretz, Lengnink und von Aufschnaiter (2017)) oder sich mit der Informationsverarbeitung im diagnostischen Prozess auseinandergesetzt (siehe Dünnebier et al. (2009), Krolak-Schwerdt, Böhmer und Gräsel (2009), Böhmer, Hörstermann, Gräsel, Krolak-Schwerdt und Glock (2015)). Auf die zuerst genannte Herangehensweise wird an dieser Stelle näher eingegangen. Die zweite Herangehensweise wird anschließend, da sie in der vorliegenden Arbeit keine Bedeutung hat, nur in ihren Grundzügen dargestellt.

Jäger (2006, 2007) entwickelt ein Modell zum Ablauf des diagnostischen Prozesses, welches aus fünf Schritten besteht. Ausgangspunkt ist eine Fragestellung, die am Ende des diagnostischen Prozesses beantwortet werden soll:

- Entwicklung einer Fragestellung und entsprechende Präzisierung,
- Hypothesengenerierung,
- Gewinnung von diagnostischen Daten,
- diagnostische Urteilsbildung und
- die abschließende Diagnose (Jäger, 2006, 2007).

Auch bei Beretz et al. (2017) umfasst der diagnostische Prozess fünf Komponenten, wobei die erste Komponente dem dritten Schritt bei Jäger (2006, 2007) entspricht und der vierte Schritt bei Jäger in Beretz´ Modell mehrere Komponenten berücksichtigt (siehe Abbildung 2.1).

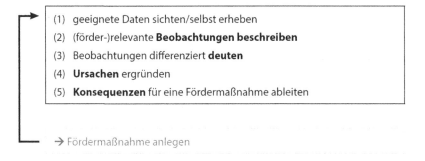

Abbildung 2.1 Komponenten des diagnostischen Prozesses nach Beretz et al. (2017, S. 151)

Nachdem die geeigneten Daten erhoben wurden (1), werden die förderrelevanten Beobachtungen beschrieben (2) und unter Berücksichtigung theoretischer Elemente sowie Kriterien differenziert gedeutet (3). Anschließend werden Ursachen ergründet, die zu dem Verhalten geführt haben könnten (4) und am Ende werden aus den Beobachtungen, Deutungen und Ursachenvermutungen Konsequenzen für eine entsprechende Fördermaßnahme abgeleitet (5). Der Entwurf von Fördermaßnahmen gehört jedoch nicht mehr zum diagnostischen Prozess, was auch durch die Abbildung nochmals verdeutlicht wird. Diese „Auslagerung" geht mit der Überlegung einher, dass Lehramtsstudierende zunächst überfordert sein könnten, wenn sie sowohl diagnostizieren als auch fördern müssten, weshalb Beretz et al. (2017) die Meinung vertreten, in der universitären Phase der Lehrerbildung eine Komponente – entweder die Diagnostik oder die Förderung – zu fokussieren. Obwohl die Förderabsicht das Ziel der Diagnostik bildet, kann sie auch gleichzeitig der Ausgangspunkt für eine erneute Diagnostik sein, weshalb dieser diagnostische Prozess, wie auch der als nächstes beschriebene von Klug et al. (2013), einen zyklischen Charakter aufweist (Beretz et al., 2017).

Klug et al. (2013) stützen sich auf Jägers Überlegungen (2006, 2007) und beschreiben drei Teilschritte in dem Diagnoseprozess, der außerdem die anschließende Förderung berücksichtigt. Mit Hilfe des entwickelten und evaluierten Modells wollen Klug et al. (2013) den Prozess des Diagnostizierens von Schülerlernverhalten beleuchten und auch auf die Verwendung der Diagnose für die individuelle Unterstützung der Lernenden sowie eine entsprechende Unterrichtsanpassung aufmerksam machen. Die Abbildung 2.2 zeigt das Prozessmodell von

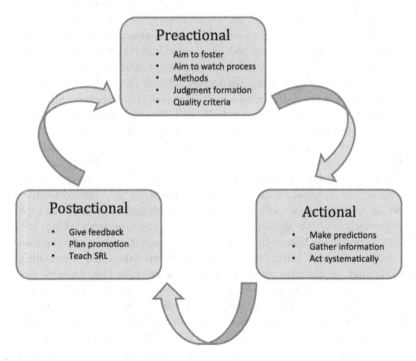

Abbildung 2.2 Prozessmodell nach Klug et al. (2013, S. 39)

Klug et al. (2013) und dessen Einteilung in die drei zyklischen Phasen des Diagnoseprozesses: präaktional, aktional und postaktional.

In der präaktionalen Phase erfolgen die Vorbereitung der diagnostischen Handlungen, die Festlegung des Diagnoseziels und die Aktivierung diagnostischen Wissens, auch hinsichtlich Methoden der Informationsgewinnung. Die aktionale Phase ist gekennzeichnet durch systematische diagnostische Handlungen. Durch den Einsatz verschiedener Methoden werden Informationen gesammelt und anschließend ausgewertet und interpretiert. In der postaktionalen Phase stehen die pädagogischen Anschlusshandlungen, wie Feedback, Elternberatung, adaptiver Unterricht oder das Schreiben von Förderplänen, im Mittelpunkt, die nach der festgestellten Diagnose ablaufen. Die zyklische Darstellung des Prozessmodells betont die Verknüpfung der Phasen, denn durch Reflexionen können Erkenntnisse für den anschließenden Diagnoseprozess gewonnen werden (Klug, 2017). Klug et al. (2013) konnten empirisch belegen, dass das dreidimensionale Modell besser zu den erhobenen Daten passt als ein ein- oder zweidimensionales Modell und die Berücksichtigung der Teilschritte bei der Urteilsbildung zu akkuraten Diagnosen führt. Limitierend an der Untersuchung von Klug et al. (2013) ist jedoch die Tatsache, dass nur ein Lernender mit bestimmten Merkmalen innerhalb des Fallszenarios betrachtet wird und aus diesem Grund keine Aussagen möglich sind, wie ein Schüler mit anderen Merkmalen eingeschätzt werden würde (Klug, 2017). Ferner untersuchten Klug, Bruder und Schmitz (2015) die Auswirkungen der Prädiktoren Wissen, Reflexion von Erfahrungen, Einstellungen, Motivation und Selbstwirksamkeitserwartung auf die drei Phasen des Diagnoseprozesses und berücksichtigten auch die Auswirkung des professionellen Erfahrungsstandes durch die Probandengruppen „Lehramtsstudierende", „Referendare" und „ausgebildete Lehrkräfte". Die Motivation und das Wissen ausgebildeter Lehrkräfte wirkten sich auf deren diagnostische Kompetenz in der prä- und postaktionalen Phase aus. Interessante Ergebnisse ergaben sich für die Selbstwirksamkeit, denn „je selbstwirksamer sich die Studierenden einschätzten, desto niedrigere Werte erreichten sie im aktionalen Diagnostizieren und umgekehrt" (Klug, 2017, S. 58). Grund dafür könnte eine Selbstüberschätzung sein, da die Lehramtsstudierenden meist noch keine Erfahrung aus der Praxis haben. Gegebenenfalls ist es vorteilhaft, sie zunächst mit einer konkreten Situation zu konfrontieren, damit sie lernen, sich und ihre Kompetenzen angemessen einzuschätzen (Klug et al., 2015). Das Wissen bezüglich Diagnose bildete ferner einen zentralen Prädiktor aller drei Phasen (präaktional, aktional und postaktional) des Diagnoseprozesses bei Lehramtsstudierenden (Klug et al., 2015). Auffällig waren die signifikanten Unterschiede zwischen Lehrkräften und Lehramtsstudierenden hinsichtlich der diagnostischen Kompetenz, die auch zwischen Lehramtsstudierenden und Referendaren auftraten, aber nicht zwischen Referendaren und Lehrkräften. Ursächlich hierfür könnten die Veränderungen in der zweiten Phase der Lehrerbildung sein, die nun unter anderem einen größeren Fokus auf Diagnose legt (Klug et al., 2015). Heinrichs (2015) stützt sich mit ihrem Modell sowohl auf Jäger (2006, 2007) als auch auf Klug et al. (2013), betrachtet jedoch konkret die Fehlerwahrnehmung, die Ursachendiagnose und die Phase des Umgangs mit dem Fehler (siehe Abbildung 2.3).

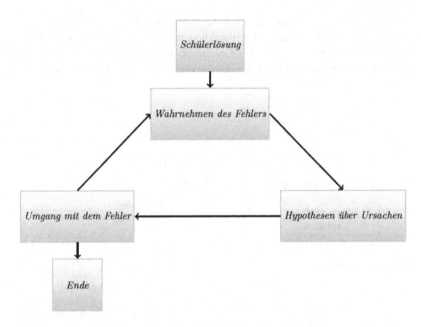

Abbildung 2.3 Fehlerkompetenzmodell nach Heinrichs (2015, S. 66)

Ihre Definition der „fehlerdiagnostischen Kompetenz" untermauert die Abgrenzung zur Urteilsgenauigkeit und fokussiert die Prozessdiagnostik:

> Unter fehlerdiagnostischer Kompetenz wird in Anlehnung an die Begrifflichkeit der pädagogischen Diagnostik diejenige Kompetenz verstanden, die notwendig ist, um basierend auf einer Prozessdiagnostik in Unterrichtssituationen mit informellen bis semi-formellen Methoden zu impliziten Urteilen über Schülerfehler zu kommen und hierzu geeignete Modifikationsentscheidungen auf der Mikroebene zu treffen. (Heinrichs, 2015, S. 60–61)

Wie in der Abbildung 2.3 zu erkennen, nimmt die Lehrkraft zunächst den Fehler wahr, da dieser von der erwarteten Norm abweicht. Anschließend folgt die Phase der Ursachenfindung, die den Kern dieses diagnostischen Prozesses darstellt und auch bei Jäger (2006, 2007) oder Klug et al. (2013) Berücksichtigung findet. Außerdem beachtet Heinrichs (2015) die Phase des Umgangs mit dem Fehler, die sich meist durch eine konkrete Handlung der Lehrkraft äußert. Im Gegensatz zu Klug et al. (2013) lag in Heinrichs´ (2015) Untersuchung eine Überprüfung der Modellpassung nicht im Fokus.

Philipp (2018) setzt sich mit dem diagnostischen Prozess auseinander, der bei Lehrkräften während einer Urteilsbildung abläuft und berücksichtigt ferner das dabei verwendete Wissen. Auf Grundlage theoretischer Überlegungen und empirischer Analysen entwickelt sie das folgende Modell (siehe Abbildung 2.4):

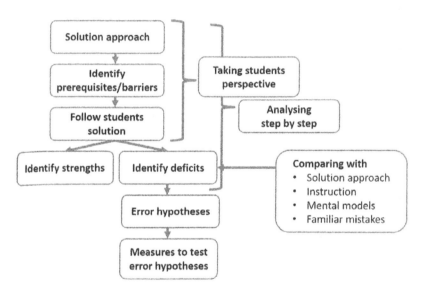

Abbildung 2.4 Modell des diagnostischen Prozesses nach Philipp (2018, S. 123)

Ausgangspunkt des diagnostischen Prozesses bilden nach Philipp (2018) die eigenen Lösungsansätze der Lehrkraft. Anschließend identifiziert diese die notwendigen Voraussetzungen sowie mögliche Aufgabenbarrieren und betrachtet die Argumentationen des Schülers. Dabei stellt die Lehrkraft sowohl die Stärken als auch die Defizite des Schülers fest. Die Gründe für die Schülerfehler werden durch sogenannte „Fehlerhypothesen" ausgedrückt und gegebenenfalls Maßnahmen überlegt, um diese zu überprüfen. Durch die empirischen Analysen waren zudem auch Zusammenfassungen einzelner Schritte des diagnostischen Prozesses erkennbar. Beispielsweise zerlegten manche Lehrkräfte die Schülerlösung oder die Aufgabe, gingen bei der Analyse „Schritt für Schritt" vor und fassten dadurch die ersten vier Schritte des Modells zusammen. Ferner verglichen die Lehrkräfte die Defizite unter anderem mit dem eigenen Lösungsansatz, der Aufgabenstellung oder der Fehlerfamilie (Philipp, 2018).

In den Modellen von Heinrichs (2015) und Philipp (2018) findet eine Prozessdiagnostik im Sinne von von Aufschnaiter et al. (2015) statt (siehe Abschnitt 1.2), denn beide fokussieren den Lösungsprozess des Schülers beim Bearbeiten einer Aufgabe und betrachten das Denken und Handeln des Schülers zu einem bestimmten Zeitpunkt. Klug et al. (2013) hingegen untersuchten eher den Diagnoseprozess bei allgemeinen Schülerlernverhalten, das beispielsweise durch die soziale Umgebung des Schülers beeinflusst werden kann.

Die zweite Herangehensweise in diesem Forschungsansatz setzt sich mit der Informationsverarbeitung im diagnostischen Prozess bzw. Urteilsprozess auseinander (Praetorius & Südkamp, 2017; Schrader, 2009, 2014):

Nach Böhmer et al. (2015) wird in einigen dualen Prozessmodellen der sozialen Urteilsbildung davon ausgegangen, dass Personen sowohl automatische als auch kontrollierte Informationsverarbeitungsstrategien anwenden können. Die automatischen Strategien, wie die kategorienbasierten oder heuristischen Strategien, laufen eher unbewusst und mit weniger kognitiver Kontrolle ab und führen anhand weniger oder einer entscheidenden Information zu einer schnellen Urteilsbildung. Die Informationsverarbeitung bei den kontrollierten Strategien ist kognitiv aufwendiger und läuft bewusster ab, wodurch oftmals genauere Urteile entstehen. Hierbei lassen sich die informationsintegrierende Strategie und die regelbasierte Strategie unterscheiden, wobei die Lehrkraft bei der informationsintegrierenden Strategie alle verfügbaren Informationen über eine Person aufwändig verarbeitet und in das Urteil integriert. Bei der regelbasierten Strategie werden hingegen lediglich die Informationen abgerufen, die nach einer festgelegten Regel für die Urteilsbildung notwendig sind (Böhmer et al., 2015). Befunde bezüglich dieser zweiten Herangehensweise in diesem Forschungsansatz finden sich beispielsweise bei Böhmer et al. (2015), Dünnebier et al. (2009), Krolak-Schwerdt et al. (2009) und Ophuysen (2006).

2.2.3 Ansatz 3: Die diagnostische Kompetenz als Facette der professionellen Kompetenz

Die diagnostische Kompetenz wird von Brunner et al. (2011) als eine Facette der professionellen Kompetenz einer Lehrkraft beschrieben, von Baumert und Kunter (2013) als eine der bekanntesten Komponenten des professionellen Wissens und Könnens von Lehrkräften bezeichnet und von Artelt und Gräsel (2009), Jäger (2009) sowie von Aufschnaiter et al. (2015) als ein wesentlicher Aspekt der Lehrerprofessionalität gedeutet. Aus diesem Grund wird im Folgenden der Zusammenhang der diagnostischen Kompetenz zur professionellen Lehrerkompetenz sowie zur Lehrerprofessionalität dargestellt. Dafür werden zunächst der Kompetenz- als auch der Professionalitätsbegriff sukzessive hergeleitet und am Ende die professionelle Kompetenz nach Baumert und Kunter (2013) definiert und deren Komponenten kurz beschrieben.

Der Begriff Kompetenz gehört zu den 5000 am häufigsten benutzten deutschen Wörtern (Klieme & Hartig, 2007), „[…] von dem *alle* zu wissen glauben, was es meint, von dem es aber *keiner* wirklich weiss [sic]" (Oser, Heinzer & Salzmann, 2010, S. 7, Hervorhebung im Original). Zunächst wurde er in der Weiterbildung und der beruflichen Bildung, später dann auch in der Schul- und Hochschulbildung eingesetzt. Die Anforderungen, die durch den Kompetenzbegriff erfasst werden sollten, wurden im Laufe der Zeit immer komplexer, da auch die Modellierung von Alltagssituationen und die Selbstregulation immer mehr Berücksichtigung fanden (Klieme & Leutner, 2006). Klieme und Leutner (2006, S. 879, Hervorhebung im Original) definieren „[…] Kompetenzen als *kontextspezifische kognitive Leistungsdispositionen*, die sich funktional auf Situationen und Anforderungen in bestimmten *Domänen* beziehen". Der Kompetenzbegriff wurde in der Psychologie als Gegenbegriff zur klassischen Intelligenzforschung entwickelt, denn in dieser werden hauptsächlich Leistungsdispositionen untersucht, die kontextunabhängig und nur begrenzt erlernbar sind (Klieme & Leutner, 2006; Klieme, Maag-Merki & Hartig, 2007). Kompetenzen hingegen sind zum einen kontextabhängig und können zum anderen erlernt sowie durch äußere Einflüsse, wie zum Beispiel Bildung, beeinflusst werden (Klieme & Leutner, 2006; Kunter, Klusmann & Baumert, 2009; Shavelson, 2010). Weiterhin verdeutlicht die Berücksichtigung der jeweiligen Situation den starken Bezug zur Realität, denn „Wissen und Fähigkeiten zu besitzen, ist etwas deutlich anderes als sie in unterschiedlichen Situationen erfolgreich anzuwenden, die oft mehrdeutige, unvorhersagbare und stresserzeugende Elemente enthalten" (Bandura, 1990 übersetzt von Klieme und Hartig (2007, S. 17)). Weinert (2001) erweitert den auf kognitive Leistungsdispositionen beschränkten Kompetenzbegriff durch motivationale und soziale Aspekte und definiert die „Handlungskompetenz" folgendermaßen, wobei die Bewältigung beruflicher Anforderungen im Zentrum steht:

> The theoretical construct of action competence comprehensively combines those intellectual abilities, content-specific knowledge, cognitive skills, domain-specific strategies, routines and subroutines, motivational tendencies, volitional control systems, personal value orientations, and social behaviors into a complex system. Together, this system specifies the prerequisites required to fulfill the demands of a particular professional position [...]. (Weinert, 2001, S. 51)

Der Begriff der Handlungskompetenz umfasst somit sowohl die verfügbaren oder erlernbaren kognitiven Fähigkeiten und Fertigkeiten, um auftretende Probleme lösen zu können, als auch die damit einhergehende Bereitschaft, diese auch wirklich zu lösen bzw. die Problemlösungen in diversen Situationen erfolgreich zu nutzen (Weinert, 2014). Die Kompetenz, die Klieme und Leutner (2006) sowie Weinert (2001) zufolge zunächst die vorhandenen Dispositionen in einem Individuum darstellt, ist jedoch in einer Situation nicht direkt beobachtbar und kann nur indirekt über die sichtbare Performanz, beispielsweise das entsprechende Verhalten zur kompetenten Bewältigung von Anforderungen, erhoben werden (Schott & Azizi Ghanbari, 2012). Da jede Situation Unterschiede aufweist, schlagen Blömeke et al. (2015) vor, die Kompetenz als ein Kontinuum zu betrachten, das die verfügbaren Dispositionen bei den Individuen, den Prozess der Situationsbewältigung selbst (also die Wahrnehmung, Interpretation und Entscheidungsfindung) sowie die gezeigte Performanz berücksichtigt (siehe Abbildung 2.5).

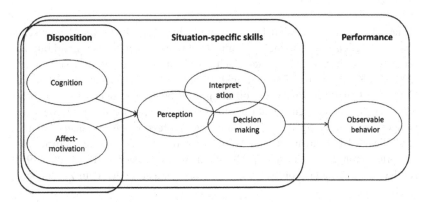

Abbildung 2.5 Kompetenz als Kontinuum nach Blömeke et al. (2015, S. 7)

Auch für Blömeke et al. (2015) gehören zur erfolgreichen Aufgabenbearbeitung nicht nur kognitive Leistungsdispositionen. Geht es beispielsweise darum, als Teammitglied erfolgreich zu arbeiten, muss dieser Teilaspekt auch in einer Kompetenzdefinition enthalten sein. „Thus, any definition of competence should entertain the possibility that competence involves complex cognitive abilities along with affective and volitional dispositions to work in particular situations" (Blömeke et al., 2015, S. 6).

Ein weiterer Begriff, der neben dem Kompetenzbegriff in der Lehrerbildungsforschung Berücksichtigung fand, ist die Professionalität. Nach Terhart (2011, S. 204–205) ist die Übertragung des Professionalitätsbegriffes auf den Lehrerberuf jedoch mit Schwierigkeiten verbunden, da bezüglich des traditionellen Professionsbegriffes zum einen „[...] die von Alltagswissen und Alltagskompetenzen abgegrenzte spezifische Wissens- und Kompetenzbasis des Lehrerberufs als unsicher" gilt und zum anderen der Lehrerberuf aufgrund der „[...] starken Einbindung in den hierarchisch-bürokratisch geregelten Apparat der Staatsschule [...] kein ‚freier Beruf‘ [...]" ist. In der deutschen Erziehungswissenschaft lassen sich aktuell drei Bestimmungsansätze zur Professionalität im Lehrerberuf unterscheiden, wobei nach dem kompetenztheoretischen Bestimmungsansatz folgendes gilt:

> Professionell ist ein Lehrer dann, wenn er in den verschiedenen Anforderungsbereichen (Unterrichten und Erziehen, Diagnostizieren, Beurteilen und Beraten, individuelle Weiterbildung und kollegiale Schulentwicklung, Selbststeuerungsfähigkeit im Umgang mit beruflichen Belastungen etc.) über möglichst hohe bzw. entwickelte Kompetenzen und zweckdienliche Haltungen verfügt, die anhand der Bezeichnung ‚professionelle Handlungskompetenzen‘ zusammengefasst werden. (Terhart, 2011, S. 207)

Demnach ist die professionelle Kompetenz bzw. der kompetenztheoretische Ansatz lediglich eine Möglichkeit, um die Professionalität einer Lehrkraft zu betrachten. Terhart (2011) bezieht sich dabei auf die Definition von Weinert (2001), die sowohl bei Baumert und Kunter (2013) als auch bei Blömeke (2009) die Grundlage zur Definition der professionellen Kompetenz bildet. Blömeke (2009, S. 552) definiert die professionelle Kompetenz als „[...] kognitive Fähigkeiten und Fertigkeiten im Sinne von Professionswissen einerseits und persönlichen Überzeugungen und Werthaltungen („beliefs") sowie motivationalen Orientierungen andererseits [...]". Baumert und Kunter (2013, S. 290–291) zufolge „[...] entsteht professionelle Handlungskompetenz aus dem Zusammenspiel von

– spezifischem, erfahrungsgesättigten deklarativen und prozeduralen Wissen
(Kompetenzen im engeren Sinne: Wissen und Können),
– professionellen Werten, Überzeugungen, subjektiven Theorien, normativen
Präferenzen und Zielen,
– motivationalen Orientierungen sowie
– metakognitiven Fähigkeiten und Fähigkeiten professioneller Selbstregulation".

Diese gleich-bedeutenden Komponenten der professionellen Handlungskompetenz stellt darüber hinaus das theoretische Grundgerüst des professionellen
Kompetenzmodells innerhalb der Studie Cognitive **Activ**ation in the Classroom
(kurz: COACTIV) dar (Baumert & Kunter, 2011). In der Abbildung 2.6 ist dieses
Kompetenzmodell dargestellt, was auch in der vorliegenden Studie Berücksichtigung findet. Die „Aspekte professioneller Kompetenz" werden an dieser Stelle
kurz beschrieben und später in Abschnitt 3.2 zum Teil nochmals aufgegriffen.

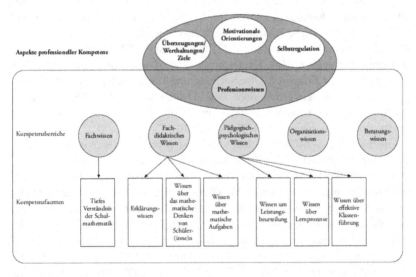

Abbildung 2.6   Aspekte der professionellen Kompetenz nach Baumert und Kunter (2011,
S. 32)

Professionswissen / Professionelles Wissen

Shulman publizierte in den Jahren 1986 und 1987 zwei Artikel, in denen er eine Typologie des professionellen Wissens bildete. Zunächst unterscheidet er das allgemeine pädagogische Wissen (general pedagogical knowledge), das Fachwissen (subject matter content knowledge), das fachdidaktische Wissen (pedagogical content knowledge) und das Wissen über das Fachcurriculum (curriculum knowledge) und ergänzt diese durch das Wissen über die Psychologie des Lerners (knowledge of learners and their characteristics), das Organisationswissen (knowledge of educational context) sowie das erziehungsphilosophische, bildungstheoretische und bildungshistorische Wissen (knowledge of educational ends, purposes, and values, and their philosophical and historical grounds) (Baumert & Kunter, 2011; Shulman, 1986, 1987). Bromme (1997, S. 196, 2014) fügt zu Shulmans Typologie noch die Kategorie „Philosophie des Schulfaches" hinzu, die die Auffassung einer Lehrkraft, wofür der Fachinhalt vor allem hinsichtlich Bereichen des menschlichen Lebens nützlich ist, berücksichtigt. Vor allem das allgemeine pädagogische Wissen, das Fachwissen und das fachdidaktische Wissen haben sich als die generell akzeptierten Kernkategorien des professionellen Wissens durchgesetzt und besitzen eine wesentliche Bedeutung beim Ausführen der professionellen Aufgaben einer Lehrkraft (Krauss et al., 2011). Sie werden in Übersichtsartikeln (siehe Baumert und Kunter (2013), Kunter et al. (2009)) sowie in Forschungsstudien als Grundlage zur Erfassung, Untersuchung und Beschreibung des professionellen Lehrerwissens verwendet (siehe Ball, Thames und Phelps (2008), Baumert und Kunter (2011), Blömeke, Felbrich und Müller (2008), Blömeke und König (2010), Döhrmann, Kaiser und Blömeke (2010)).

Innerhalb der COACTIV- Studie wird das professionelle Wissen in die in Abbildung 2.6 gezeigten fünf Kompetenzbereiche eingeteilt (Baumert & Kunter, 2011). In der Studie Mathematics Teaching in the 21st Century (kurz: MT-21) sowie in den Folgestudien (TEDS-M, TEDS-LT und TEDS-FU) bildet eine Konzeptualisierung der professionellen Kompetenz die theoretische Grundlage, die ebenfalls auf der Definition von Weinert (2001) beruht, und die erfolgreiche Bewältigung der Kernaufgaben einer Lehrkraft – Unterrichten, Beurteilen, Erziehen/Beraten, Mitwirken an der Schulentwicklung[2] und die professionelle Ethik – in den Blick nimmt (Blömeke, Felbrich & Müller, 2008). Das Professionswissen wird dabei in mathematisches, mathematikdidaktisches und pädagogisches Wissen unterteilt (Blömeke, Felbrich & Müller, 2008; Blömeke & König, 2010; Buchholtz, Kaiser & Stancel-Piatac, 2011; Döhrmann et al., 2010), wobei sich auch hier Shulmans Unterteilung wiedererkennen lässt.

---

[2]In manchen Teilnehmerländern ist dies eine Aufgabe der Lehrkraft.

Ziel der Michigan-Forschergruppe um Deborah Ball war es, eine praxisbezo-
gene Theorie zu entwickeln, die das inhaltliche Wissen zum Unterrichten umfasst
und sich ebenfalls auf die Auffassung Shulmans (1986) zum fachdidaktischen
Wissen stützt. Das in Abbildung 2.7 erkennbare Modell verdeutlicht die Struktur
des „Mathematical Knowledge for Teaching".

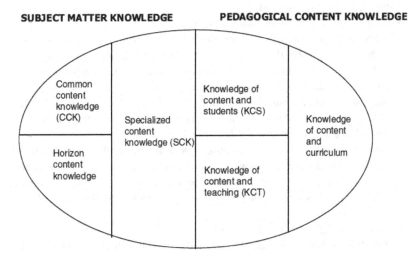

Abbildung 2.7 „Mathematical Knowledge for Teaching" nach Ball et al. (2008, S. 403)

Es untergliedert sich nach Ball et al. (2008) sowie Hill, Ball und Schilling
(2008) in die zwei Facetten „subject matter knowledge" (Fachwissen) und „pedagogical content knowledge" (fachdidaktisches Wissen), die aus den folgenden
Bestandteilen bestehen:

– subject matter knowledge
  • *Common content knowledge (CCK)*
    CCK umfasst das mathematische Wissen, das auch in anderen Domänen
    außerhalb des Unterrichts verwendet wird, also sowohl von Lehrern als auch
    Nicht-Lehrern.
  • *Specialized content knowledge (SCK)*
    SCK bezieht sich auf das mathematische Wissen, das eine Lehrkraft zum
    Unterrichten braucht (inklusive Repräsentieren von mathematischen Ideen

sowie Erklären von häufigen Fehlern). Andere Domänen brauchen dieses Wissen nicht.

* *Horizon content knowledge*
  Das „Horizon content knowledge" schließt das jahrgangsübergreifende Wissen einer Lehrkraft ein, wodurch inhaltliche Beziehungen zu höheren Jahrgängen hergestellt werden können.

– pedagogical content knowledge
  * *Knowledge of content and students (KCS)*
    KCS setzt das mathematische Wissen mit dem Wissen über die Lernenden in Beziehung, wobei das Wissen über Schülervorstellungen, auch mögliche Fehlvorstellungen, in einzelnen mathematischen Themengebieten zentral ist. Die Lehrkraft sollte wissen, welche Schwierigkeiten bei der Bearbeitung einer Aufgabe auftreten könnten und außerdem in der Lage sein, das lückenhafte Schülerdenken richtig wahrzunehmen und zu interpretieren.
  * *Knowledge of content and teaching (KCT)*
    Das KCT verbindet das mathematische Wissen und das Wissen zum Unterrichten. Wie sehen beispielsweise gute Instruktionen aus oder mit welcher Aufgabenstellung sollte ein neues Thema begonnen werden? Wie leitet man ein erfolgreiches Unterrichtsgespräch und an welchen Stellen ist ein Input unumgänglich?
  * *Knowledge of content and curriculum*
    Das Wissen hinsichtlich der Lehrplaninhalte zählt Ball et al. (2008) sowie Hill et al. (2008) zufolge zum fachdidaktischen Wissen.

„Professionelles Wissen ist domänenspezifisch und ausbildungs- bzw. trainingsabhängig […]", wobei für einen erfolgreichen Unterricht nicht nur eine Wissenskomponente, wie zum Beispiel das Fachwissen, notwendig ist, sondern ein Zusammenspiel von fachdidaktischem, fachwissenschaftlichem und pädagogisch-psychologischem Wissen (Baumert & Kunter, 2011, S. 34; Helmke, 2007). Eine differenzierte Darstellung und Erläuterung des fachdidaktischen Wissens und des Fachwissens – auch im Hinblick auf eine erfolgreiche Diagnose – befindet sich in Unterabschnitt 3.2.1. Neben dem professionellen Wissen bedingen auch die Überzeugungen, die Selbstregulation und die motivationale Orientierung die professionelle Handlungskompetenz einer Lehrkraft. Auf diese Komponenten wird nachfolgend kurz eingegangen. Eine ausführlichere Darlegung der im Rahmen der vorliegenden Studie betrachteten Komponente „Motivation" befindet sich in Unterabschnitt 3.2.2.

Überzeugungen, Motivationale Orientierung und Selbstregulation

Nach Voss, Kleickmann, Kunter und Hachfeld (2011, 235, Hervorhebung im Original) sind *Überzeugungen „überdauernde existentielle Annahmen über Phä-nomene oder Objekte der Welt, die subjektiv für wahr gehalten werden, sowohl implizite als auch explizite Anteile besitzen und die Art der Begegnung mit der Welt beeinflussen"*. Sie gestalten die Sichtweisen auf die Welt und demnach auch die Sichtweise auf die Lernenden im Unterricht (Baumert & Kunter, 2011; Köller, Baumert & Neubrand, 2000). Anstelle des Begriffes Überzeugungen wer-den in der Literatur diverse Bezeichnungen, wie Haltungen, subjektive Theorien, Weltbilder, Einstellungen oder Vorstellungen, verwendet, die sich jedoch inhalt-lich nicht voneinander abgrenzen (Voss et al., 2011). Rheinberg und Vollmeyer (2019, S. 15, Hervorhebung im Original) definieren *Motivation* allgemein als eine *„aktivierende[n] Ausrichtung des momentanen Lebensvollzugs auf einen posi-tiv bewerteten Zielzustand"*, wobei das motivierte menschliche Handeln dabei nach Heckhausen und Heckhausen (2018, S. 2) durch das „[…] Streben nach Wirksamkeit und der Organisation von Zielengagement und Zieldistanzierung" charakterisiert ist. Berufsbezogene, motivationale Merkmale können daher aus-schlaggebend sein, ob Wissen tatsächlich angewandt wird oder inwieweit eine Weiterbildung erfolgt (Kunter et al., 2009). Zentrale Bereiche in der Lehrermo-tivationsforschung sind die Berufswahlmotive, die selbstbezogenen Kognitionen und die intrinsische Orientierung von Lehrkräften (Baumert & Kunter, 2011; Kunter, 2011). *Selbstregulative Fähigkeiten* beziehen sich auf das Engagement und die Distanzierungsfähigkeit von Lehrkräften (Baumert & Kunter, 2013). Nach Kunter et al. (2009) scheint es für Lehrkräfte besonders herausfordernd zu sein, realistische Ziele zu verfolgen, ausgewogen mit den eigenen Ressour-cen umzugehen und dabei eine hohe Widerstandsfähigkeit gegenüber beruflichen Belastungen aufzuweisen. Sowohl die emotionalen und motivationalen Aspekte als auch die selbstregulativen Fähigkeiten einer Lehrkraft stellen demnach essen-zielle Bestandteile der professionellen Handlungskompetenz dar (Kunter et al., 2009).

Um als Lehrkraft professionell zu handeln und dabei die Kernaufgaben, wie Unterrichten, Erziehen, Diagnostizieren oder auch Beraten, erfolgreich zu bewältigen, sind mehr als eine einzige Kompetenzfacette erforderlich. Die dia-gnostische Kompetenz stellt dabei lediglich eine essenzielle Kompetenzfacette der umfangreichen professionellen Handlungskompetenz dar, die für eine erfolgrei-che Lehrertätigkeit ebenfalls unentbehrlich ist (siehe auch von Aufschnaiter et al. (2015), T. Leuders et al. (2018)).

2.2.4 Ansatz 4: Modellierung der diagnostischen Kompetenz als eigenständiges Konstrukt

In diesem Unterabschnitt wird auf diverse Überlegungen und Studien eingegangen, die die diagnostische Kompetenz als eigenständiges Konstrukt modellierten, wobei die zugrundeliegende Kompetenzstruktur bei einigen Studien bisher noch nicht umfangreich geklärt ist. Auch die Überlegungen von Heinrichs (2015) sowie Klug et al. (2013) lassen sich in diesem Unterabschnitt verorten. Weil sie jedoch mehr auf den diagnostischen Prozess fokussieren, wurden diese bereits in Unterabschnitt 2.2.2 beschrieben.

Ophuysen (2010) entwickelt ein Rahmenmodell für die sogenannte „professionelle pädagogisch-diagnostische Kompetenz", dessen Besonderheit die Verknüpfung und gleichzeitig bewusste Trennung von didaktischer Kompetenz und diagnostischer Kompetenz, im Sinne der Urteilsgenauigkeit, ist (siehe Abbildung 2.8). Im Gegensatz zum Ansatz der Urteilsgenauigkeit soll „[...] durch die Hinzunahme didaktischen und pädagogisch-psychologischen Wissens eine stärkere inhaltliche Orientierung an der pädagogischen Zielsetzung des diagnostischen Handelns erlaubt [werden]" (Ophuysen, 2010, S. 227). Eine Lehrkraft, die eine ausgeprägte professionelle pädagogisch-diagnostische Kompetenz aufweist, besitzt demnach ein hohes methodisches (Wie-)Wissen sowie die zugehörigen Fähigkeiten und ein entsprechend hohes didaktisches und pädagogisch-psychologisches (Was-)Wissen, das sie nutzt, „[...] um im Dienste pädagogischer Entscheidungen relevante Merkmale akkurat und systematisch zu erfassen und zu interpretieren" (Ophuysen, 2010, S. 224). Die diagnostische und didaktische Kompetenz sind ihrer Meinung nach zwar miteinander verzahnt, aber dennoch zwei getrennte Bereiche in der professionellen Lehrerkompetenz, die zusammen Einfluss auf die Adaption des Unterrichts und damit auf den Lernerfolg der Schüler nehmen. Eine empirische Überprüfung des Modells steht noch aus, erfordert jedoch unter anderem die Strukturierung der erforderlichen Wissensdomänen (Ophuysen, 2010).

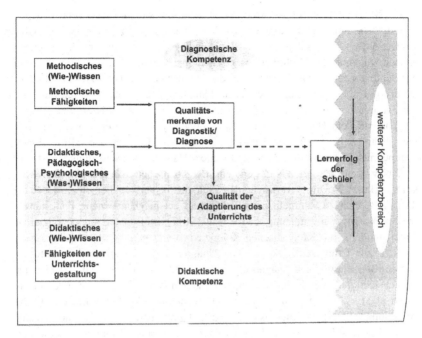

Abbildung 2.8 Verzahnung der diagnostischen und didaktischen Kompetenz nach Ophuysen (2010, S. 226)

Im Gegensatz zu Ophuysen fokussiert Hoth (2016, S. 99) konkrete Unterrichtssituationen, in denen diagnostisches Handeln notwendig ist und definiert die situationsbezogene Diagnosekompetenz folgendermaßen:

> Unter situationsbezogener Diagnosekompetenz von Lehrkräften verstehen wir in Anlehnung an die Begrifflichkeit der pädagogischen Diagnostik diejenigen Kompetenzen, die notwendig sind, um Diagnoseanforderungen in Unterrichtssituationen mit informellen bis semiformellen Methoden zu bewältigen, zu impliziten Urteilen zu kommen und hierzu geeignete Modifikationsentscheidungen auf der Mikroebene zu treffen.

Diese Definition ist eine inhaltliche Konkretisierung des allgemeinen Kompetenzbegriffes unter Berücksichtigung des Kompetenzmodells von Blömeke

et al. (2015) (siehe Unterabschnitt 2.2.3), denn die situationsbezogene Diagnosekompetenz umfasst die kognitiven Fähigkeiten und Fertigkeiten und affektiv-
motivationalen Bereitschaften, die die Grundlage für eine informelle Diagnose
und die zugehörigen Modifikationsentscheidungen bilden, um die Lernprozesse
der Schüler optimal zu gestalten und die Schüler entsprechend zu unterstützen.
Dafür sind jedoch situationsspezifische Fähigkeiten im Unterricht relevant, die
eine Vermittlung zwischen den Personeneigenschaften, wie Wissen und Einstellungen, und dem Handeln der Lehrkraft bilden. Für eine Lernprozessdiagnose
muss Hoth (2016) zufolge die Lehrkraft zunächst die bedeutenden Informationen
wahrnehmen, diese interpretieren und weitere Handlungsentscheidungen treffen.

Das wissenschaftliche Netzwerk zur diagnostischen Kompetenz von Lehrkräften (kurz: NeDiKo) verfolgte das Ziel, die bisherigen Forschungsideen in
diesem Bereich zu sammeln, zu bündeln und entsprechende neue Forschungsideen zu entwickeln (Südkamp & Praetorius, 2017). Im Rahmen ihres publizierten
Arbeitsmodells zur diagnostischen Kompetenz versuchen sie, die beschriebenen
Ansätze zur Urteilsgenauigkeit (siehe Unterabschnitt 2.2.1) und zur differen-
zierten Betrachtung des Diagnoseprozesses (siehe Unterabschnitt 2.2.2) unter
Berücksichtigung der Kompetenzmodellierung miteinander zu verbinden (Herppich et al., 2017). Die Basis für die Entwicklung des Arbeitsmodells (siehe
Abbildung 2.9) bilden gemeinsame Begriffsdefinitionen, indem sie die pädagogische Diagnostik definieren „[…] als Prozess des Einschätzens von Lernenden
im Hinblick auf lernrelevante Merkmale mit dem Ziel, pädagogische Entscheidungen zu informieren […]" (Herppich et al., 2017, S. 76). Diese Definition
zeigt Ähnlichkeiten mit der bereits genannten Definition von Ingenkamp und Lissmann (2008) (siehe Kapitel 1), wobei Ingenkamp und Lissmann den Nutzen von
diagnostischen Tätigkeiten detaillierter artikulieren und Herppich et al. (2017)
das Ziel allgemein als das Treffen von zuverlässigen pädagogischen Entscheidungen beschreiben, was mit der Definition von Klauer (1982) einhergeht (siehe
Kapitel 1). Denn beide Definitionen fallen eher allgemein aus, aber berücksichtigen sowohl den Prozess zur Informationserfassung und -verarbeitung als auch
das Ziel, entsprechende pädagogische Entscheidungen zu treffen. In Anlehnung
an die Definition der pädagogischen Diagnostik und der von ihnen erweiterten
Kompetenzdefinition (nach Klieme und Leutner (2006)) „[…] wird [die] diagnostische Kompetenz von Lehrkräften zunächst als kognitive Leistungsdisposition
verstanden, die es Lehrkräften ermöglicht, relativ stabil und relativ konsistent
sowie quantifizierbar pädagogisch-diagnostische Anforderungen in verschiedenen
pädagogischen Handlungssituationen zu meistern" (Herppich et al., 2017, S. 92).

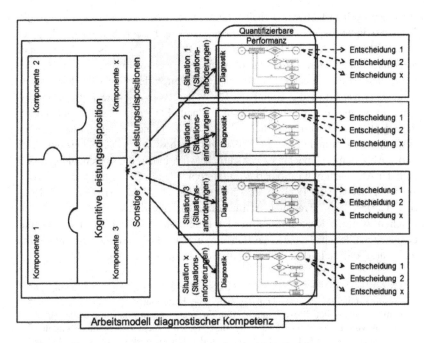

Abbildung 2.9 Arbeitsmodell nach Herppich et al. (2017, S. 81)

Die Basis für die Durchführung der pädagogischen Diagnostik in diversen pädagogischen Handlungssituationen bilden demnach die kognitiven Leistungsdispositionen der Lehrkräfte. Die sonstigen Leistungsdispositionen, die nicht zu den kognitiven zählen, umfassen Personenmerkmale der Lehrkräfte, wie allgemeine Fähigkeiten zur Informationsverarbeitung, Motivation, diagnostikrelevante Selbstkonzepte und Überzeugungen. Sie könnten die Rolle eines Moderators zwischen kognitiver Leistungsdisposition und der Performanz annehmen, wodurch der Einsatz der kognitiven Leistungsdispositionen in einer bestimmten Situation von den sonstigen Leistungsdispositionen abhängt, oder gegebenenfalls unabhängig von den kognitiven Leistungsdispositionen auf die Performanz wirken (Herppich et al., 2017). Aus der Performanz lassen sich nun Rückschlüsse auf die diagnostische Kompetenz der Lehrkräfte ziehen. Die pädagogische Diagnostik bzw. der diagnostische Prozess findet in einer diagnostischen Situation statt, wodurch sie den Rahmen für den diagnostischen Prozess bildet (Karst, Klug &

Ufer, 2017). Innerhalb des Arbeitsmodells wird der diagnostische Prozess differenziert in Form eines separaten Prozessmodells beschrieben (siehe Herppich
et al. (2017, S. 82)), wobei hier besonders ist, dass der diagnostische Prozess auch
mehrmals durchlaufen werden kann, wenn noch weitere Informationen über den
Lernenden notwendig sind. Die Diagnose, die durch den diagnostischen Prozess
generiert wird, bildet die Grundlage für weitere pädagogische Entscheidungen,
wie zum Beispiel eine entsprechende individuelle Förderung des Lernenden durch
die Adaption des Unterrichts. Sie sind zwar das Ziel einer pädagogischen Diagnostik, gehören aber nicht mehr zu ihr bzw. zur diagnostischen Kompetenz, was auch
in der Abbildung 2.9 nochmals verdeutlicht wird, indem die Entscheidung außerhalb der Abgrenzung positioniert wird (Herppich et al., 2017), ganz im Gegensatz
zu Modellen von E. Beck et al. (2008), Klug et al. (2013) oder auch Heinrichs (2015). Diese Trennung ist im normalen Unterrichtsverlauf oftmals nicht
möglich, weil die Konzentration der Lehrkräfte auf dem Unterrichten liegt (und
demnach auf dem pädagogischen Handeln) und die diagnostische Handlung selbst
im Hintergrund steht (Praetorius, Hetmanek, Herppich & Ufer, 2017).

> Im Arbeitsalltag von Lehrkräften sind diagnostische und pädagogische Handlungen
> oft stark miteinander verwoben: Pädagogische Handlungen können vor und nach
> dem diagnostischen Prozess durchgeführt werden, zudem können einzelne Hand-
> lungen von Lehrkräften gleichzeitig diagnostische Ziele (Erkenntnisgewinnung)
> und pädagogische Ziele (z. B. Förderung des Lernprozesses) verfolgen. (Kaiser,
> Praetorius, Südkamp & Ufer, 2017, S. 114–115)

Daher ist es schwierig und zugleich auch künstlich, die diagnostische Kompetenz konkret und unabhängig von der pädagogischen Handlung zu erfassen. Es
erscheint trotzdem sinnvoll, die Vorgänge im diagnostischen Prozess, um Informationen über den Schüler zu sammeln, von den pädagogischen Entscheidungen
für die Unterrichtsgestaltung zu trennen, da unterschiedliche kognitive Prozesse
ablaufen (Praetorius et al., 2017). „Erst die hierarchische Untergliederung in ‚kleinere' Kompetenzfacetten erlaubt die fokussierte Erfassung, die zur Beschreibung
und Erklärung der Entwicklung und der Wirkungen der jeweiligen Kompetenzen
erforderlich ist" (Ophuysen, 2010, S. 227).

Herppich et al. (2017) zufolge ist dieses Modell (siehe Abbildung 2.9) noch
kein Kompetenzmodell, da unter anderem die Kompetenzstruktur noch nicht ausreichend geklärt worden ist. Es lässt sich jedoch, wie auch die anderen bereits
beschriebenen Modelle bzw. Definitionen in diesem Unterabschnitt, in das Modell
von T. Leuders et al. (2018) einordnen, das nun dargestellt wird.

T. Leuders et al. (2018, S. 4, Hervorhebung im Original) erläutern in ihren
Überlegungen zunächst diagnostische Aktivitäten:

Diagnostic activities comprise the gathering and interpretation of information on the learning conditions, the learning process or the learning outcome, either by formal testing, by observation, by evaluating students' writings or by conducting interviews with students.

Auf dieser Grundlage definieren sie die diagnostischen Kompetenzen, die das Wissen, die Fertigkeiten, die Motivationen und die Überzeugungen einer Lehrkraft umfassen, die für derartige diagnostische Aktivitäten notwendig sind. Die Verwendung des Kompetenzbegriffes ist ihrer Meinung nach sinnvoll, denn zum einen sind die Situationen, in denen die diagnostischen Kompetenzen zum Einsatz kommen, real, sehr variabel sowie komplex. Zum anderen sind für derartige diagnostische Aktivitäten neben dem Wissen auch Fertigkeiten, wie die Anwendung von Diagnosemethoden, aber auch Motivationen, Affekte und Überzeugungen notwendig. Wie auch Hoth (2016) beziehen sich T. Leuders et al. (2018) auf das Kompetenzmodell von Blömeke et al. (2015), übertragen es auf die diagnostischen Aktivitäten einer Lehrkraft und adaptierten entsprechend die verwendeten Begriffe (siehe Abbildung 2.10).

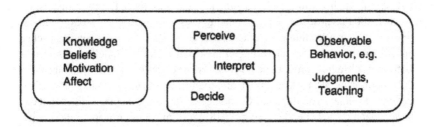

Abbildung 2.10 Diagnostische Kompetenz als ein Kontinuum nach T. Leuders et al. (2018, S. 9)

Wie in der Abbildung 2.10 zu erkennen, betrachten sie die diagnostische Kompetenz als Kontinuum, wobei die diagnostischen Dispositionen das Wissen, die Überzeugungen und die affektiven sowie motivationalen Faktoren beinhalten und dazu beitragen, in diagnostischen Situationen erfolgreich zu handeln. Auf diese Komponenten wurde bereits allgemein im vorherigen Unterabschnitt kurz eingegangen und zudem werden sie in Abschnitt 3.2 auf die Inhalte der vorliegenden Studie bezogen. „*Diagnostic skills* can be regarded as a set of situation-specific cognitive functions or processes of perception, interpretation and decision-making (one may as well use the term *diagnostic thinking*)" (T.

Leuders et al., 2018, S. 8, Hervorhebung im Original). Wahrnehmen (Perception), Interpretieren (Interpretation) und Entscheidungen treffen (Decision-making) stellen zentrale kognitive Prozesse dar und werden auch bei Blömeke et al. (2015) als Eckpunkte der situationsspezifischen Fähigkeiten berücksichtigt. Sie beruhen auf den diagnostischen Dispositionen und führen zu beobachtbarem Verhalten (= diagnostische Performanz) in diagnostischen Situationen. Die diagnostische Performanz ist damit das Produkt aus diagnostischen Dispositionen und diagnostischen Fähigkeiten/Denken. Exemplarisch sei hierfür die individuelle Förderung eines Lernenden erwähnt (T. Leuders et al., 2018).

Nach T. Leuders et al. (2018) kann dieses spezifische Modell zur diagnostischen Kompetenz, wie bereits erwähnt, als Rahmen aufgefasst werden und bietet somit bisheriger als auch zukünftiger Forschung die Möglichkeit, sich darin entsprechend zu verorten. Das Arbeitsmodell von Herppich et al. (2017) erstreckt sich über alle drei „Bausteine" des Modells, wobei bei ihnen die pädagogischen Entscheidungen keinen Bestandteil der diagnostischen Kompetenz darstellen. Hoth (2016) berücksichtigt in ihrer Definition zur situationsbezogenen Diagnosekompetenz ebenfalls alle drei Bausteine, wobei sie vor allem die situationsbezogenen Fähigkeiten in ihrer Untersuchung analysiert. Ophuysen (2010) verdeutlicht in ihrem Rahmenmodell die kognitiven Leistungsdispositionen sowie die diagnostische Performanz in Form der Unterrichtsadaption und des Lernerfolgs. Die Aufteilung der diagnostischen Fähigkeiten / des diagnostischen Denkens ist hier nicht impliziert. Ferner lässt sich auch das Modell von Heinrichs (2015) in das Modell von T. Leuders et al. (2018) einordnen (siehe Unterabschnitt 2.2.2), denn auch sie berücksichtigt die kognitiven Prozesse „Perceive", „Interpret" und „Decide". Vor allem auf Grundlage des letzten Unterabschnittes und den Überlegungen nach T. Leuders et al. (2018) wird im nächsten Kapitel die Fehler-Ursachen-Diagnosekompetenz definiert und veranschaulicht, indem zwischen den diagnostischen Dispositionen einerseits und den diagnostischen Fähigkeiten im diagnostischen Prozess andererseits differenziert wird.

Einsatz der Fehler-Ursachen-Diagnosekompetenz in diagnostischen Situationen

3

3.1 Definition und Veranschaulichung der Fehler-Ursachen-Diagnosekompetenz

In den bisherigen Kapiteln wurden zunächst der Diagnose- und der Diagnostikbegriff in der Pädagogik erläutert und darüber hinaus die Status- und die Prozessdiagnostik detaillierter dargestellt (siehe Kapitel 1). Die Bedeutung der diagnostischen Kompetenz für den Unterricht sowie die Lernenden wurde thematisiert und ferner wurden die verschiedenen Forschungsansätze zur diagnostischen Kompetenz in Kapitel 2 gegenübergestellt. An dieser Stelle werden nun die bisherigen Erkenntnisse auf die bereits bekannte Schülerlösung der Baustellenaufgabe (siehe Einleitung, Abbildung 1) angewandt:

Die schriftliche Schülerlösung zur Baustellenaufgabe repräsentiert eine diagnostische Situation (siehe Unterabschnitt 2.2.3 und 2.2.4). Um die Schülerfehler in dieser Aufgabe wahrzunehmen und zu beschreiben sowie mögliche Ursachen zu analysieren, sind sowohl nach den diagnostischen Kompetenzmodellen von T. Leuders et al. (2018) und Herppich et al. (2017) (siehe Unterabschnitt 2.2.4) als auch nach dem Ansatz, dass die diagnostische Kompetenz eine Facette der professionellen Kompetenz darstellt (siehe Unterabschnitt 2.2.3), entsprechende diagnostische Dispositionen wie Wissen, Überzeugungen, Motivation sowie Affekte notwendig. Denn die Lehrkraft muss sich diese kognitiven Fähigkeiten auch selber zumuten und zudem entsprechend motiviert sein. Ferner läuft in einer diagnostischen Situation der diagnostische Prozess ab, der theoretisch sowohl eine Status- als auch eine Prozessdiagnostik umfassen kann. Wie bereits durch die Abschnitte 1.1 und 1.2 verdeutlicht, könnte eine ausschließliche Betrachtung des Ergebnisses des Schülers bei der Baustellenaufgabe zu einer

© Der/die Autor(en), exklusiv lizenziert durch Springer Fachmedien Wiesbaden GmbH, ein Teil von Springer Nature 2021
N. Hock, *Förderung von diagnostischen Kompetenzen*, Mathematikdidaktik im Fokus, https://doi.org/10.1007/978-3-658-32286-1_3

fehlerhaften Diagnose führen und mit Hilfe der Prozessdiagnostik könnten die Ursachen für die Schülerfehler, wie zum Beispiel „Das Ergebnis existiert bereits im Kopf und der Schüler ist nicht in der Lage, die passende Gleichung aufzustellen und umzuformen", herausgestellt, analysiert und anschließend durch eine entsprechende Förderung behoben werden.

In der Abbildung 3.1 wird der beschriebene Zusammenhang zwischen der diagnostischen Situation, den diagnostischen Dispositionen und dem diagnostischen Prozess schematisch präsentiert, indem gleichzeitig der Ablauf des diagnostischen Prozesses bei der vorliegenden Prozessdiagnostik veranschaulicht wird.

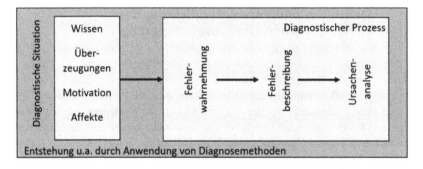

Abbildung 3.1 Veranschaulichung des Zusammenhangs sowie der Fehler-Ursachen-Diagnosekompetenz. (eigene Darstellung)

Diese Veranschaulichung beruht auf den Überlegungen und dem zugehörigem Modell von T. Leuders et al. (2018), denn die diagnostischen Dispositionen Wissen, Überzeugungen, Motivation und Affekte bilden die Grundlage zur kognitiven Fähigkeit sowie zur Bereitschaft, in diagnostischen Situationen, wie der schriftlichen Schülerlösung, erfolgreich zu diagnostizieren, wobei sie auch von dieser selbst abhängig sind. Das Wahrnehmen und Beschreiben von Schülerfehlern sowie die Analyse möglicher Ursachen im Rahmen der Prozessdiagnostik im diagnostischen Prozess korrespondiert mit den kognitiven Prozessen „Perceive, Interpret and Decide" im Modell von T. Leuders et al. (2018), indem „Perceive" das Wahrnehmen und Beschreiben des Fehlers widerspiegelt und „Interpret" die entsprechende Ursachenanalyse. Die Facette „Decide", im Sinne Entscheidungen über die Kompetenzen und gegebenenfalls fehlerhaften Vorstellungen des Schülers zu treffen, ist zwar das Resultat der Fehler- und Ursachendiagnose, wird aber in der Veranschaulichung in Abbildung 3.1 nicht nochmal separat berücksichtigt.

Auf Grundlage der vorangegangenen Überlegungen und Erläuterungen wird im Rahmen der vorliegenden Arbeit die Fehler-Ursachen-Diagnosekompetenz[1] definiert:

Die Fehler-Ursachen-Diagnosekompetenz umfasst sowohl die kognitive Fähigkeit als auch die Bereitschaft, in einer diagnostischen Situation im Rahmen eines diagnostischen Prozesses konkrete Schülerfehler wahrzunehmen und zu beschreiben sowie im Hinblick auf deren mögliche Ursachen zu analysieren. Dafür sind diagnostisches Wissen, Überzeugungen, Motivation sowie Affekte erforderlich.

Die Fehler-Ursachen-Diagnosekompetenz stellt lediglich eine spezifische Facette der diagnostischen Kompetenz im Sinne von T. Leuders et al. (2018) dar, denn sie bezieht sich nur auf die Fehlerwahrnehmung bzw. -beschreibung und die Ursachenanalyse im Rahmen eines diagnostischen Prozesses. Für eine umfassende erfolgreiche diagnostische Tätigkeit im Unterricht müssten beispielsweise auch geeignete Aufgaben entwickelt bzw. selektiert, die Lernvoraussetzungen festgestellt und die Leistungen der Schüler entsprechend beurteilt werden (Brunner et al., 2011; T. Leuders et al., 2018), was im Rahmen der Fehler-Ursachen-Diagnosekompetenz keine Berücksichtigung findet. Da mit ihrer Hilfe die Ursachen für einen Schülerfehler, wie zum Beispiel fehlerhafte Denkprozesse oder mögliche Fehlvorstellungen, untersucht werden, ermöglicht sie eine Prozessdiagnostik (siehe Abschnitt 1.2). Obwohl das Ziel dieses diagnostischen Prozesses im Grunde eine individuelle Förderung des Schülers ist, beispielsweise durch eine Adaption des Unterrichts, wird dieses pädagogische Handeln bzw. die entsprechenden pädagogischen Entscheidungen im Konstrukt der Fehler-Ursachen-Diagnosekompetenz nicht berücksichtigt, da davon ausgegangen wird, dass bei deren Treffen andere kognitive Prozesse ablaufen als beim Diagnostizieren von Schülerfehlern sowie deren Ursachen (in Anlehnung an Praetorius et al. (2017) und Ophuysen (2010), siehe Unterabschnitt 2.2.4). Zudem wird der Begriff „Kompetenz" statt „Fähigkeit" oder „Expertise" benutzt, da nicht nur diagnostische Fähigkeiten ausschlaggebend sind, um erfolgreich Schülerfehler und deren Ursachen zu diagnostizieren, sondern auch die Bereitschaft zur Diagnostik eine entscheidende Rolle einnimmt. Denn wenn eine Lehrkraft sich nicht zutraut oder unmotiviert ist, Schülerfehler und deren Ursachen zu diagnostizieren, werden auch die diagnostischen Fähigkeiten nicht eingesetzt (in Anlehnung an T. Leuders et al. (2018)). Ferner wird nicht davon ausgegangen, dass es nur „eine" Fehler-Ursachen-Diagnosekompetenz gibt, sondern dass diese abhängig vom Themengebiet variieren kann.

---

[1]In früher veröffentlichten Beiträgen wurde dieser Begriff noch allgemeiner als „kognitionsdiagnostische Kompetenz" oder „fehlerdiagnostische Kompetenz" bezeichnet.

In den folgenden Abschnitten und Unterabschnitten wird nun die Fehler-Ursachen-Diagnosekompetenz analysiert, indem differenziert auf die Komponenten des veranschaulichten Zusammenhangs in Abbildung 3.1 eingegangen wird. Die Diagnosekompetenz, und demnach auch die Fehler-Ursachen-Diagnosekompetenz[2], beruht auf diagnostischen Dispositionen, weshalb in Abschnitt 3.2 zunächst das notwendige diagnostische Wissen sowie stellvertretend die Motivation als nicht-kognitive Disposition für eine erfolgreiche Fehler-Ursachen-Diagnose detaillierter erläutert werden. Diagnostische Dispositionen kommen in diagnostischen Situationen zur Anwendung, wobei in der vorliegenden Studie schriftliche Schülerlösungen bei Aufgaben als besondere diagnostische Situation berücksichtigt werden (Abschnitt 3.3), denn sie liefern ein erstes Indiz für die Vorstellungen der Lernenden. Da der Informationsumfang in der diagnostischen Situationen unter anderem von der angewandten Diagnosemethode beeinflusst werden kann, werden in Abschnitt 3.4 zunächst die geläufigsten Diagnosemethoden im Unterricht dargestellt und dabei differenziert auf das diagnostische Interview eingegangen. Innerhalb des Abschnittes 3.5 wird der diagnostische Prozess, der beim Analysieren einer (fehlerhaften) Schülerlösung im Rahmen der Prozessdiagnostik abläuft, ausführlich thematisiert, indem die Teilschritte der Fehlerwahrnehmung bzw. –beschreibung (Unterabschnitt 3.5.1) und die entsprechende Ursachenanalyse (Unterabschnitt 3.5.2) erläutert werden. In Unterabschnitt 3.5.3 werden bereits existierende Fehlerklassifikationen präsentiert, die als Grundlage für den in der vorliegenden Studie entwickelten Fehleranalyseleitfaden dienen.

3.2 Ausgewählte diagnostische Dispositionen der Fehler-Ursachen-Diagnosekompetenz

Wie bereits in Abschnitt 3.1 erläutert, beruht die (Fehler-Ursachen-) Diagnosekompetenz auf diagnostischen Dispositionen. Hinsichtlich des diagnostischen Wissens existieren bereits Kenntnisse, auf die in Unterabschnitt 3.2.1.1. zunächst eingegangen wird. Anschließend erfolgt eine kurze allgemeine Darstellung des Fachwissens sowie des fachdidaktischen Wissens und ferner wird der Bezug zur Diagnose von Schülerfehlern sowie möglichen Ursachen herausgestellt (Unterabschnitt 3.2.1.2 & 3.2.1.3). Eine weitere diagnostische Wissensfacette, die

---

[2]Beziehen sich im Folgenden die Aussagen sowohl auf die Diagnosekompetenz als auch auf die Fehler-Ursachen-Diagnosekompetenz, dann wird dies durch folgende Schreibweise verdeutlicht: (Fehler-Ursachen-)Diagnosekompetenz

sich sowohl dem pädagogisch-psychologischen Wissen als auch dem fachdidaktischen Wissen des professionellen Wissens zuordnen lässt, ist das Wissen über
diagnostische Methoden, auf das im Unterabschnitt 3.2.1.4 eingegangen wird.
Die herausragende Bedeutung der nicht-kognitiven Dispositionen wird durch die
Befunde von Ohle, McElvany, Horz und Ullrich (2015) sowie Klug et al. (2015)
(siehe Unterabschnitt 2.2.2) unterstützt. Ohle et al. (2015) belegten, dass erfah-
rene Lehrkräfte stärker motiviert sind, Diagnosen durchzuführen, als Lehrkräfte
mit weniger Erfahrungen im Unterricht. Weiterhin wirkten sich die diagnostikbe-
zogene Selbstreflexion, die Selbstwirksamkeitserwartung sowie die Einstellung
der untersuchten Lehrkräfte hinsichtlich Diagnostik positiv auf die Zeit aus,
die sie für diagnostische Aktivitäten vor, während und nach dem Unterricht
verwendeten. „Die Studie [von Ohle et al. (2015)] liefert damit Evidenz für
die Bedeutung von Einstellungen, Motivation und selbstbezogene Kognitionen
von Lehrkräften" (Ohle et al., 2015, S. 12). In Unterabschnitt 3.2.2 wird auf
die Motivation in Form des Selbstkonzeptes (Unterabschnitt 3.2.2.1) und der
Selbstwirksamkeitserwartung (Unterabschnitt 3.2.2.2) detaillierter eingegangen.

3.2.1   Wissen für eine erfolgreiche Diagnostik

3.2.1.1 Allgemeine Kenntnisse zum diagnostischen Wissen

Blömeke (2007, S. 18) zufolge sind bessere Schülerleistungen erst möglich,
„[…] wenn pädagogisch-psychologisches Diagnosewissen, Wissen über die fachlichen Anforderungen in einem Lerngebiet, fachdidaktisches Wissen über typische
Vorgehensweisen und Fehler von Schüler/inne/n unterschiedlichen Entwicklungs-
standes und unterschiedlicher Leistungsfähigkeit sowie didaktisch-methodisches
Wissen über Handlungsmöglichkeiten vorliegen […]".

  Um die erforderliche Wissensbasis für eine erfolgreiche Diagnose mehr in den
Fokus zu stellen, verwendet Helmke (2012, S. 122, Hervorhebung im Original)
bewusst den Begriff der diagnostischen Expertise (siehe Abschnitt 2.1), wobei
Philipp (2018) in ihrer Untersuchung differenziert auf das Wissen eingeht, dass
im diagnostischen Prozess zur Urteilsbildung notwendig ist (siehe Unterabschnitt
2.2.2). Demnach ist sowohl mathematisches Fachwissen essenziell, um festzustellen, ob die Schülerlösung korrekt oder falsch ist, als auch das Wissen über
diverse Grundvorstellungen, Darstellungsmöglichkeiten mathematischer Inhalte
und denkbare Lösungsansätze. Weiterhin sind die Lehrkräfte auf Wissen angewie-
sen, dass die typischen Fehler, Fehlvorstellungen und Schülerstrategien umfasst.
Zudem konnte sie erkennen, dass Wissen über Diagnosemethoden nützlich ist, um
mögliche Fehlerursachen beim Schüler zu finden. Auch von Aufschnaiter, Selter

und Michaelis (2017, S. 90–91) widmen sowohl den „Kenntnissen und Fähigkeiten im methodischen Bereich" als auch den „inhaltsspezifischen Kenntnissen", wie dem Wissen über typische Schülerkognitionen in einer bestimmten Thematik, eine herausragende Bedeutung und sind der Auffassung, dass sie zwei von drei Komponenten der diagnostischen Kompetenz sind. Außerdem sind auch die „Einstellungen und Bereitschaften zur Diagnostik" entscheidend, um sich motiviert mit den Denkweisen der Lernenden auseinanderzusetzen und die eigenen diagnostischen Aktivitäten kritisch zu reflektieren (von Aufschnaiter et al., 2017).

Im englischsprachigen Raum gibt es ebenfalls Hinweise auf die Erforschung der Wissensbasis der diagnostischen Kompetenz: Im Modell von Park und Chen (2012, S. 925) wird sie beispielsweise als „Knowledge of Students´ Understanding in Science (KSU)" bezeichnet. Außerdem berücksichtigen die Forschergruppe um Ball et al. (2008) diagnostisches Wissen in ihrem Modell zum „Mathematical Knowledge for Teaching" (siehe Unterabschnitt 2.2.3). Soll beispielsweise eine Schülerlösung analysiert werden, greift die Lehrkraft auf unterschiedliche Subdomänen des Wissens zurück: Die sachliche Korrektheit der Schülerlösung kann bereits mit dem „Common Content Knowledge" (CCK) festgestellt werden. Es kommt zur Anwendung des „specialized content knowledge", um den mathematischen Gehalt der Lösung einzuschätzen und ferner wird das Wissen bezüglich möglicher Schüler(fehl)vorstellungen („knowledge of content and students") eingesetzt (Ball et al., 2008; Ostermann, Leuders & Philipp, 2019). Nach Klug et al. (2015) ist das Diagnosewissen ein zentraler Prädiktor der diagnostischen Kompetenz bei Lehramtsstudierenden, wodurch dessen Bedeutung nochmal besonders betont wird (siehe Unterabschnitt 2.2.2). Zudem weisen Reiss und Obersteiner (2019) darauf hin, dass das Wissen über typische mathematische Schülerfehler gegebenenfalls eine Wissensfacette ist, deren Kenntnis und Verständnis positive Auswirkungen auf die diagnostische Kompetenz haben könnte.

3.2.1.2 Fachwissen

Nach Shulman (1986) sollten Lehrkräfte ein tiefgründiges Fachwissen besitzen, in dem Sinne, dass sie die Strukturen des jeweiligen Fachgebietes verstehen, um über konkrete Inhalte nachdenken zu können. Ball et al. (2008) bezeichnen das mathematische Fachwissen als Voraussetzung, um die Aufgabe des Unterrichtens von Mathematik erfüllen zu können. Sie unterteilen es, wie bereits in Unterabschnitt 2.2.3 dargestellt, in die Bereiche „common content knowledge", „specialized content knowledge" und dem „horizon content knowledge". In den Studien MT21 und TEDS-M erfolgte die Erhebung des mathematischen Fachwissens inhaltsbezogen in den Bereichen Arithmetik, Algebra, Funktionen und Stochastik auf dem Anforderungsniveau der Sekundarstufe I und II, Schulmathematik auf höherer Ebene und der Universitätsmathematik (Blömeke, Kaiser & Lehmann, 2011). Innerhalb der COACTIV-Studie wurde das Fachwissen durch Niveauebenen spezifiziert und dadurch eine klare Abtrennung untereinander geschaffen:

1. Ebene: „mathematisches Alltagswissen"
2. Ebene: „Beherrschung des Schulstoffs"
3. Ebene: „tieferes Verständnis der Fachinhalte des Curriculums der Sekundarstufe"
4. Ebene: „reines Universitätswissen, das vom Curriculum der Schule losgelöst ist" (Krauss et al., 2011, S. 142).

Nach Baumert und Kunter (2013, S. 307) schließt das professionelle Fachwissen „[…] die souveräne Beherrschung des Schulstoffes ein; aber weder Schulwissen, geschweige denn mathematisches Alltagswissen genügen, um die mathematischen Herausforderungen zu bewältigen, die sich Lehrkräften bei der Vorbereitung und Durchführung des Unterrichts stellen". Aus diesem Grund wurde es in der COACTIV-Studie auf der Niveaustufe 3 erhoben (Krauss et al., 2011).

„Fachwissen ist zwingend notwendig, um die manchmal kompliziert erscheinenden Ideen und Argumentationen von Kindern nachzuvollziehen, ihren sachlichen Gehalt zu erkennen und angemessene Unterstützung daraus ableiten zu können" (Reiss & Hammer, 2013, S. 116). Es bildet daher die Grundlage, um den Fehler zunächst erst einmal zu erkennen (Reiss & Hammer, 2013). Ferner geben die Befunde von Beretz et al. (2017) darüber hinaus ein Indiz dafür, dass das Fachwissen eine Voraussetzung der diagnostischen Kompetenz darstellt und wird von Hößle et al. (2017) auch als Schlüsselkenntnis bezeichnet. Da sich die Fehler-Ursachen-Diagnosekompetenz lediglich auf das Erkennen und Beschreiben von Schülerfehlern bezieht und zudem in der vorliegenden Untersuchung mathematische Themengebiete der Sekundarstufe I berücksichtigt werden, ist vor allem das Beherrschen des Schulstoffs unentbehrlich, was in der COACTIV-Studie der Niveauebene 2 entsprechen würde.

3.2.1.3 Fachdidaktisches Wissen
„Fachwissen ist die Grundlage, auf der fachdidaktische Beweglichkeit entstehen kann" (Baumert & Kunter, 2013, S. 308, Hervorhebung im Original). Dies belegte auch eine Fallstudie von Eisenhart et al. (1993), nach der ein geringes inhaltliches Wissen hinsichtlich der tiefgründigen, mathematischen Strukturen die Fähigkeit des Unterrichtens einschränken kann. Lehrkräfte vermitteln aufgrund ihrer Handlungen im Unterricht ihr Fachwissen an die Lernenden. Für diesen Vorgang sind gewisse Kenntnisse bei der Lehrkraft notwendig, die gewöhnlich

als fachdidaktisches Wissen deklariert werden (Neuweg, 2011). Zur Strukturierung des fachdidaktischen Wissens wird zunächst wieder Shulman betrachtet, der
darunter das Wissen zum „Verständlichmachen von Inhalten" („making comprehensible") versteht. Dabei hebt er die zwei Teilaspekte „Wissen über Erklären und
Darstellen" („The ways of representing and formulating the subject that make
it comprehensible to others") und die „Bedeutung des Wissens über fachbezogene Schülerkognitionen" („conceptions", „preconceptions", „misconceptions")
besonders hervor (Krauss & Bruckmaier, 2014, S. 252; Shulman, 1986, S. 9). Im
Kompetenzmodell von COACTIV lassen sich diese Überlegungen wiedererkennen, denn die Aufgabe der Lehrkraft „Zugänglichmachen mathematischer Inhalte
für Schüler" bildet hier den Ausgangspunkt zur Unterteilung des fachdidaktischen
Wissens (Baumert & Kunter, 2011, S. 32; Krauss et al., 2011, S. 138):

– *Erklärungswissen*
  Eine möglichst große Vielfalt an Erklärungen von mathematischen Sach-
  verhalten ist beim Lehrenden sinnvoll, um beim Nichtverstehen andere
  Repräsentationsmöglichkeiten einsetzen zu können.
– *Wissen über mathematische Aufgaben*
  Aufgaben beinhalten die im Unterricht thematisierten mathematischen Inhalte
  und gleichzeitig bilden sie den Anfang vom Lehrerhandeln. Ist die Lehrkraft
  in der Lage, das Potential einer Aufgabe bezüglich diverser Lösungswege
  zu erkennen und versteht darüber hinaus die strukturellen Unterschiede der
  Lösungswege, dann kann ein Vergleich dieser Lösungswege eine kognitive
  Aktivierung der Schüler sowie ein inhaltliches mathematisches Verständnis
  bewirken.
– *Wissen über das mathematische Denken von Schülern*
  Der Lehrende muss Kenntnisse über eine Vielzahl an typischen inhaltlichen
  Schülerkognitionen besitzen, um eine entsprechende Adaption des Unterrichts
  an die individuellen Lernstände der Schüler zu realisieren. Vor allem durch das
  Auftreten von Problemen und Fehlern ist es möglich, die jeweiligen kognitiven
  Prozesse bei den Lernenden zu erkennen (E. Beck et al., 2008; Krauss et al.,
  2011).

In der MT-21 Studie wird das fachdidaktische Wissen aufgegliedert in „lehrbezo-
gene Anforderungen curricularer und unterrichtsplanerischer Art" und „lernpro-
zessbezogene Anforderungen während des Unterrichts" (Blömeke, Seeber et al.,
2008, S. 51), wodurch sich im Wesentlichen die Untergliederung bei COACTIV
widerspiegelt. Das fachdidaktische Wissen der Lehrkraft ist verantwortlich für
den Lernerfolg bei Schülern, wobei ein kognitiv aktivierender Unterricht und eine

konstruktive Unterstützung des Lernenden dafür erforderlich sind (Baumert et al., 2010). Blömeke, Kaiser et al. (2008) konnten die Entwicklung des fachdidaktischen Wissens sowie des Fachwissens während der Lehrerbildung durch einen Kohortenvergleich empirisch nachweisen. Zudem steht ein größerer Umfang an Lerngelegenheiten in der Lehrerbildung in einem positiven Zusammenhang zum Umfang das fachdidaktischen Wissens sowie des Fachwissens (Blömeke et al., 2010).

Das Wissen einer Lehrkraft über das mathematische Denken von Schülern ist, wie bereits erwähnt, nach dem Kompetenzmodell von Baumert und Kunter (2011) Bestandteil des fachdidaktischen Wissens und stellt gleichzeitig neben dem „Wissen über mathematische Aufgaben" sowie dem „Wissen um Leistungsbeurteilung" eine Facette der diagnostischen Fähigkeiten dar (siehe Abbildung 3.2) (Brunner et al., 2011, S. 217).

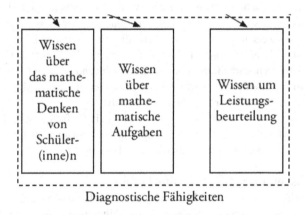

Diagnostische Fähigkeiten

Abbildung 3.2 Diagnostische Fähigkeiten nach Brunner et al. (2011, S. 217)

Dieses Wissen über mathematikbezogene Schülerkognitionen ist bedeutsam für den diagnostischen Prozess, denn die Lehrkraft kann mit dessen Hilfe beispielsweise das Denken der Lernenden gezielt prüfen und dabei die möglichen Fehlkonzepte in den Blick nehmen (Brunner et al., 2011; Hößle, Hußmann, Michaelis, Niesel & Nührenbörger, 2017). Auch Prediger, Tschierschky, Wessel und Seipp (2012) sind der Auffassung, dass das Wissen über typische Schwierigkeiten und unterschiedliche Deutungen, beispielsweise diverse Interpretationsmöglichkeiten mathematischer Begriffe, für eine Diagnose erforderlich ist. Seifried und Wuttke (2010a) zufolge ist das Wissen über potentielle Schülerfehler und deren Ursachen ein Teilaspekt des fachdidaktischen Wissens (siehe Unterabschnitt 3.5.2.2). Ganz im Sinne von Kretschmann (2004, S. 184) „Man sieht nur, was man weiß [...]" sollten Lehrkräfte Wissen über die Entwicklungsverläufe von Lernenden sowie deren alterstypischen Störungen und Abweichungen vorweisen. Ebenso machen sowohl Lin und Tsai (2013) als auch Seifried und Wuttke (2010a) darauf aufmerksam, dass Lehrkräfte zunächst Wissen über Schülerfehler sowie deren Arten benötigen, bevor sie diese diagnostizieren und damit entsprechend umgehen können. Außerdem sollten Lehrkräfte, Führer (1997) zufolge, mit Fehlermustern und diversen Fehlstrategien vertraut sein, um die unter Umständen fehlerhaften Denkprozesse der Lernenden überhaupt erkennen zu können. Besitzen (angehende) Lehrkräfte ferner Kenntnisse über häufig auftretende (Fehl-)Vorstellungen, dann wird es ihnen auch eher gelingen, diese zu diagnostizieren und den Lernenden entsprechend zu helfen (Hößle et al., 2017; Reiss & Hammer, 2013). Folglich erscheint es hilfreich, wenn Lehrkräfte dieses Wissen über das mathematische Denken der Schüler, diverse Fehlstrategien, Fehlermuster, Fehlerursachen sowie mögliche Fehlvorstellungen bereits vor dem Umgang mit Schülern aufweisen, um sie entsprechend diagnostizieren zu können. Oftmals offenbaren erst die auftretenden Fehler und Probleme der Lernenden, beispielsweise bei Aufgabenbearbeitungen, die zugrundeliegenden kognitiven Prozesse, Strategien sowie mögliche Fehlerursachen (Krauss et al., 2011; Moser Opitz & Nührenbörger, 2015; Scherer & Moser Opitz, 2010).

Demzufolge bildet sowohl das Fachwissen als auch das fachdidaktische Wissen die Grundlage für die diagnostische Kompetenz und entsprechend auch für die Fehler-Ursachen-Diagnosekompetenz (Reiss & Hammer, 2013).

3.2.1.4 Wissen über Diagnosemethoden

Obwohl bereits in Kapitel 1 die Bedeutung einer erfolgreichen Diagnose für eine individuelle Förderung eines Schülers herausgestellt wurde, existieren in Deutschland kaum verbindliche Vorgaben, welche diagnostischen Methoden eingesetzt werden sollen, um bestimmte diagnostische Informationen über einen Lernenden zu erheben (Kultusministerkonferenz, 2004; Ophuysen & Lintorf, 2014). Schrader (2014) zufolge wird das Wissen über diagnostische Methoden und die Fähigkeit, diese adäquat anzuwenden, als ein Aspekt der diagnostischen Kompetenz oftmals vernachlässigt. Um eine gute Diagnostik zu gewährleisten, ist eine überlegte Methodenauswahl jedoch essenziell (Hascher, 2008). Damit sind diagnostische Methoden nicht nur ein Mittel, um Informationen zu erfassen, sondern sie sind gleichzeitig auch ein wichtiger Bestandteil des diagnostischen Wissens (Schrader, 2014). Ophuysen (2010, S. 216) teilt das Wissen über diagnostische

Verfahren (Wie-Wissen) und die Fähigkeit, diese anzuwenden, in die folgenden vier Wissensbereiche ein:

- Allgemeines Methodenwissen (z. B. Kenntnisse der statistischen Testtheorie, Erhebungsmethoden, Normierung)
- Spezifisches Methodenwissen (z. B.: Welche Methoden gibt es zur Erfassung bestimmter Merkmale? Welche Vorteile/Nachteile haben sie? Welche Aussagekraft haben sie?)
- Handlungswissen (z. B.: Wie werden diese Methoden konkret umgesetzt? Was ist zu beachten bei ihrer Durchführung, Auswertung und Ergebnisinterpretation?) [und]
- Konkrete Fähigkeiten (z. B. tatsächliche Anwendung der Verfahren; Ableitung von Interpretationen und Entscheidungen).

Die Auftrennung der Wissensbereiche bei Ophuysen (2010) deutet daraufhin, dass es zu Unterschieden führen könnte, ob „nur" vermittelt wird, was bei einer konkreten Umsetzung der Diagnosemethode beachtet werden sollte oder ob die Diagnosemethode selbst angewandt wird. Auch Bruder et al. (2010) berücksichtigen in ihrem Modell zur diagnostischen Kompetenz die Kenntnis von Diagnosemethoden sowie deren Anwendung, separat in der Kompetenzfacette „diagnostic skills". Bei Helmke et al. (2004) bildet unter anderem das methodische Wissen, das die Kenntnis und Anwendung von diagnostischen Methoden sowie das Wissen über Urteilsfehler und -tendenzen umfasst, die Wissensbasis der diagnostischen Kompetenz, was auch in der Definition zur diagnostischen Expertise Berücksichtigung findet (Helmke (2012); siehe Abschnitt 2.1). Ferner sei an dieser Stelle auch auf die Befunde von Philipp (2018) verwiesen, nach denen das Wissen über Diagnosemethoden offenbar nützlich ist, um Fehlerursachen zu diagnostizieren (siehe Unterabschnitt 3.2.1.1). Obwohl das Wissen über diagnostische Methoden bisher kaum beforscht ist (Jäger, 2009; Schrader, 2009, 2014), verdeutlicht dieser Unterabschnitt bereits die Notwendigkeit des Wissens über diagnostische Methoden sowie deren adäquate Anwendung.

Neben dem diagnostischen Wissen müssen aber auch das Interesse und die Bereitschaft vorhanden sein, sich mit den Kognitionen und Vorstellungen der Lernenden auseinanderzusetzen (Prediger, 2010). Daher wird im folgenden Unterabschnitt auf die Motivation eingegangen.

3.2.2 Motivation

Wie bereits in Unterabschnitt 2.2.3 erläutert, stellt nach Baumert und Kunter (2011) die motivationale Orientierung einen Aspekt der professionellen Kompetenz dar, wodurch sie auch ein Aspekt der (Fehler-Ursachen)-Diagnosekompetenz ist und insbesondere wird sie auch von T. Leuders et al. (2018) in ihrem diagnostischen Kompetenzmodell berücksichtigt. Rheinberg und Vollmeyer (2019, S. 15, Hervorhebung im Original) definieren Motivation als eine „*aktivierende[n] Ausrichtung des momentanen Lebensvollzugs auf einen positiv bewerteten Zielzustand*" (siehe Unterabschnitt 2.2.3). Sie ist ein zentrales Konstrukt, um Verhalten zu erklären und beeinflusst dabei die Zielrichtung, die Ausdauer und die Verhaltensintensität (Rheinberg & Vollmeyer, 2019; Schiefele, 2009; Schiefele & Schaffner, 2015; Vollmeyer, 2009). Demnach kommt der Motivation eine „energetisierende" Funktion zu (Schiefele & Schaffner, 2015, S. 154). Aus historischer Perspektive betrachtet, kann eine kontinuierliche Veränderung der Theorien der psychologischen Motivationsforschung beobachtet werden, wobei an dieser Stelle lediglich auf Krapp und Hascher (2014a) verwiesen wird, die einen guten Einblick geben.

Nach dem professionellen Kompetenzmodell von COACTIV gehören zum Aspekt der motivationalen Orientierung neben der intrinsischen Orientierung auch die selbstbezogenen Kognitionen, wie die Selbstwirksamkeitserwartung, das Selbstkonzept und die Kontrollüberzeugung (Baumert & Kunter, 2011; Retelsdorf, Bauer, Gebauer, Kauper & Möller, 2014). Nach Krapp und Hascher (2014b) stellen die selbstbezogenen Kognitionen neben dem Leistungsmotiv und der Zielorientierung dispositionale Motivationskonstrukte dar und gelten, Retelsdorf et al. (2014) zufolge, als wichtige Prädiktoren sowie Indikatoren für das Verhalten. Folglich stellen sie auch wichtige Indikatoren für die Bereitschaft zum Handeln dar, denn sobald das Selbstkonzept bzw. die Selbstwirksamkeitserwartung steigt, nimmt auch die entsprechende Bereitschaft zum Handeln zu, die dann zum tatsächlichen Handeln bzw. Verhalten führt.

Auf die selbstbezogenen Kognitionen Selbstkonzept und Selbstwirksamkeitserwartung wird als nächstes – unter Berücksichtigung des Diagnostizierens von Schülerfehlern sowie denkbarer Ursachen – detaillierter eingegangen.

3.2.2.1 Selbstkonzept

„Der Begriff *Selbstkonzept* wird in der aktuellen pädagogisch-psychologischen Forschung verwendet, um die mentale Repräsentation der eigenen Person zu beschreiben. Selbstkonzepte sind Vorstellungen, Einschätzungen und Bewertungen, die die eigene Person betreffen […]" (Möller & Trautwein, 2009, S. 180,

Hervorhebung im Original). Moschner und Dickhäuser (2006) beschreiben die „eigene Person" noch genauer als deren Fähigkeiten und Eigenschaften. Die Forschung zum Selbstkonzept ist vor allem in Bezug auf Schüler sehr umfangreich, denn zum einen profitiert das psychische Wohlbefinden und die Gesundheit eines Menschen von einem positiven Selbstkonzept und zum anderen gilt es als empirisch gut gesichert, worauf im Folgenden noch eingegangen wird, dass eine positive Einschätzung der eigenen Fähigkeiten in einem bestimmten Bereich zu besseren tatsächlichen Leistungen in diesem Bereich führt (Möller & Trautwein, 2009). Zudem gehen Marsh und Craven (2006, S. 134) davon aus, „[...] that people who perceive themselves to be more effective, more confident, and more competent accomplish more than people with less positive self-perceptions (‚I believe; therefore, I am')".

Shavelson, Hubner und Stanton (1976) entwickeln ein hierarchisches multidimensionales Modell zum Selbstkonzept, das als Startpunkt für die moderne pädagogisch-psychologische Selbstkonzeptforschung gilt. An der „Spitze" der Hierarchie des Selbstkonzeptes steht das „globale Selbstkonzept", das auch Selbstwertgefühl und im Englischen self-esteem genannt wird und sich auf keine spezifische Domäne bezieht. Auf den nächsten Ebenen wird die Multidimensionalität des Selbstkonzeptes deutlich, wobei zunächst zwischen dem akademischen und dem sogenannten nicht-akademischen Selbstkonzepten soziales, emotionales sowie physisches Selbstkonzept unterschieden wird. Diese Selbstkonzeptebenen umfassen wiederum noch weitere domänenspezifische Komponenten des jeweiligen Selbstkonzeptes (Marsh & Craven, 2006; Marsh & Martin, 2011; Möller & Trautwein, 2009). Nach Möller und Köller (2004, S. 19) sind akademische Selbstkonzepte „generalisierte fachspezifische Fähigkeitseinschätzungen", die auf Kompetenzerfahrungen beruhen. Im schulischen Bereich umfasst es beispielsweise das mathematische Selbstkonzept, das sich weiterhin aufteilen lässt in die einzelnen mathematischen Themengebiete und diese wiederum auch noch spezifiziert werden können (Marsh & Craven, 2006). Zudem enthalten akademische, soziale sowie emotionale Selbstkonzepte sowohl eine affektive („Ich mag Mathematik.") als auch eine kognitiv-evaluative Komponente („Ich bin gut in Mathematik."), wobei es umstritten ist, ob beide Komponenten bei der Erhebung des akademischen Selbstkonzeptes berücksichtigt werden sollten oder nicht (Möller & Köller, 2004). Einige Autoren, wie auch Retelsdorf et al. (2014), erfassen nur die kognitiv-evaluative Komponente, denn die affektive Komponente weisen sie eher der Motivation bzw. dem Interesse zu (Möller & Trautwein, 2009).

Faktoranalytische Untersuchungen ergaben, dass der hierarchische Aspekt des multidimensionalen, hierarchischen Modells von Shavelson et al. (1976) viel weniger ausgeprägt ist als theoretisch vermutet. Beispielsweise korrelierten mathematisches und verbales Selbstkonzept nur unwesentlich oder sogar negativ miteinander, weshalb nicht von einem globalen Selbstkonzept ausgegangen werden kann, das diese beiden domänenspezifischen Selbstkonzepte verbindet (Marsh & Martin, 2011; Möller & Trautwein, 2009). Hingegen war es möglich, die Multidimensionalität und Domänenspezifität des Selbstkonzeptes durch Faktoranalysen nachzuweisen (Marsh & Martin, 2011). Da das Selbstkonzept eine hohe Domänenspezifität aufweist (Marsh, Trautwein, Lüdtke, Köller & Baumert, 2006; Marsh & Craven, 2006; Möller, Retelsdorf, Köller & Marsh, 2011), ist es nach Retelsdorf et al. (2014) sinnvoll, das Selbstkonzept nicht global zu erfassen, sondern einzelne Bereiche bei der empirischen Erhebung zu fokussieren. Jedoch hat in der bisherigen Forschung zur Lehrerprofessionalität die Domänenspezifität des Selbstkonzeptes nur wenig Beachtung erhalten (Retelsdorf et al., 2014). Werden diese allgemeinen Erläuterungen nun auf das Diagnostizieren von Schülerfehlern sowie denkbaren Ursachen im Mathematikunterricht übertragen, dann umfasst das Selbstkonzept die Vorstellungen, Einschätzungen und Bewertungen der eigenen diagnostischen Fähigkeiten, Schülerfehler wahrzunehmen und zu beschreiben sowie die denkbaren Ursachen zu analysieren. Bei diesem Selbstkonzept handelt es sich um ein akademisches Selbstkonzept, denn es wird konkret die Thematik „Diagnose von Schülerfehlern sowie deren Ursachen" betrachtet (siehe auch Retelsdorf et al. (2014)).

Im schulischen Bereich korrelieren das akademische Selbstkonzept der Schüler und die entsprechende Leistung durchweg positiv und betragen beispielsweise in der Mathematik, je nach Studie, zwischen $r = 0.19$ und $r = 1.00$ (Möller & Köller, 2004). Auch Retelsdorf et al. (2014) stellten bei ihrem entwickelten Instrument zur mehrdimensionalen Erfassung berufsbezogener Selbstkonzepte von Lehramtsstudierenden positive moderate Korrelationen zwischen dem Selbstkonzept „Fach" und der Studienleistung der Lehramtsstudierenden fest.[3] Der Begriff „Leistung" lässt sich im Rahmen der vorliegenden Thematik mit der diagnostischen Fähigkeit gleichsetzen, konkrete Schülerfehler wahrzunehmen, zu beschreiben und im Hinblick auf deren mögliche Ursachen zu analysieren. Aufgrund der bisherigen Befunde könnten auch positive Korrelationen zwischen den diagnostischen Fähigkeiten, Schülerfehler und deren Ursachen zu diagnostizieren und dem entsprechenden Selbstkonzept auftreten.

Marsh konnte zusammen mit seinen Kollegen empirisch mehrfach nachweisen, dass Selbstkonzept und Leistung in einer wechselseitigen Beziehung stehen

---

[3]Anmerkung: Sie berichten von negativen Korrelationen, denn die Studierenden sollten ihre Noten für die letzten Prüfungsleistungen angeben. Je besser die Note, desto höher ist die Studienleistung. Daher wird im Rahmen dieser Arbeit von einer positiven Korrelation gesprochen, um Verwirrungen zu vermeiden.

und sich dabei gegenseitig stärken, denn ein positives Selbstkonzept führte zu einer besseren zukünftigen Leistung und eine bessere Leistung führte auch zu einem entsprechend positiveren zukünftigen Selbstkonzept (Marsh & Craven, 2006; Marsh & Martin, 2011; Marsh, Pekrun, Murayama & Arens, 2018). Marsh und Craven (2006, S. 158) kommen daher zu folgendem Entschluss:

> Enhancing skills alone is not enough; people also need to hold positive self-concepts of their abilities in specific areas. Hence, we conclude that, in a wide variety of settings, practitioners who wish to maximize performance are well advised to enhance simultaneously self-concepts and skills in logically related domains.

Zudem konnten Valentine, DuBois und Cooper (2004) in einer Metaanalyse in fast allen Studien positive Effekte des Selbstkonzeptes auf zukünftige akademische Leistungen feststellen und größere Effekte bei domänenspezifischen Erhebungen von Selbstkonzept und Leistung nachweisen. Dadurch wird die herausragende Bedeutung des Selbstkonzeptes, zu dem Entschluss von Marsh und Craven (2006), nochmals betont, weshalb es sich lohnt, dieses, neben der diagnostischen Fähigkeit an sich, ebenfalls domänenspezifisch hinsichtlich der Diagnose von Schülerfehlern und deren Ursachen zu fördern.

Nun stellt sich die Frage, inwiefern sich das Selbstkonzept (vor allem in diesem Bereich) beeinflussen lässt, wobei nach Moschner und Dickhäuser (2006, S. 686) diesbezüglich folgendes gilt: „Allgemein wird angenommen, dass stark globalisierte Selbstkonzept-Bereiche sowie Selbstkonzept-Facetten mit hoher subjektiver Bedeutsamkeit und großer Zentralität stabiler als bereichsspezifische Facetten des Selbstkonzepts sind". Möller und Trautwein (2009) zufolge lassen sich soziale, dimensionale, kriteriale und temporale Vergleichsinformationen unterscheiden, die als Quellen der Selbstkonzeptentwicklung gelten. Der Einfluss der sozialen Vergleichsinformation auf das Selbstkonzept eines Individuums wird heutzutage nicht mehr infrage gestellt, denn das Selbstkonzept einer Person wird wesentlich durch Interaktionen mit der sozialen Umwelt beeinflusst. Vor allem Personen, die einem Individuum sehr nahe stehen, besitzen einen starken Einfluss auf dessen Selbstkonzept. Auch beim „Big-Fish-Little-Pond Effect" (Marsh, 1987) steht der soziale Vergleich im Vordergrund. Werden verschiedene Domänen, zum Beispiel verschiedene Fächer, bei der Einschätzung des Selbstkonzeptes berücksichtigt, liegt ein dimensionaler Vergleich vor. Stellvertretend für diese Vergleichsinformation sei an dieser Stelle das Internal/External-Frame-of-Reference-Modell (I-E-Modell) (Marsh, 1986) erwähnt, bei dem die eigenen Leistungen mit den Leistungen anderer im selben Fach verglichen werden (externaler Bezugsrahmen, sozialer Vergleich) und zusätzlich noch ein internaler

Vergleich erfolgt, indem die eigenen Leistungen in dem einen Fach zu Leistungen in einem anderen Fach gegenübergestellt werden (dimensionaler Vergleich). Sobald eine bestimmte Leistung mit einem bestimmten Kriterium kontrastiert wird, liegt eine kriteriale Vergleichsinformation vor (Möller & Trautwein, 2009). „Temporale Vergleiche beinhalten einen längsschnittlichen Abgleich der eigenen Fähigkeiten in einem Bereich zu unterschiedlichen Zeitpunkten" (Möller & Trautwein, 2009, S. 191). Da in dieser Zeit neues Wissen sowie neue Kenntnisse angeeignet werden, sollte ein temporaler Vergleich der eigenen Fähigkeiten zu einer günstigen Entwicklung des Selbstkonzeptes beitragen (Möller & Trautwein, 2009; Rheinberg, 2006). Folglich könnte die Förderung der diagnostischen Fähigkeiten, Schülerfehler zu erkennen und zu beschreiben sowie die denkbaren Ursachen zu analysieren, auch zur positiven Veränderung des Selbstkonzeptes in diesem Bereich beitragen. Ferner können nach Möller und Trautwein (2009) unter anderem auch positive Lernerfahrungen und ein unterstützendes Klima zu einem hohen Selbstkonzept bei Schülern führen, wobei dies auch für Studierende gelten könnte. Demnach könnten eigene positive Lernerfahrungen im Diagnostizieren, sowohl durch die Interaktion mit Kommilitonen als auch durch den Umgang mit Schülern, zur Erhöhung des Selbstkonzeptes im Diagnostizieren von Schülerfehlern sowie denkbarer Ursachen beitragen. O'Mara, Marsh, Craven und Debus (2006) führten eine Metaanalyse hinsichtlich der Wirkung von Interventionen auf die Entwicklung des Selbstkonzeptes bei Kindern und Jugendlichen durch. Sie unterschieden unter anderem zwischen direkten und indirekten Interventionen, wobei in beiden Interventionen das Ziel verfolgt wurde, das Selbstkonzept zu verbessern. Im Gegensatz zu den indirekten Interventionen, deren Schwerpunkt eher auf anderen Konstrukten, beispielsweise der Leistung, lag, wurden in den direkten Interventionen konkrete Verfahren eingesetzt, um das Selbstkonzept zu verbessern. Durch beide Interventionen ließ sich das Selbstkonzept fördern, was jeweils einem mittleren Effekt entsprach.[4]

Abschließend lässt sich daher vermuten, dass eine Intervention, die den Aufbau diagnostischer Fähigkeiten zur Analyse von Schülerfehlern sowie denkbaren Ursachen ermöglicht, auch zur Erhöhung des Selbstkonzeptes in diesem Bereich beitragen kann.

---

[4]Anmerkung: O'Mara et al. (2006) berichten sowohl „fixed effects" als auch „random effects". Aufgrund der im Artikel beschriebenen Limitationen der „fixed effets" werden hier nur die „random effects" dargestellt.

3.2.2.2 Selbstwirksamkeitserwartung

Das Konzept der Selbstwirksamkeitserwartung beruht auf der sozial-kognitiven Theorie Banduras (1997), nach der subjektive Erwartungen, wie die Selbstwirksamkeitserwartung und die Handlungs-Ergebnis-Erwartung, kognitive, emotionale, motivationale und aktionale Prozesse steuern (Bandura, 1997; Schwarzer & Jerusalem, 2002). Die „Selbstwirksamkeitserwartung wird definiert als die subjektive Gewissheit, neue oder schwierige Anforderungssituationen auf Grund eigener Kompetenzen bewältigen zu können" (Schwarzer & Jerusalem, 2002, S. 35). Nach Schwarzer und Jerusalem (2002) reichen für die Bewältigung derartiger Anforderungen keine Routinehandlungen aus, sondern die notwendigen Handlungen sind mit Ausdauer und Anstrengung verbunden und auch Baumert und Kunter (2013) betonen, dass unter Umständen für die Zielerreichung Hürden überwunden werden müssen. Die handelnde Person muss dabei nicht zwangsläufig die eigenen Fähigkeiten[5] als hoch ausgeprägt empfinden, denn es geht vielmehr um deren optimalen Einsatz in bestimmten Situationen (Bandura, 1997; Moschner & Dickhäuser, 2006; Schoreit, 2016). „Perceived self-efficacy is not a measure of the skills one has but a belief about what one can do under different sets of conditions with whatever skills one possesses" (Bandura, 1997, S. 37). Schwarzer und Jerusalem (2002, S. 36) zufolge konnte durch einige empirische Studien belegt werden, „[...] dass optimistische Kompetenz- oder Selbstwirksamkeitserwartungen eine Grundbedingung dafür darstellen, dass Anforderungen mit innovativen und kreativen Ideen aufgenommen und mit Ausdauer durchgesetzt werden", weshalb es sinnvoll erscheint, diese zu fördern.

Das Konzept der Selbstwirksamkeitserwartung berücksichtigt die Generalitätsdimension und die Individuell/Kollektiv-Dimension, wobei sich die Generalitätsdimension durch den Grad der Generalität oder Spezifität in die allgemeine, die situationsspezifische und die bereichsspezifische Selbstwirksamkeitserwartung differenziert (Schwarzer & Jerusalem, 2002). Die Lehrerselbstwirksamkeitserwartung stellt einen Repräsentanten der bereichsspezifischen Selbstwirksamkeitserwartung dar und „[...] beinhaltet [die] Überzeugungen von Lehrern, schwierige Anforderungen ihres Berufslebens auch unter widrigen Bedingungen erfolgreich zu meistern" (Schwarzer & Jerusalem, 2002, S. 40). Für das Diagnostizieren im Mathematikunterricht bedeutet dies, dass sich die Lehrkraft aufgrund ihrer eigenen diagnostischen Fähigkeiten imstande fühlt, die Anforderung – Schülerfehler zu erkennen und zu beschreiben sowie zugehörige Ursachen zu

---

[5]Der Autor dieser Arbeit verwendet bewusst den Begriff Fähigkeiten statt Kompetenzen, denn die Fehler-Ursachen-Diagnosekompetenz umfasst die Fähigkeit und die Bereitschaft für die unter anderem die Selbstwirksamkeitserwartung als motivationaler Aspekt erforderlich ist.

analysieren – zu bewältigen, selbst wenn dies nur durch einen aufwändigen und hürdenreichen Handlungsprozess möglich ist. Schmitz und Schwarzer (2002) konnten beispielsweise zeigen, dass sich Lehrkräfte mit einer hohen Selbstwirksamkeitserwartung mehr außerhalb des Unterrichts engagieren als Lehrkräfte mit einer niedrigen Selbstwirksamkeitserwartung. „Die Ergebnisse stehen also im Einklang mit der theoretischen Annahme, dass sich hoch selbstwirksame von weniger selbstwirksamen Personen auch darin unterscheiden, wie sie sich im Beruf engagieren und wie viel Zeit und Mühe sie in ihre Ziele investieren" (Schmitz & Schwarzer, 2002, S. 203). Dies geht mit den Befunden von Ohle et al. (2015) einher, nach denen sich die Selbstwirksamkeitserwartung (bezüglich der Diagnostik) positiv auf die Zeit auswirkt, die Lehrkräfte vor, während und nach dem Unterricht für diagnostische Aktivitäten verwendeten (siehe Abschnitt 3.2). Außerdem konnten Honicke und Broadbent (2016) in ihrer Metaanalyse einen positiven moderaten Zusammenhang zwischen der akademischen Selbstwirksamkeitserwartung und der akademischen Leistung bei Studierenden nachweisen, was durch die Metaanalyse von Talsma, Schütz, Schwarzer und Norris (2018) auch für andere Altersgruppen bestätigt werden konnte.[6] Dies deutet daraufhin, dass eine höhere Selbstwirksamkeitserwartung zu einer höheren Leistung führt (Honicke & Broadbent, 2016).[7] Wie bereits in Unterabschnitt 2.2.2 dargestellt, untersuchten Klug et al. (2015) unter anderem die Auswirkung der Selbstwirksamkeitserwartung auf die drei Phasen des Diagnoseprozesses und konnten für die Lehramtsstudierenden feststellen, dass „je selbstwirksamer sich die Studierenden einschätzten, desto niedrigere Werte erreichten sie im aktionalen Diagnostizieren und umgekehrt" (Klug, 2017, S. 58). Da die Lehramtsstudierenden meist noch keine Erfahrungen aus der Praxis besaßen, könnten sie, dem vorliegenden Ergebnis zufolge, zur Überschätzung ihrer Fähigkeiten neigen (Klug et al., 2015; Klug, 2017). Nach Schunk, Pintrich und Meece (2010) können zu optimistische Selbstwirksamkeitserwartungen dazu führen, dass Menschen Aufgaben bearbeiten, die über ihren Fähigkeiten liegen, wobei ungünstige Konsequenzen die Folge sein

---

[6]Anmerkung: Nach Talsma et al. (2018) moderiert unter anderem das Alter den Zusammenhang zwischen akademischer Selbstwirksamkeitserwartung und akademischer Leistung signifikant. In ihrer Metaanalyse berücksichtigten sie das Alter der Probanden, indem sie klassifizierten, ob die jeweilige Studie mit Kindern oder Erwachsenen (einschließlich Studierenden) durchgeführt wurde. Demnach fällt der Zusammenhang bei Kindern stärker aus als bei Erwachsenen. Im Durchschnitt liegt er bei $r = 0.316$.

[7]Hierbei sei auf die Definition der Selbstwirksamkeitserwartung verwiesen, denn die Selbstwirksamkeitserwartung ist die subjektive Gewissheit zukünftige Anforderungen – also zukünftige Leistungen – zu bewältigen, wodurch eine Wirkrichtung erkennbar ist.

können. Um dies zu vermeiden, sollten demnach in einer Intervention die diagnostischen Fähigkeiten zum Diagnostizieren von Schülerfehlern und deren Ursachen gefördert werden. Außerdem legen die vorliegenden Erkenntnisse zur Bedeutung der Selbstwirksamkeitserwartung nahe, diese bezüglich des Diagnostizierens von Schülerfehlern und deren Ursachen ebenfalls zu fördern.

Eine Modifizierung der Selbstwirksamkeitserwartung ist durch verschiedene Quellen möglich, wobei die nachfolgende Reihenfolge die Stärke des Einflusses widerspiegelt (Bandura, 1997, S. 79; Schoreit, 2016; Schwarzer & Jerusalem, 2002; Schwarzer & Warner, 2014, S. 669):

1. „eigene Erfolgserfahrung" („enactive mastery experience")

   Nimmt der Lernende die eigene Leistung und Anstrengung als erfolgreich wahr, erhöht sich die Selbstwirksamkeitserwartung. Misserfolgserlebnisse können die Abnahme der Selbstwirksamkeitserwartung begünstigen (Tschannen-Moran, Woolfolk Hoy & Hoy, 1998). Daher bilden vor allem wohldosierte Erfolgserfahrungen, die den eigenen Fähigkeiten zugeschrieben werden, das stärkste Mittel zum Aufbau von Selbstwirksamkeitserwartungen (Schwarzer & Jerusalem, 2002).

2. „Stellvertretende Erfahrungen durch Beobachten von Verhaltensmodellen" („vicarious experience")

   Vor allem in universitären Veranstaltungen sind die Möglichkeiten eingeschränkt, Erfahrungen selbst zu machen. Durch Verhaltensmodelle erhalten Studierende die Möglichkeit, durch Nachahmung zu lernen. Wichtig ist dabei, dass sich die Studierenden als Beobachter mit dem Verhaltensmodell identifizieren können (Schwarzer & Jerusalem, 2002).

3. „Sprachliche Überzeugungen" („verbal persuasion")

   Durch sprachliche Überzeugungen, wie Fremdbewertungen oder Überredungen mit Aussagen wie „Du kannst es", wird dem Akteur eingeredet, dass er seinen eigenen Kompetenzen vertrauen kann und soll. Dies ist jedoch auch abhängig von der beratenden Person, hinsichtlich ihrer Glaubwürdigkeit und ihrer Kompetenz (Bandura, 1997; Schwarzer & Jerusalem, 2002; Schwarzer & Warner, 2014).

4. „Wahrnehmung eigener Gefühlserregung" („physiological and affective states")

   Der Erregungszustand einer Person beeinflusst die Beurteilung der eigenen Selbstwirksamkeitserwartung. Eine hohe Erregung (z. B. Ängstlichkeit) wird als Hinweis auf eine eigene unzureichende Kompetenz wahrgenommen und senkt dadurch möglicherweise die Selbstwirksamkeitserwartung (Schwarzer & Jerusalem, 2002).

Klassen et al. (2011) zufolge liegen hinsichtlich der Quellen zur Lehrerselbstwirksamkeitserwartung bisher, im Vergleich zu den restlichen Studien zur Lehrerselbstwirksamkeitserwartung, nur relativ wenige Erkenntnisse vor. Nachfolgend werden die bisherigen Erkenntnisse zur Entwicklung der Lehrerselbstwirksamkeitserwartung in der Lehrerbildung zusammengefasst und der Bezug zu den Quellen der Selbstwirksamkeitserwartung hergestellt. Parameswaran (1998) zeigte die Erhöhung der allgemeinen und der spezifischen Lehrerselbstwirksamkeitserwartung (bezüglich des Umgangs mit kulturellen Unterschieden bei Schülern) von Lehramtsstudierenden durch die Erfahrung im Feld und wandte somit die erste Quelle der Selbstwirksamkeitserwartung an. Hagen, Gutkin, Palmer Wilson und Oats (1998) untersuchten den Einfluss stellvertretender Erfahrungen (2. Quelle) und die mündliche Überzeugungskraft (3. Quelle) bei Grundschullehramtsstudierenden und erkannten den Zuwachs der persönlichen Lehrerselbstwirksamkeitserwartung und der Lehrerselbstwirksamkeitserwartung im Klassenraummanagement. Fives (2003) stellte in ihrem theoretischen Review fest, dass praktische Lernerfahrungen – und somit die erste Quelle der Selbstwirksamkeitserwartung – eine Möglichkeit bieten, die Lehrerselbstwirksamkeitserwartung bei Lehramtsstudierenden zu erhöhen, wobei auch Schmitz (2000) der Ansicht ist, dass frühe Erfolgserfahrungen im Lehramtsstudium deren Aufbau fördern. Hoy und Woolfolk (1990) untersuchten ebenfalls die Selbstwirksamkeitserwartung bei Lehramtsstudierenden und unterschieden dabei „general teaching efficacy" und „personal teaching efficacy". „General teaching efficacy" setzt sich mit dem allgemeinen Gefühl der Unterrichtswirksamkeit auseinander. Wie wird die Wirksamkeit des Unterrichts im Allgemeinen eingeschätzt – das heißt, kann Unterricht Schüler unabhängig vom sozialen Hintergrund und den Schülerfähigkeiten beeinflussen? „Personal teaching efficacy" erhebt eher die Selbstwirksamkeitserwartung nach Bandura (1997) sowie Schwarzer und Jerusalem (2002) und gibt demnach die subjektive Gewissheit der Lehramtsstudierenden wieder, ein effektives Lernen aufgrund ihrer eigenen Fähigkeiten zu ermöglichen (Hoy & Woolfolk, 1990). Nachdem die Lehramtsstudierenden ein Semester unterrichtet und damit eigene Praxiserfahrungen (1. Quelle) erlangt hatten, stieg die „personal teaching efficacy" und das allgemeine Gefühl der Unterrichtswirksamkeit („general teaching efficacy") nahm ab. Die Studierenden aus der Stichprobe glaubten nun stärker daran, dass sie den Schülern helfen könnten (Hoy & Woolfolk, 1990). Hoy und Spero (2005) erhoben die Lehrerselbstwirksamkeitserwartung zu drei Messzeitpunkten – bevor die Lehramtsstudierenden ihre ersten Praxiserfahrungen während eines einjährigen Schulpraktikums machten, nach diesen Praxiserfahrungen und nach dem ersten Jahr als Lehrer – und setzten neben den Skalen zur „general teaching efficacy" und „personal teaching efficacy" noch Banduras Skala zur „teacher self-efficacy" ein. Nach den ersten Praxiserfahrungen (1. Quelle) nahm die „general teaching efficacy", die „personal teaching efficacy" und auch Banduras „teacher self-efficacy" signifikant zu. Grund für den Unterschied zu Hoy und Woolfolk (1990) könnte die allmähliche Einführung ins Unterrichten und unterstützende Wirkung durch Begleitseminare sein (Hoy & Spero, 2005). Schulte (2008) entwickelte ein multidimensionales Instrument, um die Lehrerselbstwirksamkeitserwartung differenziert zu erfassen und orientierte sich dabei an den Standards für die Lehrerbildung, um die Aufgaben einer Lehrkraft differenziert zu berücksichtigen. Dabei ergaben sich die Komponenten Unterrichten, Leistungsbeurteilung, Diagnose von Lernvoraussetzungen, Kommunikation und Konfliktlösungen sowie Anforderungen des Lehrerberufs. Unter anderem betrachtete Schulte (2008) die Auswirkungen von ersten praktischen Erfahrungen (1. Quelle) in Form von Schulpraktika auf die Entwicklung der Selbstwirksamkeitserwartung, wobei die Auswertungen einen signifikanten Anstieg der Selbstwirksamkeitserwartung hinsichtlich der Subskalen Leistungsbeurteilung, Diagnose von Lernvoraussetzungen und Unterrichten zeigten. Die Lehrerselbstwirksamkeitserwartung (Skala von Schmitz und Schwarzer (2000)) zeigte keine signifikanten Veränderungen.

Gemäß der oben genannten Quellen zur Selbstwirksamkeitserwartung und den beschriebenen Befunden könnte die Selbstwirksamkeitserwartung von Lehramtsstudierenden hinsichtlich des Diagnostizierens von Schülerfehlern sowie deren Ursachen durch eigene Erfahrungen im Diagnostizieren – beispielsweise durch Interaktionen mit Kommilitonen oder mit Schülern – gefördert werden. Weiterhin wären auch stellvertretende Erfahrungen durch Videoanalysen als zweite Quelle der Selbstwirksamkeitserwartung denkbar. Wong (1997) erläutert in einem Artikel unter anderem Ursachen, warum forschungsbasierte Praktiken von Lehrkräften im Unterricht nicht implementiert werden und geht dabei auch auf die Selbstwirksamkeitserwartung von Lehrkräften ein, denn Lehrkräfte mit geringerer Selbstwirksamkeitserwartung seien beispielsweise weniger bereit, neue forschungsbasierte Ansätze im Unterricht einzusetzen und zudem der Auffassung, dass diese zu keiner Leistungsverbesserung bei Schülern führen würden. In ihrem eigenen Unterricht realisieren sie, Wong zufolge, nur wenige Änderungen und besitzen außerdem auch nur geringe Erwartungen an sich und ihre Schüler. Daher betont Wong die Notwendigkeit, die Selbstwirksamkeitserwartung von Lehrkräften zu fördern und schlägt dafür unter anderem die folgenden Maßnahmen vor, die sich im Grunde auf die oben genannten Quellen zur Selbstwirksamkeitserwartung beziehen und auch auf das Diagnostizieren im Mathematikunterricht übertragen werden können:

- In Bereichen, in denen sich eine Lehrkraft noch unsicher fühlt, sollte die Entwicklung von Unterrichtsfähigkeiten gefördert werden.
- Weiterhin ist eine soziale Umgebung hilfreich, mit der sowohl eine Reflexion bezüglich eingesetzter Unterrichtsstrategien als auch eine emotionale Unterstützung möglich ist.
- Außerdem ist fachdidaktisches Wissen essenziell, ohne dessen der Erfolg einer Lehrkraft beim Unterrichten beeinträchtigt ist.

Da Lehramtsstudierende wahrscheinlich noch geringes diagnostisches Wissen bezüglich des Diagnostizierens von Schülerfehlern und denkbaren Ursachen im Mathematikunterricht besitzen, könnte dieses Wissen innerhalb des Studiums vermittelt werden, wodurch sowohl die Selbstwirksamkeitserwartung bezüglich des Diagnostizierens von Schülerfehlern und deren Ursachen als auch die entsprechende diagnostische Fähigkeit steigen könnte.

Die diagnostischen Dispositionen, wie das diagnostische Wissen sowie die Motivation zum Diagnostizieren von Schülerfehlern und denkbarer Ursachen, kommen in diagnostischen Situationen zum Einsatz, wobei in der vorliegenden Studie Schülerlösungen beim Bearbeiten von Mathematikaufgaben fokussiert werden. Aus diesem Grund werden im nächsten Abschnitt 3.3 zunächst diagnostische Situationen allgemein erläutert und anschließend die beschriebenen Merkmale auf die diagnostische Situation „schriftliche Schülerlösungen beim Bearbeiten von Mathematikaufgaben" angewandt.

3.3   Schülerlösungen als Beispiel für eine diagnostische Situation

„Diagnostische Situationen sind (a) dem pädagogischen Handeln vor- oder untergeordnet, sollen (b) Informationen für eine anstehende pädagogische Entscheidung liefern, beinhalten (c) Diagnosetätigkeiten, die sich auf einzelne Individuen beziehen, und befassen sich (d) mit lernrelevanten Merkmalen als Urteilsgegenstand" (Karst et al., 2017, S. 103). Ein Lernender steht demnach innerhalb der diagnostischen Situation im Fokus und wird hinsichtlich seiner lernrelevanten Merkmale, wie beispielsweise seiner fachspezifischen Kompetenz, seiner Lernstrategien, der Intelligenz oder auch des Selbstkonzeptes und Interesses, eingeschätzt (Karst et al., 2017). Innerhalb der diagnostischen Situation lassen sich somit diagnostische Informationen über den Lernenden sammeln, wobei die diagnostische Situation den „äußeren" Rahmen für den ablaufenden diagnostischen Prozess bildet und diesen entscheidend beeinflusst (Karst et al., 2017; Reinhold, 2018). Diagnostische Situationen lassen sich durch die Merkmale Diagnosezweck,

Planbarkeit, Verbindlichkeit und Konsequenz der Diagnose für den Lernenden sowie die Perspektive auf den Lernenden klassifizieren, auf die nun näher eingegangen wird (Karst et al., 2017). Beim *Diagnosezweck* geht es um den Grund, warum eine diagnostische Situation ablaufen sollte, wobei man zwischen den Zwecken Verbesserung des individuellen Lernens (formatives Assessment) und einer summativen Bewertung, im Sinne von Informationen über den aktuellen Lernstand bzw. einer Zeugnisnote (summatives Assessment), unterscheiden kann (siehe Abschnitt 1.1 und 1.2). Die *Planbarkeit* diagnostischer Tätigkeiten kann unterschiedlich gut sein – manchmal passieren sie sehr spontan und manchmal basieren sie auf einer langfristigen Planung. Der Zweck und die Planbarkeit diagnostischer Situationen kann jedoch beliebig miteinander kombiniert werden. Beispielsweise kann durch eine kurzfristige Planung und im Sinne des formativen Assessments eine diagnostische Situation inszeniert werden, in der die Lehrkraft gezielte Fragen zur Aufdeckung von Fehlvorstellungen oder Lernschwierigkeiten stellt.[8] Die *Verbindlichkeit und Konsequenz der Diagnose für den Lernenden* kennzeichnen ebenfalls die diagnostische Situation.

> Mit dem Grad der Verbindlichkeit wird beurteilt, ob die Diagnose stark handlungsleitend ist und damit eine bestimmte Entscheidung determiniert (hohe Verbindlichkeit) oder ob die Diagnose eher als Orientierungshilfe fungiert und sich die pädagogische Entscheidung daraus nicht direkt ableiten lässt (niedrige Verbindlichkeit). (Karst et al., 2017, S. 109)

Eine hohe Verbindlichkeit bedeutet für den Lernenden, dass die Entscheidung verpflichtend ist und er keine Wahl bezüglich des weiteren Vorgehens hat. Niedrige Verbindlichkeiten sind eher Orientierungshilfen, wie Empfehlungen an die Eltern für die weitere Schullaufbahn des Schülers. Schließlich lässt sich die diagnostische Situation auch durch die *Perspektive auf den Lernenden* kennzeichnen. Bei Übergangsempfehlungen berücksichtigt die Lehrkraft zum Beispiel mehrere lernrelevante Merkmale und nimmt somit eine globale Perspektive ein. Betrachtet sie lediglich ein spezifisches Merkmal, beispielsweise beim Erkennen von Fehlvorstellungen in einem bestimmten Themengebiet bzw. in einem Unterrichtsfach, handelt es sich um eine spezifische Perspektive (Karst et al., 2017). Ein weiteres Charakterisierungsmerkmal ist der *Formalitätsgrad* der diagnostischen Situation, der entweder eher formell oder eher informell sein kann (Philipp, 2018). Dieser ergibt sich auch aufgrund der eingesetzten Diagnosemethode (siehe Unterabschnitt 3.4.1).

---

[8]Für detailliertere Informationen siehe Karst, Klug & Ufer (2017, S. 108-109).

In der vorliegenden Untersuchung stellen schriftliche Schülerlösungen in Form von Produktvignetten[9] die diagnostische Situation dar, die bei der Bearbeitung von Mathematikaufgaben entstehen. Exemplarisch sei an dieser Stelle die fehlerhafte schriftliche Schülerlösung zur bereits bekannten Baustellenaufgabe erwähnt (siehe Einleitung, Abbildung 1). Derartige schriftliche Schülerlösungen sollen in der vorliegenden Studie differenzierter analysiert werden, um Ursachen für den Schülerfehler, wie zum Beispiel (fehlerhafte) Denkprozesse der Lernenden, zu diagnostizieren. Bei der Baustellenaufgabe hat der Schüler offenbar deren Inhalt verstanden und versucht mit Hilfe einer Gleichung, die Aufgabe zu lösen. Zwar stellt er diese falsch auf und formt sie fehlerhaft um, aber er erhält trotzdem das richtige Ergebnis für die notwendige Lochtiefe. Diese Erkenntnisse können direkt aus der schriftlichen Aufgabenbearbeitung ermittelt werden. Was der Schüler sich beim Aufstellen der Gleichung gedacht hat, ob er das Ergebnis vorher wusste und die Gleichung entsprechend anpasste oder ob er lediglich geraten hat und dabei Glück hatte, kann aus der schriftlichen Schülerlösung nicht direkt ermittelt, sondern lediglich vermutet werden. Dafür wäre die Anwendung weiterer Diagnosemethoden notwendig (siehe Unterabschnitt 3.4.1). Die Klassifikationsmerkmale einer diagnostischen Situation lassen sich auch auf schriftliche Schülerlösungen (wie bei der Baustellenaufgabe) anwenden, wobei in der vorliegenden Untersuchung der *Zweck* verfolgt wird, das individuelle Lernen des Schülers zu verbessern (formatives Assessment). Dies kann sowohl durch eine langfristige *Planung* stattfinden als auch „On-the-Fly", wenn der Schüler Aufgaben im Unterricht bearbeitet (siehe auch Abschnitt 1.2). Um Fehlvorstellungen sowie fehlerhafte Denkprozesse abzubauen, besitzen die Diagnose sowie die entsprechenden Entscheidungen der Lehrkraft eine eher hohe *Verbindlichkeit* für den Schüler, wobei die Lehrkraft eine spezifische *Perspektive* einnimmt.

Obwohl diagnostische Situationen durchaus sehr spontan entstehen („On-the-Fly"), können sie auch gezielt durch die Anwendung von Diagnosemethoden hervorgerufen werden, die im Folgenden dargestellt werden.

3.4   Diagnosemethoden als Verursacher einer diagnostischen Situation

Durch den Einsatz von Diagnosemethoden entstehen gezielt diagnostische Situationen, in denen der diagnostische Prozess abläuft. Beispielsweise entsteht durch die Diagnosemethode „diagnostisches Interview" eine initiierte diagnostische Situation in Form einer Artikulation zwischen dem Interviewer und dem

---

[9]Erläuterung – siehe Abschnitt 4.2

Lernenden, in deren Rahmen der diagnostische Prozess – hier umfasst er eine Prozessdiagnostik – abläuft. Dabei können unter Umständen vorhandene fehlerhafte Denkprozesse des Lernenden diagnostiziert werden. Folglich sind die Kenntnis diverser Diagnosemethoden sowie deren adäquater Einsatz notwendig, um eine geeignete und wertvolle diagnostische Situation zu erzeugen. In diesem Abschnitt werden daher verschiedene Diagnosemethoden vorgestellt (Unterabschnitt 3.4.1) und explizit auf das diagnostische Interview eingegangen (Unterabschnitt 3.4.2).

3.4.1   Arten von Diagnosemethoden

Standardisierte Tests, Klassenarbeiten, Tests, Hausaufgaben, Übungsaufgaben, diagnostische Aufgaben, diagnostische Interviews oder Beobachtungen sind Diagnosemethoden[10], die zum Teil täglich im Unterricht genutzt werden und nach den Empfehlungen der DMV, GDM und MNU auch bei (angehenden) Lehrkräften bekannt bzw. angewandt werden sollten (Ziegler et al., 2008). Würde man sie in die Veranschaulichung der Fehler-Ursachen-Diagnosekompetenz verorten wollen, dann könnte man die konkreten Diagnosemethoden als Beispiele ergänzen (siehe Abbildung 3.3).

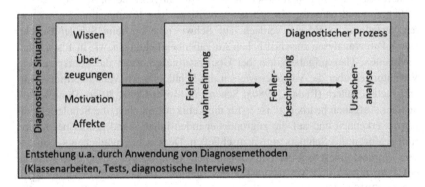

Abbildung 3.3 Einordnung der Diagnosemethodenbeispiele in die Veranschaulichung des Zusammenhangs sowie der Fehler-Ursachen-Diagnosekompetenz (eigene Darstellung)

---

[10]Eine detaillierte Darstellung der Methoden findet sich beispielsweise bei Voßmeier (2012), Benz, Peter-Koop und Grüßing (2015) sowie Hesse und Latzko (2011).

Wie bereits in Abschnitt 3.3 dargestellt, lassen sich diagnostische Situationen nach Philipp (2018) auch anhand ihres Formalitätsgrades charakterisieren. Dieser ergibt sich unter anderem aufgrund der verwendeten Diagnosemethode, wobei ein standardisiertes Testverfahren ein typisches Beispiel für eine Methode ist, die eine formelle Situation erzeugt und nicht- oder teilstandardisierte Verfahren, wie Beobachtungen oder diagnostische Interviews, eher eine informelle Situation hervorrufen (Moser Opitz & Nührenbörger, 2015; Philipp, 2018; Wessolowski, 2012). Trotzdem sollte nach Scherer und Moser Opitz (2010) jede professionelle Diagnostik intersubjektiv nachvollziehbar sein, das heißt, so weit wie möglich die Gütekriterien Objektivität, Reliabilität und Validität berücksichtigen. Die Auswahl der Diagnosemethode erfolgt in Abhängigkeit von der diagnostischen Zielsetzung: Soll eine Zuweisung (beispielsweise zu Haupt- oder Realschulzweig) oder eine abschließende Benotung stattfinden, sind standardisierte Diagnosemethoden empfehlenswerter (Scherer & Moser Opitz, 2010). Will die Lehrkraft hingegen Informationen über den Lernstand des Schülers sowie dessen Vorgehensweisen und Lösungswege erhalten, um eine optimale Förderung zu ermöglichen, sind eher informelle Verfahren hilfreich (Scherer & Moser Opitz, 2010; Wessolowski, 2012). „Insbesondere wenn Schülerinnen und Schüler in einem bestimmten Lernbereich Schwierigkeiten zeigen, sind differenzierte diagnostische Maßnahmen notwendig, um Näheres über auffällige Schwierigkeiten und besonderen Förderbedarf zu erfahren" (Moser Opitz & Nührenbörger, 2015, S. 504).

Scherer und Moser Opitz (2010) favorisieren die Kombination aus mehreren Verfahren, sobald ein Verdacht auf Schwierigkeiten beim Schüler besteht. Durch Fehleranalysen an schriftlichen Aufgabenbearbeitungen, wie in Tests, Klassenarbeiten, Hausaufgaben oder bei Übungsaufgaben, kann die Lehrkraft erste Vermutungen über die Vorgehensweisen des Schülers sowie verantwortliche Fehlerursachen äußern (Radatz, 1980a; Scherer & Moser Opitz, 2010). Denn sobald Schüler Aufgaben bearbeiten, ist es für die Lehrkraft möglich, die Schülerleistungen zu erkennen und auf die zugrundeliegenden inhalts- und prozessbezogenen Kompetenzen des Schülers zurückzuschließen. Demnach ermöglichen sie in diesem Moment eine Diagnose der vorhandenen Kompetenzen sowie eine Analyse des Lernstandes und Verständnisses des Schülers (Büchter & Leuders, 2016; Kleine, 2012). Aufgaben zur verstehensorientierten Diagnose fokussieren den interessierenden Aspekt und weisen ein offenes Antwortformat auf, um individuelle Lösungswege zu ermöglichen. Sie regen zu Eigenproduktionen, wie Rechnungen oder Zeichnungen, an und fordern Reflexionen, wie Beschreibungen, Begründungen oder Erklärungen, ein (Büchter & Leuders, 2016). Ferner sind Aufgaben zentral für die kognitive Aktivierung von Lernenden im Unterricht und daher ein zentrales Mittel, um den Unterricht zu gestalten (Jordan,

Ross et al., 2006; Jordan et al., 2008). Somit dienen Aufgaben einerseits dem Lernen im Unterricht durch Entdecken und Üben und andererseits dem Leisten in Form von Leistungsbewertung und kompetenzorientierter Diagnose (Büchter & Leuders, 2016). Die Fehleranalyse an schriftlichen Aufgabenbearbeitungen in Klassenarbeiten oder Tests bilden daher die Grundlage für weitere nicht- oder teilstandardisierte Verfahren, wie die Methode des „Lauten Denkens" oder diagnostische Interviews, um die Vermutungen tiefgründiger zu untersuchen und Erkenntnisse über den Lernprozess und mögliche Schwierigkeiten des Schülers zu erlangen (J. H. Lorenz & Radatz, 1993; Radatz, 1985; Scherer & Moser Opitz, 2010). Die diagnostischen Interviews werden im nächsten Unterabschnitt detaillierter dargestellt, da sie ein wichtiger Bestandteil der vorliegenden Studie sind.

3.4.2   Diagnostische Interviews

Wie bereits im vorherigen Unterabschnitt dargestellt, bieten nicht- oder teilstandardisierte Verfahren, wie das diagnostische Interview, Erkenntnisse hinsichtlich des Lernprozesses sowie möglicher Schwierigkeiten des Schülers. Bräuning und Steinbring (2011, S. 928) charakterisieren diagnostische Interviews folgendermaßen:

> In mathematical diagnostic talks, the teacher tries to investigate the particularities of a child´s mathematical knowledge, imagination and ways of proceeding. The setting of a diagnostic talk as a one-to-one situation offers possibilities for the teacher to intensively turn towards one student and to ‚scout' out his/her understanding of mathematical problems.

Folglich können durch die Anwendung diagnostischer Interviews Schülerfehler beim Bearbeiten mathematischer Aufgaben aufgedeckt und vor allem deren Ursachen analysiert werden, was zur Entwicklung der Fehler-Ursachen-Diagnosekompetenz beitragen kann. Aus diesem Grund werden in Unterabschnitt 3.4.2.1 die allgemeinen Erkenntnisse zum diagnostischen Interview zusammengefasst sowie Forschungsbefunde dargestellt. Im zweiten Unterabschnitt 3.4.2.2 werden die bekannten diagnostischen Interviews – Numeracy, Early Numeracy, EMBI und FIMS – beschrieben, wobei die Darstellung der FIMS ausführlicher ist, denn sie nehmen in der vorliegenden Studie eine zentrale Rolle ein.

3.4.2.1 Allgemeine Erkenntnisse zum diagnostischen Interview[11]

Das diagnostische Interview, das andere Autoren auch diagnostisches Gespräch (Bräuning & Steinbring, 2011; Krauthausen & Scherer, 2007; J. H. Lorenz & Radatz, 1993; Radatz & Schipper, 1983; Wahl, Weinert & Huber, 1997) oder klinisches Interview (Hasemann, 1986; Selter, 1990; Selter & Spiegel, 1997; Voßmeier, 2012) nennen, soll nach den Empfehlungen der DMV, GDM und MNU von Lehramtsstudierenden durchgeführt und auch ausgewertet werden (Ziegler et al., 2008). Vorreiter des diagnostischen Interviews im pädagogischen Bereich ist die klinische Methode, die eng mit Jean Piaget in Verbindung gebracht wird. Er nahm sie als einen „[…] Mittelweg zwischen der Zielgerichtetheit von standardisierten Tests und der Offenheit der Beobachtungsmethode […]" wahr (Selter & Spiegel, 1997, S. 101). Durch die Anwendung eines diagnostischen Interviews ist es möglich, die Gedanken eines Probanden durch überlegtes Nachfragen offen zu legen und gleichzeitig eine „[…] *Vergleichbarkeit* durch verbindlich festgelegte Leitfragen bzw. Kernaufgaben […]" zu erreichen (Selter & Spiegel, 1997, S. 101, Hervorhebung im Original). Das Interview stellt dabei die älteste und häufigste diagnostische Methode dar (Ingenkamp & Lissmann, 2008). Während des Interviews sollten die Lernenden nicht durch geschicktes Fragen auf eine Lösung gebracht werden, da die Hauptintention darin liegt, zu verstehen und zu diagnostizieren, wie Schüler denken (Krauthausen & Scherer, 2007; Selter & Spiegel, 1997). Zudem steht das richtige Ergebnis an zweiter Stelle, da vor allem die individuellen Wege und Strategien beim Lösen der Aufgaben im Fokus stehen, um etwas über die (gegebenenfalls inhaltlich falschen, unvollständig ausgebildeten oder fehlenden) Schülervorstellungen zu erfahren (Hafner & vom Hofe, 2008). Bei der Durchführung des diagnostischen Interviews kommt zum einen die Methode des „Lauten Denkens" zur Anwendung, indem der Schüler aufgefordert wird, seine Gedanken laut zu äußern (Hasemann, 1986; Schipper, 2009). Dadurch erhält der Interviewer die Möglichkeit, Einblicke in die Gedanken, Gefühle und Absichten des Lernenden zu bekommen, um die mentalen Verarbeitungsprozesse zu untersuchen (Konrad, 2010). Zum anderen kann er das nonverbale Verhalten, wie zum Beispiel die Handlung am Material, ebenfalls bei der Diagnose berücksichtigen (Hasemann, 1986). Daher besitzt das diagnostische Interview eine größere Aussagekraft als schriftliche Tests hinsichtlich der individuellen Denkprozesse und Herangehensweisen des Schülers (Hasemann, 1986). Jedoch kann es aufgrund des zeitlichen Umfangs nicht mit allen Schülern innerhalb des Unterrichts durchgeführt werden (E. C. Wittmann, 1982). Da nach Glogger-Frey und

---

[11]Dieser Unterabschnitt ist in Anlehnung an den Tagungsbeitrag von Hock und Borromeo Ferri (2019) entstanden.

Herppich (2017, S. 45), wie bereits in Abschnitt 1.2 erwähnt, alle Methoden, „[…] die das Aufdecken von Schülerdenken und Verständnis ermöglichen […]", zum formativen Assessment zählen, gehört aufgrund der vorangegangenen Erläuterungen auch das diagnostische Interview hierzu. Außerdem dienen die ermittelten Stärken und Schwächen als Grundlage für die Förderung des Schülers sowie die weitere Unterrichtsplanung (Benz, Peter-Koop & Grüßing, 2015; Hirt & Wälti, 2012; Weinsheimer, 2016).

Die folgenden Forschungserkenntnisse verdeutlichen, dass die Anwendung eines diagnostischen Interviews nicht nur der Diagnose von Schülervorstellungen dient, sondern auch zur Professionalisierung einer (angehenden) Lehrkraft beitragen kann: In Australien wurde das Early Numeracy Research Project (kurz: ENRP) verwirklicht (siehe Unterabschnitt 3.4.2.2), das neben forschungsbasierten Lernstufen (sogenannte „*framework of ‚growth points‘*") für die mathematischen Themengebiete Zahl, Messen und Geometrie auch ein diagnostisches Interview zu diesen Themengebieten entwickelte (Clarke, Roche & Clarke, 2018, S. 175, Hervorhebung im Original). Durch die Anwendung des diagnostischen Interviews ließ sich eine Entwicklung in der diagnostischen Kompetenz der Lehrkräfte nachweisen, denn die Lehrkräfte verbesserten unter anderem ihr mathematisches Fachwissen, wenn sie zum Beispiel die diversen Schülerstrategien bei der Interviewdurchführung beobachteten, die ihnen zum Teil vorher nicht bekannt waren. Durch die durchgeführten Interviews erhielten sie außerdem ein Bewusstsein bezüglich häufiger Schwierigkeiten, Strategien und Fehlvorstellungen der Schüler. Ferner konnten sie das Wissen und Können ihrer Schüler besser einschätzen und verstanden die Schwierigkeiten bei einzelnen Aufgaben (Clarke et al., 2002; Clarke et al., 2018). Zudem reflektierten sie durch das diagnostische Interview ihre Fragen im Unterricht und nutzten anschließend häufiger Formulierungen wie „‚how did you work that out?‘ ‚what were you saying to yourself in your mind?‘ ‚can you see a pattern here?‘" (Clarke et al., 2002, S. 177). Ebenso erkannten sie, dass es sich lohnt, dem Schüler Zeit zum Nachdenken zu geben und versuchten, diese Erkenntnis auch im Unterricht umzusetzen (Clarke et al., 2018). Innerhalb des ENRP wandten auch Lehramtsstudierende das diagnostische Interview an und kamen zu dem Entschluss, dass sie durch das diagnostische Interview einen Einblick bekommen haben, wie Kinder denken, wenn sie mathematische Aufgaben bearbeiten. Weiterhin gab ihnen das Interview Informationen, wie das Kind unterrichtet werden kann und welche Fragen geeignet sind, um die Strategien und das Verständnis der Schüler zu analysieren (Clarke et al., 2018). Auch Hock und Borromeo Ferri (2019) konnten durch Interviews mit Lehramtsstudierenden feststellen, dass diese nach der Anwendung eines diagnostischen Interviews mit einem Lernenden ihre Fragestellung reflektierten und

ebenfalls die Erkenntnis erlangten, dass es sich lohnt, dem Schüler Bedenkzeit
zu geben. Haberzettl (2016) konnte weiterhin durch Interviews mit Grundschullehramtsstudierenden aufzeigen, dass die EMBIs (siehe Unterabschnitt 3.4.2.2) als
hilfreich empfunden werden, um Kinder zu beobachten und sie entsprechend einzuschätzen. Ziel der neuseeländischen Regierung war es, mit Hilfe des Numeracy
Development Projects (kurz: NDP) die mathematischen Fähigkeiten von Grundschülern im Bereich Zahl durch die professionelle Fortbildung der Lehrkräfte
zu erhöhen und dies auch wissenschaftlich zu begleiten und zu erforschen. Die
Mehrheit der befragten Lehrkräfte verwendete das im Projektrahmen kennenge-
lernte diagnostische Interview nach der Fortbildung wenigstens einmal im Jahr.
24 % (von insgesamt 230 befragten Lehrkräften) setzten es sogar zweimal im
Jahr in ihrer Klasse zur Diagnostik ein. Darüber hinaus untersuchte das NDP
die Zuverlässigkeit der Lehrerurteile in diagnostischen Interviews, indem das
Lehrerurteil mit dem Urteil von zwei Forschern verglichen wurde, die ihrerseits
eine 100 %ige Übereinstimmung hatten. 81 % von insgesamt 156 Lehrerurteilen
stimmten mit dem Forscherurteil überein. Zudem waren die Einschätzungen der
Lehrkräfte bezüglich der Lernenden auf Grundlage der diagnostischen Interviews
etwas zuverlässiger als die Einschätzungen aufgrund beschriebener schriftlicher
Szenarien (Thomas, Tagg & Ward, 2005).

Selter (1990) ist der Auffassung, dass eine Auseinandersetzung mit diagnostischen Interviews die Einstellung von Lehramtsstudierenden verändern kann und
sie zudem Erfahrungen im Umgang mit Schülern sammeln. Sie setzen sich dabei
mit konkreten Fragen auseinander: Wie kann zum Beispiel eine Einführung in ein
neues Thema gestaltet werden oder wie ist es möglich, einen kognitiven Konflikt
zu erzeugen? Weiterhin sind die Studierenden durch die Methode des diagnostischen Interviews gezwungen, auf die individuellen Kenntnisse und Strategien des
Schülers flexibel zu reagieren. Erfolgt eine Aufzeichnung der Interviewsituation,
kann der Student sowohl das Verhalten und die Antworten des Schülers als auch
den eigenen Umgang mit dem Schüler reflektieren (Selter, 1990). Auch E. C.
Wittmann (1982) ist der Überzeugung, dass das diagnostische Interview (er nennt
es klinische Methode) für die Lehrerbildung nützlich ist. Der Studierende lernt
zum einen eine Methode kennen, um die Schülerkenntnisse zu erheben und wird
dabei gleichzeitig mit diesen vertraut. Zum anderen erwirbt er wichtige Lehrkom-
petenzen. „Das Durchführen von klinischen Interviews trägt also auch dazu bei,
das Unterrichten zu lernen [...]. In der überschaubaren Ganzheit – der geschützten
Atmosphäre – eines Interviews muss die Interviewerin dabei nicht – wie es in der
vollen Komplexität einer Unterrichtsstunde der Fall ist – eine Fülle von Anforderungen erfüllen, sondern sie kann sich stattdessen auf einen bestimmten Aspekt
konzentrieren" (Selter & Spiegel, 1997, S. 101–102). Neben der Erkenntnis, dass

das Durchführen diagnostischer Interviews Lehramtsstudierende dabei unterstützt, das Unterrichten zu erlernen, ermöglicht es ihnen auch, in einem abgeschlossenen und zugleich schützenden Rahmen explizit mit einem Schüler ins Gespräch zu kommen und dabei nicht nur das Ergebnis zu betrachten, sondern hinter die Fassade zu schauen, um die individuellen Lösungswege und gegebenenfalls fehlerhaften Vorstellungen des Lernenden nachzuvollziehen. Gleichzeitig werden sie mit diesen vertraut und festigen ihr diagnostisches Wissen. Demnach kann das diagnostische Interview durch seine Anwendung mit einem Lernenden dazu beitragen, die Fehler-Ursachen-Diagnosekompetenz zu fördern, in dem Sinne, dass Schülerfehler wahrgenommen und beschrieben und vor allem deren Ursachen detaillierter und umfassender analysiert werden können.

Für den Mathematikunterricht im Grundschul- und Sekundarstufenbereich sind bisher drei diagnostische Interviews bekannt. Im Rahmen des Projektes DiMaS-net, in dem diese Dissertation entstanden ist, wurde ein weiteres Interview entwickelt, das zusammen mit den bereits bekannten Interviews im nächsten Unterabschnitt beschrieben wird.

3.4.2.2 Vorstellung existierender diagnostischer Interviews[12]

Early Numeracy Research Project (kurz: ENRP)
Von 1999 bis 2001 fand in Australien das in Unterabschnitt 3.4.2.1 bereits genannte ENRP statt. Um die mathematischen Kompetenzen der Lernenden zu erfassen, wurden aufgabengestützte, materialbasierte Interviews mit Kindern aus der Vorschule bis Klasse 2 in den Themengebieten Zahl, Raum und Messen zu Beginn und am Ende eines Schuljahres durch den Klassenlehrer durchgeführt. Das Interview dauerte im Durchschnitt 45 Minuten und unterlag recht strengen Vorgaben, wobei die Lehrkraft während des Interviews einen Protokollbogen ausfüllte und sowohl die Antwort des Schülers als auch dessen Strategie festhielt (Clarke et al., 2018; ENRP, 2002). Eine „Eins-zu-Eins-Übertragung" war jedoch aufgrund der Bildungsstandards und Lehrpläne in Deutschland nicht möglich, weshalb für den Grundschulbereich in Deutschland die EMBIs entstanden.

Numeracy Development Project (kurz: NDP)
Die Hauptuntersuchung des bereits erwähnten NDPs (siehe Unterabschnitt 3.4.2.1) fand von 2002 bis 2006 in den Jahrgängen 1 bis 8 statt (Thomas et al., 2005; Thomas & Tagg, 2005). Wie der Name bereits andeutet, beschränkt sich die Studie auf den mathematischen Bereich Zahl (Katzenbach, 2008). In ihr

---

[12]Dieser Unterabschnitt ist in Anlehnung an den Tagungsbeitrag von Hock und Borromeo Ferri (2019) entstanden.

wurden unter anderem diagnostische Interviews zu diesem Kontext entworfen, die der Lehrkraft helfen sollten, die Schülerfähigkeiten zu bewerten. Ein sogenanntes „Number Framework", das sowohl Strategien als auch Kernwissen der Schüler zum Lösen einer Aufgabe beinhaltet, stellt den Bezugsrahmen für die diagnostischen Interviews dar (Katzenbach, 2008; Thomas et al., 2005).

Elementarmathematisches Basisinterview (kurz: EMBI)
Wollring, Peter-Koop und Grüßing (2013) veröffentlichten 2007 das erste diagnostische Interview in Deutschland für den Grundschulbereich zur Thematik „arithmetische Kompetenzen", das sie EMBI nannten. Es lehnt sich an die diagnostischen Interviews aus dem ENRP an, aber enthält lediglich die mathematische Leitidee „Zahlen und Operationen". Ein weiteres, später publiziertes Interview umfasst die Leitideen „Größen und Messen" sowie „Raum und Form". Die EMBIs ermöglichen eine detaillierte Lernstandsbestimmung von Kindern im Mathematikunterricht und verfolgen dabei im Gegensatz zu klassischen standardisierten Testverfahren weder das Ziel, den Schüler im Vergleich zu einer Normstichprobe zu verorten noch eine (mathematische) Hochbegabung oder eine Rechenstörung festzustellen (Wollring et al., 2013).

Fehlerdiagnostische Interviews für mathematische Inhalte der Sekundarstufen (inklusive Fördermaterial) (kurz: FIMS)
Die Entwicklung der FIMS fand im Rahmen des Projektes DiMaS-net statt, wobei sich die diagnostischen Interviews sowohl an den Lehrplänen der einzelnen Bundesländer als auch an den Bildungsstandards für den Mathematikunterricht der Klassenstufen 5 bis 9 orientieren. Da die bereits existierenden diagnostischen Interviews eher Themengebiete aus der Grundschule umfassen, entstand die Idee, diagnostische Interviews für die Sekundarstufe zu entwickeln, wobei bisher FIMS zu den folgenden Themengebieten existieren:

- Umwandlungen von Größen,
- Ganze Zahlen,
- Gemeine Brüche,
- Körper & Flächen,
- Terme & Lineare Gleichungen,
- Prozentrechnung und
- Satzgruppe des Pythagoras.

Die einzelnen FIMS enthalten dabei die folgenden Bestandteile:

- Erläuterungen zur Konzeption des Interviews (Handreichung),
- Selbsteinschätzungsbogen für den Interviewten,
- ausführlicher Interviewleitfaden,
- zugehöriger Protokollbogen,
- Kopiervorlagen für das notwendige Material,
- Übersicht: Diagnostisches Interview – Selbsteinschätzungsbogen – Fördermaterial und
- auf das Interview abgestimmtes Fördermaterial (inklusive Lösungen).

Durch die Handreichung bekommt der Interviewer zunächst einen allgemeinen Einblick in die Thematik „Diagnose im Mathematikunterricht" und zudem werden Hinweise für die Vorbereitung, Durchführung und Auswertung des Interviews dargelegt. Da das diagnostische Interview dem Interviewer Einblicke in die individuellen Lösungswege und gegebenenfalls fehlerhaften Vorstellungen des Interviewten gewährt (siehe Unterabschnitt 3.4.2.1) und man nach Kretschmann (2004) nur das sieht, was man weiß (siehe Unterabschnitt 3.2.1.3), werden die aus der Literatur bekannten Schülerfehler und zugehörigen Ursachen bzw. fehlerhaften Denkprozesse zu jeder mathematischen Thematik durch eine Mindmap ebenfalls in der Handreichung dargestellt. Weiterhin befindet sich ein Selbsteinschätzungsbogen in den FIMS, um den Interviewten die Möglichkeit zu geben, sich selbst einzuschätzen (siehe Abbildung 3.4).

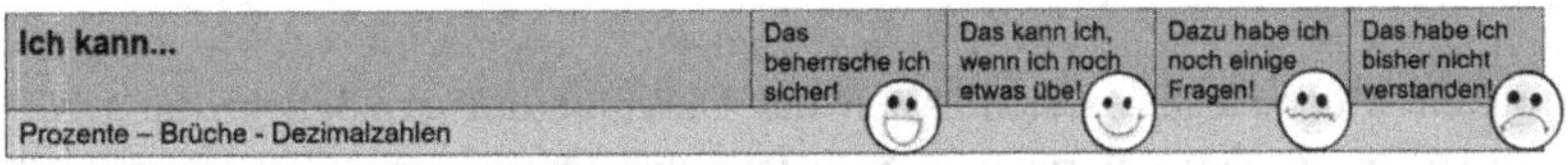

Abbildung 3.4 Selbsteinschätzungsbogen aus den FIMS

Das diagnostische Interview in den FIMS enthält einen vorgegebenen Leitfaden mit offenen Fragestellungen. In der Abbildung 3.5 ist der tabellarische Aufbau des Interviewleitfadens aus dem Interview zur Prozentrechnung erkennbar und in der Abbildung 3.6 die zugehörige Aufgabe.

In dem Interviewleitfaden (siehe Abbildung 3.5) sind sogenannte Abbruchkriterien enthalten, die eine Überforderung des Interviewten vermeiden sollen und daher auf andere Themenbereiche bzw. Abschnitte im Interview verweisen. Das zugehörige Interviewprotokoll bietet dem Interviewer die Möglichkeit, während des Interviews Notizen anzufertigen, in denen sich die Kompetenzen des

Aufgabe	Material	Interviewer Handlung	Interviewer Text	Abbruchkriterien
E 2	Karikatur, vorgegebenes Blatt	Die Karikatur aus der Aufgabe E1 liegt weiterhin auf dem Tisch.		
E 2a	Vorgegebenes Blatt	Gibt das vorgegebene Blatt E 2a.	Wenn die Klasse aus 20 Schülern besteht, wie viele bekommen dann eine Eins? Erkläre mir, wie du auf dein Ergebnis kommst.	Erfolgreich, dann E 2e. Nicht erfolgreich, dann E 2b.

Abbildung 3.5 Interviewleitfaden aus den FIMS

Abbildung 3.6 Aufgabe aus den FIMS zur Prozentrechnung

Befragten widerspiegeln sollen. Nach der Durchführung ermöglicht die Übersicht „Diagnostisches Interview – Selbsteinschätzungsbogen – Fördermaterial" eine Gegenüberstellung der Ergebnisse des Interviews, der Selbsteinschätzung des Schülers und der empfohlenen Förderaufgaben. Innerhalb des Fördermaterials existieren zusätzliche Hilfen, wodurch der befragte Schüler die vorgeschlagenen Förderaufgaben gegebenenfalls auch allein bearbeiten könnte.

Mit Hilfe diagnostischer Interviews lassen sich somit die Fehler des Schülers und vor allem die entsprechenden Fehlerursachen im Rahmen eines diagnostischen Prozesses durch eine Prozessdiagnostik diagnostizieren. Dieser diagnostische Prozess wird im folgenden Abschnitt differenziert erläutert.

3.5 Der diagnostische Prozess zur Diagnose von Schülerfehlern und deren Ursachen

Innerhalb diagnostischer Situationen, die unter anderem durch die Anwendung von Diagnosemethoden, wie Klassenarbeiten, Tests und diagnostische Interviews, entstehen, läuft der diagnostische Prozess ab, der in Unterabschnitt 2.2.2 bereits allgemein beschrieben wurde. In diesem Abschnitt wird er nun auf das Wahrnehmen und Beschreiben von Schülerfehlern sowie die Analyse möglicher Ursachen übertragen und entsprechend in Teilschritte unterteilt, die durch die Veranschaulichung der Fehler-Ursachen-Diagnosekompetenz in Abschnitt 3.1 bereits aufgezeigt wurden (siehe Abbildung 3.1). Zunächst muss die Lehrkraft den Schülerfehler wahrnehmen und ihn entsprechend beschreiben. Anschließend ist es wichtig, Ursachen zu ermitteln, die zum Fehler geführt haben könnten. Daher gliedert sich der folgende Abschnitt wie folgt: Zuerst wird in Unterabschnitt 3.5.1 auf die Definition von Fehlern und dessen Wahrnehmung und Beschreibung eingegangen und in Unterabschnitt 3.5.2 die entsprechende Ursachenanalyse dargestellt, die den Kern dieses diagnostischen Prozesses bildet. Ferner werden in Unterabschnitt 3.5.3 Fehlerklassifikationen im Mathematikunterricht thematisiert.

3.5.1 Definition von Fehlern sowie deren Wahrnehmung und Beschreibung als Bestandteil des diagnostischen Prozesses

In diesem Unterabschnitt wird zu Beginn der Fehlerbegriff allgemein definiert und im Anschluss für den mathematischen Bereich spezifiziert. Darüber hinaus wird auf das Lernpotential von Fehlern eingegangen und die Bedeutung von Fehlern für die Lehrperson pointiert. Abschließend werden die Wahrnehmung und die Beschreibung von Schülerfehlern im diagnostischen Prozess thematisiert.

„Aus Fehlern lernt man" oder „Aus Fehlern wird man klug" sind Aussagen des alltäglichen Lebens, die jedoch das hohe Lernpotential von Fehlern verdeutlichen (Heinze, 2004). Weingardt (2004, S. 199) empfindet das Verständnis des Fehlerbegriffes als „schwammigglobal" aufgrund der domänenspezifischen Herangehensweisen und den sprachlichen Barrieren, denn beispielsweise im englischsprachigen Raum werden Begriffe wie error, failure, slip oder mistake verwendet, die nicht unbedingt als Synonym benutzt, aber im Deutschen mit dem Wort Fehler übersetzt werden (Seifried & Wuttke, 2010a). Weimer (1925, S. 5) setzt sich als einer der Ersten mit dem Fehlerbegriff auseinander und versucht, ihn

vom Begriff des Irrtums abzugrenzen. Irrtümer entstehen aufgrund eines Infor-
mationsmangels („Unkenntnis oder mangelnde Kenntnis gewisser Tatsachen"),
der jedoch nicht auf das Versagen psychischer Funktionen zurückzuführen ist.
„Der Fehler ist eine Handlung, die gegen die Absicht ihres Urhebers vom Richtigen abweicht und deren Unrichtigkeit bedingt ist durch ein Versagen psychischer
Funktionen" (Weimer, 1925, S. 5). Auch die Arbeitsgruppe um Fritz Oser befasst
sich mit Fehlern und entwickelt eine Fehlertheorie. Sie verstehen den Fehler
als einen Sachverhalt oder einen Prozess, der von einer Norm abweicht. Nor-
men bilden nun die Bezugsgrößen, die es erst ermöglichen, zwischen Richtigem
und Falschem zu unterscheiden (Oser, Hascher & Spychiger, 1999; Spychiger,
2008). Heinze (2004, S. 223, Hervorhebung im Original) konkretisiert die Fehl-
erdefinition von Oser et al. (1999) für den Mathematikbereich: *„Ein Fehler ist
eine Äußerung, die gegen die allgemeingültigen Aussagen und Definitionen der
Mathematik sowie gegen allgemein akzeptierbares mathematisch-methodisches
Vorgehen verstößt"*. Es handelt sich demnach um die Abweichung von einer
mathematischen Norm.

Wie die Lebensweisheiten zu Beginn des Unterabschnittes bereits verdeutlichen, bilden Fehler Lernanlässe und besitzen ein hohes Lernpotential, wenn
sie konstruktiv im Unterricht genutzt werden (siehe auch Winter und Wittmann
(2009); Seifried und Wuttke (2010b); Gubler-Beck (2008); Heinze (2004); Guldimann und Zutavern (1999); Caspary (2008), Oser et al. (1999); Führer (1997);
Spychiger, Kuster und Oser (2006); Schoy-Lutz (2005)). Sobald der Lernende
seine Fehler selbst erkennt, erläutern kann und er zudem die Möglichkeit erhält,
diese auch zu korrigieren, sind Fehler eine fruchtbare Lerngelegenheit (Prediger & Wittmann, 2009). Heinze, Ufer, Rach und Reiss (2012) konnten innerhalb
einer Studie zeigen, dass die untersuchten Lernenden keine Angst hatten, Fehler
zu machen, und die affektiven Aspekte des Lehrerverhaltens bei einer Fehlersituation positiv einschätzten. Die Autoren empfehlen daher, eine fehlerfreundliche
Situation im Unterricht zu erzeugen, die den Lernenden affektive Unterstützung
beim Umgang mit individuellen Fehlern bietet, wodurch die Angst reduziert wird,
Fehler im Unterricht zu machen. Die kognitive Unterstützung durch die Lehrkraft
wurde hingegen schlechter als die affektive eingeschätzt, die jedoch ebenfalls
notwendig ist, damit Schüler Fehler als Lerngelegenheit nutzen können.

Beutelspacher (2008, S. 87) verdeutlicht die Rolle von Fehlern als „[...] eine
Möglichkeit[,] zu erkennen, wie das Denken funktioniert". Fehler geben aber
nicht nur dem Schüler Auskunft, sondern auch der Lehrkraft, um zu verstehen,
wie dieser gedacht hat (Beutelspacher, 2008; G. Wittmann, 2007). Die Auseinandersetzung mit Schülerfehlern kann dabei als tagtägliches Geschäft einer

Lehrkraft bezeichnet werden (Becker, 1985). Die Fehleranalyse stellt ein traditionelles Verfahren im Mathematikunterricht dar und wird auch von Radatz (1980a), Radatz (1985), J. H. Lorenz und Radatz (1993), Schoy-Lutz (2005), Scherer und Moser Opitz (2010) sowie G. Wittmann (2007) beschrieben. Durch sie sollen mögliche Ursachen diagnostiziert werden, die zu einem Fehler geführt haben und darüber hinaus entsprechende Konsequenzen für den Unterricht abgeleitet werden (Schoy-Lutz, 2005). Nach G. Wittmann (2007) sind Fehleranalysen ein Bestandteil der Lehrerbildung, auf den auch nicht verzichtet werden sollte. Fehler schaffen somit eine Orientierungshilfe für den Lehrenden, denn sie können Aufschluss über Fehlvorstellungen[13] geben, die womöglich verantwortlich sind für Leistungsdefizite und auftretende Fehlschlüsse der Lernenden. Dadurch ermöglichen sie Ansatzpunkte für eine individuelle Förderung und eine entsprechende Unterrichtsgestaltung. Die Wahrnehmung und Analyse des Fehlers stellt daher einen entscheidender Faktor für einen erfolgreichen Unterricht dar (Prediger & Wittmann, 2009; Schumacher, 2008). Zunächst ist es jedoch notwendig, die Abweichung des Fehlers von der gegebenen Norm wahrzunehmen, indem die Lehrkraft erkennt, dass eine Schülerlösung nicht der „Musterlösung" entspricht. Nach Heinze (2004, S. 225, Hervorhebung im Original) liegt eine Fehlersituation vor, „[...] wenn *ein auftretender Fehler vor [sic] der jeweilig beteiligten Bezugsgruppe als Fehler identifiziert wird*", wobei auch Seifried und Wuttke (2010a) diese Sichtweise vertreten. Ferner betonen Heinrichs (2015) sowie Busch, Barzel und Leuders (2015) die Notwendigkeit, den Fehler erst einmal zu bemerken. Darüber hinaus ist es ebenso erforderlich, dass die Lehrkraft in der Lage ist, den vorhandenen Schülerfehler zu beschreiben, um ihn beispielsweise auch im Unterricht gegenüber den Lernenden zu artikulieren.

3.5.2 Ursachenanalyse bei Schülerfehlern

Die Ursachenanalyse bildet den Kern dieses diagnostischen Prozesses, was im ersten Unterabschnitt 3.5.2.1 verdeutlicht wird. Der zweite Unterabschnitt 3.5.2.2 gibt einen Einblick in die bisherige Forschung zu Fehlerursachen, wodurch deutlich werden soll, dass es Studierenden und Lehrkräften durchaus schwerfällt, zu diagnostizieren, warum Fehler bei Lernenden auftreten.

---

[13]Anmerkung: Schumacher (2008) verwendet in seinem Artikel den Begriff „Misskonzepte", der jedoch aufgrund seiner Erläuterungen mit dem Begriff Fehlvorstellungen gleichgesetzt werden kann (siehe Unterabschnitt 3.5.2.1).

3.5.2.1 Die Ursachenanalyse als Kern dieses diagnostischen Prozesses

Die Ursachenanalyse stellt den Kern dieses diagnostischen Prozesses dar und ist auch in den Modellen von Klug et al. (2013) sowie Heinrichs (2015) enthalten. Klug et al. (2013, S. 39) sprechen an dieser Stelle von „[…] possible underlying learning difficulties […]" und nach Brunner et al. (2011) kann nun gezielt überprüft werden, ob das Denken des Lernenden auf gewissen Fehlkonzepten beruht. Reiss und Hammer (2013) zufolge dürfte es für Lehrkräfte ein kleineres Problem sein, Fehler zu erkennen.

> Viel schwieriger ist, die unterschiedlichen Fehler in ihrer etwa vorhandenen Logik zu beschreiben und Fehlerursachen zu identifizieren. […] Es ist schon viel erreicht, wenn Fehler gefunden und vor allem ihre Ursachen geklärt sind. Daraus lassen sich im besten Fall Konsequenzen ableiten und die bestehen sinnvollerweise häufig nicht darin, einfach mehr zu üben. (Reiss & Hammer, 2013, S. 117)

Die Fachverbände DMV, GDM und MNU empfehlen, dass Lehramtsstudierende in der Lage sein sollten, den mathematischen Lernprozess eines Schülers zunächst zu beobachten, und dann entsprechend zu analysieren und zu interpretieren (Ziegler et al., 2008). Denn Schülerfehler können sowohl auf der Unterrichtsgestaltung durch die Lehrkraft, der sozialen Umgebung in der Schule, emotionalen sowie motivationalen Voraussetzungen und Problemen des Lernenden oder dessen mangelnder Konzentration bzw. Unaufmerksamkeit beruhen, aber beispielsweise auch auf individuelle Wissensdefizite, Abweichungen in den Entwicklungsverläufen, Verstehensprobleme und Fehlvorstellungen des Schülers hinweisen, wobei diese Ursachen auch in Wechselbeziehung zueinander stehen können (Führer, 1997; Kretschmann, 2004; Prediger & Wittmann, 2009; Radatz, 1980b; Radatz & Schipper, 1983; Reusser, 1999; Türling, 2014). Zudem kann ein und derselbe Fehler auch auf unterschiedlichen Ursachen beruhen (Tietze, 1988). Radatz (1985, S. 18) zufolge gilt: „Schülerfehler sind die ‚Bilder' individueller Schwierigkeiten und fehlerhafter Lösungsstrategien; sie zeigen, daß der Schüler bestimmte mathematische Begriffe, Definitionen, Techniken u. a. nicht wissenschaftlich oder erwachsenengemäß verstanden hat". Wie bereits in der Einleitung dargestellt, vergleicht Reusser (1999, S. 203) die Schülerfehler mit Fenstern, die man öffnen kann „[…] und [die] den Blick ins Innere freigeben […]". Häufig entstehen sie nicht zufällig und geben dem Lehrenden Hinweise über die zugrunde liegenden Schwierigkeiten, (fehlerhaften) Denkprozesse und Fehlvorstellungen des Lernenden (Kaufmann & Wessolowski, 2015; J. H. Lorenz, 1992; J. H. Lorenz & Radatz, 1993; Reusser, 1999; Schoy-Lutz, 2005; Schumacher, 2008). Fehlvorstellungen sind dabei die fehlerhaften, individuellen Vorstellungen des Schülers, die beispielsweise entstehen, wenn alte bislang erfolgreiche Grundvorstellungen an ihre Grenzen gelangen und keine ordnungsgemäße Erweiterung erfolgt (Blum & vom Hofe, 2003; vom Hofe, 1995, 1996, 2014; vom Hofe & Hattermann, 2014; vom Hofe & Blum, 2016) (siehe Kapitel 6). Im englischsprachigen Raum lässt sich hierfür die Bezeichnung „misconceptions" finden (siehe Swan (2001), Leinhardt, Zaslavsky und Stein (1990)). So kann etwa eine Verallgemeinerung des Schülers, wie „Multiplikation vergrößert", in einem Zahlenraum noch gültig sein, aber in einem weiteren Zahlenraum zu Missverständnissen und Fehlvorstellungen führen (Swan, 2001). Demnach stellen Schülerfehler bedeutende Indikatoren für Fehlvorstellungen des Lernenden dar (Schoy-Lutz, 2005). Prediger (2010, S. 74) fordert daher (angehende) Lehrkräfte auf, den Lernenden zunächst zuzuhören, denn zuerst muss das individuelle Schülerdenken verstanden werden, um beispielsweise den Unterricht anzupassen oder eine Schülerdiskussion entsprechend zu moderieren. Innerhalb eines (häufig fragenorientierten) Unterrichts besitzen Lehrkräfte jedoch meist nicht die Möglichkeit, Fehlvorstellungen und vorhandene Missverständnisse aufzuklären, wodurch sie im Verborgenen bleiben, da Schüler zum einen ihre Schwierigkeiten nicht vollkommen wahrnehmen und es ihnen auch generell schwerfällt, ihre Probleme zu artikulieren (Führer, 1997). Es ist allerdings erforderlich, systematische Fehler bzw. Fehlvorstellungen zu beheben, denn Cox (1975a, 1975b) fand in seiner Studie heraus, dass diese stabil sind, denn sie traten auch nach einem Jahr in der gleichen oder ähnlichen Weise wieder auf. Auch die Befunde von Wartha, Rottmann und Schipper (2008) weisen auf die Notwendigkeit hin, Fehlvorstellungen sowie Fehlstrategien zu beheben, denn ansonsten können aufkommende Defizite in der Sekundarstufe auch auf Grundschulschwierigkeiten beruhen. Der Schüler kann beispielsweise immer noch ein sogenannter „zählender Rechner" sein, wenn die Rechenstrategien im Kopf bezüglich der Addition und Subtraktion nicht adäquat ausgebildet sind und daher auf das Zählen zurückgegriffen wird. Andere Schüler wiederum können Grundvorstellungsdefizite aufweisen, indem sie Probleme haben zwischen den Darstellungsformen Handlung, Bild und Symbol und/oder zwischen der Realität und der Mathematik entsprechend zu übersetzen. Schüler lernen dann nur Regeln auswendig, verstehen sie inhaltlich nicht und vergessen sie entsprechend schnell wieder. Das Wissen und die Vorstellungen aus der Grundschule bilden daher die Grundlage für die Lerninhalte aus der Sekundarstufe – und wenn hier bereits Defizite erkennbar sind, dann treten auch Schwierigkeiten in der Sekundarstufe auf (Wartha et al., 2008). Radatz (1980a, S. 37–52) fokussiert bewusst keine konkreten mathematischen Inhaltsgebiete und unterscheidet die folgenden Fehlerursachen, die sich auf die Informationsaufnahme und –verarbeitung beziehen:

– „Fehlerursachen im Sprachverständnis und im Textverständnis,
– Schwierigkeiten bei der Analyse von Veranschaulichungen durch Darstellun-
  gen und Diagramme,
– Falsche Assoziationen und Einstellungen als Fehlerursache,
– Fehler aufgrund des Gebundenseins einer Begrifflichkeit an sehr spezifische
  Repräsentationen,
– Nichtberücksichtigen relevanter Bedingungen der mathematischen Aufgabe
  bzw. des Problems,
– Nichtabschließen der Aufgabenbearbeitung bzw. unvollständiges Anwenden
  einer Regel,
– Verlieren von Zwischenschritten im Lösungsprozeß,
– Fehlerursachen in einer Versuch-Irrtum Lösungsstrategie [und]
– Nicht ausreichende Kenntnisse, Fertigkeiten und unzureichendes Begriffsver-
  ständnis für die Informationsverarbeitung".

Im folgenden Unterabschnitt werden nun Studien vorgestellt, die aufzeigen,
dass es Studierenden und Lehrkräften durchaus schwerfällt, Fehlerursachen zu
diagnostizieren.

3.5.2.2 Forschung zu Fehlerursachen

Putnam (1987) führte eine Fallstudie mit sechs Lehrkräften durch, um zu untersuchen, wie sie Kenntnisse über das Schülerwissen erlangen und diese entsprechend
verwenden, um die anschließenden Handlungen und Aufforderungen an den
Schüler zu adaptieren. Es zeigte sich jedoch, dass sich die Lehrkräfte eher
an zusätzlichen Fähigkeiten und Fertigkeiten orientierten, die der Schüler noch
erlernen soll, statt den Schüler detailliert zu verstehen und die entsprechenden
Hilfen anzupassen. Putnam kommt zu dem Entschluss, dass es sinnvoll ist, die
diagnostischen Fähigkeiten der Lehrkräfte zu fördern, damit beispielsweise das
Schülerdenken im Unterricht mehr Berücksichtigung findet. Dies könnte, seiner
Meinung nach, durch eine Sensibilisierung hinsichtlich möglicher Schülerfehl-
vorstellungen und der Vermittlung von Diagnosestrategien erreicht werden. Chi,
Siler und Jeong (2004) untersuchten, wie akkurat Studierende Schüler verstehen,
da dies die Grundlage für eine entsprechende Erklärung, Feedback und Fragen
bildet. 11 Studierende nahmen an drei Sitzungen – einer Pretest- und einer Post-
testsitzung sowie einem anderthalb- bis zweistündigen Einzelunterricht[14] – teil.
Die Studierenden waren nicht in der Lage, das alternative Schülerverständnis
akkurat zu diagnostizieren. Lediglich die Abweichung vom eigentlich Richtigen

---

[14]Anmerkung: Der Einzelunterricht beinhaltete das Thema Blutkreislauf.

konnte von ihnen aufgezeigt werden, da das Schülerverständnis mehr aus Tutor-
perspektive (Sicht des Studenten) anstatt aus Schülersicht bewertet wurde. Es fiel
den Studierenden demnach schwer, sich in den Lernenden hineinzuversetzen (Chi
et al., 2004). Cooper (2009) untersuchte, inwieweit sich die Erfahrungen im Rahmen eines Seminars auf die Fähigkeit von Lehramtsstudierenden für Grund- und
Mittelstufe auswirkte, Schülerfehler zu analysieren und hilfreiche Unterrichtsstrategien zu entwickeln. Innerhalb des Seminars wurde zunächst die Fehlerstruktur
in Schülerlösungen erkundet und anschließend wurden mögliche Ursachen sowie
denkbare Unterrichtsstrategien diskutiert, die dem Schüler helfen könnten, dessen falsches Verständnis zu beheben und demzufolge den Fehler zu vermeiden.
Die Studierenden gaben nach dem Seminar eine Hausarbeit ab, in der sie drei
Schülerlösungen untersuchten und zunächst die jeweils vorhandenen Fehlermuster
identifizierten, dann Gründe für die Fehler nannten und mögliche Unterrichtsstrategien aufzählten. Cooper erkannte, dass die Studierende in der Lage waren, die
Fehlermuster zu erkennen. Hingegen war es für sie schwerer festzustellen, was
zu dem Fehler geführt hatte und noch größere Defizite zeigten sich bei der Reflexion über effektive Unterrichtsstrategien. Oftmals fokussierten die Studierenden
nur Strategien, die sich auf den aktuellen Rechenprozess bezogen und schlugen
keine alternativen Herangehensweisen vor, was eventuell hilfreicher gewesen wäre
(Cooper, 2009). Durch Seifried und Wuttke (2010a) fand der Begriff der professionellen Fehlerkompetenz Einzug in die Forschung. Er bezieht sich auf einen
besonderen Teilaspekt des fachdidaktischen Wissens, da er ausschließlich das
Wissen über potentielle Schülerfehler und deren Ursachen umfasst und darüber
hinaus Handlungsstrategien und Sichtweisen der Lehrkraft berücksichtigt:

> Mit Blick auf den konstruktiven Umgang mit Fehlern in Lehr-Lern-Situationen spre-
> chen wir von einer professionellen Fehlerkompetenz (PFK), zu der (1) Wissen über
> das Verständnis und Wissen der Lernenden einschließlich häufiger und gängiger
> Fehlkonzepte, (2) Wissen über Handlungsmöglichkeiten in Fehlersituationen sowie
> (3) Sichtweisen bezüglich des Nutzens der Auseinandersetzung mit Schülerfehlern
> im Unterricht zählen. (Seifried, Wuttke & Türling, 2012a, S. 339)

Innerhalb einer Untersuchung studierten sie die Entwicklung der professionellen
Fehlerkompetenz von (angehenden) Lehrkräften im Laufe der Professionalisierung durch einen Kohortenvergleich. Zum einen setzten sich die Probanden mit
zwei Videovignetten auseinander und hatten die Aufgabe, die Schülerfehler zu
identifizieren und inhaltlich zu korrigieren. Zum anderen erhielten sie einen Leistungstest in Form einer Klassenarbeit, in der fehlerhafte Schülerlösungen erkannt
und korrigiert werden sollten. Weiterhin wurde ein Fragebogen zur Selbsteinschätzung hinsichtlich der Fähigkeit eingesetzt, Schülerfehler zu erkennen und

zu korrigieren. 287 Bachelor- und Masterstudierende, Referendare und prakti-
zierende Lehrkräfte nahmen an der Untersuchung teil, wobei den Bachelor- und
Masterstudierenden sowie den Referendaren die Fehlererkennung und deren Korrektur schwer fiel. Sehr gute Ergebnisse erzielten die praktizierenden Lehrkräfte,
die sich signifikant von den Studierenden und Referendaren unterschieden. Beim
Vergleich der Testleistung (Videovignetten und schriftlichen Leistungstest) mit
der Selbsteinschätzung fiel auf, dass die Einschätzung der Probanden (unabhängig
von der Gruppenzugehörigkeit) recht positiv war, wobei sich dennoch nur schwa-
che Zusammenhänge zwischen Testleistung und der Selbsteinschätzung zeigten.
Die Studierenden und die Referendare überschätzten sich im Gegensatz zu den
praktizierenden Lehrkräften. Diese schätzten ihre eigenen Kompetenzen realistischer ein und zeigten dabei sowohl eine hohe Testleistung als auch eine positive
Selbsteinschätzung (Seifried et al., 2012a, 2012b).

Die erwähnten Studien verdeutlichen, dass es Studierenden unter Umständen
schwer fällt, die Fehler zu erkennen und zu korrigieren. Außerdem haben sie (zum
Teil auch Lehrkräfte) Schwierigkeiten, die Ursachen für auftretende Fehler bzw.
das alternative Schülerverständnis zu diagnostizieren.

3.5.3   Fehlerklassifikationen im Mathematikunterricht

Fehler im Mathematikunterricht lassen sich auf zwei verschiedene Weisen klassifizieren, worauf der folgende Unterabschnitt eingeht. Zum einen werden die
zugrundeliegenden Fehlerursachen genutzt, um die Fehler zu klassifizieren. Diese
Klassifikation wird in Unterabschnitt 3.5.3.1 überblicksartig dargestellt. Zum
anderen können Fehler auch anhand von Aufgabenbearbeitungen unter gleichzeitiger Berücksichtigung der Ursachen klassifiziert und dadurch analysiert werden
(Unterabschnitt 3.5.3.2). Die zuletzt genannte Herangehensweise bildet auch
die Grundlage für die Fehleranalyse in dieser Studie, deren Thematisierung in
Unterabschnitt 3.5.3.3 stattfindet.

3.5.3.1 Fehlerklassifikationen nach den Ursachen
Diverse Forscher, wie zum Beispiel G. Wittmann (2007), Schoy-Lutz (2005), Führer (1997) oder auch Cox (1975a, 1975b), klassifizieren Fehler im Mathematikunterricht in die zwei Kategorien systematische Fehler und Flüchtigkeitsfehler.[15]
Beim Flüchtigkeitsfehler verfügt der Lernende über das notwendige Wissen, aber

---

[15]Cox (1975) unterscheidet ferner sogenannte „random errors", die keine eindeutigen
Muster aufweisen.

begeht aufgrund von Unaufmerksamkeit und mangelnder Konzentration einen Fehler. Sobald die Lehrkraft den Schüler darauf aufmerksam macht, ist er in der Lage, diesen sofort zu korrigieren. Systematische Fehler kennzeichnen sich durch das mehrfache Auftreten bei gleichen Aufgabentypen. „Diese Fehler sind Indikatoren für ein tiefer liegendes falsches Verständnis mathematischer Begriffe und Verfahren" (G. Wittmann, 2007, S. 175). Innerhalb der Literatur ist verstärkt die Meinung ausgeprägt, dass ein Großteil der auftretenden Fehler im Mathematikunterricht systematische Fehler sind (Gerster, 2012; Schoy-Lutz, 2005; Türling, 2014; G. Wittmann, 2007). In der nachfolgenden Tabelle 3.1 werden exemplarisch Fehlerklassifikationen überblicksartig präsentiert, die auf der Grundlage von Fehlerursachen entstehen.

Tabelle 3.1 Fehlerklassifikationen diverser Autoren

Fehlerklassifikationen	Autor
Unterscheidung von: – Fertigkeitsfehler – Wissensfehler – Strategiefehler	Geering (1995)
1. Fehleruntergliederung – Planungsfehler – Ausführungsfehler 2. Fehleruntergliederung (nach Art der kognitiven Prozesse, in denen Fehler auftreten) – Ebene der Routinefähigkeiten – Ebene der Regeln – Ebene des Wissens	A. Müller (2003) (Anmerkung: Dieser Artikel bezieht sich zwar auf den Physikunterricht, aber es lassen sich in diesem Fall Parallelen zum Mathematikunterricht erkennen.)
Fehler aufgrund der Qualität der kognitiven Verarbeitungsleistung – Reproduktionsfehler – Verständnisfehler – Anwendungsfehler – Fehler in der Informationserzeugung – sonstige Fehler (Kommunikationsprobleme)	Mindnich, Wuttke und Seifried (2008)

(Fortsetzung)

Tabelle 3.1 (Fortsetzung)

Fehlerklassifikationen	Autor
Unterscheidung von Fehlertechnik und Fehlerursachen Fehlertechnik: falsche Anwendung von – Strategien – Regeln oder – Algorithmen Fehlerursache entweder in – Informationsaufnahme oder – Informationsverarbeitung	Radatz (1980a, 1980b)

Unterscheidung von Oberflächen- und Tiefenebene
Oberflächenebene – Fehlerphänomene
– Fehlermuster/Fehlertyp
(bezieht sich auf den sichtbaren Fehler in der Schülerlösung)
Tiefenebene – Fehlerursachen
– Systematische Fehler
  • semantisch
  • syntaktisch
– Flüchtigkeitsfehler
	Türling (2014) (in Anlehnung an Prediger und Wittmann (2009) sowie G. Wittmann (2007))

Unterscheidung von: – Schnittstellenfehler – Verständnisfehler bei Begriffen und bei Operationen – Automatisierungsfehler – Umsetzungsfehler	Jost, Erni und Schmassmann (1997)

3.5.3.2 Fehlerklassifikationen anhand von Aufgabenbearbeitungen

Die folgenden Fehlerklassifikationen erfolgen anhand von Aufgabenbearbeitungen unter gleichzeitiger Berücksichtigung der Ursachen. Blank (2008) ist beispielsweise der Meinung, dass der Fehler abhängig von der Stelle ist, an der er auftritt. Dies kann

– im Ergebnis,
– auf dem Weg zur Lösung
– sowie bei der Realisierung einer Aufgabe/eines Problems sein.

Seifried, Türling und Wuttke (2010, S. 143) differenzieren hingegen den mathematischen Problemlöseprozess in die drei Phasen

- „(1) Problemfindung bzw. -definition,
- (2) Problemanalyse und Planung der Lösungsschritte sowie
- (3) Realisation der Planung [...]"

und ordnen den einzelnen Phasen jeweils mögliche Fehlerursachen aus der mathematisch-naturwissenschaftlichen Domäne zu. Malle und Wittmann (1993) unterscheiden zwar zwischen Fehlern in der Informationsaufnahme und -verarbeitung beim Umformen von Gleichungen, verwenden aber auch ein Schrittmodell vom Text zur Formel, um Fehler zu lokalisieren. Dem Modell liegt die Annahme zugrunde, dass keine direkte Übersetzung von Text zur Formel erfolgt, sondern mehrere Zwischenschritte vorhanden sind, in denen kognitive Konstruktionen ablaufen.

- Im ersten Schritt wird der Text in die konkrete anschauliche Form übersetzt, das heißt, der Text wird in eigenen Worten oder anschaulichen Darstellungen wiedergegeben. Fehler offenbaren sich an dieser Stelle, wenn der Aufgabentext nicht richtig verstanden wurde.
- Der zweite Schritt umfasst die Übertragung von der konkreten anschaulichen Form in die abstrakte Form, indem der Text unter mathematischen Sichtweisen betrachtet wird. Beispielsweise enthält dieser Schritt die Wahrnehmung der mathematischen Beziehung zwischen den beteiligten Zahlen und Größen, wobei Schüler Schwierigkeiten haben, die Beziehung zwischen den konkreten Objekten (die anschauliche Form) in eine Beziehung zwischen den mathematischen Objekten (die abstrakte Form) zu übertragen. Der zweite Schritt findet oftmals nicht bewusst statt bzw. wird übersprungen und ein direkter Übergang vom Text bzw. der konkreten anschaulichen Form in die Formel ist erkennbar.
- Der dritte Schritt beinhaltet den Übergang von der abstrakten Form zur Formel mit Hilfe mathematischer Symbole. Fehler im dritten Schritt treten auf, da vor allem Lernende Konventionen missachten, die für Mathematiker, aber nicht für den Lernenden, trivial sind, wie zum Beispiel „*Die Bedeutung von Buchstaben darf innerhalb eines algebraischen Ausdrucks oder eines bestimmten Argumentationskontextes nicht geändert werden*" (Malle & Wittmann, 1993, S. 111, Hervorhebung im Original).

Dieser theoretische Ablauf kann jedoch nicht immer realisiert und beobachtet werden, da, wie bereits angedeutet, vor allem der zweite und dritte Schritt eng miteinander verzahnt sind (Malle & Wittmann, 1993). Seifried et al. (2012a, 2012b) setzten sich intensiv mit typischen Schülerfehlern im Rechnungswesenunterricht auseinander, denn zum damaligen Zeitpunkt waren die Schülerfehler in diesem Bereich nur sehr wenig beforscht. Sie identifizierten diese durch eine Befragung von Lehrkräften und analysierten die erhobenen Daten aus drei verschiedenen Perspektiven. Für die vorliegende Arbeit ist insbesondere die Perspektive interessant, nach der Schüler beim Bearbeiten von fachspezifischen Aufgaben bzw. Problemen das folgende Schema verfolgen, in dessen Stufen sich Schülerfehler einordnen lassen:

- „(a) Erfassung der (ökonomischen) Realität,
- (b) Enkodierung der ökonomischen Realität[16],
- (c) Formalisieren und Mathematisieren und
- (d) Reflektieren/Bewerten [...]" (Seifried et al., 2012b, S. 483–484).

Wartha (2009) sieht die Ursache für viele Fehler in den notwendigen Übersetzungsschritten bei Aufgaben, die bei Seifried et al. (2012b) durch den Punkt (b) berücksichtigt werden. Sie stellen für die Schüler eine große Herausforderung dar und erhalten auch bei Modellierungen eine starke Aufmerksamkeit. Dabei existiert ein Problem in der Realität, zu dem ein passendes mathematisches Modell gefunden werden muss, um das Problem entsprechend zu lösen. „Zur Analyse von Schwierigkeiten mit solchen Aufgaben ist es hilfreich, sich die gedanklichen Schritte beim Lösen von Aufgaben in Analogie zum Modellierungszyklus zu strukturieren [...]" (Wartha, 2009, S. 9). Diese Schritte lassen sich auch in der Abbildung 3.7 erkennen und werden nun kurz dargelegt: Als erstes wird die Aufgabe in ein mathematisches Modell übersetzt (1), wodurch sich auch die Darstellungsebenen ändern. Dann wird das Ergebnis ermittelt (2) und im dritten Schritt (3) in die Realität zurückübersetzt, was ebenfalls wieder mit einem Darstellungswechsel verbunden ist. Als letztes (4) muss das Ergebnis validiert werden, um zu erkennen, ob es überhaupt plausibel ist (Wartha, 2009).

Nach Prediger (2009) gelingt es vor allem schwächeren Schülern eher selten, mathematische Konzepte und Strukturen auf reale Situationen zu übertragen. „Drei zentrale Hürden lassen sich in den Übersetzungsprozessen von der realen Situation zur Mathematik und zurück ausmachen, nämlich Schwierigkeiten

---

[16]Wird auch als „Repräsentation der Realität" bezeichnet (Seifried et al., 2012b, S. 485).

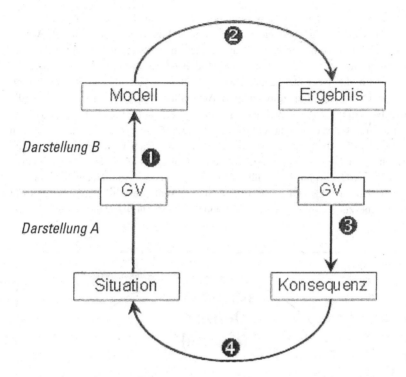

Abbildung 3.7 Verortung von Schwierigkeiten der Schüler in die Übersetzungsschritte nach Wartha (2009, S. 10)

– im Erfassen der Situation (z. B. bezüglich Leseverständnis, sprachliche Dekodierung, erforderlichem Weltwissen oder Strukturierung der Situation),
– in der Operationswahl und
– mit der Validierung und der Authentizität des Kontextes" (Prediger, 2009, S. 214).

Prediger (2009) als auch Wartha (2009) nehmen dabei Bezug auf die Grundvorstellungen[17] (siehe Kapitel 6), die es ermöglichen, zum einen reale Situationen zu mathematisieren und zum anderen mathematische Ergebnisse realitätsnah zu interpretieren. Darüber hinaus bezieht sich Prediger (2009) noch auf das Operationsverständnis, das, wie das Konstrukt der Grundvorstellungen auch, die

---

[17]In Abbildung 3.7 Abkürzung GV

Beziehung zwischen den Repräsentationsformen „reale Situation" und „symbolische Darstellung" betrachtet, aber darüber hinaus noch die Beziehung zur Repräsentationsform „grafische Darstellung" berücksichtigt. Aus diesen zwei Ansätzen entwickelt sie das folgende Modell (siehe Abbildung 3.8), durch das zum einen die Übersetzungsprozesse noch detaillierter als bei Wartha (2009) dargestellt werden und zum anderen Aufschluss gegeben wird „[…] wie die Grundvorstellungen eigentlich mental repräsentiert sind" (Prediger, 2009, S. 220).

Bauen Schüler eine neue Grundvorstellung auf, werden sie ihnen zunächst in *Mustersituationen* repräsentiert. In weiteren Situationen wird bei der Mathematisierung auf die gleichen mathematischen Objekte wie in der Mustersituation zurückgegriffen, wenn der Schüler in der Lage ist, die Ähnlichkeit der weiteren Situationen zu erkennen. „Das Erkennen der Analogie wird [dann] vereinfacht durch eine zur Grundvorstellung passende[n] *grafische[n] Darstellung* […]. Im

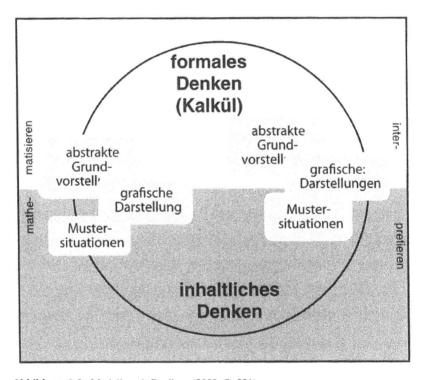

Abbildung 3.8 Modell nach Prediger (2009, S. 221)

fortgeschrittenen Stadium kann eine Grundvorstellung auch in *abstrakter Form* repräsentiert sein [...]" (Prediger, 2009, S. 221, Hervorhebung im Original). Die beschriebenen Fehlerklassifikationen bilden die Grundlage des Leitfadens für die Fehleranalyse in der vorliegenden Studie, der es ermöglicht, schriftliche Schülerlösungen sowie Schüleräußerungen differenzierter zu untersuchen. Er wird im nächsten Unterabschnitt erläutert.

3.5.3.3 Leitfaden für die Fehleranalyse in der vorliegenden Studie[18]

Wie bereits in Unterabschnitt 3.4.1 deutlich wurde, dienen Aufgaben dem Lernen im Unterricht und ermöglichen darüber hinaus auch eine kompetenzorientierte Diagnose (Büchter & Leuders, 2016). Um den diagnostischen Prozess zur Bildung einer kompetenzorientierten Diagnose zu unterstützen, entsteht in der vorliegenden Studie, in Anlehnung an die in Unterabschnitt 3.5.3.2 beschriebenen „Fehlerklassifikationen anhand von Aufgabenbearbeitungen", ein „Fehleranalyseleitfaden" für Schülerlösungen bei realitätsbezogene Aufgaben[19], der nun dargestellt wird.

Beim Lösen realitätsbezogener Aufgaben lässt sich ein Bearbeitungsprozess beschreiben, bei dem die prozessbezogenen Kompetenzen (in den Bildungsstandards auch allgemeine mathematische Kompetenzen genannt) idealtypisch nacheinander angewandt werden (siehe auch Kleine (2012)). Diese werden im Folgenden, in Anlehnung an die Darlegungen nach Leiß und Blum (2011), Kleine (2012) sowie den Bildungsstandards (2003), kurz dargestellt. Anschließend wird die idealtypische Kompetenzabfolge beim Bearbeiten von realitätsbezogenen Aufgaben sowohl veranschaulicht (siehe Abbildung 3.9) als auch beschrieben.

– K1 – Mathematisch argumentieren

Formulierungen wie – Begründe, Überprüfe, Beweise oder Widerlege – deuten häufig auf die Verwendung der Kompetenz des Argumentierens hin, bei der zum einen mathematische Aussagen zu schlüssigen Argumentationsketten verbunden werden und zum anderen auch mathematische Argumentationen verstanden sowie kritisch hinterfragt werden.

---

[18]Dieser Unterabschnitt ist in Anlehnung an den Tagungsbeitrag von Hock und Borromeo Ferri (2019) entstanden.

[19]Bei Aufgaben, die keinen Realitätsbezug besitzen, kann dieser Leitfaden ebenfalls angewandt werden, indem lediglich einzelne Analyseschritte entfallen.

– K2 – Probleme mathematisch lösen

Diese Kompetenz kommt zur Anwendung, sobald Lösungsstrukturen bei der Bearbeitung einer Aufgabe nicht sofort ersichtlich sind und der Schüler Strategien, wie das Zerlegungs- oder Analogieprinzip, anwenden muss, um mathematische Lösungsideen zu finden. Diese Strategien führen jedoch, im Gegensatz zu Algorithmen, nicht direkt zum Ziel, sondern besitzen eine unterstützende Wirkung im Problemlöseprozess.

– K3 – Mathematisch modellieren

Durch Anwendung dieser Kompetenz wird zum einen eine Situation in der Realität mit Hilfe der Mathematik verstanden, strukturiert und gelöst und zum anderen die Mathematik in der Realität wahrgenommen sowie beurteilt. Eine wichtige Funktion nehmen dabei mathematische Modelle, wie zum Beispiel Gleichungen oder Darstellungen von Zuordnungen ein, die in diesem Zusammenhang eine vereinfachte mathematische Darstellung der Realität sind und nur die Informationen beinhalten, die für die Lösung der Aufgabe entscheidend sind. Diese Kompetenz umfasst vor allem die Übersetzungsprozesse zwischen realer und mathematischer Ebene, wobei sie auch das Interpretieren des mathematischen Resultats einschließt.

– K4 – Mathematische Darstellungen verwenden

Sobald Schüler grafische Darstellungen, wie Diagramme, Abbildungen und Skizzen von realen Sachverhalten, oder auch andere Darstellungsmöglichkeiten, wie zum Beispiel sprachliche Darstellungen, selbstständig erstellen oder vorgegebene Repräsentationen analysieren, wenden sie diese Kompetenz an. Ferner sollten sie auch in der Lage sein, zwischen diversen Darstellungen zu wechseln.

– K5 – Mit symbolischen, formalen und technischen Elementen der Mathematik umgehen

Diese Kompetenz enthält sowohl die Anwendung mathematischer Fakten, wie zum Beispiel die Kenntnis und Anwendung von Definitionen, Regeln sowie Formeln, als auch mathematische Fertigkeiten, wie die Verwendung des Taschenrechners oder der formale Umgang mit Termen und Gleichungen.

– K6 – Mathematisch kommunizieren

Diese Kompetenz beinhaltet sowohl das Verstehen von Texten und mündlichen Äußerungen zur Mathematik als auch die verständliche (mündliche sowie schriftliche) Darstellung von Überlegungen, Lösungswegen und Ergebnissen, wobei dies fachsprachenadäquat erfolgen sollte.

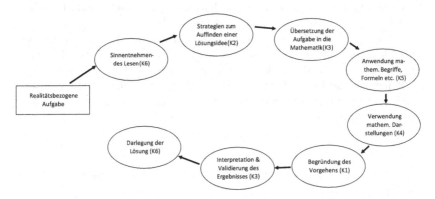

Abbildung 3.9   Idealtypische Kompetenzabfolge beim Bearbeiten von realitätsbezogenen Aufgaben

   Zunächst erfasst der Schüler die Informationen aus der Aufgabe sinnentnehmend unter einem mathematischen Blickwinkel (K6). Dann benutzt er Strategien, um eine Lösungsidee zu finden (K2) und übersetzt die Realsituation in die Mathematik, indem er auf geeignete Modelle zurückgreift oder solche entwickelt (K3). Nachdem ein geeignetes Modell gefunden wurde, wendet der Lernende mathematische Fakten, Begriffe, Verfahren, Regeln oder Formeln an (K5) und benutzt dabei gegebenenfalls – je nach Aufgabeninhalt – auch mathematische Darstellungen (K4). An dieser Stelle muss der Schüler sein Vorgehen auch begründen können (K1). Das erhaltene mathematische Ergebnis muss nun in der Realität interpretiert sowie validiert werden (K3). Anschließend wird die Lösung zusammenhängend dargelegt (K6). Diese idealtypische Kompetenzabfolge beim Bearbeiten einer realitätsbezogenen Aufgabe weist strukturelle Ähnlichkeiten zum Modellierungskreislauf (beispielsweise nach Blum (2010)) auf, wobei auch Kleine (2012) den Bezug zwischen dem Modellierungskreislauf und den prozessbezogenen Kompetenzen herstellt (siehe Abbildung 3.10).[20]Er macht zudem deutlich,

---

[20]Anmerkung: Die Kompetenznummerierung bei Kleine (2012) entspricht der Nummerierung der Kompetenzen in der vorliegenden Arbeit (siehe Seite 61–62).

dass die Bezeichnung der Kompetenz K3 als „Mathematisch Modellieren" Verwirrungen hervorruft, da sie im Rahmen der Bildungsstandards lediglich die Tätigkeiten Mathematisieren und Interpretieren bzw. Validieren umfasst und aus diesem Grund eher als „Mathematisches Übersetzen" oder „Mathematisieren" bezeichnet werden sollte (Kleine, 2012). Hierbei wird nicht die umfassendere Vorstellung vertreten, dass der gesamte Modellierungskreislauf „Mathematisches Modellieren" ist (siehe zum Beispiel Borromeo Ferri (2011)). Ferner verortet Kleine (2012, S. 56) in seiner Veranschaulichung die Kompetenz K2 auf einer Metaebene, „[…] indem hierzu sowohl die Auswahl und das Hinterfragen der ausgewählten Hilfsmittel, Strategien und Prinzipien zugehören als auch die Reflektion und Überprüfung der Lösungswege". Je nach Aufgabe kann die Kompetenz K4, auch nach Kleines Auffassung, an unterschiedlichen Stellen zur Anwendung kommen.

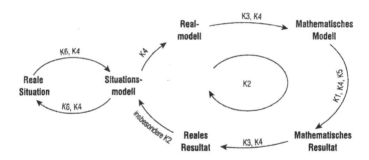

Abbildung 3.10 Prozessbezogene Kompetenzen im Modellierungskreislauf nach Kleine (2012, S. 55)

Die idealtypische Kompetenzabfolge beim Bearbeiten von realitätsbezogenen Aufgaben in Abbildung 3.9 stellt gleichzeitig einen Leitfaden dar, um Schülerlösungen bei realitätsbezogenen Aufgaben differenziert zu untersuchen, die auftretenden Fehler zu beschreiben und die zugehörigen Fehlerursachen zu analysieren. Dabei kann gemäß der idealtypischen Abfolge folgendermaßen vorgegangen werden:

– Mathematisch kommunizieren (K6)
  ○ Ist der Schüler in der Lage, sinnentnehmend zu lesen?
– Probleme mathematisch lösen (K2)

○ Sind dem Lernenden Strategien bewusst, wie die Aufgabe gelöst werden kann?

– Mathematisch modellieren (K3)

○ Ist der Schüler in der Lage, den Sachverhalt adäquat in die Mathematik zu übersetzen (beispielsweise Aufschreiben der entsprechenden Gleichung)?

– Mit symbolischen, formalen und technischen Elementen der Mathematik umgehen (K5)

○ Kann der Schüler technisch arbeiten (zum Beispiel beim Berechnen des Ergebnisses)?

– Mathematische Darstellungen verwenden (K4)

○ Werden Darstellungen richtig verwendet?

– Mathematisch argumentieren (K1)

○ Kann der Schüler sein Vorgehen begründen?

– Mathematisch modellieren (K3)

○ Gelingt die Interpretation des mathematischen Ergebnisses sowie dessen Validierung in der Realität?

– Mathematisch kommunizieren (K6)

○ Kann der Schüler die Lösung korrekt darlegen?

Ist der Schüler beispielsweise nicht in der Lage, die Informationen aus der Aufgabenstellung korrekt zu entnehmen, dann könnte ein K6-Defizit vorliegen. Hat er Probleme, eine entsprechende Gleichung zum Sachverhalt aufzustellen, dann deutet dies auf ein K3-Defizit hin. Ein Defizit umfasst demnach die Tatsache, dass die in den Kompetenzen beschriebenen Standards bzw. Fähigkeiten in der Schülerlösung nicht erkennbar sind. Wichtig ist zu berücksichtigen, dass dieser Fehleranalyseleitfaden vor allem bei schriftlichen Schülerlösungen den Beurteiler unterstützt, da er ein schrittweises Diagnostizieren ermöglicht, was auch eine Hauptstrategie von erfahrenen Lehrkräften ist. Denn nach Philipp (2018) analysieren diese vorhandene Schülerlösungen auch unter anderem „step by step" (siehe Unterabschnitt 2.2.2), um eventuelle Defizite und Vorgehensweisen des Schülers zu verstehen. Natürlich kann durch eine einzige Aufgabenlösung keine umfassende Diagnose hinsichtlich vorhandener Fehlvorstellungen erfolgen, weil jede Aufgabenstellung strukturelle Unterschiede aufweist. Aber sie liefert dem Beurteiler erste Hinweise diesbezüglich. Die Überlegungen von Prediger (2009), Wartha (2009), Malle und Wittmann (1993) sowie Seifried et al. (2012b) (siehe Unterabschnitt 3.5.3.2) spiegeln sich in diesem Leitfaden zur Fehleranalyse wider, denn sie alle messen den Übersetzungsschritten, bzw. im vorliegenden Fehleranalyseleitfaden der Kompetenz K3, aufgrund der enormen Herausforderung für Schüler eine große Bedeutung bei. Weiterhin existiert sowohl bei Malle und

Wittmann (1993), Wartha (2009), Seifried et al. (2012a, 2012b) als auch in diesem Leitfaden zur Fehleranalyse ein Problem in der Realität, zu dem ein passendes mathematisches Modell gefunden werden muss, um das Problem zu lösen. Das erhaltene Ergebnis wird dann auf seine Plausibilität hin untersucht. Im Unterschied zu den existierenden Schemata bezieht sich dieser Leitfaden zur Fehleranalyse jedoch auf die prozessbezogenen Kompetenzen aus den Bildungsstandards. Die bereits oftmals dargestellte Schülerlösung zur Baustellenaufgabe (siehe Einleitung, Abbildung 1) soll nun zu Illustrationszwecken mit Hilfe des Leitfadens analysiert werden.

Zunächst sollte man sich – der erste Schritt im Fehleranalyseleitfaden – die Frage stellen, ob der Schüler in der Lage war, wichtige Informationen aus dem Aufgabentext zu entnehmen (K6). Der Schülerlösung zufolge hatte der Schüler den Aufgabeninhalt richtig verstanden und alle wichtigen Informationen aus dem Aufgabentext erfasst. Darauffolgend wird untersucht, inwiefern der Schüler eine hilfreiche Lösungsstrategie (K2) anwenden konnte. In der Schülerlösung ist dies zu erkennen, da die Strategie „Vorwärtsarbeiten" benutzt wurde (Leiß & Blum, 2011, S. 39), indem die genannten Tiefen verwendet und somit eine Bestimmung der Lochtiefe stattfand. Als nächstes gilt es zu überprüfen, ob der Schüler den gegebenen Sachverhalt in die Mathematik übersetzen und eine entsprechende Gleichung aufstellen konnte (K3). Dies gelang ihm jedoch nicht. An dieser Stelle ist ein K3-Defizit „Mathematisch Modellieren" erkennbar. Obwohl nun ein Defizit aufgedeckt wurde, müssen alle übrigen Schritte des Leitfadens ebenfalls betrachtet werden, da noch weitere Defizite durchaus möglich sind. Bei dem Schüler lässt sich weiterhin ein K5-Defizit erkennen, da er beispielsweise die Beträge beim Rechnen mit ganzen Zahlen betrachtete und das negative Vorzeichen lediglich ergänzte. Die Kompetenzen K4 und K1 lassen sich bei dieser Aufgabe nicht beurteilen. Zudem gelingt es dem Schüler, sein Ergebnis korrekt in die Realität zu übersetzen (K3) und entsprechend darzustellen (K6).

Mit Hilfe des Fehleranalyseleitfadens kann auf analoge Weise jede, vor allem schriftliche, Schülerlösung einer realitätsbezogenen Aufgabe Schritt für Schritt untersucht werden, und somit ist eine differenzierte Erläuterung von diversen Fehlern sowie deren Ursachen möglich. Nach Praetorius et al. (2012, S. 141) können Kriterienraster, wie dieser Leitfaden eines ist, „[…] eine Hilfe für diagnostische Aufgaben im Rahmen der Lehrertätigkeit sein. Sie lenken die Aufmerksamkeit der Lehrkraft auf unterschiedliche Schülerfähigkeiten und erleichtern somit die differenzierte Erfassung und Beurteilung derselben".

Förderung der Fehler-Ursachen-Diagnosekompetenz

4

Aus der Theorie ergibt sich, wie im letzten Kapitel erläutert, das Konstrukt der Fehler-Ursachen-Diagnosekompetenz, dass sowohl die kognitive Fähigkeit als auch die Bereitschaft umfasst, in einer diagnostischen Situation Schülerfehler wahrzunehmen und zu beschreiben sowie deren Ursachen zu analysieren. Wie bereits durch die Baustellenaufgabe ersichtlich, ist es notwendig, sich mit Schülerlösungen differenziert auseinanderzusetzen, um die Schülerfehler und vor allem deren Ursachen zu diagnostizieren. Denn dann ist es auch möglich, einen Schüler, beispielsweise durch eine Adaption des Unterrichts, individuell zu fördern. Folglich ist eine gut ausgebildete Fehler-Ursachen-Diagnosekompetenz essenziell, um überhaupt eine individuelle Förderung des Lernenden realisieren zu können. Auf die Notwendigkeit, die (Fehler-Ursachen-)Diagnosekompetenz bereits innerhalb des Studiums zu fördern, geht der Abschnitt 4.1 ein. Weiterhin befinden sich in Abschnitt 4.2 konkrete Maßnahmen zur Förderung der Fehler-Ursachen-Diagnosekompetenz, die in der vorliegenden Studie berücksichtigt werden. Dieses Kapitel schließt mit einer Vorstellung von Forschungserkenntnissen aus bisherigen Studien, die ebenfalls das Ziel verfolgten, die diagnostische Kompetenz zu fördern (Abschnitt 4.3).

© Der/die Autor(en), exklusiv lizenziert durch Springer Fachmedien Wiesbaden GmbH, ein Teil von Springer Nature 2021
N. Hock, *Förderung von diagnostischen Kompetenzen*, Mathematikdidaktik im Fokus, https://doi.org/10.1007/978-3-658-32286-1_4

4.1   Notwendigkeit zur Förderung der (Fehler-Ursachen-)Diagnosekompetenz in der universitären Lehrerbildung

Hascher (2008) zufolge wird ein Großteil der diagnostischen Kompetenz erst im Berufsleben erlernt statt in der Grundausbildung. Oser (2001) fand durch Studierendenbefragungen an 47 Ausbildungsstätten außerdem heraus, dass Lehramtsstudierende der Sekundarstufe I und II mehrheitlich zur Thematik „Diagnose von Lernschwierigkeiten" im Studium nichts gehört bzw. es nur theoretisch ohne Übungen und Praxis besprochen hatten. Sowohl an der Universität als auch im Referendariat setzen sich die angehenden Lehrkräfte kaum mit dem Diagnoseprozess auseinander. Dadurch laufen auch Diagnosen im Unterricht oftmals automatisiert und ohne besondere Beachtung ab (Paradies, Linser & Greving, 2009; Weinert, 2000). Dabei wird bereits durch die Standards der Lehrerbildung (2004) sowie die Empfehlungen der Fachverbände DMV, GDM und MNU deutlich, dass die diagnostische Kompetenz im Studium thematisiert und ausgebildet werden sollte (siehe Einleitung). Sowohl Karing und Seidel (2017) als auch Hascher (2008) vertreten die Ansicht, dass eine Förderung der diagnostischen Kompetenz in der universitären Phase der Lehrerbildung integriert sein sollte. Außerdem sind diverse Autoren, wie zum Beispiel Artelt und Gräsel (2009), von Aufschnaiter et al. (2015), Brunner et al. (2011), Jäger (2009), McElvany et al. (2009), Praetorius et al. (2012) und Schrader (2017) der Auffassung, dass die Entwicklung bzw. Verbesserung der Diagnosekompetenz von Lehrkräften wesentlich für erfolgreiches Lehrerhandeln ist. Hesse und Latzko (2011, S. 13) sind ferner der festen Überzeugung: „Es kann nur das verlangt und vorausgesetzt werden, wofür zuvor Lerngelegenheiten gegeben waren". Daher werden im nächsten Abschnitt Maßnahmen vorgestellt, die zur Förderung der Fehler-Ursachen-Diagnosekompetenz beitragen könnten, denn nur wenn diese Kompetenz ausgeprägt ist, kann überhaupt eine individuelle Förderung des Lernenden, entsprechend der diagnostizierten Schülerfehler und deren Ursachen, realisiert werden.

4.2   Maßnahmen zur Förderung der Fehler-Ursachen-Diagnosekompetenz

Bei der Kontrastierung von aufgaben- und globalspezifischen Lehrerurteilen kommen Karing und Artelt (2013) zu dem Entschluss, dass für aufgabenspezifische Urteile Wissen bezüglich Aufgaben, Personen und Strategien notwendig ist, das eine Kombination aus diagnostischem, fachwissenschaftlichem und fachdidaktischem Wissen darstellt. Will man nun die Urteilsgenauigkeit fördern, könnte dies durch die Stärkung dieser Wissenskomponenten realisiert werden (Karing & Artelt, 2013). Da jedes Urteil bzw. jede Diagnose durch einen diagnostischen Prozess entsteht (Jäger, 2006), bilden diese Wissensfacetten ferner auch die Grundlage des diagnostischen Prozesses und sind demnach nicht nur für den Ansatz der Urteilsgenauigkeit (siehe Unterabschnitt 2.2.1) notwendig. In der Untersuchung von Busch et al. (2015) ließ sich ferner erkennen (siehe Abschnitt 4.3), dass durch die Vermittlung fachdidaktischen Wissens, das für die Diagnostik in einem Bereich relevant ist, konkrete Analysen entstehen, in denen fachdidaktisches Wissen angewandt und weniger beschrieben bzw. korrigiert wird. Außerdem stellt das Diagnosewissen nach Klug et al. (2015) einen zentralen Prädiktor der diagnostischen Kompetenz bei Lehramtsstudierenden dar (siehe Unterabschnitt 3.2.1.1), wodurch die Notwendigkeit diagnostischen Wissens nochmals betont wird. Darüber hinaus erscheint es sinnvoll, wenn Lehrkräfte Wissen über das mathematische Denken der Lernenden, diverse Fehlstrategien, Fehlermuster, Fehlerursachen sowie möglichen Fehlvorstellungen bereits vor dem Umgang mit Schülern besitzen, um sie entsprechend beim Lernenden diagnostizieren zu können (siehe Unterabschnitt 3.2.1.3). Ebenso verweist Lipowsky auf die Notwendigkeit, sich mit „[…] domänenspezifische[n] Lern- und Verstehensprozesse[n] von Schülern" auseinanderzusetzen, um das fachdidaktische und das diagnostische Wissen zu erweitern (Lipowsky, 2014, S. 520; Lipowsky & Rzejak, 2015). Folglich erscheint es fundamental, diagnostisches Wissen zu Schülerfehlern und möglichen Ursachen durch eine Intervention zu vermitteln, um die Fehler-Ursachen-Diagnosekompetenz zu fördern.

In der Lehrerbildung hat sich das fallbasierte Lernen als wirksam erwiesen, um die professionelle Kompetenz auszubauen (J. Schneider, 2016; von Aufschnaiter et al., 2017). Daher ist es plausibel, dass fallbasiertes Lernen auch hilfreich sein kann, um die (Fehler-Ursachen-)Diagnosekompetenz zu verbessern. Durch die Fallarbeit wird das Ziel verfolgt, die Praxis, die in den Fällen repräsentiert wird, mit der Theorie, wie dem pädagogischen, fachlichen und fachdidaktischen Wissen, zu verbinden. Diese Fälle können in Form von Vignetten, zum Beispiel als Videos, Transkripte oder anderen lehr- bzw. lernbezogenen Dokumenten vorliegen, denn „*Vignetten* sind Darstellungen von in sich abgeschlossenen *Fällen*, die normalerweise aus dem Unterrichtsalltag bzw. einer Lehr-/Lernsituation stammen […]" (von Aufschnaiter et al., 2017, S. 86, Hervorhebung im Original). Um eine Vignette – und demnach den Fall – nutzen zu können, sind weiterhin Aufgaben nötig, die den Lehramtsstudierenden auffordern, sich mit der Vignette in einer bestimmten Art und Weise auseinanderzusetzen. Vignetten bzw.

die darin thematisierten Fälle dienen entweder dem Kompetenzaufbau und besitzen demnach ein Lernpotential oder der Kompetenzerfassung und weisen dann ein Testpotential auf (von Aufschnaiter et al., 2017). Gegenwärtig werden sie mehr hinsichtlich ihres Testpotentials berücksichtigt (siehe zum Beispiel Barnhart und Es (2015), Brovelli, Bölsterli, Rehm und Wilhelm (2013), Lindmeier (2013), Oser, Curcio und Düggeli (2007) sowie Rehm und Bölsterli (2014)), wobei sie auch zur Professionalisierung angehender Lehrkräfte eingesetzt werden (siehe zum Beispiel Steffensky und Kleinknecht (2016), Krammer und Reusser (2005), Blomberg, Renkl, Sherin, Borko und Seidel (2013) und Welzel und Stadler (2005)). Durch Vignetten ist es möglich, (fehlerhafte) Schülervorstellungen sowie Herangehensweisen in der Lehrerbildung zu thematisieren und dabei konkrete fachdidaktische Aspekte zu fokussieren (Knipping, Tolsdorf & Markic, 2017). Darüber hinaus wird durch die Analyse der Fälle die Beobachtungsfähigkeit ausgebildet sowie der Aufmerksamkeitsfokus des Lehramtsstudierenden beeinflusst, wobei Produktvignetten aufgrund der kurzen Darstellung und der damit einhergehenden reduzierten Komplexität vorteilhaft sind (von Aufschnaiter et al., 2017). „Die Analyse von Schülerproduktvignetten oder von Videovignetten, die Verhalten im Unterricht zeigen, mit dem Ziel, Lern- und Denkprozesse von Schülerinnen und Schülern zu diagnostizieren, wird von den Studierenden als authentische Simulation von Anforderungen von Unterricht an Lehrkräfte angesehen und als wichtige Hilfe, um in Unterricht schülergerecht reagieren zu können" (Brauer et al., 2017, S. 274). Daher nehmen Studierende diese Lerngelegenheit gerne an, denn sie empfinden sie als sehr relevant für das spätere Arbeiten mit Lernenden (Brauer et al., 2017). Hascher (2003) schlägt zudem zwei Möglichkeiten vor, die diagnostische Kompetenz bei Lehramtsstudierenden zu fördern, wobei die erste Möglichkeit vielversprechend bei der Auseinandersetzung mit Produktvignetten eingesetzt werden kann:

– 1. Möglichkeit: Die Studierenden beurteilen die Schülerlösung zunächst individuell und tauschen sich anschließend mit ihren Kommilitonen bzw. im Plenum aus. Aufgrund von diskutierten Gemeinsamkeiten und Unterschieden erstellen sie eine Fehlersystematik mit den entsprechenden dahinterliegenden Ursachen.
– 2. Möglichkeit: Die Studierenden beobachten einzelne Schüler während Hospitationen und erstellen ein Protokoll über den Lernprozess. Wichtig ist dabei, dass die Lehramtsstudierenden die Möglichkeit erhalten, die eigenen Eindrücke zu reflektieren.

Demnach könnte das diagnostische Wissen zu Schülerfehlern und deren möglichen Ursachen mit Hilfe von Produktvignetten, unter Berücksichtigung der

„1. Möglichkeit" nach Hascher (2003), in einer Intervention vermittelt werden, wobei in den Interventionen diverser Studien (siehe zum Beispiel Star und Strickland (2008), Santagata, Zannoni und Stigler (2007), Santagata und Yeh (2014), Alsawaie und Alghazo (2010)) Raster (sogenannte „frameworks") für Analysen eingesetzt wurden, die die Aufmerksamkeit der angehenden Lehrkräfte auf bestimmte Merkmale des Schülers bzw. des Unterrichts lenkten. Zusätzlich konnten Ohst, Glogger, Nückles und Renkl (2015) in ihrer Studie zeigen, dass durch die Arbeit mit „frameworks" das Interesse angehender Lehrkräfte an dem Lernmaterial erhöht und die notwendige Lernzeit ferner verringert werden kann. Daher ist es offenbar sinnvoll, den entwickelten Fehleranalyseleitfaden ebenfalls in einer Intervention zu berücksichtigen.

Neben einer Wissensvermittlung sind jedoch auch Trainingsmaßnahmen sinnvoll (Ade-Thurow et al., 2014; Schrader, 2009), denn Karing und Seidel (2017) zufolge, die sich intensiv mit der Gestaltung von Fördermaßnahmen zur diagnostischen Kompetenz auseinandersetzen, ist eine alleinige Wissensvermittlung ohne praktische Anwendung ungünstig, weshalb Wissen strukturiert vermittelt und gleichzeitig geübt bzw. praktisch eingesetzt werden sollte. Besser, Leiss und Blum (2015) fassen außerdem in Anlehnung an Lipowsky (2004) und weitere sogenannte „core features" zusammen, die eine gute Lehrerfortbildung ausmachen und, nach Meinung des Autors, auch für eine universitäre Veranstaltung gelten. Demnach ist unter anderem sowohl eine inhaltliche Fokussierung auf unterrichtsrelevante Themen als auch eine aktive Beteiligung in der Fortbildung sowie eine Zusammenarbeit mit den anderen Teilnehmern sinnvoll und sollte daher auch in einer Intervention Berücksichtigung finden, durch die die Fehler-Ursachen-Diagnosekompetenz gefördert werden soll.

Im folgenden Abschnitt wird nun ein Einblick in die bisherigen forschungsbasierten Erkenntnisse zur Förderung der (Fehler-Ursachen-)Diagnosekompetenz gegeben.

4.3 Forschungsergebnisse zur Förderung der (Fehler-Ursachen-)Diagnosekompetenz

Zunächst wird auf die Entwicklung der Diagnosekompetenz im Rahmen des Lehramtsstudiums ohne eine besondere intervenierende Einwirkung eingegangen. Weiterhin werden Herangehensweisen zur Förderung der diagnostischen Kompetenz im Rahmen von Interventionen vorgestellt, die durch empirische Evaluierungen begleitet wurden.

Kaiser und Möller (2017) verwendeten in ihrer Erhebung zur diagnostischen Kompetenzentwicklung im Lehramtsstudium für die Sekundarschule die Methode des simulierten Klassenraumes, in der der Studierende die Rolle der Lehrkraft einnahm und die Leistung eines Schülers aus der dritten Klasse in Mathematik beurteilte, wobei diese Einschätzung mit der tatsächlich gezeigten Leistung des Schülers verglichen wurde. Über einen Zeitraum von drei Jahren, in denen vier Messungen stattfanden, zeigten sich keine Verbesserungen der diagnostischen Kompetenz im Sinne der Urteilsgenauigkeit (siehe Unterabschnitt 2.2.1). Ferner waren beim Vergleich der Urteilsgenauigkeit der Lehramtsstudierenden mit einer Vergleichsgruppe von Pädagogikstudierenden keine Unterschiede erkennbar. Auch die Urteilssicherheit der Lehramtsstudierenden nahm im Laufe der vier Messungen nicht zu, als ob sich die Lehramtsstudierenden bewusst wären, dass ihre diagnostische Kompetenz durch das Lehramtsstudium wirklich nicht besser wird (Kaiser & Möller, 2017).

Bereits Brown und Burton (1978) versuchten, Lehramtsstudierende darin zu fördern, regelmäßige Fehlerursachen in arithmetischen Problemen von Grundschülern zu erkennen. Dazu verwendeten sie das computerbasierte Lernspiel BUGGY, das eine fehlerhafte Schülerlösung präsentierte. Der Studierende konnte nun dem virtuellen Schüler weitere Aufgaben vorlegen, die dieser löste, und dadurch die Strategie des Schülers nachvollziehen. Hatte der Proband den Schülerfehler verstanden, wurde er zunächst aufgefordert, die fehlerhafte Schülerstrategie zu beschreiben, und anschließend Aufgaben unter Verwendung der Fehlerstrategie des Schülers zu lösen. Waren alle Aufgaben „richtig" gelöst, wurde der Proband zur nächsten fehlerhaften Schülerlösung weitergeleitet. Beim Vergleich von Pre- und Posttestwerten waren signifikante Verbesserungen der Lehramtsstudierenden erkennbar. Vor allem erhielten sie jedoch die Erkenntnis, dass die sichtbaren Fehler oftmals nur die Oberfläche bzw. das Wahrnehmbare einer dahinterliegenden systematischen Fehlvorstellung sind (Brown & Burton, 1978).

Das Kooperationsprojekt dortMINT hatte das Ziel, die Lehrerbildung in den MINT-Fächern qualitativ zu verbessern, indem „[...] die Professionalisierung künftiger Lehrkräfte mit Blick auf ihre diagnostische Fähigkeit und ihre Handlungskompetenz bezüglich des Förderns unterstützt [...]" wird (Hußmann & Selter, 2013a, S. 7). Dies erfolgte unter anderem durch einen „Dreischritt", denn die Studierenden sollten zunächst in ihrer fachwissenschaftlichen Ausbildung Diagnose und individuelle Förderung möglichst selbst erleben, anschließend in der fachdidaktischen Ausbildung entsprechende theoretische Konzepte sowie passende Instrumente erlernen und schließlich die erworbenen Kompetenzen in der Schulpraxis erproben (Hußmann & Selter, 2013b). An dieser Stelle wird lediglich das Erlernen von „Diagnose und individueller Förderung" am Beispiel Mathematik thematisiert. Girgulat, Nührenbörger und Wember (2013) entwickelten zwei Lernumgebungen für das Lehramt an Grundschulen bzw. sonderpädagogische Förderung, eine mit dem Schwerpunkt „Diagnose im Mathematikunterricht" und eine weitere zum Schwerpunkt „Förderung im Mathematikunterricht", wobei deren Konzeption auf der Überlegung beruhte, theoretisches Wissen und praktisches Handeln mit Hilfe reflexiver Analysen zu verbinden. Im Folgenden wird lediglich auf die Lernumgebung zur Thematik „Diagnose im Mathematikunterricht" eingegangen. Die Studierenden bauten im Seminar zunächst diagnostisches Wissen auf, indem sie sich unter anderem mit Diagnoseinstrumenten auseinandersetzten, die eine Status- oder eine Prozessdiagnostik ermöglichten, wobei sie explizit auf das klinische Interview und dessen Nutzen eingingen und daran die Erhebung mathematischer Lernstände, typische Lernschwierigkeiten von Schülern sowie Fehlertypen thematisierten. Außerdem setzten sie sich mit grundlegenden Lerninhalten im Unterricht, wie dem Zahlbegriff und den bekannten Merkmalen von Rechenschwierigkeiten, auseinander. Auf Grundlage dieser fachdidaktischen und fachlichen Kenntnisse entwickelten die Studierenden Aufgaben und Ideen für ein diagnostisches Interview, das sie auch durchführten und ihr Vorgehen und die Ergebnisse entsprechend dokumentierten (durch Transkripte oder Videografie). Diese Erkenntnisse wurden dann in der Seminargruppe analysiert, indem das mathematische Denken der interviewten Lernenden beschrieben wurde, um das Auftreten der typischen Lernschwierigkeiten zu verdeutlichen. Ferner wurden auch denkbare Förderhinweise generiert. Die Evaluation der Lernumgebung wurde zum einen durch schriftliche Studierendenbefragungen am Ende der Lehrveranstaltung realisiert und zum anderen wurden qualitative, explorative Interviews eingesetzt, um die Entwicklung der diagnostischen Deutungskompetenz von ausgewählten Lehramtsstudierenden zu erheben. In der schriftlichen Befragung schätzten die Lehramtsstudierenden ihre persönlichen Lernfortschritte relativ hoch ein und beurteilten auch die Abstimmung der Seminarinhalte als positiv. Insgesamt bewerteten sie das Seminar als sehr gut. Zudem lobten die Studierenden, dass sie die erlernten theoretischen Inhalte in der Praxis einsetzen und ausprobieren konnten (Girgulat et al., 2013).

Auf Grundlage des Prozessmodells zur Diagnose von Schülerlernverhalten nach Klug et al. (2013) (siehe Unterabschnitt 2.2.2) entwickelten Klug, Gerich und Schmitz (2016) eine Lehrerfortbildung aus drei Sitzungen à 180 Minuten, um die diagnostische Kompetenz zum Diagnostizieren von Schülerlernverhalten von Gymnasiallehrkräften zu fördern. Zudem wandte eine Teilgruppe zusätzlich ein Tagebuch an, um die eigenen diagnostischen Aktivitäten im Unterricht selbst zu überwachen. In der Lehrerfortbildung setzten sich die Lehrkräfte mit einem konkreten Fall auseinander, bei dem es sich um einen ihrer Schüler handelte und der in der ersten Sitzung ausgewählt wurde. Ein Vergleich der Pre- und Posttestwerte ergab, dass die diagnostische Kompetenz vor und während des Diagnostizierens bezüglich des Lernverhaltens durch die Fortbildung gefördert werden konnte, wobei die Tagebuchanwendung keinen zusätzlichen Interventionseffekt hervorrief (Klug et al., 2016).

Prediger (2010, S. 75, Übersetzung durch Autor) setzte sich mit der Kernaufgabe einer Lehrkraft „Analyse und Verständnis der Schülerantworten sowie deren Fehler" auseinander, die mit Hilfe der „dia- gnostischen Tiefenschärfe"[1] bewältigt werden kann, die aus den folgenden vier Bestandteilen besteht: (1) Zunächst ist das Interesse am Schülerdenken relevant, um bereit zu sein, sich mit dem Verständnis des Schülers auseinanderzusetzen. (2) Ferner ist eine interpretative Grundkompetenz notwendig, um sich in die Sichtweisen des Schülers hineinzuversetzen und die Gedanken des Schülers nachzuvollziehen. (3) Dafür muss die Lehrkraft jedoch über allgemeines theoretisches Wissen bezüglich der fachlichen Lernprozesse verfügen. (4) Unentbehrlich ist zudem auch das fachdidaktische Hintergrundwissen, „[...] insbesondere spezifisches Wissen über typische Schwierigkeiten und divergierende Deutungen" (Prediger et al., 2012, S. 44). Dazu gehören neben unterschiedlichen Interpretationsmöglichkeiten für einen mathematischen Begriff auch Grund- und mögliche Fehlvorstellungen der Schüler (Prediger, 2010; Prediger et al., 2012). Ferner setzte sie sich mit der Frage auseinander, was eine Lernumgebung für Lehramtsstudierende beinhalten müsste, um diese Kernaufgabe erfolgreich zu bearbeiten bzw. die dafür notwendige diagnostische Tiefenschärfe zu fördern. Sie entwickelte eine Lernumgebung, in der sich die Lehramtsstudierenden mit den unterschiedlichen Bedeutungen des Gleichheitszeichens anhand authentischer Unterrichtssituationen auseinandersetzten. Durch eine Erhebung am Ende der Lernumgebung konnte Prediger (2010, S. 89) nachweisen: „[...] they had acquired a domain-specific diagnostic competence, based upon mathematical knowledge of different meanings of the equal sign, which is crucial for the core task of analysing and understanding student thinking in this topic". Sie kommt daher zu dem Entschluss, dass es sinnvoll ist, in einer Lernumgebung, mit deren Hilfe die diagnostische Tiefenschärfe gefördert und somit die untersuchte Kernaufgabe erfolgreich bearbeitet werden kann, den Erwerb fachdidaktischen Wissens mit authentischen diagnostisch-kritischen Situationen aus dem Unterricht zu verknüpfen. Ferner sollte dabei das implizite Wissen der Lernenden als Basis dienen und darüber hinaus mathematische Kategorien bzw. Wissen durch die Analyse von Beispielen entwickelt werden.

---

[1]Anmerkung: Diesen Begriff verwendete Prediger erst in einer späteren Publikation (siehe Prediger et al. (2012)).

Busch et al. (2015) wollten die diagnostische Kompetenz, Schülerlernstände entsprechend zu beurteilen, von Sekundarstufenlehrkräften durch eine fachdidaktische Fortbildung im Bereich Funktionen fördern, in der Aspekte wie funktionales Denken, Schülerfehler und mögliche Schülerschwierigkeiten sowie die Schritte einer formativen Diagnose von Schülerlernständen thematisiert wurden. Durch die Anwendung einer Clusteranalyse ergaben sich vier Diagnosetypen, „[...] die sich in Bezug auf die Merkmalsbereiche Konkretheit, diagnostische Aktivitäten, Fokus der Diagnose, Qualitätsmerkmale und Korrektheit bzw. Verständlichkeit unterscheiden" (Busch et al., 2015, S. 315):

– Der Diagnosetyp 1 wird als „Allgemein korrigierend" bezeichnet. Die Diagnoseurteile sind eher allgemein, wobei mehr korrigiert statt analysiert wird.
– Der Diagnosetyp 2 („Konkret analysierend") favorisiert konkrete Analysen, macht auf die Stärken des Schülers aufmerksam und korrigiert kaum. Dabei wendet er stellenweise sichtbar fachdidaktisches Wissen an.
– Beim Diagnosetyp 3 („Konkret analysierend mit fachdidaktischem Wissen") kommt die Anwendung des fachdidaktischen Wissens besonders zum Ausdruck. Es liegt, wie bei dem Diagnosetyp 2, eine konkrete Analyse vor, wobei beschreibende und korrigierende Diagnosen eher seltener auftreten.
– Der Diagnosetyp 4 („Allgemein beschreibend mit Bezug zu Stärken") neigt zu allgemeinen Beschreibungen bei der Diagnose, stellt aber einen Bezug zu den Stärken des Schülers her.

Im Pretest waren relativ gleichmäßig die Diagnosetypen 1 und 2 vertreten. Nach der Fortbildung ließen sich die Diagnosetypen 3 und 4 erkennen, wobei sich die meisten Lehrkräfte dem Diagnosetyp 3 zuordnen ließen. Demnach wandte die Mehrheit der Lehrkräfte nach der Fortbildung das erlernte fachdidaktische Wissen zur Diagnose von Schülerlernständen an und korrigierte seltener (Busch et al., 2015).

Heinrichs (2015) verfolgte im Rahmen ihrer Dissertation das Ziel, die fehlerdiagnostische Kompetenz von Mathematik-Lehramtsstudierenden für die Sekundarstufe zu fördern und Erkenntnisse bezüglich der Zusammenhänge zwischen der Ausprägung der fehlerdiagnostischen Kompetenz und weiteren erhobenen Merkmalen zu erhalten (siehe Unterabschnitt 2.2.2). Im Vor- und Nachtest bearbeiteten die Studierenden unterschiedliche Aufgaben in den Themenbereichen Prozentrechnung, Bruchrechnung und zu einem Binom. In der Intervention wurden Schülerfehler thematisiert, die aus dem arithmetischen und algebraischen Bereich stammten, aber nicht im direkten Zusammenhang mit den Schülerfehlern im Test waren. Die Studierenden mussten demnach im Nachtest das erlernte

Wissen bezüglich eines Fehlers auf einen anderen Fehler übertragen und darüber
hinaus auch zum Teil einen Transfer von einem mathematischen Inhaltsgebiet zu
einem anderen leisten. Beim Vergleich der Ergebnisse im Vor- und Nachtest, unter
Anwendung eines einseitigen t-Tests, ergaben sich signifikante Unterschiede in
der Kompetenz zur Ursachendiagnose mit einer sehr kleinen Effektstärke.[2] Studierende mit mehr Praxiserfahrungen (beispielsweise durch Nachhilfe) besaßen
im Vortest eine höhere Kompetenz in der Ursachendiagnose, als Studierende mit
geringeren Erfahrungen. Ferner wiesen die vier Sonderschullehrämter eine höhere
Ursachendiagnosekompetenz im Vortest auf als die Lehramtsstudierenden für
Primar-, Sekundar- und Berufsschulen sowie Gymnasien. Auch Masterstudierende
zeigten im Vortest bezüglich der Ursachendiagnose eine höhere Kompetenz als die
Bachelorstudierenden. Weiterhin besaßen die Probanden, die in der Schule einen
Leistungskurs in der Oberstufe in Mathematik besucht hatten, eine höhere Kompetenz in der Ursachendiagnose im Vortest als diejenigen, die in der Schule einen
Grundkurs in Mathematik absolviert hatten. Jedoch riefen die Praxiserfahrungen,
das studierte Lehramt, der Stand im Studium sowie der Besuch eines Leistungs-
kurses in der Oberstufe in Mathematik keine Unterschiede im Kompetenzzuwachs
bezüglich der Ursachendiagnose bei den Probanden hervor. Aufgrund des signifikanten Unterschiedes mit sehr geringer Effektstärke zwischen den Ergebnissen im
Vor- und Nachtest kann geschlussfolgert werden, dass der Transfer der fehlerdiagnostischen Kompetenz von einem mathematischen Inhaltsgebiet auf ein weiteres
bzw. von einem Fehler auf einen weiteren Fehler für die Studierenden nicht so
einfach, wie erhofft, möglich ist (Heinrichs, 2015; Heinrichs & Kaiser, 2018).

Durch die beschriebenen Forschungsergebnisse wird deutlich, dass sich die
diagnostische Kompetenz, im Sinne der Urteilsgenauigkeit, nicht nebenbei im
Rahmen des Lehramtsstudiums entwickelt (siehe Kaiser und Möller (2017)).
Jedoch konnten zum einen Brown und Burton (1978) durch das Spiel BUGGY
die Fähigkeit von Lehramtsstudierenden fördern, regelmäßige Fehlerursachen bei
arithmetischen Problemen von Grundschülern zu diagnostizieren und zum anderen konnten auch Klug et al. (2016) das Diagnostizieren von Schülerlernverhalten
bei Gymnasiallehrkräften fördern. Ferner zeigte Heinrichs' Untersuchung, dass
es zwar möglich ist, die Kompetenz zur Ursachendiagnose zu fördern, aber für
Lehramtsstudierende es offenbar nicht trivial ist, diese von einem mathematischen Inhaltsgebiet auf ein anderes zu übertragen. Prediger (2010) fasst außerdem
in ihrer Untersuchung den Entschluss, dass in einer Lernumgebung, die die

---

[2]Anmerkung: Heinrichs verwendet in ihrer Dissertation die Bezeichnung „Kompetenz zur
Ursachendiagnose", denn ferner betrachtet sie auch den „Umgang mit dem Fehler", der
ebenfalls ein Aspekt der fehlerdiagnostischen Kompetenz ist.

Lehramtsstudierenden darin fördert, Schülerantworten zu verstehen, der Erwerb fachdidaktischen Wissens mit authentischen Situationen verknüpft werden sollte und dabei das implizite Wissen der Studierenden als Grundlage dient. Weiterhin wird durch die Studie von Girgulat et al. (2013) deutlich, dass Studierende die Anwendung eines diagnostischen Interviews als nützlich empfinden, um das erlernte theoretische Wissen in der Praxis einzusetzen. Diese forschungsbasierten Erkenntnisse werden in der vorliegenden Studie entsprechend berücksichtigt, um die Fehler-Ursachen-Diagnosekompetenz zu fördern (siehe Kapitel 5). In den beschriebenen quantitativen Analysen zur Förderung der diagnostischen Kompetenz (siehe Brown und Burton (1978), Klug et al. (2015), Prediger (2010) und Heinrichs (2015)) stehen vor allem die diagnostischen Fähigkeiten bzw. die diagnostischen Fähigkeiten im diagnostischen Prozess im Mittelpunkt. Die nichtkognitiven Dispositionen, wie zum Beispiel Motivation, nehmen kaum eine Rolle bei der Förderung der diagnostischen Kompetenz ein, worauf auch Karing und Seidel (2017) eingehen. Sie weisen daher darauf hin, dass es notwendig ist, auch diese entsprechend zu fördern, wobei sie vor allem die motivationalen Aspekte hervorheben. Auch Chernikova et al. (2020) heben besonders hervor, dass die motivationalen Aspekte der diagnostischen Kompetenz intensiver untersucht werden sollten. Außerdem sollten bei der Förderung der diagnostischen Kompetenz nicht nur einzelne Dispositionen berücksichtigt werden, sondern eine Kombination, beispielsweise von diagnostischem Wissen und Motivation (Karing & Seidel, 2017). Aus diesem Grund wird in der vorliegenden Studie nicht „nur" die Fehler-Ursachen-Diagnosefähigkeit gefördert, um Schülerfehler sowie deren Ursachen zu diagnostizieren, sondern auch die nicht-kognitiven Dispositionen betrachtet, indem die Förderung der selbstbezogenen Kognitionen Selbstkonzept sowie Selbstwirksamkeitserwartung als motivationale Aspekte hinsichtlich des Diagnostizierens von Schülerfehlern und denkbaren Ursachen untersucht werden (siehe Unterabschnitt 3.2.2).

Im folgenden Kapitel werden nun die bedeutendsten Sachverhalte aus den vorherigen Theoriekapiteln für die vorliegende Studie nochmals zusammengefasst und daraus die Forschungsfragen hergeleitet.

Zusammenfassung des theoretischen Rahmens und Herleitung der Forschungsfragen

5

Bereits zu Beginn dieser Arbeit wurde die Bedeutung der Diagnostik und der entsprechenden Diagnose für die individuelle Förderung eines Lernenden, beispielsweise durch eine Adaption des Unterrichts, deutlich (siehe Kapitel 1). Trifft die (angehende) Lehrkraft im Unterricht auf fehlerhafte Schülerlösungen, wie diejenige bei der bereits bekannten Baustellenaufgabe, so stellt sich die Frage, welche Ursachen zu den Fehlern geführt haben könnten. Derartige Fragen bzw. diagnostische Aktivitäten können mit der im Rahmen dieser Arbeit definierten Fehler-Ursachen-Diagnosekompetenz bewältigt werden, die eine spezifische Diagnosekompetenz darstellt und die kognitive Fähigkeit sowie die Bereitschaft umfasst, in einer diagnostischen Situation im Rahmen eines diagnostischen Prozesses konkrete Schülerfehler wahrzunehmen und zu beschreiben sowie im Hinblick auf deren mögliche Ursachen zu analysieren. Denn sobald einer Lehrkraft die Ursachen für die auftretenden Schülerfehler, wie zum Beispiel vorhandene Fehlvorstellungen, bekannt sind, kann sie den Schüler auch entsprechend individuell fördern und somit dessen Kompetenzentwicklung unterstützen.

Um die Fehler-Ursachen-Diagnosekompetenz zu definieren und zu veranschaulichen (siehe Abbildung 3.1, Abschnitt 3.1), wurden bereits existierende Forschungsansätze zur Erfassung der diagnostischen Kompetenz aufgegriffen (siehe Kapitel 2). Als Grundlage diente vor allem die Definition sowie das Kompetenzmodell zur diagnostischen Kompetenz nach T. Leuders et al. (2018). Demnach bilden diagnostische Dispositionen, wie diagnostisches Wissen, Überzeugungen, Motivation sowie Affekte, die Grundlage der Fehler-Ursachen-Diagnosekompetenz (siehe Abschnitt 3.2). Das diagnostische Wissen lässt sich unter anderem in das Fachwissen und das fachdidaktische Wissen unterteilen. Das Fachwissen ist essenziell, um die Schülerfehler zu

N. Hock, *Förderung von diagnostischen Kompetenzen*, Mathematikdidaktik im Fokus, https://doi.org/10.1007/978-3-658-32286-1_5

erkennen und die Argumente des Schülers nachzuvollziehen (Reiss & Hammer, 2013). Das fachdidaktische Wissen umfasst unter anderem das Wissen über mathematikbezogene Schülerkognitionen und ist bedeutsam für den diagnostischen Prozess, denn mit dessen Hilfe kann beispielsweise das Denken der Lernenden gezielt geprüft und dabei mögliche Fehlkonzepte untersucht werden (Brunner et al., 2011). Oftmals offenbaren erst die auftretenden Fehler der Lernenden, beispielsweise bei Aufgabenbearbeitungen, die zugrundeliegenden kognitiven Prozesse, Strategien sowie mögliche Fehlerursachen (Krauss et al., 2011; Moser Opitz & Nührenbörger, 2015; Scherer & Moser Opitz, 2010). Weiterhin wurde deutlich, dass auch Wissen über diagnostische Methoden erforderlich ist, denn eine überlegte Methodenauswahl ist essenziell, um eine gute Diagnostik zu gewährleisten (Hascher, 2008). Allein das diagnostische Wissen reicht dennoch nicht aus. Zudem müssen auch das Interesse und die Bereitschaft vorhanden sein, sich mit den Vorstellungen der Lernenden auseinanderzusetzen (Prediger, 2010). Daher wird in der vorliegenden Studie neben dem diagnostischen Wissen auch die Motivation stellvertretend als nicht-kognitive Disposition betrachtet. Die Motivation ist ein zentrales Konstrukt zur Verhaltenserklärung und beeinflusst dabei die Verhaltensintensität, die Zielsetzung und die Ausdauer (Rheinberg & Vollmeyer, 2019; Schiefele, 2009; Vollmeyer, 2009). Die selbstbezogenen Kognitionen Selbstkonzept und Selbstwirksamkeitserwartung sind dispositionale Motivationskonstrukte und gehören nach dem professionellen Kompetenzmodell von COACTIV zum Aspekt der motivationalen Orientierung (Baumert & Kunter, 2011; Krapp & Hascher, 2014b; Retelsdorf et al., 2014). „Selbstkonzepte sind Vorstellungen, Einschätzungen und Bewertungen, die die eigene Person betreffen […]" (Möller & Trautwein, 2009, S. 180) (siehe Unterabschnitt 3.2.2.1). Überträgt man diese Definition auf den betrachteten diagnostischen Bereich, dann erklärt das Selbstkonzept die Einschätzung der eigenen diagnostischen Fähigkeiten, um Schülerfehler und mögliche Ursachen zu diagnostizieren. Die „Selbstwirksamkeitserwartung wird definiert als die subjektive Gewissheit, neue oder schwierige Anforderungssituationen auf Grund eigener Kompetenzen bewältigen zu können" (Schwarzer & Jerusalem, 2002, S. 35) (siehe Unterabschnitt 3.2.2.2). Hinsichtlich des Diagnostizierens im Mathematikunterricht bedeutet dies, dass eine (angehende) Lehrkraft aufgrund der eigenen diagnostischen Fähigkeiten zuversichtlich ist, die Schülerfehler zu erkennen und zu beschreiben sowie die zugehörigen Ursachen zu analysieren, selbst wenn diese Handlungen mit Ausdauer und Anstrengung verbunden sein sollten. Außerdem gelten selbstbezogene Kognitionen, wie das Selbstkonzept und die Selbstwirksamkeitserwartung, als wichtige Indikatoren für das Verhalten und demnach auch für die Bereitschaft zum Handeln (Retelsdorf et al., 2014). Denn sobald das

Selbstkonzept bzw. die Selbstwirksamkeitserwartung steigt, nimmt auch die entsprechende Bereitschaft zum Handeln zu, die dann zum tatsächlichen Handeln
bzw. Verhalten führt.

Doch wie hängen die motivationalen Konstrukte mit der Fehler-Ursachen-
Diagnosefähigkeit zusammen? Hinsichtlich des Zusammenhangs zwischen Selbstkonzept bzw. Selbstwirksamkeitserwartung und der Leistung existieren empirische Befunde (siehe Unterabschnitt 3.2.2), wobei die Leistung in der vorliegenden
Studie mit der Fehler-Ursachen-Diagnosefähigkeit gleichgesetzt werden kann.
Daher ergibt sich einerseits die Frage, inwieweit das Selbstkonzept im Diagnostizieren von Schülerfehlern sowie deren Ursachen mit der Fehler-Ursachen-
Diagnosefähigkeit zusammenhängt (siehe **Forschungsfrage 1a**) und andererseits
inwieweit ein Zusammenhang zwischen der Fehler-Ursachen-Diagnosefähigkeit
und der Selbstwirksamkeitserwartung im Diagnostizieren von Schülerfehlern
sowie deren Ursachen besteht (siehe **Forschungsfrage 1b**)?

Die diagnostischen Dispositionen kommen in diagnostischen Situationen zum
Einsatz, die unter anderem durch die Anwendung von Diagnosemethoden entstehen (siehe Abschnitt 3.3 und 3.4). In der vorliegenden Studie repräsentieren
schriftliche Schülerlösungen in Form von Produktvignetten die diagnostische
Situation, die sich bei der Bearbeitung von Aufgaben ergeben. In der diagnostischen Situation, im Rahmen eines diagnostischen Prozesses, findet während
einer Prozessdiagnostik die Fehlerwahrnehmung und -beschreibung sowie die
entsprechende Ursachenanalyse statt (siehe Abschnitt 3.5) und wird auch in
der Veranschaulichung der Fehler-Ursachen-Diagnosekompetenz berücksichtigt
(siehe Abbildung 3.1, Abschnitt 3.1). Fehler entstehen häufig nicht zufällig
und geben dem Lehrenden Hinweise auf die zugrunde liegenden Schwierigkeiten, (fehlerhaften) Denkprozesse und Fehlvorstellungen des Lernenden (J. H.
Lorenz, 1992; J. H. Lorenz & Radatz, 1993; Reusser, 1999; Schoy-Lutz, 2005;
Schumacher, 2008).

Sobald einer (angehenden) Lehrkraft diese bekannt sind, kann der Lernende
durch den Einsatz von Maßnahmen, die spezifisch auf diese Diagnose abgestimmt sind, gefördert und somit dessen individuelles Lernen verbessert werden.
Demnach erscheint es fundamental, dass die (angehende) Lehrkraft eine gut
ausgebildete Fehler-Ursachen-Diagnosekompetenz aufweist. Durch die bisherige
Forschung wurde deutlich, dass es Studierenden unter Umständen schwer fällt,
die Schülerfehler zu erkennen und zu korrigieren. Außerdem haben sie Schwierigkeiten, das alternative Schülerverständnis sowie Ursachen für den Schülerfehler
zu diagnostizieren (Chi et al., 2004; Cooper, 2009; Seifried et al., 2012a,
2012b). Karing und Seidel (2017) sowie Hascher (2008) zufolge ist es sinnvoll, bereits in der universitären Phase der Lehrerbildung Interventionen zur

Förderung der diagnostischen Kompetenz zu integrieren, denn bisher wird ein Großteil der diagnostischen Kompetenz erst im Berufsleben erlernt. Dies wird auch durch die Standards der Lehrerbildung gefordert (Kultusministerkonferenz, 2004). Daher sollte auch die Fehler-Ursachen-Diagnosekompetenz angehender Lehrkräfte bereits während des Studiums gefördert werden. Es existieren jedoch bislang kaum Ansätze, wie in der universitären Lehrerbildung eine konkrete Intervention zur Förderung der Fehler-Ursachen-Diagnosekompetenz aussehen könnte. Zudem sollten nach Karing und Seidel (2017) bei der Förderung der diagnostischen Kompetenz nicht nur die entsprechenden Fähigkeiten im Mittelpunkt stehen, sondern auch die nicht-kognitiven Dispositionen gefördert werden, wobei sie vor allem auf die motivationalen Aspekte verweisen. Daher soll sowohl eine Förderung der Fehler-Ursachen-Diagnosefähigkeit als auch des entsprechenden Selbstkonzeptes sowie der Selbstwirksamkeitserwartung durch eine Intervention in der vorliegenden Studie realisiert werden.

Durch die Studie von Busch et al. (2015) wurde deutlich, dass die Vermittlung fachdidaktischen Wissens notwendig ist, damit dieses beim Diagnostizieren von Schülerlernständen auch angewandt und somit weniger korrigiert wird. Ferner zeigten Klug et al. (2015), dass das diagnostische Wissen ein Prädiktor der diagnostischen Kompetenz bei Lehramtsstudierenden darstellt und auch Karing und Artelt (2013) verwiesen auf die Notwendigkeit, die Wissenskomponenten diagnostisches, fachwissenschaftliches und fachdidaktisches Wissen zu stärken. Daher wurde bereits die herausragende Bedeutung und Notwendigkeit des diagnostischen Wissens – auch für die diagnostische Kompetenz – deutlich, und müsste demnach auch bezüglich Schülerfehlern und deren Ursachen in einer Intervention vermittelt werden, um die Fehler-Ursachen-Diagnosefähigkeit zu fördern. Laut Prediger (2010) sollte der Erwerb fachdidaktischen Wissens mit authentischen diagnostisch-kritischen Situationen aus dem Unterricht verbunden sein und nach von Aufschnaiter et al. (2017) hat sich das fallbasierte Lernen durch Vignetten bewährt, um in der Lehrerbildung die professionelle Kompetenz auszubilden. Dabei können Knipping et al. (2017) zufolge ebenfalls (fehlerhafte) Schülervorstellungen und -herangehensweisen thematisiert werden. In der vorliegenden Studie kommen daher, wie bereits erwähnt, fehlerhafte schriftliche Schülerlösungen als diagnostische Situation zur Anwendung, die in Form von Produktvignetten dargeboten werden, denn diese Vignettenart ist aufgrund ihrer kurzen Darstellung und reduzierten Komplexität vorteilhaft (von Aufschnaiter et al., 2017). Um die Aufmerksamkeit der angehenden Lehrkräfte auf bestimmte Merkmale des Unterrichts oder des Schülers zu lenken, haben sich in diversen Studien Raster bewährt, weshalb es offenbar sinnvoll ist, auch den selbst entwickelten Fehleranalyseleitfaden (siehe Unterabschnitt 3.5.3.3) zur Analyse der Produktvignetten zu berücksichtigen, denn er kann die Prozessdiagnostik zur Fehler- und Ursachendiagnose unterstützen. Die Produktvignetten in der vorliegenden Studie wurden zum größten Teil selbst konstruiert, um die aus der Literatur bekannten Schülerfehler und denkbaren Ursachen zu beachten. Wie bereits erwähnt, ist eine überlegte Methodenauswahl ebenfalls essenziell für eine gute Diagnostik (Hascher, 2008). Da vor allem das diagnostische Wissen über Schülerfehler sowie denkbare Ursachen in einer Intervention berücksichtigt und thematisiert werden sollten, eignet sich die Auseinandersetzung mit diagnostischen Interviews, denn sie ermöglichen eine differenzierte Analyse der Schülerfehler sowie der denkbaren Ursachen (siehe Unterabschnitt 3.4.2). Außerdem sind neben einer Wissensvermittlung auch Trainingsmaßnahmen sinnvoll, weshalb Wissen sowohl strukturiert vermittelt als auch gleichzeitig geübt bzw. praktisch eingesetzt werden sollte, was durch die Auseinandersetzung mit diagnostischen Interviews realisiert werden kann (Ade-Thurow et al., 2014; Girgulat et al., 2013; Karing & Seidel, 2017; Schrader, 2009).

Folglich erscheint es notwendig, in einer Intervention, durch die die Fehler-Ursachen-Diagnosefähigkeit im Studium gefördert werden soll, sowohl diagnostisches Wissen zu Schülerfehlern und zugrundeliegenden Ursachen zu vermitteln als auch die praktische Anwendung dessen bei der Auseinandersetzung mit diagnostischen Interviews zu berücksichtigen. Dabei stellt sich die Frage, inwieweit eine derartige Intervention zur Förderung der Fehler-Ursachen-Diagnosefähigkeit beiträgt (siehe **Forschungsfrage 2a)**. Das Durchführen eines diagnostischen Interviews mit einem Lernenden besitzt im Vergleich zu einer Unterrichtsstunde einen abgeschlossenen und schützenden Rahmen, um mit diesem explizit ins Gespräch zu kommen (Selter & Spiegel, 1997). Dabei kann die (angehende) Lehrkraft die mathematischen Kompetenzen des Lernenden wahrnehmen und vor allem dessen Vorgehensweisen sowie (fehlerhaften) Vorstellungen analysieren, wodurch sie gleichzeitig mit diesen vertraut wird und zudem die Möglichkeit erhält, das bereits vorhandene diagnostische Wissen einzusetzen sowie zu festigen (siehe Unterabschnitt 3.4.2.1). Clarke et al. (2018) konnten außerdem nachweisen, dass die Durchführung diagnostischer Interviews mit Schülern zur Entwicklung der diagnostischen Kompetenz führt, da unter anderem das mathematische Fachwissen verbessert wurde, wenn zum Teil unbekannte Schülerstrategien bei der Interviewdurchführung beobachtet wurden. Demnach kann die Durchführung eines diagnostischen Interviews mit einem Lernenden dazu beitragen, die Fehler-Ursachen-Diagnosefähigkeit zu fördern (siehe **Forschungsfrage 2b)**. Eine herausragende Bedeutung und Notwendigkeit nimmt offenbar das diagnostische Wissen ein. Daher wird zudem überprüft, inwieweit die bloße Vermittlung diagnostischen Wissens zu Schülerfehlern und deren Ursachen eine Förderung der Fehler-Ursachen-Diagnosefähigkeit hervorruft (siehe **Forschungsfrage 2c)**.

Heinrichs (2015) hatte durch eine Intervention versucht, die fehlerdiagnostische Kompetenz von Mathematik-Lehramtsstudierenden zu fördern (siehe Abschnitt 4.3), wobei die Ergebnisse zeigen, dass deren Transfer zwischen verschiedenen mathematischen Inhaltsgebieten sowie Fehlern für Lehramtsstudierende offenbar nicht trivial ist. Daher erscheint es sinnvoll, sowohl in der Datenerhebung als auch in der Intervention Fehler und deren Ursachen in demselben Inhaltsgebiet zu thematisieren. Dies wird in der vorliegenden Studie berücksichtigt und daher in der Intervention sowie in der Datenerhebung nur die Themengebiete ganze Zahlen und Prozentrechnung beachtet. Aus diesem Grund werden diese zwei Themengebiete in Sachstrukturanalysen in den Kapiteln 7 und 8 detaillierter analysiert und dabei auf mögliche Schülerfehler und deren Ursachen eingegangen.

Die Fehler-Ursachen-Diagnosekompetenz umfasst neben der Fähigkeit auch die Bereitschaft, Schülerfehler und deren Ursachen zu diagnostizieren, wobei dafür entsprechend Motivation, Affekte sowie Überzeugungen notwendig sind. Nach Karing und Seidel (2017) sollten nicht-kognitive Dispositionen, wobei sie besonders die motivationalen Aspekte hervorheben, noch stärker bei der Förderung der diagnostischen Kompetenz berücksichtigt werden. In der vorliegenden Studie werden daher die selbstbezogenen Kognitionen Selbstkonzept und Selbstwirksamkeitserwartung hinsichtlich des Diagnostizierens von Schülerfehlern sowie deren Ursachen versucht zu fördern, denn sie gehören nach dem Kompetenzmodell von Baumert und Kunter (2011) zur motivationalen Orientierung und stellen, wie bereits erwähnt, Indikatoren für das Verhalten und somit für die Bereitschaft hierzu dar. Das Selbstkonzept kann unter anderem durch temporale Vergleiche der eigenen Fähigkeiten positiv beeinflusst werden (Möller & Trautwein, 2009; Rheinberg, 2006). Da durch die Intervention die Fehler-Ursachen-Diagnosefähigkeit gefördert werden soll (siehe Forschungsfrage 2a), könnte diese Intervention auch die Förderung des Selbstkonzeptes im Diagnostizieren von Schülerfehlern und deren Ursachen bewirken (siehe **Forschungsfrage 3a**). Weiterhin liegt die Vermutung nahe, dass durch die Anwendung eines diagnostischen Interviews die Fehler-Ursachen-Diagnosefähigkeit gefördert werden kann, wobei auch positive Lernerfahrungen ein hohes Selbstkonzept hervorrufen können (Möller & Trautwein, 2009) und es daher ebenfalls zur positiven Entwicklung des Selbstkonzeptes kommen kann (siehe **Forschungsfrage 3b**). Zudem kann die Fehler-Ursachen-Diagnosefähigkeit durch die diagnostische Wissensvermittlung zu Schülerfehlern und möglichen Ursachen gegebenenfalls positiv beeinflusst werden, weshalb diese auch zur Förderung des Selbstkonzeptes führen kann (siehe **Forschungsfrage 3c**).

Die Selbstwirksamkeitserwartung lässt sich unter Berücksichtigung von insgesamt vier Quellen modifizieren, wobei die eigenen Erfolgserfahrungen den größten Einfluss und die stellvertretenden Erfahrungen durch Beobachten von geeigneten Verhaltensmodellen den zweitgrößten Einfluss besitzen (Bandura, 1997; Schoreit, 2016; Schwarzer & Jerusalem, 2002; Schwarzer & Warner, 2014). Außerdem empfiehlt Wong (1997), die Unterrichtsfähigkeiten von Lehrkräften in den Bereichen zu fördern, in denen diese sich noch unsicher fühlen, wobei auch fachdidaktisches Wissen wesentlich ist, ohne dessen der Erfolg einer Lehrkraft im Unterricht beeinträchtigt wird.

Folglich könnte die Selbstwirksamkeitserwartung hinsichtlich des Diagnostizierens von Schülerfehlern und deren Ursachen durch eigene Erfahrungen im Diagnostizieren von Schülerfehlern und möglichen fehlerhaften Denkprozessen bei der Interaktion mit Schülern gefördert werden (1. Selbstwirksamkeitserwartungsquelle). Ebenso wären auch Veränderungen durch stellvertretende Erfahrungen beispielsweise bei Videoanalysen denkbar (2. Selbstwirksamkeitserwartungsquelle). Ferner könnte auch die Vermittlung diagnostischen Wissens zu Schülerfehlern und deren Ursachen zur Erhöhung der Selbstwirksamkeitserwartung im selben Bereich beitragen (siehe **Forschungsfrage 4a**). Zudem könnte die bloße Vermittlung diagnostischem Wissens zu Schülerfehlern und deren Ursachen auch ausreichend sein, um die Selbstwirksamkeitserwartung in diesem Bereich zu fördern (siehe **Forschungsfrage 4b**).

Wie bereits erwähnt, wurde zu Beginn dieser Arbeit die Bedeutung der Diagnostik für die individuelle Förderung eines Lernenden deutlich. Welche Sichtweise besitzen jedoch ausgewählte angehende Lehrkräfte auf die Thematik „Diagnostik im Mathematikunterricht", nachdem sie an einer Intervention teilgenommen haben, in der sie sich intensiv mit dieser Thematik auseinandersetzten (siehe **Forschungsfrage 5a**)? Welche Relevanz nehmen dabei ihrer Meinung nach das vermittelte diagnostische Wissen, die Auseinandersetzung mit diagnostischen Interviews in den Interventionssitzungen sowie deren praktische Anwendung mit einem Lernenden ein (siehe **Forschungsfrage 5b**)? Durch die Forschungsfrage 2a wird die tatsächliche Entwicklung der Fehler-Ursachen-Diagnosefähigkeit untersucht, die durch die entwickelte Intervention hervorgerufen werden soll. Doch wie schätzen die ausgewählten angehenden Lehrkräfte ihre eigene Fehler-Ursachen-Diagnosefähigkeit in den Themengebieten ganze Zahlen und Prozentrechnung ein, und inwieweit stimmt sie mit ihrer tatsächlichen Fehler-Ursachen-Diagnosefähigkeit überein (siehe **Forschungsfrage 6a**)? Welcher Interventionsinhalt besaß ihrer Meinung nach die größte Auswirkung auf ihre eigene diagnostische Kompetenzentwicklung (siehe **Forschungsfrage 6b**)?

Teil II
Stoffdidaktische Analysen

Im Rahmen der stoffdidaktischen Analysen werden die mathematischen Themengebiete ganze Zahlen und Prozentrechnung detaillierter behandelt, da sie in der vorliegenden Studie fokussiert werden. Zum besseren Verständnis dieser Analysen befinden sich in Kapitel 6 allgemeine Erläuterungen zu Grundvorstellungen. In Kapitel 7 werden dann die ganzen Zahlen thematisiert, indem zunächst eine Darlegung deren Realisierung in den Bildungsstandards und im Unterricht erfolgt (Abschnitt 7.1). Anschließend werden der Entstehungsprozess von negativen Zahlen als eigene Denkgegenstände bei Schülern beschrieben sowie die notwendigen Grundvorstellungen erläutert (Abschnitt 7.2). Zuletzt werden die bisher untersuchten Fehler und deren Ursachen aufgelistet (Abschnitt 7.3). Dieser letzte Abschnitt endet mit einer Übersicht von Fehlern und zugehörigen Ursachen zu den ganzen Zahlen, die in der vorliegenden Studie als Grundlage für die Intervention sowie die Datenanalyse dienen. Das Kapitel 8 umfasst das Themengebiet der Prozentrechnung, wobei im ersten Abschnitt 8.1 der Bezug zu den Bildungsstandards und zu den Kerncurricula sowie Lehrplänen des Landes Hessen hergestellt wird. In Abschnitt 8.2 werden weiterhin die Grundbegriffe der Prozentrechnung erläutert und die Grundvorstellungen des Prozentbegriffes thematisiert. Außerdem werden die bekannten Lösungsverfahren in Abschnitt 8.3 aufgelistet und die Berechnung des verminderten und vermehrten Grundwertes in Abschnitt 8.4 dargestellt. Am Ende werden in Abschnitt 8.5 die bekannten Schülerfehler und zugehörige Ursachen benannt und abschließend die Fehler- und Ursachenklassifikation zur Prozentrechnung für die vorliegende Studie dargelegt.

Grundvorstellungen 6

Die Ausbildung von Grundvorstellungen bei den Lernenden stellt ein „*Kernthema des Mathematiklernens*" dar (Blum & vom Hofe, 2003, S. 18, Hervorhebung im Original), denn sie sind die „[...] Elemente der Vermittlung bzw. [...] Objekte des Übergangs zwischen der Welt der Mathematik und der individuellen Begriffswelt der Lernenden" (vom Hofe, 1995, S. 98). „Grundvorstellungen beschreiben Beziehungen zwischen mathematischen Inhalten und dem Phänomen der individuellen Begriffsbildung" (vom Hofe, 1996, S. 6) und charakterisieren vor allem die drei folgenden Aspekte des Phänomens individueller Begriffsbildung:

- Sinnkonstituierung eines Begriffes durch Anknüpfung an bekannte Sach- oder Handlungszusammenhänge bzw. Handlungsvorstellungen,
- Aufbau entsprechender (visueller) Repräsentationen bzw. ‚Verinnerlichungen', die operatives Handeln auf der Vorstellungsebene ermöglichen, [und die]
- Fähigkeit zur Anwendung eines Begriffs auf die Wirklichkeit durch Erkennen der entsprechenden Struktur in Sachzusammenhängen oder durch Modellieren des Sachproblems mit Hilfe der mathematischen Struktur. (vom Hofe, 1995, S. 97–98)

Sobald adäquate Vorstellungen beim Lernenden aufgebaut sind, ist dieser auch in der Lage, formale Definitionen und Regeln auf ihre Plausibilität zu untersuchen, wodurch es für ihn nicht notwendig ist, bloß schematische, nicht verstandene Fertigkeiten auszubilden. Es kommt erst zu Problemen, wenn es dem Schüler über einen längeren Zeitraum nicht gelingt, zu neuen mathematischen Themen und Inhalten adäquate Vorstellungen zu entwickeln. Wird dieser Zustand nicht behoben, dann neigt der Lernende dazu, um trotzdem für ihn „erfolgreich" im

© Der/die Autor(en), exklusiv lizenziert durch Springer Fachmedien Wiesbaden 115
GmbH, ein Teil von Springer Nature 2021
N. Hock, *Förderung von diagnostischen Kompetenzen*, Mathematikdidaktik
im Fokus, https://doi.org/10.1007/978-3-658-32286-1_6

Mathematikunterricht zu sein, Regeln, zu für ihn bedeutungslosen Zeichen und Begriffen, auswendig zu lernen (vom Hofe, 1996, 2003).

Außerdem können sich nun Fehlvorstellungen in einem bestimmten Themengebiet etablieren, die wiederum mit systematischen Fehlstrategien einhergehen können (Fischbein, Tirosh, Stavy & Oster, 1990; vom Hofe, 2003). „Weiterhin können sie [Grundvorstellungen] nicht nur bewusst aktiviert werden (etwa zum Lösen einer Aufgabe), vielmehr begleiten sie mathematische Denkprozesse intuitiv direkt und beeinflussen Lernprozesse auch unbewusst" (vom Hofe & Hattermann, 2014, S. 3). Grundvorstellungen bilden demnach die Basis des inhaltlichen Denkens – ohne sie würde es keine Verbindung zwischen dem Rechnen mit Zahlen und dem Anwendungszusammenhang geben (vom Hofe, 1996, 2014). Beispielhaft sei an dieser Stelle das Verfahren der Subtraktion erwähnt, das mit der Vorstellung des Abtrennens und Wegnehmens in Verbindung steht (vom Hofe, 2003). Blum et al. (2004, 146, Hervorhebung im Original) beziehen ferner Grundvorstellungen auch konkret auf den Vorgang des Modellierens (siehe auch Wartha (2009) – Unterabschnitt 3.5.3.2), denn „Grundvorstellungen sind *unverzichtbar*, wenn zwischen Realität und Mathematik *übersetzt* werden soll, das heißt, wenn Realsituationen mathematisiert bzw. wenn mathematische Ergebnisse real interpretiert werden sollen, kurz: wenn *modelliert* werden soll."

Die nachfolgenden Kernpunkte verdeutlichen das Grundvorstellungskonzept:

Zunächst sind mehrere Grundvorstellungen notwendig, um einen mathematischen Begriff überhaupt erfassen zu können (vom Hofe, 2003). „Die Ausbildung dieser Grundvorstellungen und ihre gegenseitige Vernetzung wird auch *Grundverständnis* des Begriffes genannt [...]" (vom Hofe, 2003, S. 6, Hervorhebung im Original) (1. Kernpunkt). Weiterhin erwerben Schüler im Laufe der Schulzeit sowohl primäre als auch sekundäre Grundvorstellungen. Primäre Grundvorstellungen stammen aus der Vorschulzeit und entwickeln sich durch eigenständige, konkrete Handlungen. Sekundäre Grundvorstellungen hingegen bilden sich erst durch den mathematischen Unterricht heraus und ergänzen die primären Grundvorstellungen. Ihre Repräsentation erfolgt durch die Anwendung mathematischer Darstellungsmethoden, wie zum Beispiel der Zahlengerade oder einem Graphen (vom Hofe, 2003, 2014) (2. Kernpunkt). Zudem sind Grundvorstellungen erweiterbar, denn sobald alte Vorstellungen modifiziert und neue Vorstellungen gewonnen werden, entsteht ein Netzwerk, dessen Aufbau in einem aktiven, dynamischen Prozess erfolgt (vom Hofe, 1995, 1996, 2003) (3. Kernpunkt).

Die Tragweite von Grundvorstellungen ist jedoch nicht unbegrenzt. Wenn neue Felder der Mathematik betreten werden, können alte, vertraute und bislang erfolgreiche Vorstellungen an ihre Grenzen stoßen; die entsprechenden mathematischen Inhalte bedürfen dann neuer Interpretation und Sinngebung. Wird eine geordnete Erweiterung des Grundvorstellungsgefüges nicht erreicht, können alte intuitive Annahmen zu unbewusst wirksamen Fehlvorstellungen werden und das Verständnis neuer mathematischer Inhalte beeinträchtigen. (vom Hofe, 2014, S. 1267)

Vom Hofe (2014) erläutert beispielsweise die Zahlbereichserweiterung von den natürlichen Zahlen auf die negativen Zahlen (siehe Abschnitt 7.2) und macht dabei darauf aufmerksam, dass es sinnvoll ist, an bereits vorhandene Grundvorstellungen anzuknüpfen. Zudem sollte der Versuch unterlassen werden, zu viele neue Grundvorstellungen auf einmal aufbauen zu wollen (vom Hofe, 1995).

Grundvorstellungen können aus einer normativen und einer deskriptiven Perspektive betrachtet werden. Während erstere adäquate Grundvorstellungen in den Blick nimmt, deren Aufbau die Lehrkraft beim Schüler durch den Unterricht verfolgt (normativer Aspekt), handelt es sich bei letzterer um individuelle Vorstellungen, gegebenenfalls auch Fehlvorstellungen, der Schüler (deskriptiver Aspekt). Die Gegenüberstellung der normativen Sichtweise und der deskriptiven Sichtweise, das heißt der adäquaten Grundvorstellungen und der individuellen Vorstellungen des Schülers, bildet den Ausgangspunkt für eine „konstruktive Behebung" von Fehlvorstellungen und den Aufbau adäquater Grundvorstellungen mit Hilfe didaktischer Maßnahmen (konstruktiver Aspekt) (Blum & vom Hofe, 2003; vom Hofe, 1995, 1996; vom Hofe & Blum, 2016). Dabei wäre es erfreulich, wenn die Lehrkraft nicht nur die Grundvorstellungen aus normativer Sichtweise vorgibt, sondern auch sensibel gegenüber den tatsächlichen Vorstellungen der Schüler ist (vom Hofe, 1995). Diese lassen sich durchaus in Aufgabenbearbeitungen bzw. in Schülerlösungen wiedererkennen (Blum & vom Hofe, 2003).

In den nächsten zwei Kapiteln werden nun die Themengebiete ganze Zahlen und die Prozentrechnung aus stoffdidaktischer Sicht beleuchtet.

Ganze Zahlen 7

7.1 Die ganzen Zahlen in den Bildungsstandards und im Unterricht

Die prozessbezogenen Kompetenzen aus den Bildungsstandards wurden bereits in Unterabschnitt 3.5.3.3 überblicksartig dargestellt und sollen von den Schülern während der Auseinandersetzung mit konkreten mathematischen Inhalten erworben werden. Diese Inhalte sind in den Bildungsstandards in Form von mathematischen Leitideen organisiert. Die ganzen Zahlen sind dabei Bestandteil der Leitidee Zahl (Beschlüsse der Kultusministerkonferenz, 2003). Seit der Einführung der Bildungsstandards im Jahr 2003 wurden die Kerncurricula der meisten Bundesländer überarbeitet und dabei auch die Bildungsstandards berücksichtigt. Aus diesem Grund hat beispielsweise bei der Zahlbegriffsentwicklung nicht mehr das Operieren im neu kennengelernten Zahlbereich höchste Präsenz, „[…] sondern das Argumentieren und Begründen (Warum sind neue Zahlen erforderlich?), das Kommunizieren und Reflektieren (Was hat sich gegenüber den alten Zahlen nun geändert?), das Lernen aus Fehlern und das Modellieren bzw. das Übersetzen zwischen Mathematik und Realität" (vom Hofe, 2007, S. 12). Bisher wurden die rationalen Zahlen im Mathematikunterricht meistens eingeführt, indem die natürlichen Zahlen in Klasse 5 nochmals thematisiert wurden und in Klasse 6 folgten die positiven rationalen Zahlen bzw. die Bruchrechnung. Anschließend wurden in Klasse 7 zunächst die negativen Zahlen erläutert und infolgedessen auch die rationalen Zahlen eingeführt. Ursächlich für diese Reihenfolge war unter anderem das vermeintlich bessere Verständnis der Schüler bezüglich der Bruchzahlen im Gegensatz zu den negativen Zahlen, da das

© Der/die Autor(en), exklusiv lizenziert durch Springer Fachmedien Wiesbaden GmbH, ein Teil von Springer Nature 2021
N. Hock, *Förderung von diagnostischen Kompetenzen*, Mathematikdidaktik im Fokus, https://doi.org/10.1007/978-3-658-32286-1_7

Operieren mit konkreten Objekten verknüpft werden kann. Weiterhin sei die Bruchrechnung viel älter als das Operieren mit negativen Zahlen und für den Alltag bedeutender. In fachmathematischen Lehrgängen hingegen wurden zunächst die natürlichen Zahlen eingeführt, darauf folgten die ganzen Zahlen und als letztes die rationalen Zahlen. In den neuen Kerncurricula werden keine Jahrgangsziele mehr beschrieben, sondern Kompetenzerwartungen nach den Jahrgangsstufen 6 und 8 (siehe Hessisches Kultusministerium (2011a, 2011b, 2011c)). Dadurch hat sich auch der aktuelle Unterricht verändert und daher auch die Einführung der rationalen Zahlen. Im aktuellen Unterricht lässt sich vor allem in Gymnasien die Reihenfolge aus den fachmathematischen Lehrgängen wiedererkennen, denn auch hier werden die ganzen Zahlen vor der Bruchrechnung thematisiert (vom Hofe, 2007). Die ganzen Zahlen werden als Erweiterung der natürlichen Zahlen durch die Spiegelung am Nullpunkt eingeführt. Aus dem bisherigen Zahlenstrahl entsteht die Zahlengerade und jede natürliche Zahl erhält somit seine sogenannte Gegenzahl. Anschließend werden die Ordnung ganzer Zahlen thematisiert und festgelegt, dass die Zahlen auf der Zahlengerade von links nach rechts größer werden. Im Zahlbereich der natürlichen Zahlen ist diese Anordnung für die Schüler normal. Im negativen Zahlbereich widerspricht sie der eigentlichen Alltagsvorstellung (siehe Abschnitt 7.2). Nachdem die Ordnung eingeführt wurde, analysieren die Lernenden die Darstellung ganzer Zahlen, wobei als Grundlage die Darstellung der natürlichen Zahlen dient, denn diese konnten als Punkt oder als Strecke auf der Zahlengerade gedeutet werden. Da durch die Erweiterung um die negativen Zahlen eine Strecke nicht mehr eindeutig ist, werden bei den ganzen Zahlen die Strecken durch Pfeile ersetzt, wodurch sich jede positive Zahl durch einen Punkt oder einen Pfeil in positive Richtung und jede negative Zahl durch einen Punkt oder einen Pfeil in negative Richtung ausdrücken lässt. Mit Hilfe dieses Wissens lassen sich nun auch die Rechenoperationen definieren, wobei die Addition ganzer Zahlen die „Aneinanderreihung von Pfeilen" widerspiegelt. Die Subtraktion lässt sich als Addition der Gegenzahl deuten und die Multiplikation wird durch die Permanenzreihe oder Streckspiegelung eingeführt. Die Division ist die Gegenoperation zur Multiplikation, aber in den ganzen Zahlen nur beschränkt möglich, da durch die Division zweier ganzer Zahlen auch eine rationale Zahl entstehen kann (siehe zum Beispiel Griesel, Postel und vom Hofe (2011)). Außerdem lernen die Schüler im aktuellen Unterricht die negativen Zahlen auch parallel zur Bruchrechnung kennen (vom Hofe, 2007). Dies spiegelt sich konkret in den Kerncurricula aller Schulformen des Landes Hessen wider, nach denen der Vorstellungsaufbau im Bereich der negativen Zahlen in Klasse 5 bzw. 6 zeitgleich mit der Bruchrechnung erfolgen soll und in den Jahrgangsstufen 7 bzw. 8 die rationalen Zahlen ausführlich behandelt werden (Hessisches Kultusministerium, 2011a,

2011b, 2011c). Im folgenden Abschnitt werden nun die Stadien dargestellt, die der Schüler bei der Entwicklung negativer Zahlen als eigene Denkgegenstände durchläuft, und die notwendigen Grundvorstellungen thematisiert.

7.2   Entstehung negativer Zahlen als eigene Denkgegenstände und entsprechende Grundvorstellungen

> In der Geschichte der Mathematik wurden bekanntlich immer wieder Zahlbereiche erweitert. Die Entstehung neuer Zahlen war jedoch in allen Fällen ein langwieriger, mit vielen Hürden gespickter Prozess. Bis die neuen Zahlen fertig waren, hat es meist viele Jahrhunderte gedauert, wobei ziemlich verschlungene Wege und oft auch Sackgassen beschritten wurden. In Anbetracht dieser Schwierigkeiten wäre es ziemlich naiv zu glauben, dass unsere Schülerinnen und Schüler Zahlbereichserweiterungen schnell und problemlos vollziehen können. (Malle, 2007b, S. 4)

Die Entstehung der negativen Zahlen und des zugehörigen Verständnisses erfolgt demnach nicht über Nacht und gleicht nach Malle (1989, S. 14) eher einem „Hürdenlauf". In der Grundschule erhalten Kinder zum Teil Informationen, die der Existenz negativer Zahlen widersprechen, beispielsweise gibt es keine Zahlen vor der Null oder das Minuszeichen steht immer für eine Subtraktion, die nun revidiert werden müssen (Malle, 2007a; Schindler, 2014). Malle (2007a) beschreibt in seinem Artikel Stadien, die Schüler bei der Entwicklung negativer Zahlen durchlaufen, die nun dargestellt und durch Grundvorstellungsüberlegungen von Ulovec (2007), vom Hofe (2014) bzw. Vom Hofe und Hattermann (2014) ergänzt werden.

Das *erste Stadium*, das sich in der Grundschulzeit verorten lässt, bezeichnet Malle (2007a, S. 52) als „Vorkenntnisse und Alltagsverständnis negativer Zahlen". Die Schüler besitzen in diesem Stadium Vorkenntnisse zu negativen Zahlen aus dem Alltag, zum Beispiel die Beschriftungen am Thermometer. Einfache Rechnungen in der Form „Ausgangszustand + Veränderung = Endzustand" oder auch Unterschiede zwischen positiven und negativen Zahlen können ermittelt werden. Meistens sind auch die Vorzeichensymbole + und – schon bekannt. Die „alten" bereits bekannten Zahlen (natürliche Zahlen) werden dabei so angewandt, dass sie einen Gegensatz wie „Guthaben – Schulden" oder „über Null – unter Null" ausdrücken (Malle, 2007a). Sowohl die natürlichen als auch die negativen ganzen Zahlen haben eine endliche und eindeutige Zahldarstellung, die bei den negativen ganzen Zahlen „lediglich" um das Symbol „–" erweitert wird (Ulovec, 2007). Bei den natürlichen Zahlen hat der kardinale Aspekt die größte Bedeutung und auch der ordinale Zahlaspekt wird oft berücksichtigt (Scheid & Schwarz, 2016; vom Hofe, 2014; vom Hofe & Hattermann, 2014). Sowohl die Zahl selbst als auch die Operationen sind mit Bildern realisierbar und können darüber hinaus auch mit Gegenständen dargestellt werden. Die bisherigen Grundvorstellungen des Kindes basieren auf spielerischen Handlungen, die zum Teil vor der Beschäftigung mit der Mathematik erworben wurden. Sie besitzen eine große Stabilität gegenüber äußerlichen Beeinflussungen. Bei den negativen Zahlen hingegen ist eine Darstellung mit Hilfe von Gegenständen sowohl bei der Zahl als auch bei den Operationen nicht mehr möglich. Vor allem der kardinale Zahlaspekt spielt eine untergeordnete Rolle, da Zustände und (Zustands-)Änderungen, beispielsweise in einem Kontext wie Stausee, Fahrstuhl oder Kontostand, eine größere Bedeutung erhalten (vom Hofe, 2014; vom Hofe & Hattermann, 2014). Ulovec (2007) zufolge sind Gegensätze (-10 € Verlust und 10 € Gewinn) und Richtungen (-10 entspricht „10 nach links" und $+10$ entspricht „10 nach rechts") neue mögliche Grundvorstellungen zu den ganzen Zahlen. Zu diesem Zeitpunkt sind die negativen Zahlen noch keine eigenen Denkgegenstände. Es sind eher die *„alten Zahlen in bestimmten Interpretationen"*, was dem Alltagsverständnis entspricht. Demnach sind -10 € dasselbe wie $+10$ €, nur „Schulden statt Guthaben" (Malle, 1989, S. 14, 2007a, S. 52, Hervorhebung im Original).

Das *zweite Stadium* nach Malle (2007a, S. 54) besitzt den Titel „Erster Anstoß zur Objektivierung der negativen Zahlen (Ordnung)". Die Anschauung der negativen Zahlen „[…] als alte[r] Zahlen in bestimmten Interpretationen […]" ist oftmals das Verständnis von Schülern zu Beginn der Sekundarstufe, denn es ist ausreichend, um Alltagsprobleme zu bearbeiten (Malle, 1989, S. 15). Diese Vorstellung stößt jedoch spätestens beim Ordnen der ganzen Zahlen zum ersten Mal auf Widerspruch (Malle, 1989). Die Größen -5 und -3 sollen von den Schülern verglichen werden: bezüglich der Schuldenthematik müsste die Relation $-5 > -3$ lauten und bezüglich der Zahlengerade hingegen $-5 < -3$. Die unterschiedlichen Inhaltsgebiete erfordern die Gegenüberstellung der fortlaufenden bzw. linearen und spiegelbildlichen Anordnung an dieser Stelle. Die fortlaufende bzw. lineare Anordnung berücksichtigt die Permanenzreihen, daher folgt $7 < 9 \rightarrow 4 < 6 \rightarrow 1 < 3 \rightarrow -2 < 0 \rightarrow -5 < -3$. Nach der spiegelbildlichen Anordnung müsste gelten $-5 > -3$, wobei Schüler lange von der spiegelbildlichen Anordnung überzeugt sind. Sie müssen sich aber von dieser Vorstellung der negativen Zahlen lösen und die fortlaufende Anordnung der negativen Zahlen annehmen. Nun ist zwar keine Argumentation mit der Schuldenthematik mehr möglich, aber die negativen Zahlen entwickeln sich langsam zu eigenen Denkgegenständen (Malle, 2007a).

Das *dritte Stadium* setzt sich mit der „Addition und Subtraktion der negativen Zahlen" auseinander. Lehrkräfte erwarten von Schülern bei einer Aufgabe wie „Jemand hat 20 € auf seinem Konto und hebt 50 € ab. Wie viel hat er dann auf dem Konto?" folgende Mustergleichung „(+20) − (+50) = (−30)". Meistens schreiben Schüler jedoch nur „20 − 50 = −30" (Malle, 2007, S. 54). Allein durch dieses Beispiel wird die große Diskrepanz zwischen einer Lehrkraft und den Schülern deutlich. Die Lehrperson hat das Ziel, die Addition und die Subtraktion auf die negativen ganzen Zahlen auszudehnen. Die Schüler hingegen wollen schnell ein Ergebnis erhalten. Ein weiterer Grund für die Schreibweise könnte die geringe Akzeptanz der Klammerschreibweise sein oder auch das präferierte Denken in der alten Schreibweise − denn die ist ja noch möglich. Schüler sollten ferner in diesem Stadium das Verständnis erlangen, auch um die Klammerschreibweise zu akzeptieren, dass das Plus- und das Minuszeichen bei den ganzen Zahlen sowohl die Funktion des Vorzeichens als auch des Operationszeichens haben kann, wobei die Spiele „Guthaben und Schulden" sowie „Hin und Her" (siehe Abschnitt 12.4) dabei helfen können (Malle, 2007a). Außerdem kann das Minuszeichen auch die Funktion der Gegenzahlbildung besitzen (Vlassis, 2008). „When coming to understand negative numbers, students must develop an integrated understanding that the minus sign performs several roles, which then leads to an overall understanding of 'negativity'" (Beatty, 2010, S. 219).

Bei den natürlichen Zahlen ist die Addition mit den Grundvorstellungen des Zusammenfügens (Z − Z − Z), Hinzufügens (Z − Ä − Z) sowie Veränderns (Ä − Ä − Ä) verknüpft und die Subtraktion mit den Vorstellungen des Wegnehmens, Ergänzens und Vergleichens (Jordan, 2006). Ferner verbindet Vlassis (2008) die Subtraktion mit der Vorstellung, den Unterschied zwischen zwei Größen zu bestimmen. Diese Vorstellungen zu den natürlichen Zahlen müssen bei den ganzen Zahlen modifiziert werden, denn die Handlung Hinzufügen bedeutet nun nicht immer vermehren und die Handlung Wegnehmen nicht unbedingt vermindern, denn durch die Wegnahme von Schulden vermehrt sich beispielsweise das Guthaben (Ulovec, 2007). Die Schüler müssen sich in diesem Stadium von Vermehrungs- und Verminderungsgedanken, also „[...] von konkreten Deutungen der Rechenoperationen [...]", lösen (Malle, 1989, S. 16). Als Vorstellungsgrundlage kann bei den negativen Zahlen die Zahlengerade kombiniert mit einem Pfeilmodell zur Anwendung kommen, da gegenständliche Modelle nun nicht mehr möglich sind. Die Zahlengerade und die Pfeildarstellung sind bereits aus der Grundschule bekannt und können daher helfen, sekundäre Grundvorstellungen aufzubauen (vom Hofe, 2014). Die Addition kann nun leicht dargestellt werden und bezüglich der Subtraktion kann beispielsweise „die Idee des Rückwärtsrechnens bzw. der Gegenoperation" wieder aufgegriffen werden, wodurch

sie den Schülern als Addition der Gegenzahl vermittelt werden kann (vom Hofe,
2014, S. 1269). Weiterhin sollte sich die Lehrkraft im Unterricht bemühen, die
Abneigung der Schüler gegen die neue Schreibweise abzubauen, indem sie beispielsweise Arbeitsblätter verwendet, auf denen die Klammerschreibweise bereits
vorgegeben ist. In diesem Stadium sind die negativen Zahlen auch noch keine
eigenen Denkgegenstände, aber auf dem Weg dahin (Malle, 2007a).

Das *vierte und damit letzte Stadium* benennt Malle (2007a, S. 57) als „Der
endgültige Anstoß zur Objektivierung (Multiplikation)". Bei der Multiplikation
müssen die negativen Zahlen nun zu eigenen Denkgegenständen werden, denn
die Vorzeichenregel „Minus mal Minus ist Plus" kann nicht verstanden werden,
wenn der Schüler immer noch die negativen Zahlen als alte Zahlen in bestimmten
Interpretationen auffasst (Malle, 2007a).[1] Bei den natürlichen Zahlen entspricht
die Multiplikation der Vorstellung des sukzessiven oder simultanen Vervielfachens
und die Division der Vorstellung des Verteilens oder Aufteilens (Ulovec, 2007;
vom Hofe, 2014; vom Hofe & Hattermann, 2014). Diese Grundvorstellungen
müssen hinsichtlich der ganzen Zahlen modifiziert werden, wobei die Multiplikation „[…] als Kombination aus Strecken und Spiegeln […]" geometrisch gedeutet
werden kann und die Division einer „[…] Multiplikation mit dem Kehrwert […]"
entspricht (vom Hofe, 2014; vom Hofe & Hattermann, 2014, S. 5). Ferner existiert die multiplikative Vorstellung des Begriffes „von" nicht mehr, denn in den
natürlichen Zahlen kann beispielsweise 5 mal 3 als das 5-fache von 3 aufgefasst werden, aber das „minus 5-fache" ergibt bei den ganzen Zahlen keinen Sinn
(Ulovec, 2007). Erhalten Schüler diese Einsichten, sind die negativen Zahlen zu
eigenen Denkgegenstände geworden. Ob und wann dieser Schritt bei Schülern
einsetzt, kann als Lehrender nicht mit absoluter Sicherheit angegeben werden
(Malle, 1989, 2007a).

Aufgrund von Fehlvorstellungen entstehen oftmals Schülerfehler (siehe Unterabschnitt 3.5.2.1), wobei bisher bekannte Schülerfehler und Ursachen im Themengebiet der ganzen Zahlen im nächsten Abschnitt erläutert werden.

---

[1]Bei dieser Regel handelt es sich um keine Naturerscheinung, sondern um eine Festlegung
der Menschen und dies sollte auch dem Lernenden in dieser Weise kommuniziert werden. Denn die Einführung der Zahlbereichserweiterung war notwendig, um beispielsweise
algebraische Gesetze sowie Darstellungen zu erhalten (Malle, 1989).

7.3 Schülerfehler und deren Ursachen im Themengebiet der ganzen Zahlen

Dieser Abschnitt gibt einen Einblick in bekannte Schülerfehler sowie denkbare Ursachen im Bereich der ganzen Zahlen. Zunächst stehen Fehler hinsichtlich der Übersetzung von der Realität in die Mathematik im Zentrum, anschließend werden bekannte Fehler an der Zahlengerade bzw. bezüglich der Ordnung ganzer Zahlen thematisiert und am Ende auftretende Fehler beim Operieren mit ganzen Zahlen erläutert.

Peled, Mukhopadhyay und Resnick (1989, S. 110) zufolge entstehen manche Fehler beim Umgang mit ganzen Zahlen, weil die Lernenden nicht wissen „[…] how to encode certain notations". Dies lässt sich zum Beispiel beobachten, wenn Schüler das Pluszeichen verstanden haben, aber es in einer Gleichung nicht darstellen (Peled et al., 1989). Für einige Schüler bildet die Zahl das Hauptaugenmerk und das Vorzeichen nimmt eher eine Nebenrolle ein, indem beispielsweise auf das Minuszeichen bzw. dessen Interpretation kaum eingegangen wird. Ferner wird es nach Belieben gesetzt oder auch weggelassen (Malle, 1988, 2007a). Zum Teil schreiben manche Schüler auch „5−" statt „−5" (Malle, 1988, S. 271). Weiterhin erhalten Minuszeichen oftmals keine Beachtung, um negative Anfangs- und Endzustände innerhalb einer Gleichung entsprechend auszudrücken (Malle, 1988).

Da negative Zahlen nicht mit Hilfe von Mengen dargestellt werden können, besitzt beispielsweise die Zahlengerade zur Repräsentation der negativen Zahlen eine große Bedeutung (Schindler, 2014). Oftmals können Schüler die gestellten Aufgaben im Kopf lösen, aber die Darstellung auf einer Zahlengerade fällt ihnen schwer. Sie haben Schwierigkeiten, Zustände und Veränderungen in einer Veranschaulichung zu unterscheiden und visualisieren meist nur Zustände. Zum Teil stellen Schüler Anfangs- und Endzustände in separaten Darstellungen dar und die Veränderung wird entweder gar nicht berücksichtigt oder auf einer anderen Zahlengerade eingetragen (Malle, 1988, 2007a). Vom Hofe (1995) spricht in diesem Zusammenhang von Defiziten und Verzögerungen der Deutungsmöglichkeit (Z – Ä – Z), wenn die Grundvorstellung (Z – Z – Z) zu sehr verankert und dominierend ist (siehe Abschnitt 7.2). Grund für die Diskrepanz zwischen „Kopfrechnung und Darstellung der Lösung" könnten „abstrakte" Schemata der Lernenden sein, die aufgrund ihrer Erfahrungen im Alltag entstanden sind, sich meistens auf Bewegungen und Richtungen beziehen und ihnen helfen, Aufgaben mit negativen Zahlen im Kopf zu lösen. Die Ausbildung bildlicher Schemata, wie zum Beispiel die Zahlengerade, erfolgt hingegen erst im Unterricht, wodurch die

Schüler die Zahlengerade erst verwenden, nachdem sie schon mit ihren eigenen abstrakten Schemata gearbeitet haben (Malle, 1988, 1989, 2007a).

In der Untersuchung von Widjaja, Stacey und Steinle (2011) teilten manche Grundschullehramtsstudierende die Zahlengerade in zwei Zahlenstrahle – den positiven und den negativen – ein. Bei einer weiteren Aufforderung, diese zusammenzufügen, fand dies an einem für sie geeigneten Punkt oder einem Punkt abhängig vom Kontext statt. Dadurch kam es zur Entstehung einer positiven und einer negativen Null auf der Zahlengerade (siehe Abbildung 7.1), wodurch die Ordnung der negativen Zahlen der Ordnung der positiven Zahlen entsprach.

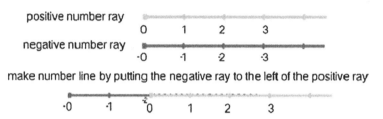

Abbildung 7.1 Missverständnis an der Zahlengerade nach Widjaja et al. (2011, S. 87)

Ferner zeigen Schüler Defizite beim Ablesen an der Zahlengerade, indem Teilstriche auf einer Skala in eine verkehrte Richtung gezählt werden (Malle, 1988, 2007a). Manche Lernende ordnen Kontexte, wie Geburt und Tod, auch verkehrt herum auf der Zahlengerade an (siehe Abbildung 7.2), sobald dies „vor Christi Geburt" stattfindet (Gallardo, 2003).

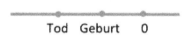

Abbildung 7.2 Kontexte an der Zahlengerade in Anlehnung an Gallardo (2003, S. 408)

Peled et al. (1989) prüften die mentalen Modelle von Schülern aus der ersten, dritten, fünften, siebten und neunten Klasse bezüglich der Existenz negativer Zahlen mit Hilfe von Tests und zusätzlichen klinischen Interviews. Bei den Schülern ließ sich eine Entwicklung erkennen: von einem Modell, bei denen die negativen Zahlen nicht existierten, zu einem Modell, in dem die negativen Zahlen auf einer

„mental number line" angeordnet waren, wobei sich zwei Vorstellungsversionen unterscheiden ließen: das „Divided Number Line model" und das „Continous Number Line model" (siehe Abbildung 7.3).

Abbildung 7.3 „mental number line" – links: Continuous Number Line model; rechts: Divided Number Line model – nach Peled et al. (1989, S. 110)

Schüler, bei denen die „mental number line" einem „Divided Number Line model" entsprach, nahmen im Gegensatz zu Schülern, deren mentale Zahlengerade dem „Continuous Number Line model" gleichkam, an der 0 eine Art Teilung wahr. Um diese zu überwinden, verwendeten sie spezielle Regeln wie „erst bis zur Null rechnen und dann darüber hinaus in einem zweiten separaten Schritt". Weiterhin waren manche Schüler zwar in der Lage, die Zahlengerade zu beschreiben, aber sie konnten sie nicht effizient nutzen (Peled et al., 1989). Nach Thomaidis und Tzanakis (2007) verwechseln Schüler die „kleinste" und die „größte" Zahl bei Überlegungen auf dem negativen Abschnitt der Zahlengerade. In Rüttens (2016, S. 250) Untersuchung waren 34,2 % von 38 befragten Dritt- und Viertklässler der Ansicht, „[…] dass -20 größer als -10 sei".

Die auftretenden Schülerfehler und zugrundeliegenden Ursachen beim Operieren mit ganzen Zahlen können sehr vielfältig sein, was bereits durch den entwickelten Ansatz „rule space" von Tatsuoka (1983) deutlich wird, in dem mehr als 30 falsche Regeln zur Addition und Subtraktion von ganzen Zahlen berücksichtigt wurden. Beispielsweise subtrahieren Schüler die betragsmäßig kleinere Zahl von der betragsmäßig größeren Zahl und behalten das Vorzeichen der ersten Zahl oder der betragsmäßig größeren Zahl in der Lösung bei (Tatsuoka, 1983). Gallardo (2003) konnte in ihrer Fallstudie zudem die Anwendung falscher Subtraktionsregeln erkennen, sobald der Aufgabenkontext das Rechnen mit negativen Zahlen erforderte. Ferner verdeutlicht Vergnaud (1982, S. 53): „When children solve a problem, they often make the calculations first and write the symbolic representation, whatever it is, afterwards".

Murray (1985) führte einen Kohortenvergleich zwischen Schülern der 8. und 9. Klasse durch, um festzustellen, inwieweit die Auseinandersetzung mit dem Themengebiet ganze Zahlen im Unterricht eine Verbesserung der Schülerfähigkeiten bezüglich des Operierens mit den ganzen Zahlen hervorruft. Neben der Erkenntnis, dass relativ viele Schüler der 8. Klasse bereits Aufgaben wie „$-7 + -5 =$"

korrekt lösen konnten, ohne die ganzen Zahlen im Unterricht ausgiebig thematisiert zu haben, erkannte Murray, dass Schüler der 9. Klasse bekannte Regeln zum Operieren mit ganzen Zahlen fehlerhaft benutzten, wobei es ihnen schwer fiel, zu erläutern, warum eine bestimmte Antwort richtig war:

– „5 + −2 = −3 because a plus and a minus remain a minus.
– −5 − −9 = 14 because you can change the signs. You cannot subtract −9 from −5, so the signs change
– −7 − 3 = −4 because the value of the positive number is greater than that of the negative number, but smaller than the number. The answer is therefore a negative number, but less in value" (Murray, 1985, S. 151).

Außerdem könnten Fehler auch auf der Tatsache beruhen, dass einige Schüler die Kommutativität in den ganzen Zahlen übergeneralisierten:

– 3 − 7 ist das Gleiche wie 7 − 3, und da 7 − 3 gleich 4 ist, ist auch 3 − 7 gleich 4.

Ferner machte Murray darauf aufmerksam, dass falsche Ergebnisse aufgrund unterschiedlicher Strategien entstehen können und verdeutlichte dies an der Aufgabe „7 − −5 =". Schüler, deren Ergebnis „2" war, könnten beispielsweise das „Extra-Minus" ignorieren oder gegebenenfalls die Regel des „compulsive subtracter" anwenden, wonach subtrahiert werden muss, sobald sich ein Minus in der Aufgabe befindet (Murray, 1985, S. 151). Ebenso können richtige Schülerlösungen beim Operieren mit ganzen Zahlen auch durch die Anwendung falscher Regeln entstehen (Tatsuoka, 1983). Die folgenden Fehlerbeschreibungen zu den Operationen in den ganzen Zahlen sollen lediglich einen Einblick geben, wie Schüler mitunter rechnen, wenn ihnen die negativen Zahlen aus dem Unterricht noch nicht bekannt sind (Bofferding, 2010, S. 706–707):

– 9 − −1 = 7
  • „Doppeltes Minus bedeutet, dass zweimal eine Eins abgezogen werden muss."
– −9 + 5 = 5
  • „−9 bedeutet die 9 wegnehmen und 5 addieren."
– −9 + 5 = 14
  • „0 minus 9, das ist gleich 9 minus 0, also 9. Und dann noch 5 addieren, ergibt 14."

Die spiegelbildliche Anordnung, unter Berücksichtigung von Kontexten wie Guthaben und Schulden bzw. der Temperatur, kann ebenfalls zu einer fehlerhaften Deutung der Addition und Subtraktion in den ganzen Zahlen führen. Wie bereits in Abschnitt 7.2 beschrieben, entspricht bei natürlichen Zahlen die Addition unter anderem dem Vermehren und die Subtraktion unter anderem der Vorstellung des Verminderns. Im negativen Zahlbereich müssen diese Vorstellungen modifiziert werden. Manche Schüler vertauschen jedoch nur diese Vorstellungen, vor allem wenn eine positive Zahl von einer ganzen Zahl addiert oder subtrahiert wird. Die Addition bedeutet ihrer Meinung nach im negativen Bereich Vermindern und die Subtraktion im negativen Bereich Vermehren, was durch die folgenden Beispiele verdeutlicht werden soll:

- $-11\,°C + 5\,°C = -6\,°C$ → Die Addition „bedeutet eine *Verminderung* der Unter-Null-Temperatur".
- $-15\,€ - 5\,€ = -20\,€$ → Die Subtraktion bedeutet „eine *Erhöhung* der Schulden" (Malle, 1989, S. 15, Hervorhebung im Original).

Ist die addierte oder subtrahierte Zahl negativ, lässt sich dieses Vertauschen der Grundvorstellungen nicht unbedingt beobachten, da sie in diesem Zusammenhang eher zu einer „Gehirnakrobatik" führt (Malle, 1989, S. 16).

Durch die dargestellten Untersuchungen sowie Erkenntnisse wird bereits deutlich, dass die Ursachen für Schülerfehler bzw. (falsche) Ergebnisse sehr unterschiedlich sein können und es unentbehrlich ist, beispielsweise mit einem diagnostischen Interview (siehe Unterabschnitt 3.4.2), explizit nachzufragen, um vorhandene Fehlvorstellungen eindeutig aufzudecken (siehe Unterabschnitt 3.5.2.1). In den meisten dargestellten Untersuchungen wurde auf Ursachen eingegangen, die zu den Schülerfehlern geführt hatten, wobei die Beschreibung der aufgetretenen Fehler eine eher untergeordnete Rolle einnahm.

In der folgenden Tabelle 7.1 werden nun die Schülerfehler sowie die entsprechenden denkbaren Ursachen zusammengetragen und, sofern keine konkrete Fehlerbeschreibung aus den bisherigen Studien vorhanden ist, wird diese ergänzt. Auf die zugrundeliegende Literatur wird entsprechend verwiesen. Zudem werden die Kompetenzdefizite aus dem entwickelten Fehleranalyseleitfaden (siehe Unterabschnitt 3.5.3.3) ebenfalls dargestellt, da er, wie auch die untere Auflistung der Schülerfehler und Ursachen selbst, sowohl in der Intervention als auch in der Datenanalyse Berücksichtigung fand. Die Abfolge der Schülerfehler sowie deren Ursachen orientiert sich vorrangig an dem Fehleranalyseleitfaden und ferner wird auch die eingangs beschriebene Reihenfolge „Übersetzung von der Realität in die Mathematik", „Ordnung ganzer Zahlen (an der Zahlengeraden)" und

„Operationen mit ganzen Zahlen" beachtet. Je nach Aufgabe lässt sich der Schülerfehler auch noch eindeutiger beschreiben als die allgemeinen Formulierungen,
was entsprechend in kursiver Schreibweise ergänzt wird.

Malle (1989, 2007a) erläutert bei der Beschreibung der einzelnen Stadien zur Entstehung der negativen Zahlen als eigene Denkgegenstände (siehe
Abschnitt 7.2), ob der Schüler nun im jeweiligen Stadium in der Lage ist, die
negativen Zahlen mathematisch adäquat zu deuten. Die nicht-adäquate mathematische Deutung lässt sich immer als mögliche Begründung für einen Schülerfehler
angeben. Innerhalb der entwickelten Intervention in der vorliegenden Studie
kamen die folgenden Ausdrücke zum Einsatz:

- „Negative Zahlen sind keine eigenen Denkgegenstände" für das Operieren mit
  negativen Zahlen.
- „Fehlerhaftes Deuten der ganzen Zahlen" bei Sachzusammenhängen sowie der
  Übersetzung von der Realität in die Mathematik.

Tabelle 7.1   Schülerfehler und denkbare Ursachen im Themengebiet der ganzen Zahlen

Schülerfehler	Denkbare Ursachen / fehlerhafte Denkprozesse
fehlerhafte Entnahme von Informationen aus der Aufgabenstellung	K6-Defizit (Blum & vom Hofe, 2003; Blum et al., 2004)
	mangelndes Textverständnis (Radatz, 1980a, 1980b)
Aufstellen einer fehlerhaften Gleichung beim Vorhandensein negativer Zahlen (siehe auch Peled et al. (1989))	K3-Defizit (Prediger, 2009; Wartha, 2009)
	Berechnung im Kopf und anschließend Notierung einer (hoffentlich passenden) Gleichung (siehe auch Vergnaud (1982))
Beim Aufstellen der Gleichung keine Unterscheidung von Vor- und Operationszeichen (siehe auch Malle (2007a))	
	Schwierigkeit, Zustände und Veränderungen zu unterscheiden (siehe auch Malle (1988, 2007a), vom Hofe (1995))
Keine Beachtung von Minuszeichen, um Anfangs- und Endzustände in einer Gleichung auszudrücken (Malle, 1988)	
	Grundvorstellung (Z – Z – Z) dominierend, Entwicklung der Deutungsmöglichkeit (Z – Ä – Z) erschwert (vom Hofe, 1995)
Bsp.: Gesucht ist ein Temperaturunterschied, wobei zwei Thermometer – eins mit einer negativen und eins mit einer positiven Temperaturangabe – gegeben sind. Der Schüler schreibt dann folgende Gleichung auf: $+7\,°C - 8°C = -1\,°C$	fehlerhafte Übertragung der Grundvorstellungen von den natürlichen Zahlen auf die ganzen Zahlen (Jordan, 2006; Malle, 1989; Vlassis, 2008; vom Hofe, 2014)
	Negatives Vorzeichen erhält kaum Beachtung, beliebiges Weglassen (Malle, 1988)
	Ablehnung der Klammerschreibweise bei negativen Zahlen (Malle, 1988, 2007a)
	fehlerhafte anschauliche Vorstellung an der Zahlengerade (Malle, 1988)
Falsche Ordnung der ganzen Zahlen (an der Zahlengerade) (siehe auch Gallardo (2003), Rütten (2016))	Ordnung der negativen Zahlen entspricht der Ordnung der positiven Zahlen (Widjaja et al., 2011) – bei Malle (1989, 2007a): spiegelbildliche Anordnung genannt
	keine lineare bzw. fortlaufende Anordnung der ganzen Zahlen (an der Zahlengerade) (Malle, 1988, 2007a; Peled et al., 1989)
	K4-Defizit

(Fortsetzung)

Tabelle 7.1 (Fortsetzung)

	fehlerhafte anschauliche Vorstellung an der Zahlengerade (Malle, 1988)
fehlerhaftes Ablesen an der Zahlengerade	Teilstriche in verkehrte Richtung gezählt (Malle, 1988, 2007a)
	wechselnder Startpunkt beim Ablesen
	Schwierigkeit, Veranschaulichung bzw. Darstellungen zu analysieren (Radatz, 1980a, 1980b)
	keine lineare bzw. fortlaufende Anordnung der ganzen Zahlen (an der Zahlengerade) (Malle, 1988, 2007a; Peled et al., 1989)
	Ordnung der negativen Zahlen entspricht der Ordnung der positiven Zahlen (Widjaja et al., 2011), bei Malle (1989, 2007a): spiegelbildliche Anordnung genannt
fehlerhaftes Zusammenfügen ganzer Zahlen (siehe auch Tatsuoka (1983), Gallardo (2003), A. Müller (2003)) *Addition der Beträge und Übernahme des negativen Vorzeichens der betragsmäßig größeren oder der ersten Zahl (siehe auch Tatsuoka (1983))* *Bsp.:* $-8 + 4 = -12$	K5-Defizit
	Berechnung im Kopf und anschließend Notierung einer (hoffentlich passenden) Gleichung (siehe auch Vergnaud (1982))
	Abstrakte Schemata der Lernenden (Malle, 1988, 1989, 2007a)
	Inkorrekte Verwendung von Gesetzmäßigkeiten bzw. Regeln (wie zum Beispiel Kommutativgesetz) (Gallardo, 2003; Murray, 1985; Tatsuoka, 1983)
	fehlerhafte Übertragung der Grundvorstellungen von den natürlichen Zahlen auf die ganzen Zahlen (Jordan, 2006; Malle, 1989; Vlassis, 2008; vom Hofe, 2014)
Fehlerhafte Interpretation und Validierung des mathematischen Resultats	K3-Defizit (Prediger, 2009; Wartha, 2009)

Prozentrechnung

8

8.1 Die Prozentrechnung in den Bildungsstandards und in den Kerncurricula sowie Lehrplänen des Bundeslandes Hessen

Das Themengebiet der Prozentrechnung ist ebenfalls in der Leitidee „Zahl" der Bildungsstandards verankert und wird durch die Aussage „Die Schülerinnen und Schüler verwenden Prozent- und Zinsrechnung sachgerecht" berücksichtigt (Beschlüsse der Kultusministerkonferenz, 2003, S. 10). In den Kerncurricula und Lehrplänen des Bundeslandes Hessen erstreckt sich die Prozentrechnung sowohl in der Haupt- und der Realschule als auch im Gymnasium über mehrere Klassen (Hessisches Kultusministerium, 2011a, 2011b, 2011c). In der Hauptschule findet in Klasse 7, in Anlehnung an die Bruchrechnung, die Einführung der Prozentrechnung statt, indem beispielsweise ein Alltagsbezug hergestellt wird. Die Schüler lernen unter anderem die Grundbegriffe der Prozentrechnung kennen und lösen erste Grundaufgaben. Dieses mathematische Wissen wird in Klasse 8 und Klasse 9 wiederholt, wobei in Klasse 9 auch die Einführung des vermehrten und verminderten Grundwertes erfolgt (Hessisches Kultusministerium, 2011d). In der Realschule hingegen erfolgt die Bearbeitung der Thematik Prozentrechnung lediglich in Klasse 7 und 8. Die Thematisierung der „Zuordnung zwischen Größen" findet theoretisch vor der Prozentrechnung statt, wodurch sowohl ein Zugang durch die Dreisatzmethode (aufgrund der Proportionalität) als auch über die Bruchrechnung möglich ist. Den verminderten und vermehrten Grundwert lernen die Schüler in Klasse 8 kennen (Hessisches Kultusministerium, 2011e). Bereits an dieser Stelle wird die komprimierte Vermittlung des Stoffinhaltes deutlich, was im gymnasialen Zweig nochmal stärker sichtbar ist. Dort wird im

N. Hock, *Förderung von diagnostischen Kompetenzen*, Mathematikdidaktik im Fokus, https://doi.org/10.1007/978-3-658-32286-1_8

Bundesland Hessen innerhalb des Lehrplans zwischen G8 und G9[1] unterschieden. In den Schulklassen, die nach acht Jahren das Abitur ablegen, wird die Prozentrechnung bereits in Klasse 6, in Anlehnung an die Bruch- und Dezimalzahlen, eingeführt und in Klasse 7 der vermehrte und der verminderte Grundwert thematisiert. In den „G9-Klassen" lernen die Schüler den Prozentbegriff und die zugehörigen Grundlagen der Prozentrechnung zusammen mit den Zuordnungen in Klasse 7 und den verminderten und vermehrten Grundwert in Klasse 8 kennen (Hessisches Kultusministerium, 2011f, 2011g).

Im folgenden Abschnitt werden nun die Grundbegriffe der Prozentrechnung erläutert und die Grundvorstellungen des Prozentbegriffes thematisiert.

8.2 Grundbegriffe der Prozentrechnung und Grundvorstellungen des Prozentbegriffes

Auch außerhalb der Schule und des Mathematikunterrichts sind Prozentangaben und demzufolge auch die Prozentrechnung sehr häufig vertreten (Appell, 2004), wobei in der Prozentrechnung die drei Größen Grundwert, Prozentwert und Prozentsatz miteinander in Beziehung gestellt werden.

Der *Grundwert* bezeichnet im allgemeinen [sic] ‚das Ganze' (bei Betrachtung von prozentualen Anteilen), eine von zwei zu vergleichenden Größen (bei ‚Vergleichssituationen') bzw. den ursprünglichen Zustand einer Größe (bei prozentualen Veränderungen). […] Der *Prozentsatz* gibt das Verhältnis von zwei Größen oder Zahlen als Hundertstelbruch an. […] Bei Veränderungs- und Anteilssituationen […] ist der *Prozentwert* eine Teilmenge des Grundwertes (Prozentsatz kleiner oder gleich 100) oder eine Obermenge des Grundwertes (größer oder gleich 100). Bei Vergleichssituationen sind die dem Grundwert und Prozentwert zugrundeliegenden Mengen elementfremd. (Berger, 1989, S. 11, Hervorhebung im Original)

Blum und vom Hofe (2003) klassifizieren aus normativer Sichtweise drei Grundvorstellungen des Prozentbegriffes, die sich auch in den Artikeln von Hafner und vom Hofe (2008), Blum et al. (2004) und Jordan (2006) wiederfinden und als nächstes erläutert werden.

Hundertstel-Vorstellung (oder Prozentoperator-Vorstellung)

p % wird bei der Hundertstel-Vorstellung als Hundertstelbruch $\frac{p}{100}$ interpretiert (Jordan, 2006). „‚p % von G' bedeutet [demnach] ‚$\frac{p}{100}$ von G' oder ‚$\frac{p}{100} \cdot G$'"

---

[1] Abitur in 8 oder in 9 Jahren.

(Blum & vom Hofe, 2003, S. 15). Der Grundwert G wird dabei gedanklich in 100 Teile zerlegt, die gleich groß sind (Blum & vom Hofe, 2003; Blum et al., 2004).

Beispiel: $\frac{5}{100}$ der 700 Autos besitzen Kratzer, also 35 Autos besitzen Kratzer (Blum et al., 2004).

Bedarfseinheiten-Vorstellung (oder quasikardinale Vorstellung)

„Das Ganze entspricht 100 %, der hunderste [sic] Teil ist 1 %, insofern bedeutet p % vom Ganzen hier p-mal den hundertsten Teil des Ganzen" (Blum et al., 2004, S. 149). Auch in dieser Vorstellung erfolgt eine Zerlegung des Grundwertes G in 100 gleich große Teile (Blum & vom Hofe, 2003; Hafner & vom Hofe, 2008). Die Prozente werden hier jedoch als eigene Größen aufgefasst, wobei % die Einheit darstellt (Blum et al., 2004).

Beispiel: 100 % entspricht 700 Autos und 1 % sind 7 Autos, dann sind 5 % 35 Autos und diese besitzen Kratzer (Blum et al., 2004).

Von Hundert-Vorstellung

Bei dieser Vorstellung besteht der Grundwert G „aus lauter Teilen zu je 100 Einheiten", was auch nicht unbedingt immer aufgehen muss. „‚p % von G' bedeutet hier ‚p von je 100 Einheiten' oder ‚Hätten wir 100 Einheiten, so wären es p davon'" (Blum & vom Hofe, 2003, S. 15). Diese Vorstellung ist anspruchsvoller als die zwei anderen, wodurch sie im Unterricht und im Alltag seltener anzutreffen ist (Blum & vom Hofe, 2003; Hollmann, 1975).

Beispiel: Insgesamt existieren 700 Autos, von denen 5 % Kratzer haben. Nun überträgt man diese 5 % auf eine hypothetische Größe – nämlich 100 Einheiten. Von je 100 Autos besitzen 5 Autos Kratzer oder wenn 100 Autos vorhanden wären, dann hätten 5 Autos Kratzer. Dementsprechend haben von 700 Autos $7 \cdot 5 = 35$ Autos Kratzer (Blum et al., 2004).

Bei jeder Grundvorstellung lassen sich zwei Stufen unterscheiden. Auf der ersten Stufe betrachten die Lernenden lediglich Lage, einzelne Werte bzw. Wertepaare und auf der zweiten Stufe beurteilen sie hingegen einen ganzen Bereich, „[...] d. h. es wird eine Zuordnung ‚mitgedacht'" (Jordan, 2006, S. 150).

Die beschriebenen Grundvorstellungen des Prozentbegriffes legen auch jeweils unterschiedliche Lösungsverfahren nahe, die unter anderem im nächsten Abschnitt dargestellt werden:

– Bei der Hundertstel-Vorstellung wird die Operatormethode bevorzugt.

– Bei der Hundert- und Bedarfseinheiten-Vorstellung kommt das Dreisatzverfahren oder die Verhältnisgleichung eher zum Einsatz (Blum & vom Hofe,
2003).

8.3   Lösungsverfahren in der Prozentrechnung

Die Bestimmung der jeweiligen Größe Prozentwert (P), Prozentsatz ($p\,\%$) und
Grundwert (G) wird als „*Grundaufgaben der Prozentrechnung*" bezeichnet, die
mit Hilfe der als nächstes beschriebenen Lösungsverfahren gelöst werden können
(Strehl, 1979, S. 123, Hervorhebung im Original).

*Operatormethode/Operatorverfahren/Operatorschema (Hafner, 2012; Hollmann,
1975; Meißner, 1982)*
Bei der Operatormethode wird der Prozentsatz $p\,\%$ als Hundertstelbruch sowie
multiplikativer Operator aufgefasst (Hafner, 2012). Dies lässt sich durch den
Zuordnungspfeil kennzeichnen (Meißner, 1982) (siehe Darstellung):

$$G \xrightarrow{\quad p\,\% \;=\; \frac{p}{100} \quad} P$$

Die Operatormethode stützt sich auf die bereits bekannte Bruchrechnung, weshalb
keine neuen Rechenmethoden erlernt werden müssen (Schwartze, 1980).

Dreisatzverfahren (Meißner, 1982)
Das Dreisatzverfahren wird auch Zweisatz oder Schlussrechnen genannt und
ist durch seine tabellarische Form gekennzeichnet. Meistens beginnt die Rechnung mit dem Rückgang auf eine geeignete Größe (in der Regel 1) (Meißner,
1982). Innerhalb des Dreisatzverfahrens müssen außerdem Kenntnisse hinsichtlich der proportionalen Zuordnung bekannt sein, denn zum einen wird zwischen
zwei Größen eine Zuordnung hergestellt und zum anderen zieht die Änderung
der Ausgangsgröße die Änderung der zugeordneten Größe nach sich (Hafner &
vom Hofe, 2008). Meißner (1982) fand in seiner Untersuchung heraus, dass die
untersuchten Schüler in der Prozentrechnung am häufigsten das Dreisatzverfahren
anwandten und Lernende, die dieses Verfahren nutzten, hatten zudem im Vergleich zu Schülern mit anderen Verfahren auch häufiger den richtigen Ansatz und
die richtige Lösung. Jedoch besteht die Gefahr, dass es sich nach der Erarbeitung
lediglich um ein mechanisches Verfahren handelt, welches immer wieder ohne
Überlegung auf diverse Sachverhalte angewandt wird (Wagemann, 1983).

Bruchgleichung, Verhältnisgleichung, Quotientengleichung (Hafner, 2012; Strehl, 1979)
Bei diesem Verfahren wird $\frac{P}{100}$ mit dem wertgleichen Quotienten $\frac{P}{G}$ gleichgesetzt, wodurch alle drei Größen der Prozentrechnung berechnet werden können (Hafner, 2012; Strehl, 1979).

$$\frac{P}{G} = \frac{p}{100}$$

Prozentformelmethode (Hafner, 2012)
In Schulbüchern finden sich oftmals sogenannte „Prozentformeln" wieder, die sich durch Äquivalenzumformungen ergeben (Hafner, 2012; Meißner, 1982):

- $P = \frac{p}{100} \cdot G$

- $G = P \cdot \frac{100}{p}$

- $p = \frac{P \cdot 100}{G}$.

Appell (2004, S. 25) kritisiert an dieser Ausdrucksweise (wie auch an der oberen Verhältnisgleichung) die geringe Alltagstauglichkeit und die Nichtberücksichtigung der Tatsache, dass die Prozentrechnung ein „Spezialfall der Bruchrechnung" ist.

8.4   Vermehrter und verminderter Grundwert

Beim vermehrten Grundwert wird der Grundwert G um einen gewissen Prozentsatz p % erhöht. Der vermehrte Grundwert G^+ entspricht damit einem Wert über 100 %, wie zum Beispiel bei der Mehrwertsteuer (Hafner, 2012; Hischer, Tiedtke & Warncke, 2016). An dieser Stelle sind sowohl Grundvorstellungen zur Addition und Multiplikation als auch zur Prozentrechnung notwendig, wie die folgende Gleichung zur Berechnung des vermehrten Grundwertes verdeutlicht (Blum et al., 2004; Hafner, 2012):

$$G^+ = G + P = G + G \cdot \frac{p}{100} = p \cdot (1 + \frac{p}{100})$$

Beim verminderten Grundwert wird der Grundwert G um einen gewissen Prozentsatz p % vermindert. Damit entspricht der verminderte Grundwert G^- einem Wert unter 100 %, beispielsweise beim Preisnachlass (Hafner, 2012; Hischer et al.,

2016). Analog zum vermehrten Grundwert sind nun Grundvorstellungen zur Subtraktion und Multiplikation sowie zur Prozentrechnung notwendig, was sich auch in der folgenden Gleichung widerspiegelt (Hafner, 2012):

$$G^- = G - P = G - G \cdot \frac{p}{100} = p \cdot (1 - \frac{p}{100})$$

8.5 Schülerfehler und deren Ursachen im Themengebiet der Prozentrechnung

Während der PISA Erhebung im Jahr 2000 wurden unter anderem die mathematischen Fähigkeiten von Schülern der Klasse 9 bei Aufgaben zur Proportionalität und zur Prozentrechnung differenziert untersucht. Dabei ließen sich die Anforderungen in der Prozentrechnung in drei Anforderungsniveaus einordnen. Das erste Anforderungsniveau umfasste die bereits benannten Grundaufgaben zur Prozentrechnung, um Grundwert, Prozentwert und Prozentsatz zu bestimmen. Zum zweiten Anforderungsniveau zählten zum einen mehrschrittige Grundaufgaben und zum anderen Aufgaben mit vermindertem und vermehrtem Grundwert. Das dritte und damit gleichzeitig höchste Anforderungsniveau für Schüler waren Aufgaben mit vermindertem und vermehrtem Grundwert, die mehrschrittig waren, beispielsweise bei Berechnungen mit mehreren Wachstumsfaktoren. Bei der PISA Erhebung im Jahr 2000 waren 68 % der befragten Schüler in deutschen Schulen in der Lage, den Prozentwert, als eine der Grundaufgaben zur Prozentrechnung, zu bestimmen. Hingegen konnte der Prozentsatz von lediglich 47 % der befragten Schüler berechnet werden. Grund dafür könnte zum einen eine ungenügende Vorstellung des Prozentbegriffes und zum anderen eine zu starke Fixierung auf den Dreisatz als Lösungsverfahren sein (Jordan, Kleine, Wynands & Flade, 2004). Aus den Ergebnissen der PISA-Erhebung im Jahr 2000 ließ sich insgesamt erkennen, „[…] dass große Unsicherheiten bei vielen deutschen Schülern im elementaren Umgang mit der Prozentrechnung liegen" (Jordan et al., 2004, S. 167). Ungefähr ein Viertel der untersuchten Lernenden wiesen ungenügende Grundkenntnisse in der Prozentrechnung sowie der Proportionalität auf. Bei Berechnungen mit dem verminderten und vermehrten Grundwerten war es offenbar irrelevant, welche Größe der Prozentrechnung gesucht war (Jordan et al., 2004). Hafner und vom Hofe (2008) identifizierten in der Prozentrechnung drei typische Fehlergruppen:

- „1. Verwendung eines falschen Operators
- 2. Zuordnungsprobleme zwischen Grundwert, Prozentwert und Prozentsatz

- 3. Verwechslung relativer und absoluter Angaben" (Hafner & vom Hofe, 2008, S. 17).

Zu 1.

Um beispielsweise den Prozentwert zu berechnen, dividieren manche Schüler fälschlicherweise den Grundwert durch den Prozentsatz. Grund dafür könnte die Aktivierung einer Vorstellung aus dem Bereich der natürlichen Zahlen und deren Übertragung auf die Prozentrechnung sein, nach der gilt: „Mit der Division ist eine Verkleinerung der Ausgangsgröße verbunden" (Hafner & vom Hofe, 2008, S. 18).

Zu 2.

Zuordnungsprobleme können auftreten, wenn Schüler beispielsweise die Verschachtelung der Aufgabe nicht erkennen. Dann ist der Schüler nicht in der Lage, die gegebenen Größen innerhalb der Aufgabenstellung den entsprechenden Grundbegriffen zuzuordnen (Hafner & vom Hofe, 2008). Auch Strehl (1979) beschreibt, dass häufig eine falsche Größe in der Aufgabenstellung als Grundwert ausgewählt wird, was für ihn auf einer Verständnisschwierigkeit der Aufgabenstellung beruht und oftmals kein mathematisches Problem ist.

Zu 3.

Innerhalb dieser Fehlergruppe betrachten Schüler die prozentualen Angaben, die sich auf den Grundwert beziehen, nicht als relative Anteile, sondern als absolute. Eine Unterscheidung dieser beiden Anteilsarten ist für sie nicht möglich (Hafner & vom Hofe, 2008).

Nach Meißner (1982) haben Schüler bei der Prozentrechnung außerdem oft große Schwierigkeiten, mit dem Begriff „von" umzugehen, denn hier wird es nicht mit der Subtraktion in Verbindung gebracht, sondern eine Multiplikation ist in diesem Zusammenhang notwendig. Zudem müssen den Lernenden Begriffe, wie zum Beispiel Mehrwertsteuer, Rabatt, Skonto, Netto- und Bruttopreis, Netto- und Bruttolohn, Zinseszinsen, Kredit oder Darlehen bekannt sein (Griesel & Postel, 1992). Ansonsten kann auch deren Nichtverstehen die Ursache für Schülerfehler in der Prozentrechnung sein. Appell (2004) zufolge können Schwierigkeiten in der Prozentrechnung auch auf ungenügenden Vorstellungen in der Bruchrechnung sowie bezüglich der Bruchzahlen beruhen. Meißner (1982) untersuchte mehr als 500 Schüler aus Haupt- und Realschulen sowie einem Gymnasium bei der Lösung von sechs Aufgaben zur Prozentrechnung. Die auswertbaren fehlerhaften Schülerlösungen teilte er in zwei Gruppen ein – Schülerlösungen mit noch richtigem

Ansatz und Schülerlösungen mit falschem Ansatz – bei denen er unterschiedliche Fehler diagnostizierte. Schüler, deren fehlerhafte Lösungen noch richtige Ansätze besaßen, machten Fehler bei der Anwendung der vier Grundrechenarten. Weiterhin schrieben sie falsch ab, lasen falsch ab oder rundeten vorschnell. Auch Flüchtigkeitsfehler oder ein vorzeitiger Abbruch traten auf. Manche Schüler berechneten auch den Wachstumsfaktor, konnten ihn aber nicht als diesen interpretieren. Bei den fehlerhaften Schülerlösungen, die einen falschen Ansatz aufwiesen, wurden die gegebenen Größen mit den Begriffen der Prozentrechnung falsch in Beziehung gesetzt. Die Bedeutung von „p % von" wurde vermutlich zum Teil nicht verinnerlicht bzw. das Prinzip der Prozentrechnung nicht korrekt verstanden. Einige Schüler verknüpften beliebig scheinbar geeignete Zahlen miteinander, indem sie beispielsweise den Prozentsatz durch „[…] ‚Grundwert: 100' oder Division der größeren gegebenen durch die kleinere gegebene Zahl mit intuitiver Kommaverschiebung […]" berechneten (Meißner, 1982, S. 138–139). Berger (1991) wertete etwa 3150 Abschlussarbeiten von Hauptschülern aus und konnte für die Prozent- und Zinsrechnung im Vergleich zu anderen Inhaltsgebieten, wie Arithmetik oder Geometrie, die höchste Erfolgsquote der Schüler nachweisen. Jedoch muss bei dieser globalen Aussage unter anderem berücksichtigt werden, dass sich die Lösungshäufigkeit je nach Aufgabenkontext unterschied:

– Bestimmung des Prozentwertes (60 %)
– Bestimmung des Prozentsatzes bei Anteilen (68 %),
– Bestimmung des Prozentsatzes bei Veränderungen (53 %) und
– Berechnungen mit dem verminderten Grundwert (36 %) (Berger, 1991, S. 33).

Bei der Bestimmung des Prozentwertes und bei Berechnungen mit dem verminderten Grundwert hatten die Schüler Probleme hinsichtlich der korrekten Zuordnung zwischen den Begriffen der Prozentrechnung und den Größen im Aufgabentext. Sollte hingegen der Prozentsatz bestimmt werden, war mehr ein Operationsproblem statt ein Zuordnungsproblem zu erkennen (Berger, 1991).

Schlaak (1974) untersuchte bei Schülern der Klassen 8 und 9 häufig auftretende Fehlleistungen bei Rechenaufgaben mit Sachzusammenhängen, die theoretisch mit den Unterrichtsinhalten des 4. bis 7. Schuljahres bearbeitet werden könnten. Bei der Testauswertung betrachtete Schlaak jede Aufgabe einzeln und entwickelte für jede Aufgabe eine „strukturelle Aufgliederung der Denk- und Operationsschritte mit Fehlerverteilung auf die Klassenstufen, Schultypen und Geschlechter in %" (Schlaak, 1974, S. 31). Für die Aufgabe zur Prozentrechnung erkannte er bei den Schülern unter anderem ein „strukturblindes Versuchen" (Schlaak, 1974, S. 32), indem die Schüler durch den Prozentsatz als absolute

Angabe dividierten oder auch mit einer falschen Umwandlung des Prozentsatzes multiplizierten. Die Schüler hatten große Schwierigkeiten, die Prozentrechnung auf den Sachverhalt zu beziehen, da es ihnen schwerfiel, die konkreten Sachverhalte mit mathematischen Strukturen in Verbindung zu setzen.

Wie bei den ganzen Zahlen werden nun die Schülerfehler sowie die entsprechenden denkbaren Ursachen zusammenhängend dargestellt und falls keine Beschreibung des Schülerfehlers vorhanden ist diese ergänzt. Auf die verwendete Literatur wird entsprechend verwiesen. Zudem wird auch hier der Bezug zu den Kompetenzdefiziten aus dem verwendeten Fehleranalyseleitfaden hergestellt (siehe Unterabschnitt 3.5.3.3). Die Abfolge der Schülerfehler (und zugehörigen Ursachen) in der Tabelle 8.1 orientiert sich an dem Fehleranalyseleitfaden für realitätsbezogene Aufgaben. Je nach Aufgabe lässt sich der Fehler unter Umständen noch eindeutiger beschreiben als die genannten allgemeinen Formulierungen, was entsprechend kursiv ergänzt wird.

Tabelle 8.1 Schülerfehler und mögliche Ursachen im Themengebiet der Prozentrechnung

Schülerfehler	Denkbare Ursachen / fehlerhafte Denkprozesse
fehlerhafte Entnahme von Informationen aus der Aufgabenstellung	K6-Defizit (Blum & vom Hofe, 2003; Blum et al., 2004)
Bsp.: In einer Aufgabe ist die Information enthalten, dass 100 Millionen Schokoladenhasen produziert wurden. Ferner sind zusätzliche Informationen zum einen über Schokoladenweihnachtsmänner und zum anderen über den Anteil von dunkler Schokolade und Milchschokolade bei den Schokoladenhasen gegeben. Gesucht ist der absolute Anteil der Schokoladenhasen mit Milchschokolade an den Schokoladenhasen. Die zusätzlichen Informationen über die Schokoladenweihnachtsmänner werden beim Lösen der Aufgabe jedoch berücksichtigt, wodurch die Lösung fehlerhaft ist (ausführliche Aufgabe: siehe Abschnitt 12.2).	mangelndes Textverständnis (Radatz, 1980a, 1980b)

(Fortsetzung)

Tabelle 8.1 (Fortsetzung)

Schülerfehler	Denkbare Ursachen / fehlerhafte Denkprozesse
Aufstellen einer fehlerhaften Gleichung (siehe auch A. Müller (2003), Schlaak (1974))	K3-Defizit (Prediger, 2009; Wartha, 2009)
	Bedeutung des Begriffes „von" ist Schülern bei Prozentrechnung unklar (Meißner, 1982).
	unzureichendes Begriffsverständnis (Radatz, 1980a) (auch bzgl. Alltagsbegriffen (siehe Griesel und Postel (1992))
	fehlerhafte Grundvorstellungen des Prozentbegriffes (Blum & vom Hofe, 2003)
Fehlerhafte Zuordnung zwischen Grundwert, Prozentwert und Prozentsatz (siehe auch Hafner und vom Hofe (2008), Meißner (1982), Strehl (1979))	K3-Defizit (Prediger, 2009; Wartha, 2009)
	unzureichendes Begriffsverständnis (Radatz, 1980a) (auch bzgl. Alltagsbegriffen (siehe Griesel und Postel (1992))
	Bedeutung des Begriffes „von" ist Schülern bei Prozentrechnung unklar (Meißner, 1982).
	Verständnisschwierigkeiten hinsichtlich der Aufgabenstellung (Strehl, 1979)
	Keine Erkennung der Verschachtelung der Aufgabe (Hafner & vom Hofe, 2008)
Verwendung eines falschen Operators (siehe auch Berger (1991), Hafner und vom Hofe (2008), Schlaak (1974))	K3-Defizit (Prediger, 2009; Wartha, 2009)
Bsp.: Schüler dividiert den Grundwert durch den Prozentsatz, anstatt den Grundwert mit dem Prozentsatz zu multiplizieren.	K2-Defizit (beliebige Verknüpfung von scheinbar geeigneten Zahlen (Meißner, 1982); strukturblindes Versuchen (Schlaak, 1974))
	unzureichendes Begriffsverständnis (Radatz, 1980a) (auch bzgl. Alltagsbegriffen (siehe Griesel und Postel (1992))
	Bedeutung des Begriffes „von" ist Schülern bei Prozentrechnung unklar (Meißner, 1982).
	fehlerhafte Übertragung der Grundvorstellung von den natürlichen Zahlen auf die Prozentrechnung, wonach Division die Ausgangsgröße verkleinert (Hafner & vom Hofe, 2008)

(Fortsetzung)

Tabelle 8.1 (Fortsetzung)

Schülerfehler	Denkbare Ursachen / fehlerhafte Denkprozesse
	fehlerhafte Grundvorstellungen des Prozentbegriffes (Blum & vom Hofe, 2003)
falsche Berechnungen bei Aufgaben mit verminderten/vermehrten Grundwert (siehe auch Jordan et al. (2004), Berger (1991))	K3-Defizit (Prediger, 2009; Wartha, 2009)
Fälschliche Addition bzw. fälschliche Multiplikation der Prozentsätze bei Aufgaben mit iteriertem verminderten bzw.	Problem bei Zuordnung der Größen (Berger, 1991)
vermehrten Grundwert	Keine Berücksichtigung des verminderten/vermehrten Grundwertes
	Keine Berücksichtigung der unterschiedlichen Grundwerte
	Keine Erkennung der Verschachtelung der Aufgabe (Hafner & vom Hofe, 2008).
Verwechslung relativer und absoluter Angaben (Hafner & vom Hofe, 2008)	K5-Defizit
– *aufgrund des Aufgabeninhalts*	K2-Defizit
– *aufgrund der Berechnungsformel* ($\frac{P}{G} = \frac{p}{100}$; *pist eine absolute Zahl*)	unzureichendes Begriffsverständnis (Radatz, 1980a) (auch bzgl. Alltagsbegriffen (siehe Griesel und Postel (1992))
	fehlerhafte Grundvorstellungen des Prozentbegriffes (Blum & vom Hofe, 2003)
	keine Interpretation des Prozentsatzes als relativer Anteil (Hafner & vom Hofe, 2008)
fehlerhafte Umformung zwischen Prozentangaben und anderen Schreibweisen (siehe auch Jost et al. (1997))	K5-Defizit
fehlerhafte Umformung zwischen Brüchen und Prozentangaben (Bauer, 2009)	keine Interpretation der Prozentangabe als Hundertstelbruch (Jordan, 2006)
Bsp.: $\frac{1}{5}$der Bevölkerung $\triangleq$ 5 % der Bevölkerung	fehlerhafte Anteilsvorstellung bei Prozentangaben
	fehlerhafte Vorstellungen in der Bruchrechnung (Appell, 2004; Schlaak, 1974)

(Fortsetzung)

Tabelle 8.1 (Fortsetzung)

Schülerfehler	Denkbare Ursachen / fehlerhafte Denkprozesse
Fehlerhafte Interpretation und Validierung des mathematischen Resultats	K3-Defizit (Prediger, 2009;
Bsp.: Auch beim Aufschreiben des Antwortsatzes stellt der Schüler nicht fest, dass das mathematische Ergebnis im Sachzusammenhang unlogisch ist oder der Schüler interpretiert beispielsweise im Antwortsatz das berechnete richtige Ergebnis falsch.	

Die Fehlerbeschreibungen „fehlerhafte Zuordnung zwischen Grundwert, Prozentwert und Prozentsatz" und „Verwendung eines falschen Operators" sind
jeweils eine genauere Beschreibung des Schülerfehlers „Aufstellen einer fehlerhaften Gleichung". Sie werden explizit von Hafner und vom Hofe (2008)
berichtet und sind daher in der Tabelle 8.1 separat aufgelistet. Entsprechende
denkbare Ursachen wurden ergänzt. Durch die Zusammenfassung der bisher
bekannten Schülerfehler und der denkbaren Ursachen wird zudem deutlich, dass
sich die Fehlerbeschreibungen und die denkbaren Ursachen nicht ganz eindeutig
voneinander trennen lassen. Dies zeigt sich beispielsweise bei „fehlerhafte Zuordnung zwischen Grundwert, Prozentwert und Prozentsatz": Hafner und vom Hofe
(2008) fassen damit eine Fehlergruppe zusammen und Berger (1991) nennt das
„Zuordnungsproblem" als Ursache für falsche Berechnungen bei Aufgaben mit
vermindertem Grundwert.

Teil III
Methode

Im Methodenteil der vorliegenden Arbeit werden zunächst die Forschungs-fragen in Kapitel 9 nochmals systematisch dargestellt und anschließend das Design der Studie in Kapitel 10 präsentiert, um diese entsprechend zu beant-worten. Die Stichprobe wird in Kapitel 11 vorgestellt und die entwickelte Intervention zur Förderung der Fehler-Ursachen-Diagnosekompetenz in Kapitel 12 detailliert beschrieben. Eine Darlegung sowie Analyse der eingesetzten Erhe-bungsinstrumente findet in Kapitel 13 statt. In Kapitel 14 wird differenziert auf Besonderheiten in der Untersuchungsdurchführung eingegangen, die bei der Aus-wertung der Daten und deren Interpretation beachtet werden müssen. In Kapitel 15 werden schließlich die in der vorliegenden Studie eingesetzten Methoden zur Datenauswertung wiedergegeben und erläutert.

Forschungsfragen 9

Mit dem Ziel, die Fehler-Ursachen-Diagnosekompetenz von Mathematik-Lehramtsstudierenden in den Bereichen ganze Zahlen und Prozentrechnung durch eine Intervention zu fördern, findet auf Grundlage der theoretischen Überlegungen eine Untersuchung der folgenden Forschungsfragen statt, die bereits in Kapitel 5 hergeleitet wurden und hier lediglich systematisch dargestellt werden. Um die Übersichtlichkeit in der vorliegenden Arbeit zu gewährleisten, wird die Förderung der Fehler-Ursachen-Diagnosefähigkeit, der Selbstwirksamkeitserwartung und des Selbstkonzeptes durch verschiedene Forschungsfragen betrachtet.

Zusammenhänge zwischen Selbstkonzept bzw. Selbstwirksamkeitserwartung und der Fehler-Ursachen-Diagnosefähigkeit

Forschungsfrage 1a: (Inwieweit) Hängt das Selbstkonzept im Diagnostizieren von Schülerfehlern und den zugrundeliegenden Ursachen mit der Fehler-Ursachen-Diagnosefähigkeit zusammen?

Forschungsfrage 1b: (Inwieweit) Hängt die Selbstwirksamkeitserwartung im Diagnostizieren von Schülerfehlern und deren Ursachen mit der Fehler-Ursachen-Diagnosefähigkeit zusammen?

Hinsichtlich des Zusammenhangs zwischen der Leistung und den Konstrukten Selbstwirksamkeitserwartung sowie Selbstkonzept existieren viele Befunde (siehe Unterabschnitt 3.2.2), wobei die „Leistung" in der vorliegenden Studie der Fehler-Ursachen-Diagnosefähigkeit entspricht. Diese Zusammenhänge werden in den Forschungsfragen 1a und 1b untersucht.

N. Hock, *Förderung von diagnostischen Kompetenzen*, Mathematikdidaktik im Fokus, https://doi.org/10.1007/978-3-658-32286-1_9

Förderung der Fehler-Ursachen-Diagnosefähigkeit von Lehramtsstudierenden

Forschungsfrage 2a: (Inwieweit) Wirkt sich eine Intervention, in der sowohl diagnostisches Wissen zu Schülerfehlern und möglichen zugrundeliegenden Ursachen vermittelt als auch die Anwendung dessen bei der Auseinandersetzung mit diagnostischen Interviews Berücksichtigung findet, auf die Förderung der Fehler-Ursachen-Diagnosefähigkeit aus?

Forschungsfrage 2b: (Inwieweit) Trägt die praktische Anwendung eines diagnostischen Interviews mit einem Lernenden zur Veränderung der Fehler-Ursachen-Diagnosefähigkeit bei?

Forschungsfrage 2c: (Inwieweit) Ruft die bloße Vermittlung diagnostischen Wissens zu Schülerfehlern und deren Ursachen eine Förderung der Fehler-Ursachen-Diagnosefähigkeit hervor?

Auf Grund der Vorüberlegungen im theoretischen Rahmen wurde deutlich, dass es notwendig ist, die Fehler-Ursachen-Diagnosekompetenz bereits im Studium zu fördern. Diverse Studien wiesen die Erkenntnis aus, dass das diagnostische Wissen eine wichtige Rolle einnimmt, weshalb es auch im Rahmen dieser Studie in der hier entwickelten Intervention Berücksichtigung findet. Zudem ist eine überlegte Methodenauswahl essenziell für eine gute Diagnostik. Aus diesem Grund wird auch die Auseinandersetzung mit diagnostischen Interviews und speziell den FIMS (siehe Unterabschnitt 3.4.2) in der entwickelten Intervention integriert, da diese die Diagnose von Schülerfehlern sowie deren Ursachen ermöglichen und Studierende somit auch die Möglichkeit erhalten, das erlernte diagnostische Wissen praktisch einzusetzen und gleichzeitig zu üben (siehe Forschungsfrage 2a). Eine besondere Bedeutung nimmt in der Literatur die praktische Anwendung eines diagnostischen Interviews mit einem Lernenden ein, was darin begründet liegt, dass es durch die Eins-zu-Eins-Situation im Vergleich zum komplexen Unterricht eine geschützte Atmosphäre bietet. Die Studierenden können sich nun auf einen Lernenden fokussieren, um unter anderem dessen (fehlerhaften) Vorstellungen zu diagnostizieren, und somit gegebenenfalls ihre Fehler-Ursachen-Diagnosefähigkeit weiterentwickeln (siehe Forschungsfrage 2b). Hingegen könnte es auch schon ausreichend sein, lediglich diagnostisches Wissen zu Schülerfehlern und deren Ursachen zu erhalten, um die eigene Fehler-Ursachen-Diagnosefähigkeit zu fördern (siehe Forschungsfrage 2c).

Förderung des Selbstkonzeptes zur Diagnose von Schülerfehlern sowie deren Ursachen

Forschungsfrage 3a: (Inwieweit) Verändert sich das Selbstkonzept von Studierenden hinsichtlich des Diagnostizierens von Schülerfehlern und deren Ursachen durch eine Intervention, in der sowohl diagnostisches Wissen zu Schülerfehlern und denkbaren Ursachen vermittelt als auch praktisch bei der Auseinandersetzung mit diagnostischen Interviews angewandt wird?

Forschungsfrage 3b: (Inwieweit) Trägt die Anwendung eines diagnostischen Interviews mit einem Lernenden zur Förderung des Selbstkonzeptes in diesem Bereich bei?

Forschungsfrage 3c: (Inwieweit) Ist die Vermittlung diagnostischen Wissens zu Schülerfehlern und möglichen Ursachen ausreichend, um das Selbstkonzept in diesem Bereich positiv zu beeinflussen?

Das Selbstkonzept kann unter anderem durch temporale Vergleiche der eigenen Fähigkeiten positiv beeinflusst werden. Da durch die entwickelte Intervention die Fehler-Ursachen-Diagnosefähigkeit gefördert werden soll, kann diese Intervention auch eine positive Veränderung des Selbstkonzeptes im Diagnostizieren von Schülerfehlern und deren Ursachen hervorrufen (siehe Forschungsfrage 3a). Außerdem könnte die Fehler-Ursachen-Diagnosefähigkeit durch die Anwendung eines diagnostischen Interviews mit einem Lernenden gefördert werden und gegebenenfalls stellt diese Anwendung auch eine positive Lernerfahrung für die untersuchten Lehramtsstudierenden dar, wodurch das Selbstkonzept im Diagnostizieren von Schülerfehlern und deren Ursachen ebenfalls gefördert werden kann (siehe Forschungsfrage 3b). Theoretisch könnte es durch die Vermittlung diagnostischen Wissens zu Schülerfehlern und deren Ursachen zur positiven Entwicklung der Fehler-Ursachen-Diagnosefähigkeit kommen, weshalb dies schon ausreichend sein kann, um das Selbstkonzept in diesem Bereich ebenfalls positiv zu beeinflussen (siehe Forschungsfrage 3c).

Förderung der Selbstwirksamkeitserwartung zur Diagnose von Schülerfehlern und deren Ursachen

Forschungsfrage 4a: (Inwieweit) Verändert sich die Selbstwirksamkeitserwartung hinsichtlich des Diagnostizierens von Schülerfehlern sowie möglichen Ursachen durch eine Intervention, die die erste und zweite Quelle der Selbstwirksamkeitserwartung berücksichtigt und in der zudem noch diagnostisches Wissen zu Schülerfehlern sowie denkbaren Ursachen vermittelt wird?

Forschungsfrage 4b: (Inwieweit) Verändert sich die Selbstwirksamkeitserwartung hinsichtlich des Diagnostizierens von Schülerfehlern sowie deren Ursachen durch eine Intervention, bei der lediglich diagnostisches Wissen zu Schülerfehlern und denkbaren Ursachen vermittelt wird?

Die Selbstwirksamkeitserwartung einer Person kann durch vier verschiedene Quellen modifiziert werden. Außerdem empfiehlt Wong (1997) noch, die Unterrichtsfähigkeiten von Lehrkräften in den Bereichen zu fördern, in denen sie sich noch unsicher fühlen. Dabei ist auch fachdidaktisches Wissen entscheidend, ohne dessen der Erfolg einer Lehrkraft im Unterricht beeinträchtigt ist (siehe Unterabschnitt 3.2.2.2). Im Rahmen der entwickelten Intervention findet daher die erste und zweite Quelle der Selbstwirksamkeitserwartung Berücksichtigung. Weiterhin ist denkbar, dass die Vermittlung diagnostischen Wissens die Selbstwirksamkeitserwartung hinsichtlich des Diagnostizierens von Schülerfehlern und deren Ursachen positiv beeinflusst. Daher ergeben sich die Forschungsfragen 4a und 4b.

Subjektive Sichtweise sowie allgemeine Erkenntnisse ausgewählter Lehramtsstudierender bezüglich der Diagnostik im Mathematikunterricht (unter Berücksichtigung der Relevanz einzelner Interventionsinhalte)

Forschungsfrage 5a: Welche subjektive Sichtweise sowie allgemeinen Erkenntnisse weisen die ausgewählten Lehramtsstudierenden nach der Intervention bezüglich der Diagnostik im Mathematikunterricht auf?

Forschungsfrage 5b: Welche Relevanz besitzen das vermittelte diagnostische Wissen, die Auseinandersetzung mit der Diagnosemethode „diagnostisches Interview" in den Interventionssitzungen sowie die Anwendung des diagnostischen Interviews mit einem Lernenden (kurz: die Interventionsinhalte) für die Sichtweise der ausgewählten Lehramtsstudierenden auf die Diagnostik im Mathematikunterricht? Was haben diese Lehramtsstudierenden durch diese Interventionsinhalte erlernt?

Einschätzung ausgewählter Lehramtsstudierender bezüglich der eigenen Fehler-Ursachen-Diagnosefähigkeit in den Themengebieten ganze Zahlen und Prozentrechnung sowie hinsichtlich des einflussreichsten Interventionsinhaltes auf die eigene diagnostische Kompetenzentwicklung

Forschungsfrage 6a: Wie schätzen die ausgewählten Lehramtsstudierenden ihre eigene Fehler-Ursachen-Diagnosefähigkeit in den Themengebieten ganze Zahlen und Prozentrechnung ein und inwieweit stimmt sie mit deren tatsächlichen Fehler-Ursachen-Diagnosefähigkeit in den Themengebieten ganze Zahlen und Prozentrechnung überein?

Forschungsfrage 6b: Welchen Interventionsinhalt schätzen die ausgewählten Lehramtsstudierenden als am einflussreichsten bezüglich ihrer eigenen diagnostischen Kompetenzentwicklung ein?

Zur Beantwortung der letzten Forschungsfragen (5a & 5b sowie 6a & 6b) werden im Gegensatz zu den vorangegangenen Forschungsfragen auch qualitative Analysen berücksichtigt. In diesen Forschungsfragen wird die Sichtweise sowie die Selbsteinschätzung ausgewählter Lehramtsstudierender widergespiegelt, die im Laufe der Intervention mehrmals interviewt wurden. Da die Diagnostik theoretisch eine große Bedeutung für die individuelle Förderung eines Lernenden besitzt, werden zunächst die subjektive Sichtweise sowie die allgemeinen Erkenntnisse ausgewählter Lehramtsstudierender nach der Intervention bezüglich der Diagnostik im Mathematikunterricht betrachtet (siehe Forschungsfrage 5a) und ferner die Relevanz der Interventionsinhalte diesbezüglich untersucht (siehe Forschungsfrage 5b). Zudem wurden die ausgewählten Lehramtsstudierenden gebeten, ihre eigene Fehler-Ursachen-Diagnosefähigkeit in den Themengebieten ganze Zahlen und Prozentrechnung einzuschätzen, wobei die Einschätzung nun mit der tatsächlichen Fehler-Ursachen-Diagnosefähigkeit kontrastiert wird (siehe Forschungsfrage 6a). Weiterhin bestimmten sie den Interventionsinhalt, der ihrer Meinung nach den größten Einfluss auf ihre eigene diagnostische Kompetenzentwicklung hatte (siehe Forschungsfrage 6b).

Studiendesign

10

In diesem Kapitel wird das Studiendesign vorgestellt, indem zunächst eine Verordnung der vorliegenden Studie stattfindet und anschließend eine Darlegung der experimentellen Bedingungen sowie der eingesetzten Erhebungsinstrumente erfolgt.

Um die aufgetretenen Forschungsfragen zu beantworten, wurde eine Interventionsstudie mit einem quasi-experimentellen Design entwickelt, bei der sowohl qualitative als auch quantitative Forschungsmethoden zur Anwendung kamen, wodurch ein Mixed-Methods-Ansatz vorliegt (Döring & Bortz, 2016f; Kelle, 2014). Vorteilhaft an diesem Ansatz ist die Tatsache, dass ein umfassenderes Bild des Forschungsgegenstandes entstehen kann und die Schwächen der einen Forschungsmethode durch die Stärken der jeweils anderen Methode kompensiert werden können (Kelle, 2014). An der vorliegenden Studie nahmen Mathematik-Lehramtsstudierende für die Sekundarstufe I bzw. II sowie Wirtschaftspädagogen mit Zweitfach Mathematik teil. Sie wurde im Wintersemester 2015/16 und Sommersemester 2016 entwickelt und pilotiert, wobei die Hauptuntersuchung anschließend im Wintersemester 2016/2017 und Sommersemester 2017 stattfand. Dabei wurden drei experimentelle Bedingungen kontrastiert und darüber hinaus mit einer Kontrollbedingung verglichen, um die aufgetretenen Forschungsfragen zu beantworten. Dieses Studiendesign wird in der Abbildung 10.1 veranschaulicht und anschließend auf die einzelnen Bedingungen eingegangen.

Lehramtsstudierende in der **Experimentalbedingung 1** nahmen an der ganzen Intervention teil und führten darüber hinaus auch selbstständig ein diagnostisches Interview ihrer Wahl (entweder zur Prozentrechnung oder zu den ganzen Zahlen) mit einem Lernenden zwischen der dritten und vierten Interventionssitzung durch, in denen sie das bereits vorhandene diagnostische Wissen einsetzen und

© Der/die Autor(en), exklusiv lizenziert durch Springer Fachmedien Wiesbaden GmbH, ein Teil von Springer Nature 2021
N. Hock, *Förderung von diagnostischen Kompetenzen*, Mathematikdidaktik im Fokus, https://doi.org/10.1007/978-3-658-32286-1_10

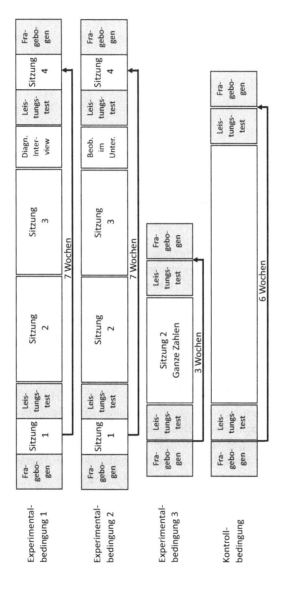

Abbildung 10.1 Design der Studie

festigen konnten. Demnach erhielten sie diagnostisches Wissen zu Schülerfehlern und deren möglichen Ursachen in den Themengebieten ganze Zahlen und Prozentrechnung in der zweiten Interventionssitzung und wandten dieses auch beim Durchführen diagnostischer Interviews in Rollenspielen sowie bei Videoanalysen in der dritten Interventionssitzung praktisch an. Das Besondere in dieser Experimentalbedingung ist das selbstständige Durchführen eines diagnostischen Interviews mit einem Lernenden.

Lehramtsstudierende in der **Experimentalbedingung 2** besuchten unabhängig von der Experimentalbedingung 1 ebenfalls die ganze Intervention und erwarben demnach, wie die Probanden der Experimentalbedingung 1, in der zweiten Interventionssitzung diagnostisches Wissen zu den ganzen Zahlen sowie zur Prozentrechnung. Ebenso setzten sie das diagnostische Interview in der dritten Interventionssitzung in Rollenspielen ein, analysierten Videos und setzten dabei das erlernte diagnostische Wissen praktisch ein. Jedoch führten sie zwischen der dritten und vierten Interventionssitzung kein diagnostisches Interview mit einem Lernenden durch, sondern wandten ihr diagnostisches Wissen im Unterricht, beispielsweise bei Beobachtungen und in Unterrichtsgesprächen, an, wodurch ebenfalls eine Lerngelegenheit vorhanden war. Dabei handelt es sich jedoch nicht um diagnostische Beobachtungen wie sie Hesse und Latzko (2011) definieren, denn die Studierenden in dieser Experimentalbedingung wurden nicht konkret dazu aufgefordert, wodurch die Beobachtungen nicht geplant waren und zudem keine systematische Aufzeichnung bzw. anschließende Genauigkeitsprüfung stattfand.

Somit konnten die Probanden beider Experimentalbedingungen zwischen der dritten und vierten Interventionssitzung ihr diagnostisches Wissen einsetzen sowie festigen und damit ihre Fehler-Ursachen-Diagnosekompetenz fördern.

Lehramtsstudierende der **Experimentalbedingung 3** nahmen an einer anderen Lehrveranstaltung teil und erhielten lediglich einen 90-minütigen Input zum Thema „Fehler und zugehörige Denkprozesse in dem mathematischen Bereich „ganze Zahlen"", der identisch mit der „Hälfte" der zweiten Interventionssitzung war, denn es wurden nur die bekannten Schülerfehler und möglichen Ursachen bei den ganzen Zahlen – nicht aber bei der Prozentrechnung – thematisiert. Die Datenerhebung fand aufgrund des kürzeren Inputs in einem Abstand von drei Wochen direkt vor und direkt nach dem 90-minütigen Input statt.

Die Lehramtsstudierenden der **Kontrollbedingung** nahmen nicht an der entwickelten Intervention teil und besuchten stattdessen ein Seminar zum Thema „Neue Medien im Mathematikunterricht". Dieses Seminar war jedoch keine Blockveranstaltung, wie die entwickelte Intervention, sondern eine regelmäßige Veranstaltung während des Semesters. Der Autor dieser Arbeit entschied sich daher bewusst, um einen Vergleich mit den Experimentalbedingungen 1 und 2 zu realisieren,

die Datenerhebungen im gleichen zeitlichen Abstand wie in diesen experimentellen Bedingungen durchzuführen. Aus organisatorischen Gründen musste jedoch
die zweite Datenerhebung in der Kontrollbedingung bereits eine Woche früher
stattfinden.

Um die aufgetretenen Forschungsfragen (siehe Kapitel 9) zu beantworten,
wurden in der vorliegenden Studie die folgenden Datenerhebungsinstrumente
eingesetzt (siehe Tabelle 10.1):

Tabelle 10.1 Datenerhebungsinstrumente in der vorliegenden Studie

Datenerhebungsinstrument	erhobene Konstrukte/Informationen
Leistungstest	Fehler-Ursachen-Diagnosefähigkeit
Fragebogen	Selbstkonzept Selbstwirksamkeitserwartung
Leitfadeninterview	Sichtweise auf die Diagnostik im Mathematikunterricht (Relevanz der Interventionsinhalte) Selbsteinschätzung der Fehler-Ursachen-Diagnosefähigkeit Einflussreichster Interventionsinhalt auf die eigene diagnostische Kompetenzentwicklung

In der ersten und in der vierten Interventionssitzung (siehe Abbildung 10.1)
wurde ein Fragebogen zur Erhebung der Selbstwirksamkeitserwartung und des
Selbstkonzeptes (siehe Abschnitt 13.3) sowie ein Leistungstest eingesetzt, der
Aufgaben mit zum Teil fehlerhaften Schülerlösungen zu den Themengebieten
ganze Zahlen und Prozentrechnung enthielt (siehe Abschnitt 13.4), die von
den Studierenden analysiert werden sollten. Während der ersten Interventionssitzung beantworteten die Studierenden zuerst den Fragebogen und bearbeiteten
am Ende dieser Sitzung den Leistungstest. In der vierten Interventionssitzung
bearbeiteten die Studierenden zuerst den Leistungstest und am Ende dieser Sitzung den Fragebogen. Demnach erhebt der Leistungstest lediglich, inwieweit
die Vermittlung diagnostischen Wissens zu Schülerfehlern und möglichen Ursachen in den Themengebieten ganze Zahlen und Prozentrechnung (in der 2.
Interventionssitzung), die Anwendung dessen bei der Auseinandersetzung mit
diagnostischen Interviews (in der 3. Interventionssitzung) und die selbstständige Durchführung eines diagnostischen Interviews mit einem Lernenden bzw.
Beobachtungen im Unterricht die Fehler-Ursachen-Diagnosefähigkeit beeinflussen. Dies sind jedoch auch die zentralen Inhalte, die theoretisch eine Förderung
der Fehler-Ursachen-Diagnosefähigkeit verursachen könnten.

Außerdem wurden sieben Studierende aus der Experimentalbedingung 1 zu vier Erhebungszeitpunkten interventionsbegleitend interviewt (siehe Abbildung 10.2), um zum einen deren subjektive Sichtweise und allgemeinen Erkenntnisse bezüglich der Diagnostik im Mathematikunterricht sowie die entsprechende Relevanz der Interventionsinhalte widerzuspiegeln, und zum anderen die Einschätzung des einflussreichsten Interventionsinhaltes auf ihre eigene diagnostische Kompetenzentwicklung sowie die Selbsteinschätzung der eigenen Fehler-Ursachen-Diagnosefähigkeit in den Themengebieten ganze Zahlen und Prozentrechnung zu erheben (siehe Abschnitt 13.5).

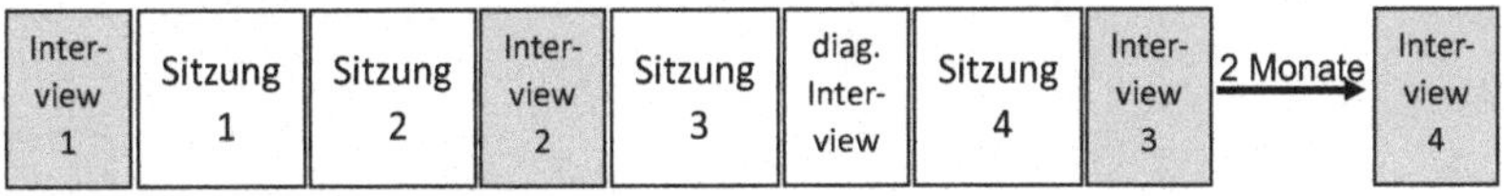

| Inter-view 1 | Sitzung 1 | Sitzung 2 | Inter-view 2 | Sitzung 3 | diag. Inter-view | Sitzung 4 | Inter-view 3 | 2 Monate | Inter-view 4 |

Abbildung 10.2 Interventionsbegleitende Interviews

Stichprobe 11

In diesem Kapitel wird die Stichprobe ausführlich dargestellt. Um die Förderung der Fehler-Ursachen-Diagnosekompetenz quantitativ zu untersuchen, entschied sich der Verfasser dieser Arbeit, die vorliegende Studie bzw. die experimentellen Bedingungen an verschiedenen Universitäten durchzuführen, wobei die Universitäten Kassel, Halle-Wittenberg und Leipzig teilnahmen. Zunächst erfolgt eine deskriptive Darstellung der gesamten Stichprobe (Abschnitt 11.1) und ferner eine separate Beschreibung jeder Experimental- sowie Kontrollbedingung (Abschnitt 11.2). Bei der Experimentalbedingung 1 wird zudem auf die sieben interviewten Probanden detaillierter eingegangen. Zusätzlich wird am Ende des zweiten Abschnittes über die Teilnahme der untersuchten Probanden an einer allgemeinen Veranstaltung zum Thema Diagnose (zum Beispiel im Kernstudium oder im Zweitfach) sowie an einer Veranstaltung zum Thema „Diagnose im Mathematikunterricht" informiert.

11.1 Deskriptive Darstellung der gesamten Stichprobe

Bei der vorliegenden Stichprobe handelt es sich um eine Gelegenheitsstichprobe (Döring & Bortz, 2016e), die insgesamt 127 Mathematik-Lehramtsstudierende für die Sekundarstufe I bzw. II sowie Wirtschaftspädagogen mit Zweitfach Mathematik aus den Universitäten Halle-Wittenberg, Leipzig und Kassel umfasste, wobei 108 Probanden sowohl am ersten als auch am zweiten Messzeitpunkt teilnahmen.[1] Die Anonymität der Probanden wurde durch die Verwendung eines individuellen

---

[1] Besonderheiten in der Datenerhebung – siehe Kapitel 14

Codes gewährleistet, der auf allen Erhebungsinstrumenten Anwendung fand, um die erhobenen Daten miteinander in Beziehung zu setzen.

Im Mittel waren die Studierenden 23.03 Jahre alt (Standardabweichung: 3.48) und besuchten im Durchschnitt das 6. Fachsemester. 52 der teilnehmenden Probanden waren männlich und 73 weiblich (keine Angabe: 2).

11.2 Deskriptive Darstellung der einzelnen Bedingungen

Experimentalbedingung 1
Die Lehramtsstudierenden in der experimentellen Bedingung 1 studierten an der Universität Halle-Wittenberg und nahmen im Rahmen einer freiwilligen Veranstaltung an der Studie teil. Sie lassen sich durch folgende demografische Angaben beschreiben (siehe Tabelle 11.1):

Tabelle 11.1 Demografische Angaben der EB 1

N	Geschlecht	Alter	aktuelles Fachsemester	Studiengang
37	♀: 22 ♂: 14 k. A.: 1	23.45 (MW) 22 (M) 4.07 (SD)	6.77 (MW) 7 (M) 2.77 (SD)	S: 8 G: 28 k. A.: 1

Geschlecht (weiblich (♀), männlich (♂)),
Studiengang (Sekundarstufe I (S), Sekundarstufe I + II (G), Wirtschaftspädagogen (W))

Wie bereits erwähnt, haben die sieben interviewten Probanden an der Experimentalbedingung 1 teilgenommen, wobei sie folgende Merkmale aufweisen (siehe Tabelle 11.2). Um die Anonymität dieser Probanden zu gewährleisten, wird im Ergebnis- sowie im Diskussionsteil die männliche Form – der Proband – benutzt.

Tabelle 11.2 Demografische Angaben der sieben interviewten Probanden

N	Geschlecht	Alter	aktuelles Fachsemester	Studiengang
7	♀: 4 ♂: 3	24 (MW) 22 (M) 4.20 (SD)	8.17 (MW) 8.00 (M) 3.37 (SD) k. A.: 1	S: 1 G: 6

Experimentalbedingung 2

Die Experimentalbedingung 2 wurde in einer Pflichtveranstaltung an der Universität Kassel durchgeführt. Die Probanden waren im Praxissemester und weisen die folgenden Merkmale auf (siehe Tabelle 11.3):

Tabelle 11.3 Demografische Angaben der EB 2

N	Geschlecht	Alter	aktuelles Fachsemester	Studiengang
24	♀: 10 ♂: 14	22.67 (MW) 21.5 (M) 4.04 (SD)	3.92 (MW) 4 (M) 0.41 (SD)	S: 24

Experimentalbedingung 3

Die Experimentalbedingung 3 fand an der Universität Leipzig in einer existierenden Lehrveranstaltung im Modul „Aufbaukurs Didaktik der Mathematik I" statt, in der ausgewählte Themen didaktisch analysiert werden, wobei der damalige Schwerpunkt auf der Bruchrechnung lag. Die im Rahmen der vorliegenden Studie durchgeführte Intervention stellte für die Lehramtsstudierenden lediglich einen Exkurs dar, wobei sie sich durch die folgenden Merkmale kennzeichnen (siehe Tabelle 11.4):

Tabelle 11.4 Demografische Angaben der EB 3

N	Geschlecht	Alter	aktuelles Fachsemester	Studiengang
42	♀: 25 ♂: 16 k. A.: 1	23.51 (MW) 22 (M) 2.37 (SD)	7.43 (MW) 7 (M) 1.19 (SD)	G: 38 W: 4

Kontrollbedingung

In der Kontrollbedingung waren Studierende der Universität Halle-Wittenberg, die zum Zeitpunkt der Erhebung an einem Seminar zum Thema „Neue Medien im Mathematikunterricht" teilnahmen. Folgende Eigenschaften kennzeichnen diese Gruppe (siehe Tabelle 11.5):[2]

---

[2]An diesem Seminar nahmen auch Probanden teil, die zuvor die im Rahmen dieser Studie entwickelte Intervention besuchten. Sie wurden jedoch gebeten, nicht nochmal das Datenerhebungsmaterial zu bearbeiten und sind daher in der Kontrollbedingung nicht berücksichtigt.

Tabelle 11.5 Demografische Angaben der KB

N	Geschlecht	Alter	aktuelles Fachsemester	Studiengang
24	♀: 16 ♂: 8	21.91 (MW) 21 (M) 3.46 (SD)	5.36 (MW) 6 (M) 1.68 (SD)	S: 7 G: 17

Zusammenfassend lässt sich erkennen, dass fast alle Studierende der Experimentalbedingung 2 erst im 4. Fachsemester waren, während sich die Probanden aus den Experimentalbedingungen 1 und 3 bereits im 7. Fachsemester (Median) und der Kontrollbedingung im 6. Fachsemester (Median) befanden. Ferner waren in der Experimentalbedingung 1 und 3 sowie in der Kontrollbedingung mehr Frauen als Männer. In der Experimentalbedingung 2 waren die Geschlechter gleich verteilt. In der Experimentalbedingung 1 und 3 sowie in der Kontrollbedingung studierten die meisten der Probanden das Lehramt für die Sekundarstufe I und II. In der Experimentalbedingung 2 waren hingegen nur Lehramtsstudierende für die Sekundarstufe I.

Manche Studierende in den Bedingungen hatten bereits an einer allgemeinen Veranstaltung zum Thema „Diagnose" teilgenommen, aber fast kein Studierender hatte bisher eine Veranstaltung zum Thema „Diagnose im Mathematikunterricht" besucht. Um die Vorerfahrungen der Studierenden im diagnostischen Bereich – vor allem in der Mathematik – besser einschätzen zu können, wurden die Curricula (Modulprüfungsordnungen und Modulbeschreibungen) der Universitäten Halle-Wittenberg, Leipzig und Kassel kontrastiert. Durch diese Analyse wurde deutlich, dass die Studierenden in allen drei Universitäten zum einen in den mathematikdidaktischen Veranstaltungen Kenntnisse im diagnostischen Bereich erlangten und zum anderen auch das Kernstudium auf diese Kompetenz einging. Demnach besaßen alle Probanden in der vorliegenden Studie gewisse Erfahrungen im Diagnosebereich und keine Universität wies große Vorteile gegenüber den anderen Universitäten auf.

Intervention

12

Wie bereits in der Einleitung erwähnt, fand die vorliegende Studie im Rahmen der „Qualitätsoffensive Lehrerbildung" bzw. innerhalb eines PRONET-Projektes (DiMaS-net) statt, weshalb die entwickelte Intervention mit dem Titel „Diagnose und Fördern im Mathematikunterricht der Sekundarstufen" nicht nur „die unabhängige Variable" war, um die Fehler-Ursachen-Diagnosekompetenz zu beeinflussen, sondern die Entwicklung dieser Intervention selbst stellte bereits ein Projektziel dar. Denn durch die „Qualitätsoffensive Lehrerbildung" sollten neue Konzepte für die Lehrerbildung in Deutschland entstehen, um diese mittel- & langfristig zu verbessern (siehe Einleitung). Die entwickelte Intervention bestand aus vier Interventionssitzungen, wobei eine Sitzung 180 Minuten umfasste. Lipowsky (2004, S. 473) ist aufgrund bisheriger Forschungsbefunde der Überzeugung: „Weniger ist Mehr", denn durch eine tiefgründige inhaltliche Auseinandersetzung im Rahmen einer Fortbildung könnte die Wahrscheinlichkeit steigen, dass sich die Kognitionen der Teilnehmer ändern. Aus diesem Grund wurden die bearbeiteten Themen in der Intervention von vier Schwerpunkten in der Pilotierungsphase (ganze Zahlen, Prozentrechnung, Terme/lineare Gleichungen und Brüche) auf die zwei Themen ganze Zahlen und Prozentrechnung in der Hauptuntersuchung reduziert, die dadurch inhaltlich detailliert analysiert werden konnten. Die Intervention in allen Experimentalbedingungen sowie die Instruktion in der Kontrollbedingung wurden von dem Autor dieser Arbeit durchgeführt. In den nächsten Abschnitten werden die Inhalte der Interventionssitzungen beschrieben (Abschnitte 12.1, 12.2, 12.3 und 12.4), indem zunächst bei jeder Sitzung eine Darlegung des jeweiligen Ziels stattfindet. Die bedeutenden Aspekte der diagnostischen Wissensvermittlung sowie die Auseinandersetzung mit diagnostischen Interviews wurden größtenteils, wie bereits erwähnt, in die zweite und dritte Interventionssitzung integriert.

© Der/die Autor(en), exklusiv lizenziert durch Springer Fachmedien Wiesbaden GmbH, ein Teil von Springer Nature 2021
N. Hock, *Förderung von diagnostischen Kompetenzen*, Mathematikdidaktik im Fokus, https://doi.org/10.1007/978-3-658-32286-1_12

12.1   Interventionssitzung 1

Ziel der ersten Interventionssitzung war es, zum einen den Mathematik-Lehramtsstudierenden einen allgemeinen Input zur Thematik „Diagnostik im Mathematikunterricht" zu geben und zum anderen das diagnostische Interview als bedeutendes Instrument zur Realisierung einer Prozessdiagnostik zu präsentieren.

Zu Beginn der ersten Sitzung beantworteten die Studierenden zunächst den Fragebogen (siehe Abschnitt 13.3). Auf Grundlage der schwachen PISA-Ergebnisse sowie der Standards der Lehrerbildung wurde dann darauf aufmerksam gemacht, dass es notwendig ist, sich mit der Thematik „Diagnostik" und der Entwicklung der diagnostischen Kompetenz bereits im Studium auseinanderzusetzen (siehe Einleitung). Unter Berücksichtigung des professionellen Kompetenzbegriffes nach Baumert und Kunter (2011) wurde der diagnostische Kompetenzbegriff erläutert, wobei auch auf die Definition von Weinert (2000) zurückgegriffen wurde. Außerdem wurde in diesem Zusammenhang die Fehler-Ursachen-Dia-gnosekompetenz (siehe Abschnitt 3.1) beschrieben. Ferner wurde die Notwendigkeit der Diagnostik als Voraussetzung für eine individuelle Förderung aufgezeigt sowie die Status- und Prozessdiagnostik kontrastiert (siehe Kapitel 1), indem unter anderem das diagnostische Interview als typische Diagnosemethode zur Realisierung einer Prozessdiagnostik detailliert analysiert wurde (siehe Unterabschnitt 3.4.2). Die Studierenden setzten sich in Gruppenarbeiten mit den Themen „Vorbereitung auf ein Interview", „Durchführung eines Interviews" und „Verhalten des Interviewers und der befragten Person" auseinander, wobei anschließend die wichtigsten Inhalte im Plenum präsentiert wurden. Am Ende der ersten Sitzung bearbeiteten die Studierenden den Leistungstest (siehe Abschnitt 13.4) und wiederholten als Hausaufgabe die allgemeinen mathematischen Kompetenzen sowie die mathematischen Leitideen.

12.2   Interventionssitzung 2

In der zweiten Interventionssitzung wurde das diagnostische Wissen zu Schülerfehlern und denkbaren Ursachen in den mathematischen Themengebieten ganze Zahlen und Prozentrechnung vermittelt, wobei das Ziel verfolgt wurde, den Mathematik-Lehramtsstudierenden zu zeigen, dass Schülerfehler auf diversen Ursachen beruhen können.

Unter Berücksichtigung der Kenntnisse aus der Hausaufgabe bearbeiteten die Studierenden die Aufgabe „Fassadenanstrich" (Schupp, 2011, S. 159) (siehe Abbildung 12.1) und beantworteten dabei die folgenden Fragen:

- Welche Leitidee ist in der Aufgabe berücksichtigt?
- Welche mathematischen Kompetenzen sind gefordert?
- Wann muss man welche Kompetenz einsetzen?

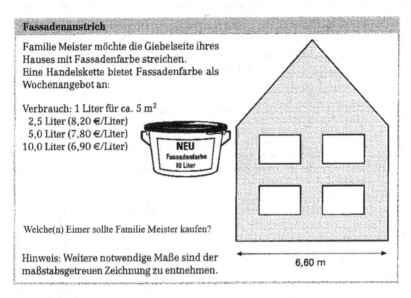

Fassadenanstrich

Familie Meister möchte die Giebelseite ihres Hauses mit Fassadenfarbe streichen.
Eine Handelskette bietet Fassadenfarbe als Wochenangebot an:

Verbrauch: 1 Liter für ca. 5 m²
   2,5 Liter (8,20 €/Liter)
   5,0 Liter (7,80 €/Liter)
   10,0 Liter (6,90 €/Liter)

NEU
Fassadenfarbe
10 Liter

Welche(n) Eimer sollte Familie Meister kaufen?

Hinweis: Weitere notwendige Maße sind der maßstabsgetreuen Zeichnung zu entnehmen.

6,60 m

Abbildung 12.1 Aufgabe „Fassadenanstrich" nach Schupp (2011, S. 159)

Die Antworten der Studierenden bezüglich der erforderlichen mathematischen Kompetenzen im Plenum wurden dabei genutzt, um den Leitfaden zur Fehleranalyse herzuleiten, mit dessen Hilfe Schülerlösungen differenziert untersucht werden können (siehe Unterabschnitt 3.5.3.3). Dieser Leitfaden wurde dann auf Aufgaben mit fehlerhaften Schülerlösungen bzw. Schülerantworten aus den Themengebieten ganze Zahlen und Prozentrechnung – sogenannte Produktvignetten (siehe Abschnitt 4.2) – angewandt, wobei die Fragestellung an die Studierenden immer dieselbe war und der Fragestellung aus dem Leistungstest entsprach (siehe Abschnitt 13.4):

a) Enthält die Schülerlösung Fehler?
    (Falls die Schülerlösung richtig ist, **keine** Bearbeitung von Teilaufgabe b))
b) Falls die Schülerlösung falsch ist...
    i. Beschreiben Sie alle Fehler.

ii. Warum macht der Schüler diese Fehler?
(Denkprozesse, mögliche Defizite, Fehlvorstellungen…)

Im Folgenden werden nun die Produktvignetten dargestellt (Abbildung 12.2, 12.3, 12.4, 12.5), wobei die fehlerhaften Schülerlösungen[1] auf Grundlage der in Kapitel 7 und 8 präsentierten Schülerfehler und möglichen Ursachen entwickelt wurden. Nach jeder Produktvignette befindet sich eine tabellarische Dokumentation der jeweiligen Fehlerbeschreibungen und denkbaren Ursachen (Tabelle 12.1, 12.2, 12.3, 12.4, 12.5, 12.6, 12.7, 12.8, 12.9).

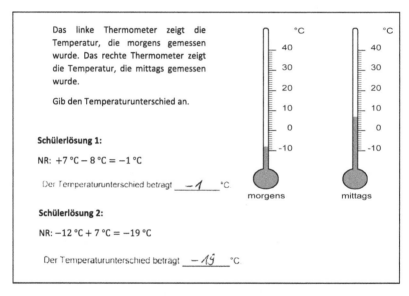

Abbildung 12.2 Aufgabe „Thermometer" (https://www.iqb.hu-berlin.de/vera/aufgab en/ma1, Zugriff am 06.08.2019)

---

[1]Anmerkung: Die handelnden Personen Julian und Timo könnten auch Erwachsene sein. Bei der Aufgabenkonstruktion wurde jedoch davon ausgegangen, dass es sich um Schüler handelt.

Schülerlösung 1:

Tabelle 12.1 Fehlerbeschreibung sowie denkbare Ursachen bei der Schülerlösung 1 zur Aufgabe „Thermometer"

Fehlerbeschreibung	Denkbare Ursachen / fehlerhafte Denkprozesse
Beim Aufstellen der Gleichung keine Unterscheidung von Vor- und Operationszeichen	K3-Defizit Schwierigkeit, Zustände und Veränderungen zu unterscheiden Fehlerhafte Übertragung der Grundvorstellungen von den natürlichen Zahlen auf die ganzen Zahlen (Begriff „Unterschied" erfordert nach Grundvorstellungen der natürlichen Zahlen eine Subtraktion. Diese wurde auch durchgeführt (aufgrund des Minuszeichens), aber mit einer falschen Größe (8 °C statt −8 °C).) Fehlerhaftes Deuten der ganzen Zahlen
Fehlerhafte Interpretation und Validierung des mathematischen Resultats	K3-Defizit

Schülerlösung 2:

Tabelle 12.2 Fehlerbeschreibung sowie denkbare Ursachen bei der Schülerlösung 2 zur Aufgabe „Thermometer"

Fehlerbeschreibung	Denkbare Ursachen / fehlerhafte Denkprozesse
Fehlerhaftes Ablesen an der Zahlengerade	Teilstriche in verkehrte Richtung gezählt Wechselnder Startpunkt beim Ablesen Keine lineare bzw. fortlaufende Anordnung der ganzen Zahlen (an der Zahlengerade)
Aufstellen einer fehlerhaften Gleichung beim Vorhandensein negativer Zahlen	K3-Defizit Fehlerhaftes Deuten der ganzen Zahlen
Addition der Beträge und Übernahme des negativen Vorzeichens der betragsmäßig größeren oder der ersten Zahl	K5-Defizit Negative Zahlen sind keine eigenen Denkgegenstände.
Fehlerhafte Interpretation und Validierung des mathematischen Resultats	K3-Defizit

168 12 Intervention

Auf einer Baustelle wird gerade ein großes Loch gegraben, welches später einmal den Keller eines Einfamilienhauses darstellen soll. Die Bauarbeiter graben ein 3 Meter tiefes Loch. Nach Rücksprache mit dem Bauleiter muss dieses jedoch um weitere 2 Meter in die Tiefe ausgegraben werden. Wie tief muss insgesamt gegraben werden?

Schülerlösung:

$$-3\,m - (-2\,m) = -3\,m + 2\,m = -5\,m$$

Insgesamt muss 5 m tief gegraben werden.

Abbildung 12.3 Baustellenaufgabe in der Intervention. (Foto: Eigene Aufnahme)

Tabelle 12.3 Fehlerbeschreibung sowie denkbare Ursachen bei der Schülerlösung zur „Baustellenaufgabe"

Fehlerbeschreibung	Denkbare Ursachen / fehlerhafte Denkprozesse
Aufstellen einer fehlerhaften Gleichung beim Vorhandensein negativer Zahlen	K3-Defizit
	Fehlerhaftes Deuten der ganzen Zahlen
Addition der Beträge und Übernahme des negativen Vorzeichens der betragsmäßig größeren oder der ersten Zahl	K5-Defizit
	Negative Zahlen sind keine eigenen Denkgegenstände.
	Berechnung im Kopf und anschließend Notierung einer (hoffentlich passenden) Gleichung

Finde passende Zahlen, für die folgende
Relationen gelten:

a) −3 < ___ < 2

b)   3 < ___ < 6

c) −2 < ___ < 0

Schülerlösung:

a) −3 < −5 < 2

b)   3 < 4 < 6

c) −2 < −3 < 0

Tabelle 12.4 Fehlerbeschreibung sowie denkbare Ursachen bei der Schülerlösung zur Aufgabe „Ordnen von ganzen Zahlen"

Fehlerbeschreibung	Denkbare Ursachen / fehlerhafte Denkprozesse
Falsche Ordnung der ganzen Zahlen	Ordnung der negativen Zahlen entspricht der Ordnung der positiven Zahlen
	Fehlerhaftes Deuten der ganzen Zahlen

In der Zeitung war über die Produktion von Schokoladenfiguren zu lesen:

„Der Osterhase liegt deutlich vor dem Weihnachtsmann:
Schätzungsweise 100 Millionen Hasen wurden im Jahre 2008 zum Osterfest produziert."

Das Kreisdiagramm zeigt die Anteile der Weihnachtsmänner und Osterhasen an der Produktion solcher Schokoladenfiguren im Jahr 2008.

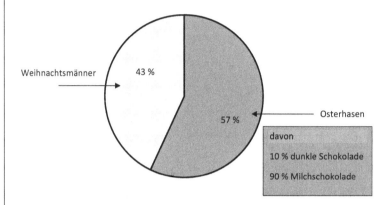

Berechne die Anzahl von Osterhasen in 2008, die aus dunkler Schokolade gefertigt wurden.

Schülerlösung 1:

$$PW_1 = 100.000.000 \cdot 0,57 = 57.000.000$$

$$PW_2 = 57.000.000 \cdot 0,1 = 5.700.000$$

Also wurden insgesamt 5.700.000 Osterhasen aus dunkler Schokolade produziert.

Schülerlösung 2:

$$100.000.000 : 0,1 = 1.000.000.000$$

Antwort des Schülers: Nach der Rechnung wurden 1.000.000.000 Osterhasen aus dunkler Schokolade produziert. Aber eigentlich dürften es nur 10 Osterhasen sein, da ja nur 10 % der 100.000.000 Osterhasen in dunkler Schokolade produziert wurden. Irgendwie bin ich verwirrt.

Abbildung 12.4 Aufgabe „Schokoladenfiguren" (https://www.iqb.hu-berlin.de/vera/auf gaben/ma1, Zugriff am 06.08.2019)

Schülerlösung 1:

Tabelle 12.5 Fehlerbeschreibung sowie denkbare Ursachen bei der Schülerlösung 1 zur Aufgabe „Schokoladenfiguren"

Fehlerbeschreibung	Denkbare Ursachen / fehlerhafte Denkprozesse
Fehlerhafte Entnahme von Informationen aus der Aufgabenstellung	K6-Defizit
Fehlerhafte Zuordnung zwischen Grundwert, Prozentwert und Prozentsatz	K3-Defizit Keine Erkennung der Nicht-Verschachtelung der Aufgabe

Schülerlösung 2:

Tabelle 12.6 Fehlerbeschreibung sowie denkbare Ursachen bei der Schülerlösung 2 zur Aufgabe „Schokoladenfiguren"

Fehlerbeschreibung	Denkbare Ursachen / fehlerhafte Denkprozesse
Verwendung eines falschen Operators	K3-Defizit Fehlerhafte Übertragung der Grundvorstellung von den natürlichen Zahlen auf die Prozentrechnung, wonach Division die Ausgangsgröße verkleinert Unzureichendes Begriffsverständnis
Verwechslung relativer und absoluter Angaben (aufgrund des Aufgabeninhalts) (Anmerkung: In diesem Zusammenhang wurde auch die Verwechslung relativer und absoluter Angaben aufgrund der Verhältnisgleichung ($\frac{P}{G} = \frac{p}{100}$; p ist eine absolute Zahl) thematisiert.)	Keine Interpretation des Prozentsatzes als relativer Anteil

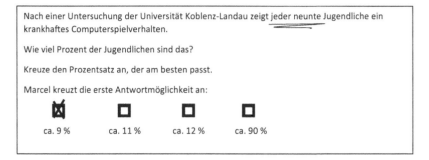

> Nach einer Untersuchung der Universität Koblenz-Landau zeigt jeder neunte Jugendliche ein krankhaftes Computerspielverhalten.
>
> Wie viel Prozent der Jugendlichen sind das?
>
> Kreuze den Prozentsatz an, der am besten passt.
>
> Marcel kreuzt die erste Antwortmöglichkeit an:
>
> ☒   □   □   □
>
> ca. 9 %   ca. 11 %   ca. 12 %   ca. 90 %

Abbildung 12.5 Aufgabe „Prozentschreibweise" (https://www.iqb.hu-berlin.de/vera/auf
gaben/ma1, Zugriff am 06.08.2019)

Tabelle 12.7 Fehlerbeschreibung sowie denkbare Ursachen bei der Schülerlösung zur
Aufgabe „Prozentschreibweise"

Fehlerbeschreibung	Denkbare Ursachen / fehlerhafte Denkprozesse
Fehlerhafte Umformung zwischen Brüchen und Prozentangaben ($\frac{1}{9}$ entspricht nicht 9 %) (Anmerkung: Bei dieser Aufgabe wurde auch nochmals auf das K3-Defizit eingegangen. Bei der fehlerhaften Umformung handelt es sich um ein K5-Defizit.)	Fehlerhafte Anteilsvorstellung bei Prozentangaben

Julian:

Tabelle 12.8 Fehlerbeschreibung sowie denkbare Ursachen bei Julians Lösung zur
Aufgabe „Iphone 7"

Fehlerbeschreibung	Denkbare Ursachen / fehlerhafte Denkprozesse
Falsche Berechnung bei Aufgaben mit verminderten/vermehrten Grundwert (Fälschliche Addition der Prozentsätze, da sich 8 % auf den reduzierten Preis beziehen)	K3-Defizit Keine Berücksichtigung des verminderten Grundwertes Keine Erkennung der Verschachtelung der Aufgabe

Timo:

Tabelle 12.9 Fehlerbeschreibung sowie denkbare Ursachen bei Timos Lösung zur Aufgabe „Iphone 7"

Fehlerbeschreibung	Denkbare Ursachen / fehlerhafte Denkprozesse
Falsche Berechnung bei Aufgaben mit verminderten/vermehrten Grundwert (Fälschliche Multiplikation der Prozentsätze, da sich 10 % und 5 % auf den Grundpreis beziehen)	K3-Defizit Keine Berücksichtigung des verminderten Grundwertes Keine Erkennung der Verschachtelung der Aufgabe

Julian möchte sich gerne das gerade neu erschienene iPhone 7 kaufen. Nachdem er das ganze Internet nach geeigneten Angeboten abgesucht hat, stieß er auf folgendes Angebot eines Drittanbieters:

Bei Kauf eines iPhone 7 innerhalb der nächsten zwei Wochen bekommt man zusätzlich zu dem Neukundenrabatt von 5 % noch einen weiteren Rabatt von 10 % auf den Grundpreis. Weiterhin kann man nochmal weitere 8 % vom reduzierten Preis sparen, wenn man das iPhone direkt mit Pay-Pal bezahlt.

Julian erzählt seinem Freund Timo von dem Angebot und sagt daraufhin, dass es das beste Angebot sei, da man ganze 23 % vom Kaufpreis sparen würde.

Timo erwidert daraufhin, dass es nicht 23 % sein können, da Prozentabschläge, wie sie es in der Schule gelernt haben, doch multiplikativ seien. „Du sparst nur $0{,}05 \cdot 0{,}1 \cdot 0{,}08 = 0{,}0004$ vom Grundpreis, was 0,04 % entspricht."

Durch das Arbeiten mit diesen Produktvignetten kann vor allem das diagnostische Wissen zu Schülerfehlern und denkbaren Ursachen vermittelt und zudem die Beobachtungsfähigkeit der Lehramtsstudierenden ausgebildet werden (siehe Abschnitt 4.2). In der vorliegenden Studie wurde ferner der erste Weg nach Hascher (2003) berücksichtigt (siehe Abschnitt 4.2), denn die Studierenden setzten sich zuerst allein mit den falschen Schülerlösungen auseinander, tauschten sich dann mit ihren Kommilitonen sowie im Plenum aus und erst danach erfolgten der theoretische Input und notwendige Ergänzungen. Anhand der Produktvignetten wurden typische Schülerfehler und mögliche Ursachen in den zwei Themengebieten ganze Zahlen und Prozentrechnung hergeleitet und jeweils durch ein Mindmap festgehalten. Außerdem erhielten die Studierenden nochmals sowohl einen fachwissenschaftlichen Input zur Prozentrechnung (Hafner, 2012) als auch einen fachdidaktischen, unter anderem zur „Entstehung negativer Zahlen als eigene Denkgegenstände" (Malle, 1989) und den „Grundvorstellungen zum Prozentbegriff" (Hafner & vom Hofe, 2008) (siehe Kapitel 7 und 8), indem sie sich im Rahmen einer Hausaufgabe mit den vorgegebenen Texten auseinandersetzen und entsprechend Notizen zu Schülerfehlern und möglichen Ursachen in den behandelten Themengebieten anfertigen sollten.

12.3   Interventionssitzung 3

In der dritten Interventionssitzung lernten die Mathematik-Lehramtsstudierenden die FIMS (siehe Unterabschnitt 3.4.2.2) zu den Themengebieten ganze Zahlen und Prozentrechnung kennen und wandten diese auch an. Dabei standen zwei Ziele im Fokus: Zum einen sollten die Studierenden das erlernte diagnostische Wissen nutzen und zum anderen aber auch die FIMS konkret anwenden.

Die dritte Interventionssitzung begann mit einer Wiederholung der Schülerfehler und möglicher Ursachen in den Themengebieten ganze Zahlen und Prozentrechnung, die in der zweiten Interventionssitzung erarbeitet wurden. Ebenso wiederholten die Studierenden in einer Gruppenarbeit die Aspekte Vorbereitung und Durchführung eines diagnostischen Interviews sowie das adäquate Verhalten währenddessen durch die Placemat-Methode (Barzel, Büchter & Leuders, 2015). Die Anwendung diagnostischer Interviews wurde mit Hilfe der folgenden Interviewtranskripte zur „Cola-Aufgabe" eingeleitet (aus Hafner und vom Hofe (2008, S. 16)):[2]

---

[2]Der Interviewer wird in allen drei Interviews mit „I" abgekürzt.

In einem Biergarten sitzen 200 Gäste. 20 % der Gäste trinken alkoholfreie Getränke. Hiervon trinken 80 % eine Cola.
Wie viele Gäste trinken eine Cola?

Interview mit Rainer (R)

R rechnet folgendermaßen:

$$200 : 20\,\% = 200 : 0{,}2$$

$$\rightarrow \frac{2000}{2} = 100\cancel{0} : 1\cancel{0}$$

R: Zwei, jetzt hab' ich das Komma weggelassen, da es einfacher zu rechnen geht, dafür hab ich hier eine Null angehängt, also mit zehn erweitert. Das gibt dann 1000, und dann muss ich halt durch zehn teilen, weil ich ja durch zehn erweitert hab. Dann gibt das 100. Also 100 Gäste trinken eine Cola. Das geht aber irgendwie nicht. Das wäre dann die Hälfte. [...]

I: Und jetzt hast du hier oben bei Prozent ja gerechnet – 200 geteilt durch 20 %. Warum rechnest du das so, kannst du mir das erklären?

R: Ja, eigentlich wollte ich, dass da ... normalerweise müsste das ja hier durch 20 %, da müsste das kleiner werden. Aber da hab' ich irgendwo einen Fehler gemacht und dann ist das falsch herausgekommen.

Interview mit Theresa (T)

T: Naja, also erst mal sind die zweihundert Gäste hundert Prozent. Und davon dann die zwanzig, und dann bleiben, noch achtzig übrig. Aber da müsste man jetzt ausrechnen, von den zweihundert Gästen, wie viel zwanzig Prozent sind.

I: Kannst du das machen?

T: Mmm, ja. Denke schon.

T rechnet 200 · 0,20. *(28 Sekunden)*

T: Also das sind dann, ehm, vierzig Leute, die alkoholfreie Getränke trinken. Und dann müsste man noch, ehm, zweihundert minus vierzig. Und das sind dann hundertsechzig, trinken ne Cola.

Rechnung:
200 Gäste = 100 %
40 Gäste = 20 % → übrig 80 %
200 Gäste – 40 Gäste = 160 Gäste
160 Gäste trinken eine Cola

Interview mit Eva (E)

I: Jetzt lassen wir den ersten Teil da einmal weg. Nehmen wir mal an, in einem Biergarten sitzen 200 Gäste, hiervon trinken 80 % eine Cola. Wie würdest du das bestimmen?

E: Also, die 200 Gäste bleiben dann ja 100 % und also dann würden ja 20 irgendwas anderes trinken. Und die 80 halt die Cola. Aber wie man es rechnet – keine Ahnung.

I: 80 Gäste trinken dann eine Cola?

E: Also 80 % ja, trinken eine Cola.

I: Ja, ok. 80 % trinken eine Cola, das heißt dann auch, 80 Personen trinken eine Cola?

E: Ja.

I: Und wie versteht man das dann, wenn man die ganze Aufgabe nimmt:

I liest den ersten Teil der Aufgabenstellung vor.   *E unterbricht ihn.*

E: Also dann trinken 20 Gäste alkoholfreie Getränke und die 80 Gäste eine Cola.

Die Studierenden arbeiteten in Gruppen und erhielten jeweils ein Interview-transkript, in denen zunächst die erkennbaren Fehler und dahinterliegenden Ursachen analysiert werden sollten. Zudem bewerteten und diskutierten sie das Interviewerverhalten. Die Interviewtranskripte und deren Analysen wurden anschließend im Plenum präsentiert und diskutiert. Weiterhin lernten die Studierenden besondere diagnostische Interviews, wie das EMBI, das ENRP und die FIMS, kennen (siehe Unterabschnitt 3.4.2.2), aber setzten sich lediglich mit den FIMS intensiv und detailliert durch eine Gruppenarbeit auseinander. Durch eine anschließende Stationsarbeit mit vier Stationen (siehe Abbildung 12.6) hatten die Studierenden in Zweier- oder Dreiergruppen noch intensiver die Möglichkeit, sich mit den FIMS zu den ganzen Zahlen und zur Prozentrechnung auseinanderzusetzen und dabei das erlernte diagnostische Wissen anzuwenden.

Abbildung 12.6 Stationen
zur Auseinandersetzung
mit den FIMS

| Rollenspiel (ganze Zahlen) | Videoanalyse (ganze Zahlen) |
| Rollenspiel (Prozentrechnung) | Videoanalyse (Prozentrechnung) |

In zwei Stationen führten die Studierenden Rollenspiele durch, um die ungewohnte Situation eines diagnostischen Interviews zunächst mit Kommilitonen zu üben. Diese Methode wurde in die Intervention integriert, damit die Lehramtsstudierenden lernen, mit ihren Schülern ins Gespräch zu kommen, wobei ein Student die Rolle des Schülers und der andere die Rolle des Interviewers einnahm und eine mögliche dritte Person der Beobachter sein konnte. Somit versetzten sich die Studierenden in diese konkrete Lage und dachten aber auch gleichzeitig darüber nach, wie der Schüler in dieser Situation reagieren könnte und welche Schülerfehler und dahinterliegende Ursachen theoretisch möglich sind. In zwei weiteren Stationen setzten sich die Studierenden mit Videovignetten auseinander, die im Projekt DiMaS-net entstanden waren und in denen jeweils ein Schüler von einem Studierenden mit einem FIMS interviewt wurde und der jeweilige Schüler zum Teil Fehler machte. Sie hatten nun die Aufgabe, die Schülerfehler zu beschreiben und vor allem die denkbaren Ursachen zu analysieren. An dieser Stelle wurden Videovignetten eingesetzt, da sie eine authentische und ansprechende Lernumgebung darstellen (Lipowsky, 2004). Sie ermöglichen eine Reflexion der Situation aus verschiedenen Blickwinkeln und geben außerdem die Gelegenheit, das Schülerdenken zu analysieren (Blomberg et al., 2013; Sherin, Linsenmeier & Es, 2009). Da Videovignetten oftmals eine hohe Komplexität aufweisen (von Aufschnaiter et al., 2017), wurden sie lediglich in der Übungsphase berücksichtigt und nicht bei der Vermittlung diagnostischen Wissens zu Schülerfehlern und denkbaren Ursachen in der zweiten Interventionssitzung. Die Studierenden in der Intervention waren zwar in diesem Moment nicht selbst in einem diagnostischen Interview tätig, konnten aber die Erfahrungen des Studierenden in dem Video auf sich übertragen und dadurch ebenfalls lernen sowie die subjektive Gewissheit stärken, Schülerfehler und denkbare Ursachen auch diagnostizieren zu können. Die zweitstärkste Quelle zur Beeinflussung der Selbstwirksamkeitserwartung (siehe Unterabschnitt 3.2.2.2) wurde somit an dieser Stelle berücksichtigt, wodurch eine Erhöhung dieser bezüglich der Diagnose von Schülerfehlern sowie deren Ursachen möglich ist. Am Ende dieser Interventionssitzung wurde die Stationsarbeit reflektiert und offene Fragen zu den FIMS geklärt.

Die Probanden der Experimentalbedingung 1 führten zwischen der dritten und vierten Interventionssitzung ein diagnostisches Interview (FIMS) zur Prozentrechnung oder zu den ganzen Zahlen mit einem Schüler ihrer Wahl selbstständig durch und die Probanden der Experimentalbedingung 2 beobachteten Schüler im Unterricht bzw. führten Unterrichtsgespräche durch (siehe Kapitel 10). Daher konnten die Probanden in beiden Bedingungen ihr diagnostisches Wissen einsetzen sowie festigen und gegebenenfalls ihre Fehler-Ursachen-Diagnosekompetenz weiterentwickeln. Sowohl das selbstständige Durchführen eines diagnostischen Interviews mit einem Lernenden als auch das selbstständige Beobachten von Schülern im Unterricht sowie die Unterrichtsgespräche repräsentieren die Hauptquelle der Selbstwirksamkeitserwartung und könnten demnach die Selbstwirksamkeitserwartung der Studierenden hinsichtlich der Diagnose von Schülerfehlern und deren Ursachen beeinflussen.

12.4   Interventionssitzung 4

In der vierten Interventionssitzung stand die individuelle Förderung eines Lernenden im Zentrum, wobei vor allem das Ziel verfolgt wurde, individuelle Förderwege nach dem Durchführen eines diagnostischen Interviews aufzuzeigen.

Zu Beginn der vierten Interventionssitzung reflektierten die Studierenden, die das diagnostische Interview durchgeführt hatten, kurz über die vergangenen Eindrücke, denn nach Brouwer und Korthagen (2005) empfinden Studierende es als notwendig, die Möglichkeit zu erhalten, ihre praktischen Lernerfahrungen zu reflektieren.[3] Zudem reflektierten die Studierenden ihre Erfahrungen mit dem diagnostischen Interview (FIMS) in einer abschließenden Hausarbeit.[4] Anschließend bearbeiteten die Studierenden den Leistungstest (siehe Abschnitt 13.4) und lernten im Anschluss durch eine Stationsarbeit mit 6 Stationen sowohl Fördermöglichkeiten kennen, die innerhalb des Projektes entwickelt wurden (siehe Unterabschnitt 3.4.2.2), als auch Zugangsmöglichkeiten für die ganzen Zahlen (siehe Abbildung 12.7).

Abbildung 12.7 Stationen in der Stationsarbeit

---

[3]Die Probanden in der Experimentalbedingung 2 waren nicht direkt aufgefordert worden, diagnostische Beobachtungen durchzuführen, weshalb an dieser Stelle auch keine Reflexion stattfand.

[4]Auch die Probanden der Experimentalbedingung 2 führten ein diagnostisches Interview zu den ganzen Zahlen oder zur Prozentrechnung mit einem Lernenden durch und reflektierten im Rahmen einer Hausarbeit ebenfalls ihre Erfahrungen. Dieses Interview erfolgte allerdings erst nach den Interventionssitzungen.

Als Zugangsmöglichkeit zu den ganzen Zahlen wurden Spiele thematisiert, denn sie sind Hattermann (2014) zufolge für diesen Themenbereich sehr populär. In der Interventionssitzung verglichen die Studierenden das Spiel bzw. den Kontext „Guthaben und Schulden" und das Spiel „Hin und Her" miteinander. In der folgenden Tabelle 12.10 sind die Vor- und Nachteile des „Guthaben und Schulden" – Kontextes nach Schindler (2014), T. Leuders, Hußmann, Barzel und Prediger (2011) sowie Malle (1988) dargestellt.

Tabelle 12.10 Vor- und Nachteile des „Guthaben und Schulden" – Kontextes

Vorteile	Nachteile
– Lebensweltbezug – Kontextauthentizität	– Guthaben und Schulen → zwei unterschiedliche Quantitäten → zweigeteilte Zahlengerade (statt Vorstellung einer lineare bzw. fortlaufenden Zahlengerade) – Kaum Bezug zur Zahlengerade – Schnelle Veränderung des Bezugspunktes (Bsp.: Schulden für Bankkunden negativ, aber für Bank selbst positiv)

Das Spiel „Hin und Her" lässt sich im Buch „mathe live 7" (Böer et al., 2007) finden und wird von anderen Autoren auch „Auf und Ab" genannt (Hattermann, 2014). Auch Malle (1988, 1989) setzte ein Spiel mit dem Namen „Hin und Her" in seiner Untersuchung ein, jedoch war dies eine andere Version als diejenige, die innerhalb der vorliegenden Intervention zur Anwendung kam. Das Spielfeld ist eine Zahlengerade mit ganzen Zahlen zwischen -13 und $+13$ und einem Zielfeld an beiden Enden. Ziel ist es, das Zielfeld zu erreichen. Jeder Spieler erhält Spielfiguren mit Gesichtern, die sich je nach Würfelergebnis auf dem Spielfeld bewegen. Es existieren zwei Würfel, wobei auf dem einen die Rechenzeichen $+$ und $-$ abgebildet sind, die die Blickrichtung der Spielfigur wiedergeben. Auf dem anderen sind die Zahlen 0; -1; -2; -4; $+3$ sowie $+5$ dargestellt, die die Vorwärts- und Rückwärtsbewegung symbolisieren (Boer et al., 2007; Hattermann, 2014). Auch hier werden die Vor- und Nachteile wieder tabellarisch (siehe Tabelle 12.11) nach Hattermann (2014) und T. Leuders et al. (2011) gegenübergestellt.

Tabelle 12.11 Vor- und Nachteile des „Hin und Her" – Spiels

Vorteile	Nachteile
– Aufgrund des Spielfeldes direkt Zusammenhang zur Zahlengerade erkennbar – auch Verwendung des eigenen Körpers als Spielfigur – Inhaltliche Deutung der Subtraktion als Addition der Gegenzahl ist möglich.	– Unterschiedliche Interpretation des gleichen Plus- bzw. Minuszeichens (einmal Blickrichtung und einmal Bewegung) – Kaum Lebensweltbezug sowie Kontextauthentizität

Nach vom Hofe und Hattermann (2014) gibt es bisher kein optimales Modell, um alle Rechenoperationen in den negativen Zahlen zu behandeln.

Neben den Spielen zu den ganzen Zahlen existierten weiterhin jeweils zwei Stationen in beiden Themengebieten zur Förderung bei Verständnisschwierigkeiten. Ausgangspunkt in den Stationen bildeten die Defizite der Schüler aus den Videovignetten der dritten Interventionssitzung. Die Studierenden sollten über eine Fördermöglichkeit nachdenken und dabei das bereitgestellte Material berücksichtigen. Eine Station zu den ganzen Zahlen thematisierte eine denkbare Förderung bei Defiziten bezüglich der Ordnung von ganzen Zahlen und eine weitere setzte sich mit den Grundrechenarten Addition und Subtraktion auseinander. Eine Station zur Prozentrechnung umfasste eine mögliche Förderung bei Verständnisschwierigkeiten hinsichtlich der Gleichwertigkeit von Darstellungen und die zweite beinhaltete die Anwendung von Veranschaulichungen, die Schülern helfen sollen, sich besser an die Beziehung zwischen Grundwert, Prozentwert und Prozentsatz zu erinnern. Abschließend fanden eine Feedbackrunde und die Beantwortung des Fragebogens (siehe Abschnitt 13.3) statt.

Datenerhebung 13

In Kapitel 13 werden zunächst die klassische und die probabilistische Testtheorie in Abschnitt 13.1 gegenübergestellt und in Abschnitt 13.2 die berücksichtigten psychometrischen Kennwerte zur Item- und Skalenanalyse erläutert. Anschließend findet eine Beschreibung sowie empirische Analyse des verwendeten Fragebogens (Abschnitt 13.3) und des eingesetzten Leistungstests (Abschnitt 13.4) statt. In Abschnitt 13.5 wird schließlich das im Rahmen der vorliegenden Studie eingesetzte Interview dargestellt. Die folgende Tabelle 13.1 gibt nochmals einen Überblick, welche Datenerhebungsinstrumente wann eingesetzt wurden und welche Konstrukte jeweils im Mittelpunkt standen.

Elektronisches Zusatzmaterial Die elektronische Version dieses Kapitels enthält Zusatzmaterial, das berechtigten Benutzern zur Verfügung steht.
https://doi.org/10.1007/978-3-658-32286-1_13

Tabelle 13.1 Datenerhebungsinstrumente und die erhobenen Konstrukte

Erhebungszeit-punkte	Test instrument	Erhobene Kon-strukte/Informationen	Items	Zeit
2 MZP 1 (vor der Intervention) und MZP 2 (nach der Intervention)	Leistungs-test	Fehler-Ursachen-Diagnosefähigkeit	10	variabel
	Fragebogen	Selbstkonzept Selbstwirksamkeitser-wartung	5 5	variabel
4 (vor, während und direkt nach der Intervention sowie 2 Monate später)	Leitfaden-interview	Sichtweise auf die Diagnostik im Mathematikunterricht (Relevanz der Interventionsinhalte) Selbsteinschätzung der Fehler-Ursachen-Diagnosefähigkeit Einflussreichster Interventionsinhalt auf eigene diagnostische Kompetenzentwick-lung		vor: ~16 min währ.: ~12 min nach: ~20 min 2 Monate später: ~27 min

13.1 Die klassische und die probabilistische Testtheorie in der quantitativen Datenerhebung

Mit der Beziehung zwischen dem interessierenden, nicht beobachtbaren (latenten) Merkmal und dem beobachtbaren (manifesten) Verhalten im Test beschäftigen sich Testtheorien (Döring & Bortz, 2016b). Die klassische Testtheorie (kurz: KTT) war die erste Testtheorie, auf deren Grundlage psychologische Tests konstruiert wurden, wobei das Adjektiv „klassisch" auf diese Tatsache hinweist. Auf ihr beruhen gegenwärtig auch die meisten psychologischen Testverfahren, wie Leistungstests, standardisierte Interviews oder Fragebögen (Bühner, 2011). In ihr wird angenommen, dass sich der gemessene bzw. beobachtete Wert aus der wahren Ausprägung des erhobenen Merkmals und einem zufälligen Messfehler zusammensetzt. Bezüglich der Skalierung und der Konstruktvalidität weist die KTT jedoch Schwächen auf, die nun dargestellt werden:

Das Verknüpfungsaxiom $(x_{vi} = \tau_{vi} + \varepsilon_{vi})^1$, das unter anderem in der KTT angenommen wird, ist empirisch nicht nachweisbar, denn sowohl der Messfehler (ε_{vi}) als auch der wahre Wert (τ_{vi}) können nicht beobachtet werden. Weiterhin lässt sich das Intervallskalenniveau der Testwerte nicht überprüfen, wird aber bei der KTT vorausgesetzt und angenommen (Moosbrugger, 2012b). Die (lokale stochastische) Unabhängigkeit der Items wird durch die zusätzlichen Annahmen^2 der KTT festgelegt, aber nicht nochmals empirisch überprüft (Bühner, 2011). Aus dieser lässt sich die Homogenität der Testitems schlussfolgern. Demnach messen sie alle ein Merkmal und können zu einem Testwert summiert werden. Es existiert jedoch keine Möglichkeit zu überprüfen, ob die Items wirklich homogen sind und alle die gleiche latente Variable erfassen (Moosbrugger, 2012b). Schließlich sind die Kennwerte der KTT, wie Itemschwierigkeit, Itemtrennschärfe und auch die Reliabilität, stichprobenabhängig und müssen bei jeder Stichprobe neu erhoben werden. Daher kommt die Frage auf, inwieweit die Ergebnisse generalisierbar sind (Moosbrugger, 2012b; Walter & Rost, 2011).

Neben der KTT hat sich eine weitere Testtheorie, die sogenannte Probabilistische Testtheorie (kurz: PTT) entwickelt, die Annahmen hinsichtlich der Modellparameter, wie Itemschwierigkeit und Personenfähigkeit, macht, von denen die Lösungswahrscheinlichkeit eines Items abhängt (Bühner, 2011). Sie wird auch in den internationalen Bildungsstudien IGLU, TIMSS und PISA angewandt (Döring & Bortz, 2016b). Nach Moosbrugger (2012a) stellt die PTT jedoch keine Alternative zur KTT dar, sondern sollte eher als Ergänzung dieser wahrgenommen werden. Im Gegensatz zur KTT besitzt sie eine strengere Annahmenbasis und prüft beispielsweise die lokale stochastische Unabhängigkeit, wodurch die Homogenität der Testitems bezüglich der latenten Variable empirisch nachgewiesen wird (Moosbrugger, 2012a, 2012b). Die PTT umfasst eine Vielzahl verschiedener probabilistischer Testmodelle, die zur Darlegung der Beziehung zwischen dem beobachtbaren Testverhalten und der latenten Variable verwendet werden können (Moosbrugger, 2012a; D. H. Rost & Spada, 1982). In der vorliegenden Studie wurde das Partial-Credit-Modell der PTT zur Skalierung der erhobenen Daten im Leistungstest verwendet. Die erhobenen Daten im Fragebogen wurden unter Berücksichtigung der KTT skaliert.

---

[1]x_{vi} – beobachteter/gemessener Wert (x) eines Probanden (v) beim Item (i)
[2]Die Messfehler zwischen den Items sind unabhängig und die Messfehler zwischen den Personen sind unabhängig (Moosbrugger, 2012)

13.2 Psychometrische Kennwerte zur Item- und Skalenanalyse

Um die Skalenbildung zur Erhebung einzelner Konstrukte zu analysieren und dabei aussagekräftige Items auszuwählen, werden bei der KTT psychometrische Kennwerte, wie zum Beispiel die Reliabilität, in Form der internen Konsistenz, sowie die Itemtrennschärfen, betrachtet. Bei der PTT werden zusätzlich die Itemfitmaße überprüft (siehe Döring und Bortz (2016c), J. Rost (2004)). Auf diese Kennwerte wird nun eingegangen, denn sie wurden in der vorliegenden Studie berücksichtigt.

„Unter Reliabilität versteht man den Grad der Genauigkeit, mit dem ein Test ein bestimmtes Merkmal misst, unabhängig davon, was er zu messen beansprucht" (Bühner, 2011, S. 60). Sowohl in der KTT als auch in der PTT lässt sich die Reliabilität aus dem Verhältnis zweier Größen bestimmen, weshalb auch der Ausdruck Reliabilitätskoeffizient verwendet wird, der einen Wert zwischen 0 und 1 annehmen kann. Eine Reliabilität von 1 bedeutet, dass keine Messfehler vorhanden sind und der Test fehlerfrei misst (Moosbrugger, 2012b). Bei der KTT wird dabei die Varianz der gemessenen Testwerte berücksichtigt und bei der PTT entsprechend die Varianz der geschätzten Personenparameter (Moosbrugger, 2012b; Walter & Rost, 2011). In der vorliegenden Studie wurde die EAP-/PV-Reliabilität beim Leistungstest (siehe Abschnitt 13.4) und die interne Konsistenz durch den Cronbach-α-Koeffizienten bei den zwei Konstrukten im Fragebogen (siehe Abschnitt 13.3) bestimmt, wobei die EAP-/PV-Reliabilität mit dem Cronbach-α-Koeffizienten vergleichbar ist (Brand, 2014; Bühner, 2011). Aus konventioneller Perspektive gilt ein $\alpha \geq 0.90$ als hoch und ein $\alpha \geq 0.80$ als ausreichend (Döring & Bortz, 2016b). Es ist jedoch ratsam, den α-Koeffizient kontextspezifisch zu betrachten, das heißt, die verwendete Testart, die Homogenität oder Heterogenität der Stichprobe sowie die Art und Breite des erhobenen Merkmals zu berücksichtigen (Bühner, 2011; Döring & Bortz, 2016b). Sowohl Schermelleh-Engel und Werner (2012) als auch Schmitt (1996) sind daher der Ansicht, dass es nicht möglich ist, eine allgemeingültige Grenze eines akzeptablen α-Koeffizienten anzugeben. Soll eine einzelne Person im Rahmen der Individualdiagnostik untersucht werden, muss eine hohe Messgenauigkeit gewährleistet sein und demnach ist ein α-Koeffizient von 0.90 notwendig (Nunnally & Bernstein, 1994). Geht es hingegen um Gruppenvergleiche und die Analyse von vorhandenen Unterschieden in Kollektivdiagnostiken, dann sind auch geringere Reliabilitäten akzeptabel (Schermelleh-Engel & Werner, 2012; Schmitt, 1996). Krauss et al. (2015) sprechen sich im Forschungskontext für ein akzeptables $\alpha \geq 0.70$ aus.

Entscheidend ist, dass alle Items das gleiche Merkmal messen (und der Test demzufolge valide ist). Nur wenn diese Voraussetzung erfüllt ist, kann die Reliabilität durch Konsistenzanalysen richtig geschätzt werden. Dabei gilt zu berücksichtigen, dass es auch breiter definierte Merkmale gibt, die nur durch inhaltlich heterogene Items erfasst werden können. Diese korrelieren dann geringer miteinander und die Reliabilität fällt geringer aus, aber eine hohe Inhaltsvalidität ist trotzdem vorhanden (Moosbrugger & Kelava, 2012; Schermelleh-Engel & Werner, 2012). Döring und Bortz (2016b) empfehlen, einen konstruierten Test nicht sofort abzulehnen, weil mechanische Festlegungen bzw. Faustregeln nicht erfüllt sind.

„Die Trennschärfe r_{it} eines Items i drückt aus, wie groß der korrelative Zusammenhang zwischen den Itemwerten x_{vi} der Probanden und den Testwerten x_v der Probanden ist" (Kelava & Moosbrugger, 2012, S. 84). Die Korrelation kann zwischen -1 und 1 liegen, wobei eine hohe Itemvarianz eine hohe Trennschärfe begünstigen kann, diese aber auch keine Garantie dafür darstellt (Kelava & Moosbrugger, 2012). Trennschärfen ab 0.30 sind nach Döring und Bortz (2016b) zufriedenstellend. Nunnally und Bernstein (1994) betrachten bereits eine Itemtrennschärfe über 0.20 als ausreichend. Jedoch sollte kein Item aufgrund einer mechanischen Richtlinie sofort eliminiert werden, nur weil es eine niedrige Trennschärfe hat. Eine inhaltliche Interpretation ist an dieser Stelle entscheidend und kann zur Berücksichtigung von Items führen, die auch eine geringere Trennschärfe aufweisen. Soll beispielsweise ein Konstrukt operationalisiert werden, das eine große inhaltliche Breite umfasst, geht dies oftmals mit geringen Trennschärfen einher (Döring & Bortz, 2016b).

„Itemfit-Maße zeigen an, wie gut ein Item zu dem Testmodell passt, das als Grundlage der Testauswertung dient", wobei zwischen residuum- und likelihoodbasierten Itemfit-Maßen unterschieden wird (J. Rost, 2004, S. 371; Walter & Rost, 2011). Das Programm Conquest bestimmt die residuumbasierten Itemfit-Maße Infit (weighted mean square (MNSQ)) und Outfit (unweighted mean square (MNSQ)) (Wu, Adams, Wilson & Haldane, 2007), die die tatsächliche Itemantwort mit der theoretisch erwarteten Itemantwort, auf der Grundlage des verwendeten Modells, vergleichen. Der Erwartungswert beider residuumbasierten Itemfit-Maße beträgt 1 (Bond & Fox, 2015; Walter & Rost, 2011). Das Itemfit-Maß „Infit" erhält jedoch bei Analysen oftmals mehr Beachtung als das Outfitmaß, wie zum Beispiel auch bei PISA (Bond & Fox, 2015; OECD, 2009). In der Literatur lassen sich unterschiedliche Intervalle hinsichtlich akzeptabler residuumbasierter Itemfitmaße finden: In der PISA-Studie 2000 wurden beispielsweise Items akzeptiert, deren Infit-Werte zwischen 0.80 und 1.20 lagen (Adams & Wu, 2002). Für Joyce und Yates (2007) sind sogar Infit-Werte zwischen 0.60

und 1.40 akzeptabel. Die Infit- und Outfitmaße lassen sich jeweils zu einer näherungsweisen standardnormalverteilten Größe (T-Wert) umrechnen (Walter & Rost, 2011). Im Allgemeinen gelten Items, deren T-Wert kleiner als −2 oder größer als + 2 ist, als unkompatibel mit dem gewählten Modell (Bond & Fox, 2015).

13.3 Fragebogen zur Erhebung des Selbstkonzeptes und der Selbstwirksamkeitserwartung

Der Abschnitt 13.3 gliedert sich in drei Unterabschnitte, wobei im ersten Unterabschnitt 13.3.1 auf die Entwicklung des Fragebogens eingegangen wird. Anschließend erfolgt eine kurze Darstellung des Fragebogenaufbaus (Unterabschnitt 13.3.2) sowie eine empirische Analyse der eingesetzten Items und entstehenden Skalen (Unterabschnitt 13.3.3).

13.3.1 Entwicklung des Fragebogens

Um unter anderem die Konstrukte Selbstkonzept und Selbstwirksamkeitserwartung zu erheben, wurde ein entsprechender Fragebogen entworfen. Aufgrund des Interesses an einer Stelle der Studie die Fehler-Ursachen-Diagnosekompetenz der Probanden etwas differenzierter zu untersuchen, entschied sich der Verfasser dieser Arbeit, die Items zum Selbstkonzept und zur Selbstwirksamkeitserwartung im Fragebogen zur eigentlichen Thematik „Diagnostizieren von Schülerfehlern und deren Ursachen" zu spezifizieren und sich explizit auf das Diagnostizieren bzw. Identifizieren von Denkprozessen und Fehlvorstellungen zu konzentrieren. Durch die Spezifikation der Items bzw. der entstehenden Skalen lassen sich die vorliegenden Forschungsfragen zwar nur teilweise beantworten, jedoch sind die Einschätzungen der Studierenden auf einer tiefgründigeren Ebene. Denn die Diagnose von Denkprozessen und Fehlvorstellungen stellt einen konkreten Teilaspekt der Fehler-Ursachen-Diagnosefähigkeit dar, die zudem auch die Fehlerwahrnehmung und -beschreibung sowie die Analyse von Ursachen berücksichtigt, welche nicht unbedingt Fehlvorstellungen sein müssen. Wenn die angehenden Lehrkräfte ihr Selbstkonzept sowie ihre Selbstwirksamkeitserwartung bereits in diesem anspruchsvollen Teilaspekt nach der Intervention positiver einschätzen bzw. wahrnehmen, deutet dies zudem darauf hin, dass auch das Selbstkonzept sowie die Selbstwirksamkeitserwartung zur Diagnose von Schülerfehlern und deren Ursachen gestiegen sein könnten. Die Items zum Selbstkonzept und zur

Selbstwirksamkeitserwartung hinsichtlich des Diagnostizierens von Denkprozessen und Fehlvorstellungen lehnen sich an existierende Items in diesen Bereichen an (siehe Unterabschnitt 13.3.3).

13.3.2 Aufbau des Fragebogens

Zu den Konstrukten Selbstkonzept und Selbstwirksamkeitserwartung bezüglich der Diagnose von Denkprozessen und Fehlvorstellungen existierten im Fragebogen 10 Items, wobei die Studierenden durch zusätzliche Erklärungen darauf hingewiesen wurden, dass sich die Items und somit ihre Einschätzungen nur auf die Themengebiete ganze Zahlen und Prozentrechnung bezogen.[3] Die Erhebung wurde als Paper-Pencil-Test durchgeführt und fand zu zwei Messzeitpunkten statt, wobei weder die Reihenfolge der Items noch deren Formulierung geändert wurde. Die Bearbeitungszeit für den Fragebogen war variabel, betrug aber im Durchschnitt sieben Minuten. Nach Krampen (1993) ist es ratsam, die Items verschiedener Skalen zu vermischen, anstatt das jeweilige Konstrukt durch einen Itemblock zu erfassen, was bei der Fragebogenkonstruktion entsprechend berücksichtigt wurde. Die Probanden sollten durch ein gebundenes Antwortformat Stellung nehmen und ihre individuelle Einschätzung auf einer diskret gestuften bipolaren Ratingskala mit den sechs verbalen Stufen „stimmt überhaupt nicht", „stimmt weitgehend nicht", „stimmt eher nicht", „stimmt ein wenig", „stimmt weitgehend" und „stimmt genau" wiedergeben. Verbale Skalenpunkte sind gegenüber numerischen vorteilhaft, denn sie werden von allen Probanden einheitlicher interpretiert. Bei der Entwicklung des Fragebogens hat sich der Autor dieser Arbeit bewusst gegen die sogenannte Mittelkategorie entschieden, um neutrale Antworten zu vermeiden und die Probanden zu einer Tendenz zu ermutigen (Jonkisz, Moosbrugger & Brandt, 2012). Um Mittelwerte und Streuungsmaße zu bestimmen, wurde ein Intervallskalenniveau der erhobenen Variablen angenommen.

---

[3] Anmerkung: Im Fragebogen waren noch sechs weitere Items zur intrinsischen Lernmotivation enthalten, die jedoch an dieser Stelle nicht weiter untersucht werden.

13.3.3 Item- und Skalenanalyse bei den erhobenen Konstrukten Selbstkonzept und Selbstwirksamkeitserwartung

Aufgrund der erhobenen Konstrukte Selbstkonzept und Selbstwirksamkeitserwartung unterteilt sich dieser Unterabschnitt in zwei Bereiche. Für jedes Konstrukt werden zunächst alle Items aufgelistet und anschließend in Tabellen für jedes Item die Anzahl der Probandenantworten (N), das empirische Minimum (emp. Min.), das empirische Maximum (emp. Max.), der Mittelwert (MW), die Varianz (Var), die Standardabweichung (SD) und die Itemtrennschärfe (r_{it}) zu allen Erhebungszeitpunkten dokumentiert. Weiterhin werden diese Größen sowie die Reliabilität der jeweiligen Gesamtskala am Ende jeder Tabelle berichtet. In beiden Konstrukten entspricht der Itemscore 1 der Aussage „stimmt überhaupt nicht", der Itemscore 2 „stimmt weitgehend nicht", der Itemscore 3 „stimmt eher nicht", der Itemscore 4 „stimmt ein wenig", der Itemscore 5 „stimmt weitgehend" und der Itemscore 6 „stimmt genau". Fehlende Antworten wurden als missing berücksichtigt. Die jeweilige Skalenbildung erfolgte mit Hilfe der Mittelwerte über die Itemscores (siehe Krauss et al. (2015)), wobei die Probanden berücksichtigt wurden, die alle Items beantwortet hatten.

Eine Pilotierung des Fragebogens fand bei angehenden Mathematiklehrkräften statt (N = 92). Die berechneten Kennwerte werden ebenfalls in diesem Unterabschnitt berichtet.

Selbstkonzept

Bei der Erhebung des akademischen Selbstkonzeptes, wobei es sich beim Selbstkonzept im Diagnostizieren von Schülerfehlern und deren Ursachen (sowie auch beim Selbstkonzept im Diagnostizieren von Denkprozessen und Fehlvorstellungen) um ein derartiges handelt, ist es, wie bereits erwähnt, umstritten, ob sowohl die kognitiv-evaluative als auch affektive Komponente berücksichtigt werden sollten. Einige Autoren, wie auch Retelsdorf et al. (2014), erfassen nur die kognitiv-evaluative Komponente, um eine eindeutige Trennung zum Interesse bzw. der Motivation zu realisieren (Möller & Trautwein, 2009). Auch in der vorliegenden Studie wird lediglich die kognitiv-evaluative Komponente betrachtet, denn die entwickelten Items lehnen sich an Items von Retelsdorf et al. (2014) an. Durch die nachfolgende Tabelle 13.2 werden zunächst die ursprünglichen Items, die angelehnten Items in der vorliegenden Studie sowie die Literaturquelle angegeben. Die deskriptiven Werte der Items und der gebildeten Skala, sowie die Itemtrennschärfen und der Cronbach-α-Koeffizient werden für die Erhebungszeitpunkte Pilotierung, MZP 1 und MZP 2 in den Tabellen 13.3 bis 13.5 dargestellt und anschließend entsprechend analysiert.

Tabelle 13.2 Angelehnte Items zur Erhebung des Selbstkonzeptes

Ursprüngliches Item	Angelehntes Item	Quelle
Ich merke schnell, wenn andere Probleme haben.	Ich merke schnell, wenn Lernende Probleme mit dem Lernstoff haben. (SEK1)	Retelsdorf et al. (2014)
	Im Diagnostizieren von mathematischen Denk- und Fehlvorstellungen bei meinen Schüler/innen bin ich sehr gut. (SEK2)	In Anlehnung an Retelsdorf et al. (2014)
Die Inhalte meiner Studienfächer bereiten mir keine Schwierigkeiten.	Die spezifischen Denk- und Fehlvorstellungen in den mathematischen Themengebieten Ganze Zahlen und Prozentrechnung bereiten mir keine Schwierigkeiten. (SEK3)	Retelsdorf et al. (2014)
Ich denke, meine Studienfächer liegen mir besonders.	Ich denke, das Diagnostizieren von mathematischen Denk- und Fehlvorstellungen bei meinen Schüler/innen liegt mir besonders. (SEK4)	Retelsdorf et al. (2014)
Was meine Studienfächer angeht, bin ich ziemlich fit.	Im Diagnostizieren von mathematischen Denk- und Fehlvorstellungen fühle ich mich fit. (SEK5)	Retelsdorf et al. (2014)

Tabelle 13.3 Item- und Skalenanalyse zum Konstrukt Selbstkonzept (Pilotierung)

Itemname (Abk.)	N	emp. Min.	emp. Max.	MW	SD	Var	r_{it}
SEK1	92	1	6	4.54	1.03	1.06	0.63
SEK2	91	1	6	3.69	1.02	1.04	0.84
SEK3	89	1	6	3.84	1.03	1.07	0.62
SEK4	86	2	6	3.86	0.91	0.83	0.72
SEK5	88	1	6	3.75	1.01	1.02	0.82

Gesamtskala Selbstkonzept	Skalenbildung: Mittelwerte über Itemscores Cronbach-$\alpha = 0.88$ MW $= 3.95$; Var $= 0.11$; SD $= 0.33$; emp. Min $= 3.73$; emp. Max $= 4.52$; theor. Min $= 1$; theor. Max $= 6$; N $= 86$

Tabelle 13.4 Item- und Skalenanalyse zum Konstrukt Selbstkonzept (MZP 1)

Itemname (Abk.)	N	emp. Min.	emp. Max.	MW	SD	Var	r_{it}
SEK1	120	3	6	4.74	0.69	0.48	0.38
SEK2	116	1	6	3.70	1.06	1.12	0.67
SEK3	117	1	6	3.84	1.07	1.14	0.53
SEK4	117	1	6	3.80	0.92	0.85	0.65
SEK5	118	1	6	2.93	1.27	1.62	0.67
Gesamtskala Selbstkonzept	Skalenbildung: Mittelwerte über Itemscores Cronbach-α = 0.79 MW = 3.81; Var = 0.40; SD = 0.63; emp. Min = 2.96; emp. Max = 4.74; theor. Min = 1; theor. Max = 6; N = 111						

Tabelle 13.5 Item- und Skalenanalyse zum Konstrukt Selbstkonzept (MZP 2)

Itemname (Abk.)	N	emp. Min.	emp. Max.	MW	SD	Var	r_{it}
SEK1	110	3	6	4.86	0.73	0.53	0.46
SEK2	110	2	6	4.03	0.78	0.61	0.74
SEK3	111	1	6	4.05	0.93	0.86	0.56
SEK4	111	1	6	4.02	0.92	0.85	0.62
SEK5	111	1	6	3.93	1.02	1.05	0.67
Gesamtskala Selbstkonzept	Skalenbildung: Mittelwerte über Itemscores Cronbach-α = 0.82 MW = 4.18; Var = 0.15; SD = 0.39; emp. Min = 3.94; emp. Max = 4.86; theor. Min = 1; theor. Max = 6; N = 110						

Bei der Operationalisierung des Konstruktes Selbstkonzept bezüglich der Identifikation von Denkprozessen und Fehlvorstellungen waren die Itemtrennschärfen zu allen drei Erhebungszeitpunkten über 0.30 und damit zufriedenstellend. Die Itemtrennschärfe des Items SEK1 betrug zum ersten Messzeitpunkt 0.38, was auf der geringeren Itemvarianz beruhen könnte. Zu allen drei Erhebungszeitpunkten war die interne Konsistenz gut.

Selbstwirksamkeitserwartung

Nachfolgend findet sich, wie beim Absatz zum Selbstkonzept, eine Übersicht (siehe Tabelle 13.6), in der die ursprünglichen Items, die angelehnten Items in der vorliegenden Studie sowie die jeweiligen Literaturquellen aufgelistet sind. In den Tabellen 13.7 bis 13.9 werden sowohl die deskriptiven Werte der Items und der gebildeten Skala als auch die Itemtrennschärfen sowie die interne Konsistenz durch den Cronbach-α-Koeffizienten für die drei Erhebungszeitpunkte Pilotierung, MZP 1 und MZP 2 angegeben.[4]

Tabelle 13.6 Angelehnte Items zur Erhebung der Selbstwirksamkeitserwartung

Ursprüngliches Item	Angelehntes Item	Quelle
Mir gelingt es im Fach Mathematik eine lernbegleitende Diagnostik in meine Unterrichtsgestaltung zu integrieren, selbst wenn ich zeitlich unter Druck bin.	Mir gelingt es in den Themengebieten Ganze Zahlen und Prozentrechnung, eine lernbegleitende Diagnostik in meine Unterrichtsgestaltung zu integrieren, selbst wenn ich zeitlich unter Druck bin. (SWE1)	Sprenger, Wartha und Lipowsky (2015)
Ich bin mir sicher im Fach Mathematik trotz der vielen Anforderungen auch im Regelunterricht zählendes Rechnen beobachten zu können.	Ich bin mir sicher in den Themengebieten Ganze Zahlen und Prozentrechnung, trotz der vielen Anforderungen, auch im Regelunterricht Denkprozesse meiner Schüler/innen beobachten zu können. (SWE2)	Sprenger et al. (2015)
Ich traue mir zu, die Schüler/innen für neue Probleme zu begeistern.	Ich traue mir zu, die Denk- und Fehlvorstellungen meiner Schüler/innen zu diagnostizieren. (SWE3)	Baumert et al. (2008)
Ich bin mir sicher, dass ich kreative Ideen entwickeln kann, mit denen ich ungünstige Unterrichtsstrukturen verändere.	Ich bin mir sicher, dass ich in der Lage bin, die Denk- und Fehlvorstellungen meiner Schüler/innen nachzuvollziehen. (SWE4)	Baumert et al. (2008)
Ich bin mir sicher, dass ich auch mit den problematischen Schüler/innen in guten Kontakt kommen kann, wenn ich micht [sic] darum bemühe.	Ich bin mir sicher, dass ich bei jedem/r Schüler/in die Denk- und Fehlvorstellungen feststellen kann, insofern sie vorhanden sind. (SWE5)	Baumert et al. (2008)

---

[4]Anmerkung: Bei der PME-Tagung im Jahr 2018 sowie der GDM-Tagung im Jahr 2017 wurden noch andere Items zur Bildung der Gesamtskala Selbstwirksamkeitserwartung berücksichtigt.

Tabelle 13.7 Item- und Skalenanalyse zum Konstrukt Selbstwirksamkeitserwartung (Pilotierung)

Itemname (Abk.)	N	emp. Min.	emp. Max.	MW	SD	Var	r_{it}
SWE1	88	1	6	3.43	1.10	1.21	0.50
SWE2	92	1	6	3.92	0.99	0.97	0.58
SWE3	88	2	6	4.15	0.88	0.77	0.69
SWE4	88	2	6	4.20	0.85	0.72	0.72
SWE5	87	1	6	3.86	0.97	0.93	0.52
Gesamtskala Selbstwirksamkeitserwartung	Skalenbildung: Mittelwerte über Itemscores Cronbach-α = 0.81 MW = 3.92; Var = 0.09; SD = 0.30; emp. Min = 3.44; emp. Max = 4.23; theor. Min = 1; theor. Max = 6; N = 82						

Tabelle 13.8 Item- und Skalenanalyse zum Konstrukt Selbstwirksamkeitserwartung (MZP 1)

Itemname (Abk.)	N	emp. Min.	emp. Max.	MW	SD	Var	r_{it}
SWE1	103	1	6	3.33	1.23	1.52	0.47
SWE2	120	2	6	4.26	0.87	0.75	0.52
SWE3	120	1	6	3.98	1.16	1.34	0.65
SWE4	120	2	6	4.53	0.87	0.76	0.43
SWE5	120	1	6	3.46	1.18	1.39	0.42
Gesamtskala Selbstwirksamkeitserwartung	Skalenbildung: Mittelwerte über Itemscores Cronbach-α = 0.73 MW = 3.92; Var = 0.27; SD = 0.52; emp. Min = 3.33; emp. Max = 4.55; theor. Min = 1; theor. Max = 6; N = 103						

Tabelle 13.9 Item- und Skalenanalyse zum Konstrukt Selbstwirksamkeitserwartung (MZP 2)

Itemname (Abk.)	N	emp. Min.	emp. Max.	MW	SD	Var	r_{it}
SWE1	106	1	6	3.96	0.89	0.80	0.61
SWE2	110	1	6	4.38	0.80	0.64	0.64
SWE3	110	1	6	4.46	0.99	0.98	0.70
SWE4	111	1	6	4.52	0.91	0.83	0.66
SWE5	111	1	6	4.00	0.87	0.76	0.49
Gesamtskala Selbstwirksamkeitserwartung	Skalenbildung: Mittelwerte über Itemscores Cronbach-α = 0.82 MW = 4.27; Var = 0.07; SD = 0.26; emp. Min = 3.94; emp. Max = 4.53; theor. Min = 1; theor. Max = 6; N = 104						

Die Itemtrennschärfen lagen bei allen drei Erhebungszeitpunkten über 0.30 und waren damit zufriedenstellend. Die interne Konsistenz zum Konstrukt der Selbstwirksamkeitserwartung hinsichtlich des Diagnostizierens von Denkprozessen und Fehlvorstellungen (siehe Gesamtskala in den Tabellen 13.7–13.9) befand sich ebenfalls zu allen drei Erhebungszeitpunkten in einem akzeptablen Bereich.

13.4   Leistungstest zur Erhebung der Fehler-Ursachen-Diagnosefähigkeit

In diesem Abschnitt wird der entwickelte Leistungstest der vorliegenden Studie vorgestellt, indem zunächst die Notwendigkeit erläutert wird, diesen zu entwickeln (Unterabschnitt 13.4.1). Anschließend werden die Struktur des Leistungstests beschrieben (Unterabschnitt 13.4.2) und die entwickelten Testaufgaben, einschließlich dem verwendeten Kategoriensystem, erläutert (Unterabschnitt 13.4.3). Eine Darstellung der allgemeinen Codieranweisungen für die Testaufgaben sowie der Umgang mit fehlenden Daten befinden sich in Unterabschnitt 13.4.4. Im letzten Unterabschnitt 13.4.5 werden schließlich die durch den Leistungstest erhobenen Daten unter Verwendung des Partial-Credit-Modells skaliert.

13.4.1   Notwendigkeit für die Entwicklung eines neuen Leistungstests zur Erhebung der Fehler-Ursachen-Diagnosefähigkeit

In der Studie COACTIV fand die Erhebung der diagnostischen Fähigkeiten zum einen im Querschnitt statt und zum anderen stand dabei vor allem die Urteilsakkuratheit der befragten Lehrkräfte im Mittelpunkt (Brunner et al., 2011). Diese Erhebungen sind inhaltlich zu umfangreich und dadurch zu wenig spezifisch, um die Wirkung einer universitären Intervention im Längsschnitt nachzuweisen. Außerdem wurden die diagnostischen Fähigkeiten durch die Urteilsakkuratheit modelliert, die in der vorliegenden Studie keine Berücksichtigung fand. Zwar setzte Heinrichs (2015) ebenfalls einen Leistungstest zur Erhebung der fehlerdiagnostischen Kompetenz in ihrer Studie ein, aufgrund der zum Teil unterschiedlichen Interventionsinhalte konnte dieser jedoch in der vorliegenden Studie nicht verwendet werden. Daher wurde ein neues Instrument entwickelt, um die Veränderung der Fehler-Ursachen-Diagnosefähigkeit hinsichtlich der Analyse von schriftlichen Schülerlösungen zu erfassen. Die Testentwicklung erfolgte auf der Grundlage der theoretischen Überlegungen, wonach Schülerfehler beim Lösen von Mathematikaufgaben nicht unbedingt zufällig durch

unüberlegtes Arbeiten entstehen, sondern auf diversen anderen Ursachen beruhen
können (siehe Abschnitt 3.5). Die Aufgaben im Leistungstest umfassten daher (realitätsbezogene) Aufgaben mit entsprechenden Schülerlösungen, in denen zum Teil
Fehler erkennbar waren. In der Pilotierung der Intervention sowie des Leistungstests wurden neben den Themenbereichen ganze Zahlen und Prozentrechnung noch
die Themenbereiche Lineare Gleichungen und Bruchrechnung berücksichtigt (siehe
Kapitel 12), weshalb der pilotierte Leistungstest auch Aufgaben mit fehlerhaften
Schülerlösungen zu diesen Themen enthielt und ferner auch die Aufgabenstellun-
gen der einzelnen Aufgaben zum Teil unterschiedlich formuliert waren. Aus diesem
Grund existieren keine statistischen Analysen des pilotierten Leistungstests. Durch
retrospektive Befragungen der Interventionsteilnehmer (Jonkisz et al., 2012) in der
Pilotierungsphase war jedoch eine Überarbeitung und Anfertigung des vorliegen-
den Leistungstests möglich. Die Studierenden sollten in der Hauptuntersuchung bei
jeder Aufgabe die eventuell enthaltenen Fehler in der Schülerlösung zunächst erkennen und entsprechend beschreiben sowie mögliche Ursachen benennen, wobei die
Themengebiete ganze Zahlen und Prozentrechnung fokussiert wurden. Die bereits in
Kapitel 7 und 8 präsentierten Schülerfehler sowie möglichen Ursachen in den beiden
Themengebieten bildeten dabei die Basis zur Konstruktion der Aufgaben inklusive
der entsprechenden Schülerlösungen.

13.4.2 Struktur des Leistungstests

Durch die Instruktion im Leistungstest wurden die Studierenden zunächst darauf
aufmerksam gemacht, dass die erhobenen Daten die Analyse der diagnostischen
Kompetenz ermöglichen. Ferner erhielten sie in der Instruktion Hinweise zum
Bearbeiten der Testaufgaben, indem sie unter anderem eine Aufgabe überspringen sollten, wenn sie diese nicht lösen könnten. Die Studierenden machten
neben demografischen Angaben (Geschlecht, Alter, Fachsemester, Schulform und
Fächerkombination) noch weitere Angaben bezüglich der Teilnahme an Veranstaltungen zum Thema „Diagnose", beispielsweise im Kernstudium oder in ihrem
zweiten Fach, und zum Thema „Diagnose im Mathematikunterricht".

Bei dem eingesetzten Leistungstest handelte es sich um einen Niveautest, da er
eine Differenzierung der Probanden aufgrund der Aufgabenschwierigkeit ermög-
lichte und die Bearbeitungszeit variabel war (Jonkisz et al., 2012). Die Erhebung
wurde in der ersten und vierten Interventionssitzung als Paper-Pencil-Test realisiert. Der Leistungstest umfasste insgesamt 11 Aufgaben zu den Themengebieten
ganze Zahlen und Prozentrechnung, die in ihrer Bearbeitung unabhängig voneinander waren. Zur Erhebung der Fehler-Ursachen-Diagnosefähigkeit in den

Themengebieten ganze Zahlen und Prozentrechnung wurden jedoch nur zehn dieser Aufgaben berücksichtigt, da eine Aufgabe durch eine fehlerhafte Formulierung inakzeptabel war (siehe Unterabschnitt 13.4.3). Nach Jonkisz et al. (2012) ist es aufgrund motivationaler Überlegungen empfehlenswert, Aufgaben nach einem aufsteigenden Schwierigkeitsgrad zu ordnen, deren Beantwortung jedoch unabhängig voneinander stattfinden muss. Folglich thematisierten die ersten Aufgaben des eingesetzten Leistungstests den mathematischen Bereich ganze Zahlen und erst anschließend folgten Aufgaben mit entsprechenden Schülerlösungen zum Themengebiet der Prozentrechnung. Innerhalb der jeweiligen Thematik waren die Aufgaben nach dem vermuteten Schwierigkeitsgrad für die Studierenden geordnet, wobei den Studierenden die Bearbeitung aller Aufgaben aus mathematisch-fachwissenschaftlicher Perspektive nicht schwerfallen dürfte. Neben Aufgaben mit falschen Schülerlösungen gab es auch welche, die richtige Schülerlösungen enthielten. Diese Aufgaben wurden in den Test integriert, um eine reale Situation, wie zum Beispiel beim Korrigieren einer Klassenarbeit, zu erzeugen, da meistens nicht alle Schülerlösungen Fehler enthalten. Die Aufgaben besaßen ein freies Antwortformat, wobei die Probandenantworten im Anschluss mit Hilfe eines Kategoriensystems codiert wurden, das im Rahmen einer quantitativen Inhaltsanalyse entstand (Döring & Bortz, 2016b) (siehe Unterabschnitt 13.4.3). Um die Auswertungsobjektivität zu gewährleisten (Moosbrugger & Kelava, 2012), wurden die Probandenantworten durch zwei unabhängige Codierer ausgewertet und deren Übereinstimmung empirisch überprüft (siehe Unterabschnitt 13.4.4).

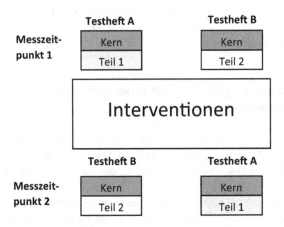

Abbildung 13.1 Einsatz der Testhefte im Rotationsdesign

Im Rahmen der Hauptuntersuchung kamen zwei Testhefte zum Einsatz, die
nach dem in Abbildung 13.1 ersichtlichen Rotationsdesign angewandt wurden,
was in ähnlicher Form auch in der DISUM-Studie zum Einsatz kam (Leiß &
Blum, 2007). Im Unterschied zum dortigen Testdesign wurden in der vorliegenden Studie nur zwei Testhefte eingesetzt. Jedes Testheft bestand dabei aus zwei
Blöcken, wobei der Block „Kern" Ankeraufgaben enthielt, die in beiden Testheften A und B gleich waren. Die Teile 1 und 2 beinhalteten Parallelaufgaben zu
den Themengebieten ganze Zahlen und Prozentrechnung, die den gleichen Fehler
und zugrundeliegende Ursachen berücksichtigten, sich aber im Aufgabenkontext
unterschieden. In jeder Experimentalbedingung sowie in der Kontrollbedingung
wurden die Studierenden zu beiden Messzeitpunkten in zwei Teilgruppen auf-
geteilt, die entweder das Testheft A oder das Testheft B erhielten. Nach der
Intervention setzten sie sich entsprechend mit dem anderen Testheft auseinander. Das heißt, ein Proband, der zum ersten Messzeitpunkt das Testheft A erhielt,
bearbeitete zum zweiten Messzeitpunkt das Testheft B und umgekehrt.

Durch das Rotationsdesign, das jedoch nur sinnvoll ist, wenn die erhobenen
Daten des Tests nach der PTT skaliert werden können, kann zum einen das
gemeinsame Lösen der Testaufgaben („Abschreiben") stückweit vermieden und
zum anderen Erinnerungseffekte bei wiederholten Messungen verringert werden
(Schermelleh-Engel & Werner, 2012). „Darüber hinaus können sich Positionsef-
fekte ,ausmitteln', d. h. die […] berechneten Itemschwierigkeiten stellen jeweils
mittlere Itemschwierigkeiten der beiden positionsspezifischen Schwierigkeiten
dar" (Walter & Rost, 2011, S. 98–99). Somit ist die Berechnung der Personenparameter in der vorliegenden Studie weitestgehend unbeeinflusst von diesem Effekt
(Walter & Rost, 2011). Im folgenden Unterabschnitt werden nun die einzelnen
Testaufgaben detailliert erläutert.

13.4.3 Erläuterung der Testaufgaben (inklusive Kategoriensystem)

Jede Aufgabe im Leistungstest enthielt eine Aufgabe mit einer Schülerlösung[5],
die zum Teil Fehler aufwies. Durch drei Teilaufgaben wurden die Probanden bei
jeder Aufgabe im Leistungstest aufgefordert, die vorgegebene Schülerlösung zu
analysieren.

In der Teilaufgabe a) sollte der Studierende entscheiden, ob die Schülerlösung
Fehler enthält. Falls dies der Fall war, sollte er im Rahmen der Teilaufgabe b) i.

---

[5]Ausnahme: Aufgabe 7, Testheft A – handelnde Person: Herr Berger

alle Fehler beschreiben und bei ii. erläutern, warum der Schüler/die handelnde Person in der Aufgabe diese Fehler gemacht hat, in dem Sinne, welche Denkprozesse, möglichen Defizite oder Fehlvorstellungen zu den Fehlern geführt haben könnten. Die erste Teilaufgabe a) erforderte demnach mathematisches Fachwissen (siehe Unterabschnitt 3.2.1.2), um zunächst erst einmal den Fehler wahrzunehmen. Die Beschreibung des Fehlers sowie die Erläuterung möglicher Ursachen setzte eher mathematikdidaktisches Wissen bezüglich des Diagnostizierens voraus, wobei das mathematische Fachwissen eine wichtige Voraussetzung hierfür darstellt (siehe Unterabschnitt 3.2.1.3). In den Testheften des Leistungstests wurden, wie bereits erwähnt, nur Aufgaben zu den Themengebieten ganze Zahlen und Prozentrechnung berücksichtigt, die in Tabelle 13.10 aufgelistet sind, wobei es, wie bereits im vorherigen Unterabschnitt erläutert, auch Ankeraufgaben gab, die in beiden Testheften vorhanden waren (siehe Tabelle 13.10 – 2. Tabellenspalte). Die Parallelaufgaben in den Testheften (siehe Tabelle 13.10 – 1. und 3. Tabellenspalte) berücksichtigten, wie bereits beschrieben, die gleichen Fehler und dahinterliegenden Ursachen, unterschieden sich aber im Kontext. Die Aufgabe 5 beinhaltete vier Schülerlösungen, die sich auf die gleiche Aufgabenstellung bezogen.

Tabelle 13.10 Aufgaben im Leistungstest

Parallelaufgaben (in Testheft A)	Ankeraufgaben (in beiden Testheften)	Parallelaufgaben (in Testheft B)
	Kontostandberechnung (Aufgabe 1 – ZKS)	
Ordnen ganzer Zahlen (Aufgabe 2 – ZLI)		Vorgänger/Nachfolger (Aufgabe 2 – ZVN)
Temperatur in Moskau (Aufgabe 3 – ZMK)		Riesenkalmar (Aufgabe 3 – ZRK)
Hosenkauf (Aufgabe 4 – ZHR)		Hosenkauf – Dialog (Aufgabe 4 – ZHI)
	20 Prozent (Aufgabe 5.1 – PP1)	
	20 Prozent (Aufgabe 5.2 – PP2)	
	20 Prozent (Aufgabe 5.3 – PP3)	
	20 Prozent (Aufgabe 5.4 – PP4)	
Schülerfahrkarte (Aufgabe 6 – PSF)		Angebotsvergleich (Aufgabe 6 – PUR)
Autokauf (Aufgabe 7 – PAK)		DVD-Player-Kauf (Aufgabe 7 – PDP)
Einkommen (Aufgabe 8 – PEA)		Zeitschrift (Aufgabe 8 – PZA)

Wie bereits erwähnt, wurden die Probandenantworten im Leistungstest durch die Anwendung eines Kategoriensystems codiert, das durch eine quantitative Inhaltsanalyse entstand.

Die forschungslogische Einordnung der *quantitativen Inhaltsanalyse* sorgt oft für Verwirrung. Sie wird zuweilen als Datenerhebungsmethode oder auch als Datenauswertungsverfahren bezeichnet. Tatsächlich hat sie jedoch eine Zwischenstellung: Sie dient der Quantifizierung qualitativer Dokumente (seien sie vorgefunden oder forschungsgeneriert) und *bereitet eine statistische Analyse* vor. (Döring & Bortz, 2016b, S. 534, Hervorhebung im Original)[6]

---

[6]Döring und Bortz (2016) beschreiben den Ablauf der quantitativen Inhaltsanalyse im Kapitel „Dokumentenanalyse", geben aber gleichzeitig auch an, dass die Dokumentenanalyse nach ihrer Definition die Arbeit mit forschungsgenerierten Dokumenten nicht umfasst, sondern sich auf die Analyse vorhandener Dokumente beschränkt. Die quantitative Inhaltsanalyse kann jedoch sowohl bei vorhandenen als auch bei forschungsgenerierten Dokumenten angewandt werden.

Durch eine theoriebasierte-deduktive Herangehensweise wurden zunächst die stoff-didaktischen Analysen[7] zu den ganzen Zahlen (Kapitel 7) sowie zur Prozent-rechnung (Kapitel 8) bei der Bildung des Kategoriensystems berücksichtigt. Wei-terhin wurden durch ein datenbasiertes-induktives Vorgehen mögliche Fehlerbe-schreibungen und denkbare Ursachen im Kategoriensystem ergänzt (Döring & Bortz, 2016b). Durch die theoriebasierte-deduktive und die datenbasierte-induktive Herangehensweise kann gewährleistet werden, dass alle plausiblen Fehlerbeschrei-bungen und Begründungen der Studierenden für die fehlerhaften Schülerlösungen im Kategoriensystem enthalten waren. Dieses Kategoriensystem wurde dann auf alle erhobenen Daten aus dem Leistungstest in der Hauptuntersuchung angewandt.

Die in der Tabelle 13.10 benannten Aufgaben des Leistungstests werden nun analysiert, indem jeweils die Aufgaben mit zugehöriger Schülerlösung vorge-stellt und anschließend das berücksichtigte Kategoriensystem dargestellt wird. In der ersten Tabelle werden jeweils die Kategorie „Beschreibung des Schüler-fehlers" dargelegt sowie eine Beispielformulierung genannt, die von den Pro-banden genannt werden konnte und den Inhalt der Kategorie verdeutlicht. Fer-ner befindet sich in der zweiten Tabelle die Kategorie „denkbare Ursachen zum Schülerfehler", deren Subkategorien die diversen möglichen Ursachen für den Schülerfehler repräsentieren. Ebenso wird auch hier jeweils eine Beispielfor-mulierung aufgezeigt. Die beschriebenen Fehlerursachen beziehen sich auf die konkreten Schülerlösungen in den Testaufgaben und stellen lediglich Annah-men dar, da kein diagnostisches Interview bzw. Gespräch mit dem Schüler in diesem Moment stattfand. Wie bereits in Abschnitt 3.4 dargestellt, erlaubt die Fehleranalyse an schriftlichen Aufgabenbearbeitungen lediglich erste Vermutun-gen bezüglich der Fehlerursachen und durch weitere diagnostische Methoden – wie das diagnostische Interview – können diese Vermutungen tiefgründiger analy-siert werden. Sollte die Schülerlösung ein anderes Format aufweisen (beispielsweise nur Notizen und keine ausführlichen Berechnungen), dann können durchaus auch andere Ursachen als die beschriebenen zu den Schülerfehlern geführt haben. Die Spalte „Herkunft" verdeutlicht, ob die jeweilige Kategorie bzw. Subkategorie deduk-tiv (theoriebasiert) oder induktiv (datenbasiert) gebildet wurde.

Die erste Aufgabe bezieht sich auf den Themenbereich der ganzen Zahlen und umfasst Fehler und denkbare Ursachen, die beim „einfachen" Rechnen mit ganzen Zahlen auftreten.

---

[7]Die in Kapitel 7 und 8 enthaltenen stoffdidaktischen Analysen sind zum Zeitpunkt der Abfas-sung dieser Arbeit noch etwas elaborierter als zu dem Zeitpunkt, als das Kategoriensystem entwickelt wurde.

Aufgabe 1 (Ankeraufgabe): „Kontostandberechnung" (Bezeichnung: ZKS)

Der Kontostand eines Sparkontos (Girokontos) zeigt am 22.07.2016 einen Wert von – 5 € und am 25.07.2016 einen Wert von 8 € an. Wie groß ist der Kontounterschied vom 22.07.2016 zum 25.07.2016?

Schülerlösung:

+8 € – 5 € = 3 €

Der Kontounterschied vom 22.07.16 zum 25.07.16 ist 3 €.

Die Schülerlösung bei dieser Aufgabe war fehlerhaft, wodurch die Probanden sowohl den Fehler beschreiben als auch mögliche Ursachen benennen mussten. Bei dieser Schülerlösung konnte der Fehler durch zwei verschiedene Formulierungen beschrieben werden (siehe Tabelle 13.11, 13.12).

Tabelle 13.11 Beschreibung des Schülerfehlers in der Aufgabe 1 mit Beispielformulierungen

Fehlerbeschreibung	Beispielformulierung	Herkunft	
		Deduktiv	Induktiv
Beim Aufstellen der Gleichung keine Unterscheidung von Vor- und Operationszeichen (1. Formulierung) (F1)	„Schüler verwendet das Minuszeichen, ohne das negative Vorzeichen zu berücksichtigen."	X	
Schüler addiert die Größen, anstatt zu subtrahieren. (+8€ + (−5€) = +8€ − 5€ = 3€) (2. Formulierung) (F2)	„Schüler addiert Werte, anstatt Beträge zu addieren."		X

Tabelle 13.12 Denkbare Ursachen zum Schülerfehler in der Aufgabe 1 mit Beispielformulierungen

Denkbare Urachen	Beispielformulierung	Herkunft	
		Deduktiv	Induktiv
K3-Defizit (F1.1)	„Probleme beim Überführen des Textes in eine Gleichung"	X	
K6-Defizit (F1.2)	„Inhaltliches Verständnis der Aufgabenstellung fehlt."		X

(Fortsetzung)

Tabelle 13.12 (Fortsetzung)

Denkbare Urachen	Beispielformulierung	Herkunft	
		Deduktiv	Induktiv
Schwierigkeit, Zustände und Veränderungen zu unterscheiden (F1.3)	„Schüler verwechselt Zustände und Veränderungen, indem er beispielsweise die 8 € nicht als aktuellen Kontostand wahrnimmt, sondern als hinzukommenden Betrag/Veränderung."	X	
Fehlerhafte Übertragung der Grundvorstellungen von den natürlichen Zahlen auf die ganzen Zahlen (Begriff „Unterschied" erfordert nach Grundvorstellungen der natürlichen Zahlen eine Subtraktion. Diese wurde auch durchgeführt (aufgrund des Minuszeichens), aber mit einer falschen Größe (5 € statt −5 €).) (nur bei 1. Formulierung der Fehlerbeschreibung) (F1.4)	„Schüler behält die Regel im Kopf, bei der Subtraktion die kleinere von der größeren Zahl abzuziehen."	X	
Aufgrund des negativen Vorzeichens von −5 € in der Aufgabenstellung – Differenzbildung (nur bei 1. Formulierung) (F1.5)	„Da −5 € in der Aufgabenstellung bereits ein Minus enthält, ist für den Schüler kein weiteres notwendig."		X
Fehlerhaftes Deuten der ganzen Zahlen (F1.6)	„Auffassung der negativen Zahlen als die positiven Zahlen in bestimmten Interpretationen/Kontexten"	X	
Fehlerhafte Vorstellung hinsichtlich des Abstandes von −5 und 8 (F1.7)	„Veränderung zwischen zwei Größen wird nicht als Abstand interpretiert."		X
Fehlerhafte anschauliche Vorstellung an der Zahlengerade (F1.8)	„Schüler fehlt die anschauliche Vorstellung an der Zahlengerade."	X	
Keine Ergebnisvalidierung durch den Schüler (F1.9)	„Keine Überprüfung, ob das Ergebnis realistisch sein kann."		X

Die zweiten Aufgaben in den Testheften waren inhaltlich unterschiedlich, aber bezogen sich jeweils auf die Ordnung der ganzen Zahlen. Die zugehörigen Schülerlösungen waren fehlerhaft. Zunächst wird die Aufgabe aus Testheft A vorgestellt und anschließend die Parallelaufgabe aus Testheft B. Aufgrund des fast identischen Kategoriensystems wird es im Anschluss für beide Aufgaben zusammen dargestellt (siehe Tabelle13.13, 13.14; Abbildung 13.2).

Tabelle 13.13 Beschreibung des Schülerfehlers in der Aufgabe 2 (Testheft A und B) mit Beispielformulierung

Fehlerbeschreibung	Beispielformulierung	Herkunft	
		Deduktiv	Induktiv
Falsche Ordnung der ganzen Zahlen (F1)	„Die Reihenfolge der negativen Zahlen ist andersherum."	X	

Tabelle 13.14 Denkbare Ursachen zum Schülerfehler in der Aufgabe 2 (Testheft A und B) mit Beispielformulierungen

Denkbare Ursachen	Beispielformulierung	Herkunft	
		Deduktiv	Induktiv
Ordnung der negativen Zahlen entspricht der Ordnung der positiven Zahlen (F1.1)	„Orientierung an der Anordnung der positiven Zahlen bei der Ordnung der negativen Zahlen"	X	
Fehlerhafte anschauliche Vorstellung an der Zahlengerade (F1.2)	„Vorstellung einer zweiteiligen Zahlengerade"		X
K3-Defizit (Studierende sucht sich ein konkretes Beispiel, was Schüler(in) gedacht haben könnte und meint dann, dass die Übersetzungsprozesse nicht möglich waren.) (F1.3)	„Schüler(in) ordnet die negativen Zahlen fehlerhaft aufgrund der falschen Übersetzung ihrer eigenen Realitätsbeispiele in die Mathematik. (Bsp.: Da 3 € Schulden mehr sind als 1 € Schulden, ist auch −3 größer als −1.)"		X
Fehlerhaftes Deuten der ganzen Zahlen (F1.4)	„Auffassung der negativen Zahlen als die positiven Zahlen in bestimmten Interpretationen/Kontexten"	X	
NUR bei der Aufgabe aus Testheft B: Unzureichendes Verständnis der Begriffe Vorgänger und Nachfolger im negativen Zahlbereich (F1.5)	„falsche Kenntnis der Begriffe Vorgänger und Nachfolger im negativen Zahlbereich"		X

Aufgabe 2 (Testheft A): „Ordnen ganzer Zahlen" (Bezeichnung: ZLI)

Lisa soll die Zahlen −3; 3; −1; 2; 1; 0 und −2 nach der Größe
ordnen und mit der kleinsten Zahl beginnen.

Dabei legt sie folgende Reihenfolge fest:

−1; −2; −3; 0; 1; 2; 3

Abbildung 13.2   Tanzendes Mädchen bei Aufgabe 2 (Testheft A) (eigene Grafik)

Aufgabe 2 (Testheft B): „Vorgänger & Nachfolger" (Bezeichnung: ZVN)

Finde passende Zahlen, für die folgende Relationen gelten:

direkter Vorgänger	Zahl	direkter Nachfolger
	9	
		-10
-2		

Schülerlösung:

direkter Vorgänger	Zahl	direkter Nachfolger
8	9	10
-8	-9	-10
-2	-3	-4

Bei der Aufgabe 2 im Testheft B fehlte in der Aufgabenstellung die Information, dass der Schüler passende **ganze** Zahlen finden soll, für die diese Relationen
gelten. Diese Information war bei der Aufgabe 2 in Testheft A nicht notwendig,
da die zu ordnenden Zahlen bereits in der Aufgabenstellung vorgegeben waren.
Jedoch sollten die Probanden in der Studie die Schülerlösungen beurteilen, weshalb diese fehlende Information in der Aufgabenstellung nicht relevant war und
die Erhebung der Fehler-Ursachen-Diagnosefähigkeit nicht beeinflusst. Sie wurde
auch von keinem Probanden in den Erläuterungen erwähnt.

   Die dritte Aufgabe in den zwei Testheften war bezüglich des Kontextes verschieden, aber beide Aufgaben beinhalteten das fehlerhafte Rechnen mit ganzen
Zahlen und die Tatsache, dass zwei vorhandene Fehler auch zu einem richtigen Ergebnis führen können. Daher wird, wie bei der vorherigen Aufgabe, das

verwendete Kategoriensystem für beide Aufgaben zusammen berichtet (siehe Tabelle 13.15, 13.16; Abbildung 13.3, 13.4).

Aufgabe 3 (Testheft A): „Temperatur in Moskau" (Bezeichnung: ZMK)

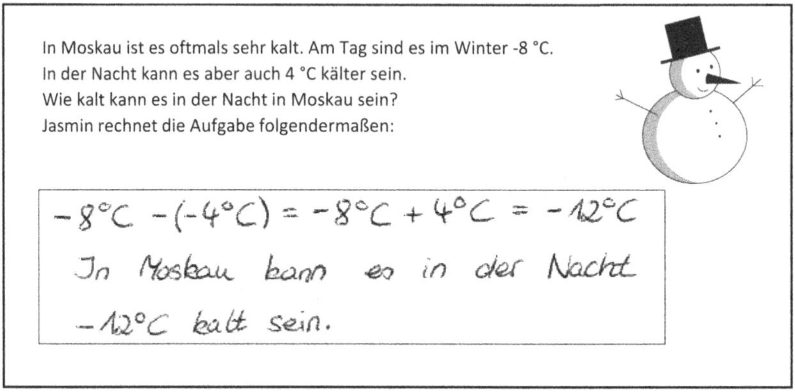

In Moskau ist es oftmals sehr kalt. Am Tag sind es im Winter -8 °C.
In der Nacht kann es aber auch 4 °C kälter sein.
Wie kalt kann es in der Nacht in Moskau sein?
Jasmin rechnet die Aufgabe folgendermaßen:

$$-8°C - (-4°C) = -8°C + 4°C = -12°C$$

In Moskau kann es in der Nacht
-12°C kalt sein.

Abbildung 13.3   Schneemann bei Aufgabe 3 (Testheft A) (eigene Grafik)

Aufgabe 3 (Testheft B): „Riesenkalmar" (Bezeichnung: ZRK)[8]

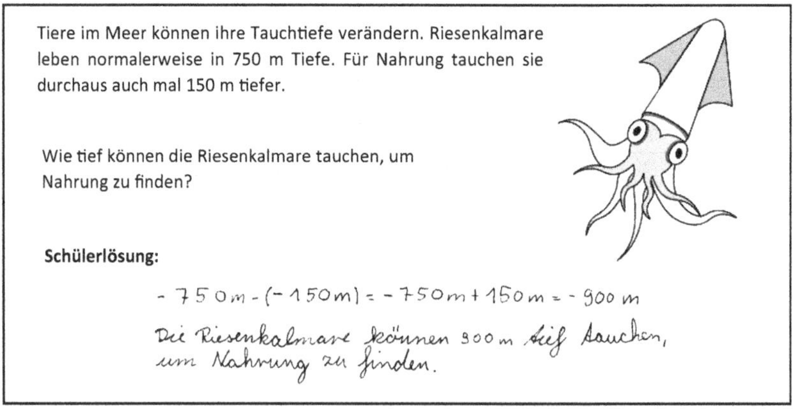

Tiere im Meer können ihre Tauchtiefe verändern. Riesenkalmare leben normalerweise in 750 m Tiefe. Für Nahrung tauchen sie durchaus auch mal 150 m tiefer.

Wie tief können die Riesenkalmare tauchen, um Nahrung zu finden?

Schülerlösung:

$$-750m - (-150m) = -750m + 150m = -900 m$$

Die Riesenkalmare können 900 m tief tauchen,
um Nahrung zu finden.

Abbildung 13.4   Riesenkalmar bei Aufgabe 3 (Testheft B) (eigene Grafik)

---

[8]Ideen zum Aufgabeninhalt: Fölsch et al. (2015) und https://www.biologie-seite.de/Bio logie/Riesenkalmare (Zugriff am 30.01.2020)

Tabelle 13.15 Beschreibung der Schülerfehler in der Aufgabe 3 (Testheft A und B) mit Beispielformulierungen

Fehlerbeschreibung	Beispielformulierung	Herkunft	
		Deduktiv	Induktiv
Aufstellen einer fehlerhaften Gleichung beim Vorhandensein negativer Zahlen (F1)	„Jasmin/der Schüler ist nicht in der Lage, die Gleichung/Rechnung richtig aufzustellen."	X	
Addition der Beträge und Übernahme des negativen Vorzeichens der betragsmäßig größeren oder der ersten Zahl (F2)	„Veranschaulichung" der falschen Rechnung: „$-8°C - (-4°C)$ $= -8°C + 4°C$ $= -(8°C + 4°C)$ $= -12°C$" „$-750\,m - (-150\,m)$ $= -750\,m + 150\,m$ $= -(750\,m + 150\,m)$ $= -900\,m$"	X	

Tabelle 13.16 Denkbare Ursachen zu den Schülerfehlern in der Aufgabe 3 (Testheft A und B) mit Beispielformulierungen

Denkbare Ursachen	Beispielformulierung	Herkunft	
		Deduktiv	Induktiv
K3-Defizit (F1.1)	„Falsche Übersetzung (des „kälter Werdens" /„tief Tauchens")"	X	
Fehlerhaftes Deuten der ganzen Zahlen (F1.2)	„Auffassung der negativen Zahlen als die positiven Zahlen in bestimmten Interpretationen/Kontexten"	X	
K5-Defizit (F2.1)	„Probleme beim Umgang mit symbolischen, formalen und technischen Elementen der Mathematik"	X	
Negative Zahlen sind keine eigenen Denkgegenstände. (F2.2)	„Beim mathematischen Operieren findet eine Übertragung der Eigenschaften der positiven Zahlen auf die negativen Zahlen statt."	X	
Berechnung im Kopf und anschließend Notierung einer (hoffentlich passenden) Gleichung (F0)	„Ergebnis im Kopf schon vorhanden UND Gleichung/Rechnung angepasst."	X	

Die Aufgabenstellung „Wie tief können die Riesenkalmare tauchen, um Nahrung zu finden?" bei der Aufgabe 3 in Testheft B erzeugt nicht unbedingt die vorgegebene Schülerlösung. Ein Schüler könnte theoretisch auch antworten, dass er diese Frage nicht beantworten kann. Da die Probanden in der Untersuchung jedoch die Schülerlösung analysieren sollten, war diese Formulierung in der Aufgabenstellung irrelevant beim Bearbeiten der Testaufgabe und beeinflusste daher die Erhebung der Fehler-Ursachen-Diagnosefähigkeit nicht. Zudem wurde sie auch von keinem Probanden erwähnt.

Die Aufgabe 4 in den zwei Testheften war zwar unterschiedlich, enthielt aber jeweils richtige Schülerlösungen, weshalb die Studierenden die Teilaufgabe b nicht bearbeiten mussten.

Aufgabe 4 (Testheft A): „Hosenkauf" (Bezeichnung: ZHR)

Als Peter durch die Stadt schlendert, sieht er plötzlich die Hose, die er schon immer haben wollte. Er kauft sich sofort die Hose, ohne auf den Preis zu achten. Als er später nach Hause kommt, erhält er eine Benachrichtigung, dass er sein Konto um 57 € überzogen hat. Vorher hatte er noch 135 €. Wieviel hat die Hose gekostet?

Schülerlösung:

135 €− ⬜ = −57 €   NR:
                               135 €
                              + 57 €
                               192 €
Die Hose hat 192 € gekostet.

Aufgabe 4 (Testheft B): „Hosenkauf-Dialog" (Bezeichnung: ZHI)

Als Peter durch die Stadt schlendert, sieht er plötzlich die Hose, die er schon immer haben wollte. Er kauft sich sofort die Hose, ohne auf den Preis zu achten. Als er später nach Hause kommt, erhält er eine Benachrichtigung, dass er sein Konto um 57 € überzogen hat. Vorher hatte er noch 135 €. Wieviel hat die Hose wohl gekostet?

Gespräch zwischen einem Schüler und seinem Lehrer:
L: Wie bekommst du jetzt den Preis der Hose raus?

S: Naja, ich muss einfach 135 € plus 57 € rechnen, da ich 135 € auf meinem Konto hatte und jetzt 57 € Schulden habe. Daher hat die Hose 192 € gekostet.

L: Mhh, ok. Vergleiche dein Ergebnis mal mit deinem Banknachbar.

Zu der Aufgabe 5 im Leistungstest existierten vier unterschiedliche Schülerlösungen, von denen drei fehlerhaft und eine richtig war. Diese Aufgabe, inklusive der falschen Schülerlösungen, war aus dem VERA-Durchgang 2013 (Institut zur Qualitätsentwicklung im Bildungswesen, 2013) (siehe Tabelle 13.17, 13.18, 13.19, 13.20, 13.21, 13.22)

Aufgabe 5 (Ankeraufgabe): „20 Prozent"

> **Berechne 20 % von 80 m.**
>
> _____m

„20 Prozent – 1. Schülerlösung" (Bezeichnung PP1)

> Berechne 20% von 80 m.
>
> **400** m
>
> Zugehörige Rechnung:
>
> $$\frac{GW}{100} = \frac{PW}{PS}$$
>
> $$GW = \frac{PW \cdot 100}{PS}$$
>
> $$GW = \frac{80\,m \cdot 100}{20\,\%} = 400\,m$$

Tabelle 13.17 Beschreibung der Schülerfehler in der Aufgabe 5 – Schülerlösung 1 mit Beispielformulierungen

Fehlerbeschreibung	Beispielformulierung	Herkunft	
		Deduktiv	Induktiv
Fehlerhafte Zuordnung zwischen Grundwert und Prozentwert (F1)	„Schüler berechnet den Grundwert, obwohl der Prozentwert gesucht ist."	X	
Verwechslung relativer und absoluter Angaben aufgrund der Berechnungsformel ($\frac{GW}{100} = \frac{PW}{PS}$; PS ist eine absolute Zahl) (F2)	„In der Formel ($\frac{GW}{100} = \frac{PW}{PS}$) bedeutet PS Prozentsatzzahl ohne „%", aber beim Einsetzen in die Formel setzt der Schüler die Zahl mit % ein."	X	

Tabelle 13.18 Denkbare Ursachen zu den Schülerfehlern in der Aufgabe 5 – Schülerlösung 1 mit Beispielformulierungen

Denkbare Ursachen	Beispielformulierung	Herkunft	
		Deduktiv	Induktiv
Unzureichendes Begriffsverständnis (F1.1)	„Schüler versteht den Unterschied zwischen Grundwert und Prozentwert nicht."	X	
Bedeutung des Begriffes „von" ist Schüler bei Prozentrechnung unklar. (F1.2)	„Bedeutung von ‚von' ist unklar und ggfs. Verwechslung mit Bedeutung des Begriffes ‚sind'."	X	
Schematische Anwendung (F1.3)	„Schüler hat kein Verständnis und wendet das vorgegebene Schema/die Formel lediglich an (Anwenden der Formel ohne Überlegen)."		X
K5-Defizit (F2.1)	„Probleme im Umgang mit Einheiten"	X	
Keine Interpretation des Prozentsatzes als relativer Anteil (F2.2)	„Schüler versteht nicht, dass $20\% = \frac{20}{100} = 0.2$ ist."	X	

Die denkbaren Ursachen im Kategoriensystem bezogen sich bei dieser Aufgabe lediglich auf die Anwendung der Verhältnisgleichung, denn sie wurde vom Schüler beim Lösen der Aufgabe verwendet. Wäre sie nicht konkret erkennbar, könnten auch andere Ursachen zur Schülerlösung 400 m führen, wie zum Beispiel der Gedanke, dass 20 % dem Bruchteil $\frac{1}{5}$ von 100 entsprechen und aus diesem Grund sich die Rechnung $80 \cdot 5 = 400$ ergibt. Bei dieser Schülerlösung wäre es ferner notwendig gewesen, die Bezeichnungen GW, PW und PS zu definieren (Tabelle 13.19, 13.20).

„20 Prozent – 2. Schülerlösung" (Bezeichnung PP2)

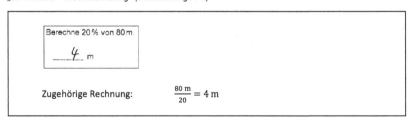

Tabelle 13.19 Beschreibung des Schülerfehlers in der Aufgabe 5 – Schülerlösung 2 mit Beispielformulierung

Fehlerbeschreibung	Beispielformulierung	Herkunft	
		Deduktiv	Induktiv
Verwendung eines falschen Operators (Division) (F1)	„keine Umwandlung von 20 % in 0.2 und Division statt Multiplikation"	X	

Tabelle 13.20 Beschreibung des Schülerfehlers in der Aufgabe 5 – Schülerlösung 2 mit Beispielformulierung

Denkbare Ursachen	Beispielformulierung	Herkunft	
		Deduktiv	Induktiv
K3-Defizit (F1.1)	„Probleme bei der Mathematisierung"	X	
Fehlerhafte Übertragung der Grundvorstellung von den natürlichen Zahlen auf die Prozentrechnung, wonach Division die Ausgangsgröße verkleinert (F1.2)	„Mit Division wird eine Verkleinerung der Ausgangsgröße verbunden."	X	
K2-Defizit (Ersatzstrategie) (F1.3)	„Bezug zu 10 %, dort auch Division durch 10"	X	
Unzureichendes Begriffsverständnis (F1.4)	„Verwechslung von Grundwert und Prozentwert"	X	
Für Schüler: 20 % $\triangleq \frac{1}{20}$ (F1.5)	„Für den Schüler entspricht 20 % dem Bruch $\frac{1}{20}$."		X
Fehlerhafte Grundvorstellungen des Prozentbegriffes (F1.6)	„20 % entsprechen für den Schüler nicht $\frac{20}{100}$."	X	
Fehlerhafte Umformung von Prozenten in andere Schreibweisen (F1.7)	„Prozentsatz konnte nicht in entsprechenden Bruch umgeformt werden."		X

Aufgrund der Darstellung der Schülerlösung als Bruch wurde die Verwendung von Brüchen häufig als Fehlerbeschreibung und oftmals gleichzeitig auch als mögliche Ursache angegeben. Auch die Angaben, dass 20 % für den Schüler $\frac{1}{20}$ entspricht (F1.5) sowie die fehlerhafte Umformung von Prozenten in andere Schreibweisen (F1.7) folgen aus der Darstellung in dieser Aufgabe (Tabelle 13.21, 13.22).

„20 Prozent – 3. Schülerlösung" (Bezeichnung PP3)

> Berechne 20 % von 80 m.
>
> ___*16*___ m

Diese Schülerlösung ist richtig.

„20 Prozent – 4. Schülerlösung" (Bezeichnung PP4)

> Berechne 20 % von 80 m.
>
> ___*20*___ m

Tabelle 13.21 Beschreibung des Schülerfehlers in der Aufgabe 5 – Schülerlösung 4 mit Beispielformulierung

Fehlerbeschreibung	Beispielformulierung	Herkunft	
		Deduktiv	**Induktiv**
Verwechslung relativer und absoluter Angaben aufgrund des Aufgabeninhalts – Übernahme des Prozentsatzes als Prozentwert (F1)	„Schüler übernimmt die 20 % als Prozentwert und ändert lediglich die Einheit von % auf m."	X	

Tabelle 13.22 Denkbare Ursachen zum Schülerfehler in der Aufgabe 5 – Schülerlösung 4 mit Beispielformulierungen

Denkbare Ursachen	Beispielformulierung	Herkunft	
		Deduktiv	**Induktiv**
Keine Interpretation des Prozentsatzes als relativer Anteil (F1.1)	„fehlende Anteilsvorstellung bei Prozentangaben"	X	
Erläuterung einer möglichen Rechnung (Insbesondere: KEIN Bezug zum Grundwert 100) (F1.2)	„20 m entspricht $\frac{1}{4}$ von 80 m, 25 % entspricht $\frac{1}{4}$ von 100 % Verwechslung von 25 % und 20 % von 80 m aufgrund der $\frac{1}{4}$"		X

(Fortsetzung)

Tabelle 13.22 (Fortsetzung)

Denkbare Ursachen	Beispielformulierung	Herkunft	
		Deduktiv	Induktiv
Erläuterung einer möglichen Rechnung (Insbesondere: Bezug zum Grundwert 100) (F1.3)	„Schüler bezieht sich auf den Grundwert 100 m."		X
K2-Defizit (F1.4)	„Ersatzstrategie"	X	
Unzureichendes Begriffsverständnis (F1.5)	„Definitionen der Prozentbegriffe (Grundwert, Prozentwert und Prozentsatz) sind dem Schüler nicht bewusst."	X	
Keine Aussage über Gründe möglich, da kein Rechenweg vorhanden. (F1.6)			X

Vor allem der letzte Punkt, „keine Aussage über Gründe möglich", scheint auf den ersten Blick fragwürdig. Die Studierenden hatten bei allen anderen Aufgaben im Leistungstest (fehlerhafte) Schülerlösungen inklusive Rechenweg erhalten. Bei dieser Aufgabe hingegen sahen sie nur die falsche Schülerantwort. Einige Studierende schrieben aus diesem Grund (auch neben weiterer möglicher Ursachen), dass keine expliziten Aussagen hinsichtlich möglicher Ursachen ohne einen zugehörigen Rechenweg möglich seien. Diese Aussage deutet auf eine besondere diagnostische Sensibilität hin, denn der Proband möchte aufgrund des fehlenden Rechenweges nicht nur spekulieren. Deshalb wurde sie bei der datenbasierten-induktiven Herangehensweise als denkbare Ursache ergänzt.

Bei der Konstruktion der Testaufgaben war in der Aufgabe 6 des Testheftes B ein Fehler aufgetreten, wodurch die dargestellte Schülerlösung richtig war, die Schülerlösung der Aufgabe 6 des Testheftes A hingegen falsch. Da dieses Aufgabenpaar den gleichen Schülerfehler und zugehörige Ursachen wie die zweite Schülerlösung bei Aufgabe 5 beinhaltete, wurde sie in den Analysen der Fehler-Ursachen-Dia-gnosefähigkeit nicht weiter betrachtet und wird daher an dieser Stelle auch nicht differenzierter dargestellt.

Die Kontexte in den siebten Aufgaben der Testhefte sind verschieden, beinhalten aber beide die Thematik des verminderten Grundwertes. Zunächst werden wieder die Aufgaben aus den beiden Testheften dargestellt und anschließend das verwendete Kategoriensystem gemeinsam veranschaulicht.

Aufgabe 7 (Testheft A): „Autokauf" (Bezeichnung PAK)

Herr Berger möchte ein neues Auto kaufen. Nach Angaben des Händlers soll es 19.900 € kosten. Dieser Preis ist Herrn Berger zu teuer, und so handelt er mit dem Händler eine Preisermäßigung von 14 % auf den Ausgangspreis aus. Wenn er den Rechnungsbetrag vom Bankkonto abbuchen lässt, bekommt er auf diesen reduzierten Preis nochmal einen Rabatt von 3 %.

Herr Berger rechnet

19.900 €	≙	100 %
199 €	≙	1 %
3.383 €	≙	17 %

$$19.900 \text{ €} - 3.383 \text{ €} = 16.517 \text{ €}$$

Herr Berger überweist 16.517 €.

In dieser Aufgabe ist eine fehlerhafte Formulierung enthalten, denn Herr Berger erhält 3 % Rabatt, sobald er den Betrag von seinem Konto abbuchen lässt. Im Antwortsatz steht jedoch, dass er den Betrag überweist. Demnach dürfte er gar keinen zusätzlichen Rabatt auf den Rechnungsbetrag erhalten. Dennoch wurde durch diese Aufgabe die Fehler-Ursachen-Diagnosefähigkeit erhoben, da Herrn Bergers Rechnung trotzdem falsch war, was durch die Studierenden erkannt und analysiert werden musste (siehe Tabelle 13.23, 13.24).

Aufgabe 7 (Testheft B): „DVD-Player-Kauf" (Bezeichnung PDP)

In einem Online-Shop im Internet ist ein Angebot für einen tragbaren DVD-Player zu finden. Der ursprüngliche Preis dieses DVD-Players von 99,99 € wird um 20 % reduziert. Wenn man den Rechnungsbetrag vom Bankkonto abbuchen lässt, bekommt man auf diesen reduzierten Preis nochmal einen Rabatt von 5 %.

Es wird behauptet: „Statt zunächst den Preisnachlass von 20 % und anschließend den Rabatt von 5 % abzuziehen, kann man auch einmalig 25 % vom Preis des DVD-Players abziehen!"

Ist diese Behauptung richtig?

Kreuze an.

Schülerlösung:

☒ Ja   ☐ Nein

Ich muss nicht zuerst 20 % abziehen und dann nochmal 5 % abrechnen, sondern kann auch direkt von dem Preis des DVD-Players die 25 % abziehen.

Rechnung:

$$99,99 \; € \qquad \triangleq \quad 100 \; \%$$

$$0,9999 \; € \qquad \triangleq \quad 1 \; \%$$

$$24,9975 \; € \qquad \triangleq \quad 25 \; \%$$

$$99,99 \; € - 25 \; € = 74,99 \; €$$

Antwort: Somit kostet der DVD-Player 74,99 €.

Tabelle 13.23 Beschreibung des Schülerfehlers in der Aufgabe 7 (Testheft A und B) mit Beispielformulierung

Fehlerbeschreibung	Beispielformulierung	Herkunft	
		Deduktiv	Induktiv
Fälschliche Addition der Prozentsätze (F1)	„Fälschlicherweise addiert Herr Berger/der Schüler die Prozentsätze."	X	

Tabelle 13.24   Denkbare Ursachen zum Schülerfehler in Aufgabe 7 (Testheft A und B) mit Beispielformulierungen

Denkbare Ursachen	Beispielformulierung	Herkunft	
		Deduktiv	Induktiv
K3-Defizit (F1.1)	„Probleme bei Umsetzung in die Mathematik"	X	
Keine Berücksichtigung des verminderten Grundwertes (F1.2)	„Unterschiedliche/verschiedene Grundwerte werden nicht berücksichtigt. (14 % bzw. 20 % bezieht sich auf den Grundpreis und 3 % bzw. 5 % auf den reduzierten Preis.)"	X	

Die Aufgabe 7 der Testhefte A und B sind aufgrund ihrer Struktur keine direkten Parallelaufgaben, denn in Testheft A macht Herr Berger den Fehler selbst und in Testheft B muss der Schüler beurteilen, ob eine Behauptung korrekt oder falsch ist. Trotzdem enthält die Aufgabe 7 des Testheftes B einen Fehler, der wahrgenommen und beschrieben sowie dessen Ursachen analysiert werden müssen. Der Schülerfehler im Testheft B ist zwar von einer anderen Art als im Testheft A (der Schüler kreuzt falsch an), aber besitzt dieselbe Ursache bzw. denselben mathematischen Hintergrund (keine Berücksichtigung des verminderten Grundwertes). Daher wird auch mit dieser Aufgabe die Fehler-Ursachen-Diagnosefähigkeit erhoben. Bei einem erneuten Einsatz dieser Testaufgaben sollte gegebenenfalls die Behauptung in der Aufgabe 7 des Testheftes B eliminiert werden, damit die Probanden die fehlerhafte Schülerlösung fokussieren und die Aufgaben in den Testheften tatsächlich Parallelaufgaben sind.

Die 8. Aufgabe in den Testheften A und B war zwar unterschiedlich, enthielt aber jeweils richtige Schülerlösungen.

Aufgabe 8 (Testheft A): „Einkommen" (Bezeichnung: PEA)[9]

Daniel möchte berechnen, wieviel er nach den steuerlichen Abzügen zur freien Verfügung hat. Er verdient 1.900 € Brutto und muss 9,5 % Lohnsteuer, 8,2 % Krankenversicherung, 9,35 % Rentenversicherung, 1,175 % Pflegeversicherung und 1,5 % Arbeitslosenversicherung vom Bruttobetrag zahlen. Wieviel Geld hat Daniel nach den steuerlichen Abzügen zur freien Verfügung übrig?

Daniel rechnet folgendermaßen:

$$1.900 \text{ €} \cdot (9,5\% + 8,2\% + 9,35\% + 1,175\% + 1,5\%) = 1.900 \text{ €} \cdot 29,725\%$$

$$= 1.900 \text{ €} \cdot 0,29725$$

$$= 564,78 \text{ €}$$

$$1.900 \text{ €} - 564,78 \text{ €} = 1.335,22 \text{ €}$$

Somit habe ich nach den steuerlichen Abzügen noch 1.335,22 € übrig.

In dieser Aufgabe ist eine inhaltliche Diskrepanz enthalten, denn Versicherungsabzüge entsprechen nicht den steuerlichen Abzügen. Dies müsste bei einem erneuten Einsatz verändert werden. Probanden, die diese Diskrepanz bemerkten, wurden genauso bewertet wie die Probanden, die der Auffassung waren, dass Daniel keinen Fehler gemacht hatte.

Aufgabe 8 (Testheft B): „Zeitung" (Bezeichnung: PZA)

Insgesamt lesen 250.000 Personen die Zeitschrift „Magazin". Hiervon kaufen sich 50% der Leute die Zeitschrift hauptsächlich wegen der guten Sportberichterstattung. Diese hilft 15% dieser Leser, die auch wirklich eine Sportart ausüben, ihre Leistung aufgrund der Berichterstattung zu verbessern, wohingegen die anderen 85% dieser Leser die Sportberichterstattung nur aus Leidenschaft lesen.

Wie viele Personen kaufen die Zeitung wegen der Sportberichterstattung, um dadurch ihre Leistungen in ihrer Sportart zu verbessern?

Schülerlösung:

250.000	$\triangleq$	100%
2.500	$\triangleq$	1%
125.000	$\triangleq$	50%

---

[9]Anmerkung: Die prozentualen Angaben in dieser Aufgabenstellung sind zum Zeitpunkt der Abfassung dieser Arbeit nicht realitätskonform.

Die 125.000 Personen, welche die Zeitschrift hauptsächlich wegen der guten Berichterstattung lesen, sind nun mein neuer Grundwert, um die 15% zu berechnen, die die Zeitschrift lesen, um ihre sportlichen Leistungen zu verbessern.

125.000	$\triangleq$	100%
1.250	$\triangleq$	1%
18.750	$\triangleq$	15%

Antwort: Somit lesen 18.750 Personen die Zeitschrift, um ihre sportlichen Leistungen zu verbessern.

Die Fragestellung in dieser Aufgabe ist fehlerhaft formuliert und müsste eigentlich folgendermaßen heißen: „Wie viele Personen verbessern durch die Sportberichterstattung ihre Leistung in ihrer Sportart?" Diese falsche Formulierung wurde im Rahmen der Pilotierung nicht bemerkt und ist darüber hinaus auch im Rahmen der Hauptuntersuchung von keinem Probanden erwähnt wurden. Demnach hatte sie offensichtlich auf die Erhebung der Fehler-Ursachen-Diagnosefähigkeit keine Auswirkung, weshalb die Aufgabe weiterhin berücksichtigt wurde.

13.4.4 Codierung des Leistungstests

Codierung der Testaufgaben
Um einen Schülerfehler zu beschreiben und im Hinblick auf mögliche Ursachen zu analysieren, ist es notwendig, zunächst erstmal zu erkennen, ob die Schülerlösung überhaupt Fehler enthält. Demnach stellte die Teilaufgabe a) der Leistungstestaufgaben die Voraussetzung für die Teilaufgabe b) dar. Bezüglich der Teilaufgabe b) ließen sich beispielsweise bei der Parallelaufgabe 2 (ZLI bzw. ZVN, siehe Tabelle 13.10) oder Parallelaufgabe 7 (PAK bzw. PDP, siehe Tabelle 13.10) folgende Probandenantworten finden (siehe Abbildung 13.5, 13.6, 13.7, 13.8):

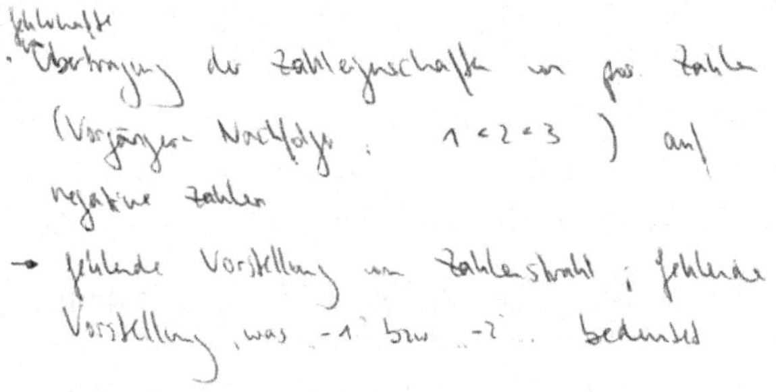

Abbildung 13.5   Antwort des Probanden 43, MZP 1,Aufgabe 2 (ZLI, Testheft A)

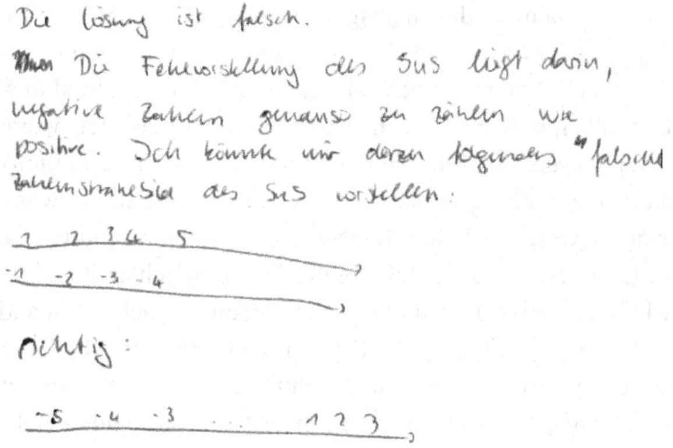

Abbildung 13.6   Antwort des Probanden 75, MZP 1, Aufgabe 2 (ZVN, Testheft B)

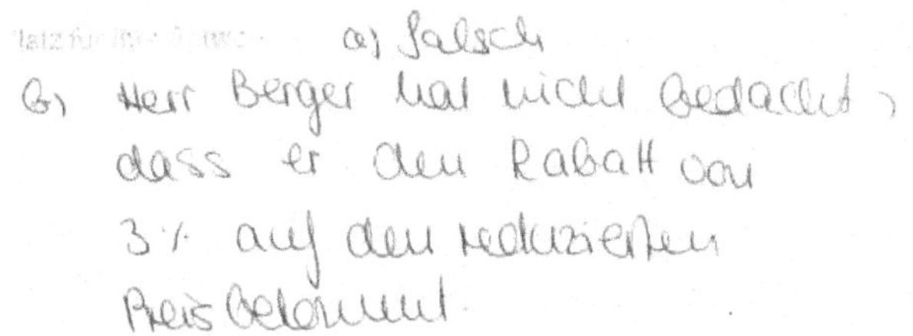

Abbildung 13.7   Antwort des Probanden 27, MZP 1, Aufgabe 7 (PAK, Testheft A)

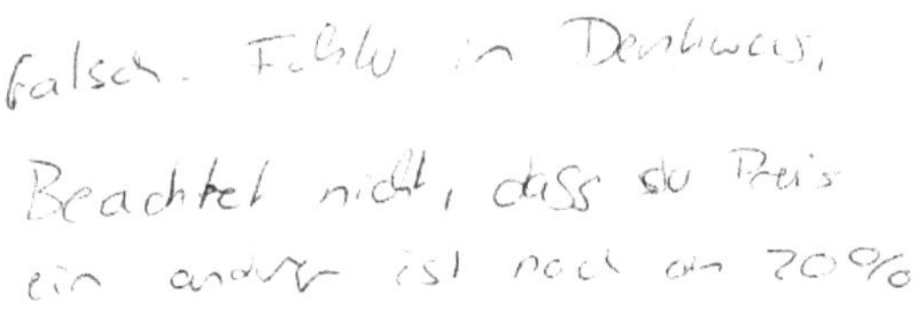

falsch. Fehler in Denkweis,

Beachtet nicht, dass du Preis

ein andere ist noch an 70%

Abbildung 13.8 Antwort des Probanden 99, MZP 1, Aufgabe 7 (PDP, Testheft B)

Aufgrund der hier dargestellten Beispiele entsteht der Eindruck, dass die Schülerfehler für manche Studierende zu elementar waren, denn sie gingen nicht auf die Unteraufgabe ein, den Fehler zunächst zu beschreiben, sondern nannten direkt denkbare Ursachen. Da nicht davon ausgegangen werden kann, dass diese Probanden eine geringere Diagnosefähigkeit aufweisen, entschied sich der Autor dieser Arbeit, die Ursachennennung unabhängig von der Fehlerbeschreibung zu berücksichtigen, das heißt, mögliche Ursachen wurden auch gewertet, wenn ein Fehler nicht beschrieben wurde. Die Studierenden hatten zudem die Möglichkeit, bei den Testaufgaben diverse Fehlerursachen zu nennen, um zu erläutern, warum der beurteilte Schüler den jeweiligen Fehler begeht (siehe Unterabschnitt 13.4.3). Hierbei waren die Studierenden jedoch nicht aufgefordert, möglichst viele Gründe zu nennen, sondern lediglich **eine** Begründung abzugeben. Manche Probanden nannten durchaus auch mehr als eine Ursache für den Schülerfehler. Mit Hilfe des entwickelten Kategoriensystems (siehe Unterabschnitt 13.4.3) wurde bei der Codierung der bearbeiteten Aufgaben bei jedem Probanden separat untersucht, ob dieser eine bestimmte Ursache nannte oder nicht. Die Antworten der Probanden wurden dabei, wie in Tabelle 13.25 ersichtlich, codiert.

Tabelle 13.25 Codierung der Probandenantworten

Teil-aufgabe	Code	Bedeutung
a)	0	bei fehlerhaften Schülerlösungen – **Keine** Wahrnehmung des Fehlers bei richtigen Schülerlösungen – **Keine** Wahrnehmung, dass keine Fehler enthalten sind.
	1	bei fehlerhaften Schülerlösungen – Wahrnehmung des Fehlers bei richtigen Schülerlösungen – Wahrnehmung, dass keine Fehler enthalten sind.
b) i.	0	**Keine** Beschreibung des Fehlers
	1	Beschreibung des Fehlers
b) ii.	0	**Keine** Nennung der konkreten Ursache
	1	Nennung der konkreten Ursache

Wie bereits beschrieben, war es ausreichend, wenn der Proband mindestens eine korrekte Ursache/Begründung für den Schülerfehler nannte, um die Unteraufgabe b) ii. erfolgreich abzuschließen (Code 1). Nannte ein Proband falsche oder keine Ursachen für den Schülerfehler, dann wurde diese Unteraufgabe als nicht erfolgreich bearbeitet bewertet (Code 0). Wurden neben einer falschen Ursache auch mindestens eine korrekte Ursache genannt, erhielt der Proband insgesamt für die Unteraufgabe den Code 1.[10] Bei den Parallelaufgaben „Temperatur in Moskau" und „Riesenkalmar" existierten zwei Fehler, die miteinander verbunden waren (siehe Unterabschnitt 13.4.3). Hier war es ausreichend, wenn der Proband eine der zwei Fehlerbeschreibungen nannte. Auch bei der ersten Schülerlösung der Aufgabe 5 genügte es, einen der Fehler zu beschreiben.

Um eine hohe Auswertungsobjektivität zu gewährleisten (Moosbrugger & Kelava, 2012), wurden zum einen zu den Beispielformulierungen im Kategoriensystem für die Fehlerbeschreibungen sowie die denkbaren Ursachen (siehe Unterabschnitt 13.4.3) weitere Beispielformulierungen im Codier Manual ergänzt und zum anderen bewerteten zwei unabhängige Codierer die Probandenantworten (siehe Moosbrugger und Kelava (2012)). Deren Codes bzw. Bewertungen wurden anschließend gegenübergestellt und Abweichungen entsprechend angeglichen. Die Beobachterübereinstimmung wurde für jede einzelne Kategorie sowie

---

[10]Anmerkung: In der Datenerhebung gab es keine Probanden, die die Aufgaben unsachlich bearbeiteten bzw. unrealistische Ursachen nannten.

jede Subkategorie durch den Cohens-Kappa-Koeffizienten bestimmt.[11] Im Mittel ergab sich ein Cohens-Kappa-Koeffizient von 0.91 (SD = 0.09).[12] Dieser hohe Koeffizient entstand zum einen aufgrund der vielen Beispielformulierungen im Codier Manual und zum anderen existierten – auch durch das datenbasierte-induktive Vorgehen – Fehlerursachen, die nur von wenigen Probanden genannt wurden. Vor allem bei diesen Ursachen stimmten die Codierer fast immer überein.

Die meisten Probanden waren zu beiden Messzeitpunkten imstande, zu erkennen, ob eine vorgegebene Schülerlösung Fehler enthält oder korrekt ist, weshalb diese erste Teilaufgabe zu fast keiner Differenzierung zwischen den Probanden führte (siehe Analysen zu III). Wie bereits in Abschnitt 8.5 dargestellt, ist es unter Umständen schwierig, zwischen der Fehlerbeschreibung und möglichen Ursachen klar zu unterscheiden, was auch beim Auswerten des Leistungstests deutlich wurde. Denn aufgrund der offenen Aufgabenstruktur beantworteten die Studierenden die Teilaufgaben im Test häufig zusammenhängend. Dies soll durch die nachfolgenden Beispiele nochmals verdeutlicht werden, wobei in der Abbildung 13.9 eine Probandenantwort zur Aufgabe „Riesenkalmar" (Aufgabe 3 – ZRK, Testheft B) erkennbar ist und in Abbildung 13.10 eine Probandenantwort zur 2. Schülerlösung der Aufgabe „20 Prozent" (Aufgabe 5 – PP2, Testheft B):

Bei der Parallelaufgabe 3 beschrieben die Studierenden oftmals die vorhandenen Fehler unter Berücksichtigung der fehlerhaften Übersetzung des Kälterwerdens bzw. Tieftauchens, wodurch der erste Fehler mit der denkbaren Ursache der fehlerhaften Übersetzung verzahnt war (siehe Abbildung 13.9). Ferner erläuterten die Studierenden die Ursache F0 „Schüler kennt das richtige Ergebnis und versucht Gleichung anzupassen" durch Formulierungen wie „Sie weiß zwar im Kopf schon vorher das Ergebnis, weiß aber nicht, wie sie dies richtig in der Mathematik umzusetzen hat." (Proband 54, MZP 2). Bei derartigen Formulierungen, die sowohl die Ursache F1.1 als auch F0 theoretisch berücksichtigten, wurde nur die denkbare Ursache F0 mit dem Code 1 codiert, da sie im Grunde die Ursache F1.1 umfasste. Darüber hinaus berücksichtigte die Ursache F0 letztlich auch das Aufstellen einer Gleichung (F1). Im Unterschied zu F1 passiert dies beim Schüler jedoch in dem Zusammenhang, dass bereits das Ergebnis im Kopf existierte, was

---

[11]Bei nominal-skalierten Kategorien lässt sich die Beobachterübereinstimmung mit Hilfe des Cohens-Kappa (κ)-Koeffizienten bestimmen, der Werte zwischen -1 und + 1 annehmen kann, wobei Kappa-Koeffizienten, die größer als 0.75 sind, als sehr gut gelten (Börtz & Döring, 2016b).

[12]Bei der GDM Tagung im Jahr 2019 berichtete der Autor dieser Arbeit ein Cohens-Kappa-Koeffizient von 0.95, der anschließend nochmals kontrolliert und entsprechend abgeändert wurde.

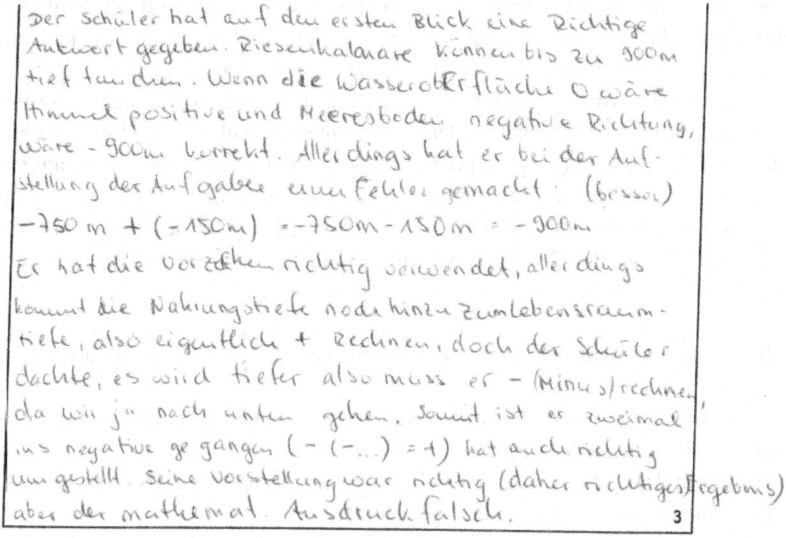

Der Schüler hat auf den ersten Blick eine richtige
Antwort gegeben. Riesenkalmare können bis zu 900m
tief tauchen. Wenn die Wasseroberfläche 0 wäre
Himmel positive und Meeresboden negative Richtung,
wäre -900m korrekt. Allerdings hat er bei der Auf-
stellung der Aufgabe einen Fehler gemacht: (besser)
$-750 m + (-150 m) = -750 m - 150 m = -900 m$
Er hat die Vorzeichen richtig verwendet, allerdings
kommt die Nahrungstiefe noch hinzu zum Lebensraum-
tiefe, also eigentlich + Rechnen, doch der Schüler
dachte, es wird tiefer also muss er - (Minus) rechnen,
da wir ja nach unten gehen. Somit ist er zweimal
ins negative gegangen (- (-...) = +) hat auch richtig
um gestellt. Seine Vorstellung war richtig (daher richtiges Ergebnis)
aber der mathemat. Ausdruck falsch.   3

Abbildung 13.9 Antwort des Probanden 11, MZP 1, Aufgabe 3 (ZRK, Testheft B)

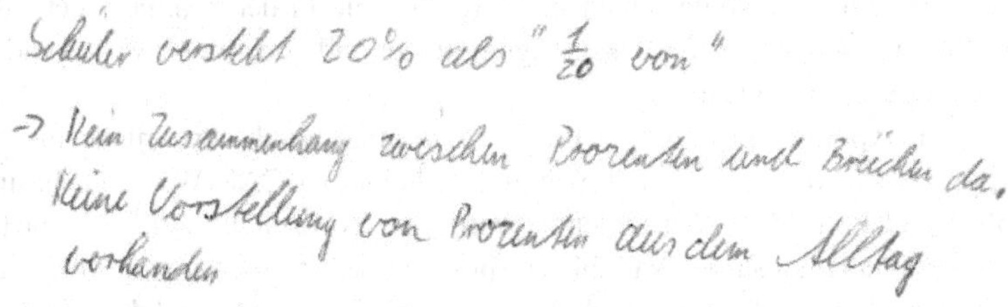

Schüler versteht 20% als " $\frac{1}{20}$ von "

→ Kein Zusammenhang zwischen Prozenten und Brüchen da,
  Keine Vorstellung von Prozenten aus dem Alltag
  vorhanden

Abbildung 13.10 Antwort des Probanden 40, MZP 1, Aufgabe 5 – Schülerlösung 2
(PP2, Testheft B)

durch die Ursache F0 ausgedrückt werden sollte. Beim Bewerten der Studieren-
denantworten bezüglich der Aufgabe 5, Schülerlösung 2 war es zudem teilweise
schwierig, aufgrund der Bruchschreibweise zwischen der Fehlerbeschreibung F1
und den Ursachen F1.5 bzw. F1.7 zu unterscheiden (siehe Abbildung 13.10).

Daher wurde je nach Erläuterung des Studierenden die Antwort als Fehlerbeschreibung oder als Ursache gewertet. Bezog sich der Studierende konkret auf den Bruch $\frac{1}{20}$ als Begründung, dann wurde dies bei F1.5 berücksichtigt. Aufgrund der vorangegangenen Erläuterungen wurde die Fehler-Ursachen-Diagnosefähigkeit in der vorliegenden Studie unter ausschließlicher Berücksichtigung der Fehlerbeschreibung und der Ursachennennung pro Aufgabe operationalisiert, da fast alle Probanden erkannten, ob die Schülerlösung korrekt oder falsch war. Die Fehlerwahrnehmung wird im Ergebnisteil lediglich deskriptiv berichtet (siehe Analysen zu III). Pro Aufgabe wurde ein dreistufiges ordinalskaliertes Item gebildet:

- Itemscore 0 drückt aus, dass sowohl kein Fehler beschrieben als auch kein Ursache genannt wurde,
- Itemscore 1 symbolisiert, dass entweder der Schülerfehler beschrieben oder ein mögliche Ursache angegeben wurde und
- Itemscore 2 stellt dar, dass sowohl eine Fehlerbeschreibung als auch mindestens eine mögliche Ursache erwähnt wurde.

Umgang mit Missing Data
Aufgrund verschiedener Ursachen kam es in der Untersuchung zu fehlenden Werten (Missing Data) im Leistungstest, auf die nun genauer eingegangen wird. Rubin (1976) führte eine Typologie fehlender Werte ein, die in der heutigen methodischen Literatur weitgehend Berücksichtigung findet und auch in der vorliegenden Studie als Grundlage diente.

In dieser Typologie erfolgt eine Präzisierung hinsichtlich der Gründe für die Ausfallprozesse, wobei er drei Typen unterscheidet. MCAR-Werte („Missing Completely at Random") sind fehlende Werte, die „vollständig zufällig" entstehen und unabhängig von der Variablenausprägung selbst, noch von zusätzlichen anderen Variablenausprägungen sind. Auch fehlende Werte aufgrund des Testdesigns lassen sich diesem Typ zuordnen. Weiterhin kategorisierte er die MAR-Werte („Missing at Random"), bei denen die fehlenden Werte in der Variablen selbst mit der Ausprägung auf anderen Variablen korrelieren, sobald diese anderen Variablen aber kontrolliert werden, lässt sich kein Zusammenhang zwischen den fehlenden Werten und der Variablenausprägung selbst mehr erkennen. Lüdtke, Robitzsch, Trautwein und Köller (2007, S. 104) beschreiben hierzu folgendes Beispiel: „Wenn das Alter und weitere Variablen der Person kontrolliert werden, hängt die fehlende Angabe des Einkommens nicht von der Ausprägung des Einkommens selbst ab." Schließlich unterschied Rubin noch die MNAR („Missing

Not at Random"), die „nicht zufällig" fehlenden Werte, welche mit der Ausprägung der Variablen selbst zusammenhängen (Lüdtke et al., 2007). Items, die von Probanden ausgelassen oder aufgrund der beschränkten Testzeit am Ende nicht bearbeitet werden, könnten im Zusammenhang mit der untersuchten Variable stehen, wodurch es sich um MNAR-Werte handelt (Walter & Rost, 2011). Bei der Erhebung der Fehler-Ursachen-Diagnosefähigkeit in der vorliegenden Studie traten sowohl MCAR- als auch MNAR-Werte auf, wobei die MCAR-Werte aufgrund des Testdesigns entstanden, da die Probanden zum jeweiligen Messzeitpunkt entweder das Testheft A oder das Testheft B bearbeiteten und demnach nur eine der bereits vorgestellten Parallelaufgaben lösten (siehe Unterabschnitt 13.4.3). Die nicht-bearbeiteten Parallelaufgaben (im anderen Testheft) wurden bei der Skalierung im Programm Conquest als fehlende Werte berücksichtigt. Die Anzahl der MCAR-Werte in den jeweiligen Items wird in der nachfolgenden Tabelle 13.26 dargestellt:

Tabelle 13.26 Anzahl der MCAR-Werte in den jeweiligen Items

Item	Vorkommen	Anzahl der fehlenden Werte	Anzahl der gültigen Werte
ZKS	Anker	0	235
ZLI	A	115	120
ZVN	B	120	115
ZMK	A	115	120
ZRK	B	120	115
ZHR	A	115	120
ZHI	B	120	115
PP1	Anker	0	235
PP2	Anker	0	235
PP3	Anker	0	235
PP4	Anker	0	235
PAK	A	115	120
PDP	B	120	115
PEA	A	115	120
PZA	B	120	115

Da es sich beim vorliegenden Leistungstest um einen Niveautest handelte und die Bearbeitungszeit individuell variabel war, hatten die Probanden ausreichend Zeit, alle Aufgaben zu bearbeiten. Daher ergaben sich die MNAR-Werte in der vorliegenden Studie lediglich durch die Aufgaben, die von den Probanden nicht bearbeitet wurden (siehe Tabelle 13.27).

Tabelle 13.27 Anzahl der MNAR-Werte in den jeweiligen Items

Item	Vorkommen	Anzahl der fehlenden Werte	Anzahl der gültigen Werte
ZKS	Anker	0	235
ZLI	A	1	119
ZVN	B	3	112
ZMK	A	1	119
ZRK	B	3	112
ZHR	A	26	94
ZHI	B	27	88
PP1	Anker	1	234
PP2	Anker	2	233
PP3	Anker	50	185
PP4	Anker	4	231
PAK	A	3	117
PDP	B	1	114
PEA	A	26	94
PZA	B	31	84

Der Leistungstest beinhaltete nur mathematische Themen der Sekundarstufe I, so dass die Probanden aufgrund ihrer eigenen Schulbildung in der Lage sein müssten, den Schülerfehler zu erkennen. Aus diesem Grund wurden nicht bearbeitete Items, wie auch in der PISA-Studie (Walter & Rost, 2011), als ungelöst (Itemscore 0) berücksichtigt. Zudem wurden die Probanden im Rahmen des Leistungstests aufgefordert (siehe Unterabschnitt 13.4.2), lediglich die Aufgabe zu überspringen, die sie nicht beantworten konnten. Demnach konnte das Nichtbearbeiten der Aufgabe gleichgesetzt werden mit der fehlenden Kompetenz, zumindest den Schülerfehler zu erkennen. Auffällig ist jedoch die hohe Anzahl an Nichtbearbeitungen bei den Aufgaben mit richtigen Schülerlösungen (siehe Tabelle 13.27). Einige Studierende machten konsequent bei diesen Aufgaben keine Angaben. Um diese Tatsache zu verdeutlichen, wurden fehlende Angaben bei den Testaufgaben mit richtigen Schülerlösungen in den Analysen nicht als ungelöst (Itemscore 0), sondern als fehlend (Missing Data – Code 99) berücksichtigt (siehe Analysen zu III).

13.4.5 Skalierung der Daten unter Berücksichtigung des Partial-Credit-Modells

Obwohl im Rahmen der Testkonstruktion versucht wurde, die Parallelaufgaben der Testhefte möglichst ähnlich zu konstruieren, ist es trotzdem denkbar, dass diese Aufgaben eine unterschiedliche Schwierigkeit aufweisen, weshalb es problematisch ist, Aussagen hinsichtlich der Kompetenzausprägung der Probanden mit Hilfe des Summenscores auf Grundlage der KTT zu tätigen (siehe Walter und Rost (2011)). Aus diesem Grund wurde das Partial-Credit-Modell der PTT angewandt, um die Daten zu skalieren (siehe Abschnitt 13.1). Zu diesem Zweck wurde mit dem Programm Conquest (Wu et al., 2007) im Rahmen eines zweischrittigen Verfahrens gearbeitet, indem zunächst die Itemparameter und anschließend die Personenparameter geschätzt wurden. Mit Hilfe der Ankeritems wurden die diversen Items der zwei Testhefte auf einer Skala mit einer gemeinsamen Metrik positioniert (Moosbrugger, 2012a). Weiterhin wurde der Ansatz mit virtuellen Personen verwendet, bei dem die Probanden zu jedem weiteren Messzeitpunkt als „virtuelle neue Probanden" berücksichtigt werden (Hartig & Kühnbach, 2006; J. Rost, 2004). Dieser Ansatz wurde beispielsweise auch in der DESI-Studie angewandt (Hartig, Jude & Wagner, 2008). „Auf diese Weise wird *ein* Satz von Itemparametern geschätzt, der *für alle Personen* und *alle Zeitpunkte* gilt, jedoch wird für jede Person für jeden Zeitpunkt ein neuer Eigenschaftsparameter geschätzt" (J. Rost, 2004, S. 283, Hervorhebung im Original). Somit konnten zudem alle Probanden in der vorliegenden Studie beachtet werden, die an mindestens einem Messzeitpunkt teilgenommen hatten.

Bevor die Itemparameter durch die marginale Maximum-Likelihood-Schätzung geschätzt wurden, fand zunächst eine Analyse der Itemkennwerte statt, indem alle Items weiterhin berücksichtigt wurden, deren gewichtetes Itemfitmaß/deren Infit-Werte zwischen 0.80 und 1.20 lagen und deren Itemtrennschärfe über 0.20 war (siehe Abschnitt 13.2). Diese Analyse ergab, dass kein Item selektiert werden musste, denn sowohl das gewichtete Itemfitmaß als auch die Itemtrennschärfen lagen (mit einer Ausnahme, siehe unten) in einem akzeptablen Bereich. Über alle Messzeitpunkte hinweg ergab sich eine mittlere Trennschärfe der Items von 0.31 (SD = 0.08), wobei die Werte zwischen 0.18 und 0.45 variierten. Die gewichteten Itemfitmaße lagen durchschnittlich bei 0.999 (SD = 0.05) und schwankten zwischen 0.88 und 1.14. Die T-Werte schwankten zwischen −1.60 und 2.00 und lagen im Durchschnitt bei 0.67 (SD = 0.999) (siehe Tabelle 13.28). Die Trennschärfe des Items ZVN war lediglich 0.18, wobei auch das gewichtete Itemfitmaß vergleichsweise hoch ausfiel (1.12). Aufgrund dessen, dass diese Aufgabe eine Parallelaufgabe war und sich das gewichtete Itemfitmaß trotzdem in einem akzeptablen Bereich befand, entschied sich der Autor dieser Arbeit dennoch, dieses Item weiterhin zu berücksichtigen.

Nach Bühner (2011) ist es zudem notwendig, aufgrund der vorliegenden Items mit drei Antwortkategorien[13], zu überprüfen, ob die Schwellenparameter geordnet sind, denn nur dann liege seiner Meinung nach ein Partial-Credit-Modell vor. Dies traf jedoch beim Item ZRK nicht zu. Sowohl Wetzel und Carstensen (2014) als auch Adams, Wu und Wilson (2012) raten jedoch davon ab, Kategorien aufgrund ungeordneter Schwellenparameter sofort zusammenzulegen, denn unter anderem erfordere das Partial-Credit-Modell zwar geordnete Antwortkategorien, aber keine geordneten Schwellenparameter. Wetzel und Carstensen (2014) werfen weiterhin die Frage auf, ob das Zusammenlegen der Kategorien für die gesamte Stichprobe angemessen sei. Ferner sei die Anordnung der Schwellenparameter lediglich von der Schätzung der Kategorienwahrscheinlichkeit abhängig, die sich durch die Antwortfrequenzen für jede Kategorie ergeben. Beim Item ZRK existierte die Antwortkategorie 1 fast genauso häufig (26,96 %) wie die Antwortkategorie 0 (26,09 %) (siehe Tabelle 13.28), was gegen eine Zusammenlegung der Kategorien sprach, da zu viele Informationen verloren gehen würden. Daher wurde das Partial-Credit-Modell verwendet, obwohl die Schwellenparameter des Items ZRK ungeordnet sind. In Tabelle 13.29 werden die Itemanalysen auf manifester Ebene für den Messzeitpunkt 1 und in Tabelle 13.30 für den Messzeitpunkt 2 berichtet.

---

[13]Da bei jedem Item im Leistungstest drei Itemscores (0, 1 & 2) vorliegen, existieren auch drei Antwortkategorien.

Tabelle 13.28 Darstellung der Skalenkennwerte auf latenter Ebene

Item	Schwelle	N	Lösungshäufigkeit (in %)	Itemparameter	Itemparameter für das Erreichen einer Kategorie	Trennschärfe	Gewichtetes Itemfitmaß	T-Wert
ZKS		235		0.30		0.36	0.96	−0.40
	0	45	19.15				0.91	−0.90
	1	132	56.17		−0.96		0.99	−0.50
	2	58	24.68		1.55		1.02	0.30
ZLI–A		120			−0.34	0.23	1.04	0.40
	0	13	10.83				0.98	−0.00
	1	58	48.33		−1.49		0.99	−0.20
	2	49	40.83		0.82		1.04	0.60
ZVN–B		115			−0.20	0.18	1.12	1.10
	0	18	15.65				0.99	−0.00
	1	47	40.87		−1.05		1.04	0.90
	2	50	43.48		0.66		1.14	2.00
ZMK–A		120			−0.18	0.41	0.95	−0.50
	0	22	18.33				0.97	−0.20
	1	38	31.67		−0.78		0.99	−0.10
	2	60	50.00		0.43		0.96	−0.50
ZRK–B		115		0.06		0.36	0.97	−0.20
	0	30	26.09				1.01	0.20
	1	31	26.96		−0.40		1.00	0.10
	2	54	46.96		0.51		0.96	−0.60
PP1		235		0.09		0.33	1.02	0.20
	0	55	23.40				1.02	0.30
	1	83	35.32		−0.56		1.00	0.10
	2	97	41.28		0.74		1.01	0.10
PP2		235		0.36		0.45	0.88	−1.60
	0	53	22.55				0.94	−0.70
	1	121	51.49		−0.73		0.98	−1.40
	2	61	25.96		1.45		0.90	−1.30
PP4		235		0.23		0.25	1.03	0.30
	0	42	17.87				1.02	0.20
	1	133	56.60		−1.04		0.99	−0.30

(Fortsetzung)

Tabelle 13.28 (Fortsetzung)

Item	Schwelle	N	Lösungs-häufigkeit (in %)	Itempa-rameter	Itempara-meter für das Erreichen einer Kategorie	Trenn-schärfe	Gewich-tetes Itemfit-maß	T-Wert
	2	60	25.53		1.51		1.00	0.10
PAK–A		120		−0.54		0.29	1.00	0.00
	0	11	9.17				0.93	−0.30
	1	51	42.50		−1.59		1.02	0.50
	2	58	48.33		0.51		1.03	0.50
PDP–B		115		0.22		0.27	1.06	0.60
	0	29	25.22				1.02	0.20
	1	45	39.13		−0.52		1.01	0.20
	2	41	35.65		0.95		1.06	0.70

Tabelle 13.29 Itemanalyse auf manifester Ebene zum MZP 1

Itemname (Abk.)	N	emp. Min.	emp. Max.	MW	SD	Var
ZKS	120	0	2	1.03	0.63	0.40
ZLI–A	60	0	2	1.25	0.68	0.46
ZVN–B	60	0	2	1.27	0.78	0.61
ZMK–A	60	0	2	1.28	0.83	0.68
ZRK–B	60	0	2	1.13	0.85	0.73
PP1	120	0	2	1.06	0.80	0.64
PP2	120	0	2	0.91	0.66	0.44
PP4	120	0	2	0.98	0.66	0.44
PAK–A	60	0	2	1.23	0.72	0.52
PDP–B	60	0	2	1.10	0.82	0.67

Tabelle 13.30 Itemanalyse auf manifester Ebene zum MZP 2

Itemname (Abk.)	N	emp. Min.	emp. Max.	MW	SD	Var
ZKS	115	0	2	1.08	0.69	0.48
ZLI–A	60	0	2	1.35	0.63	0.40
ZVN–B	55	0	2	1.29	0.66	0.43
ZMK–A	60	0	2	1.35	0.71	0.50

(Fortsetzung)

Tabelle 13.30   (Fortsetzung)

Itemname (Abk.)	N	emp. Min.	emp. Max.	MW	SD	Var
ZRK–B	55	0	2	1.29	0.81	0.66
PP1	115	0	2	1.30	0.75	0.56
PP2	115	0	2	1.17	0.71	0.51
PP4	115	0	2	1.17	0.64	0.41
PAK–A	60	0	2	1.55	0.53	0.29
PDP–B	55	0	2	1.11	0.74	0.54

Die EAP-/PV-Reliabilität, die mit dem Cronbach-α-Koeffizienten der KTT vergleichbar ist, betrug 0.71 und war damit in einem akzeptablen Bereich (siehe Abschnitt 13.2). Wie bereits in Abschnitt 13.2 dargestellt, gibt es Merkmale, die zwar inhaltlich klar definiert sind, aber einen sehr großen Bereich umfassen. Zugehörige Items korrelieren weniger miteinander und verursachen dadurch eine niedrigere Reliabilität, aber der Test ist trotzdem valide. Diese Erscheinung lässt sich auch bei der Fehler-Ursachen-Diagnosefähigkeit beobachten. Items, die in dieser Studie die Fehler-Ursachen-Diagnosefähigkeit erfassten, bezogen sich sowohl auf die Themengebiete der ganzen Zahlen als auch der Prozentrechnung. Demnach mussten die Studierenden unter anderem diagnostisches Wissen in zwei verschiedenen mathematischen Themengebieten besitzen, um eine hohe Fehler-Ursachen-Diagnosefähigkeit in dieser Studie aufzuweisen. Weiterhin berücksichtigt das operationalisierte Konstrukt nicht nur die Beschreibung des Fehlers, sondern auch die Nennung diverser Ursachen, wodurch eine hohe Komplexität vorliegt. Um darüber hinaus zu belegen, dass durch den eingesetzten Leistungstest die Fehler-Ursachen-Diagnosefähigkeit in den Themengebieten ganze Zahlen und Prozentrechnung erfasst wurde und der Test demnach inhaltsvalide ist, wurden zwei Experten (Professoren) aus der Mathematikdidaktik unabhängig voneinander mit Hilfe eines Fragebogens befragt. Diese Befragung konnte die Inhaltsvalidität des Leistungstests bestätigen.

Nach der Bestimmung der Itemparameter wurden die Personenparameter WLE (Weighted Likelihood Estimator) geschätzt, die sich gemeinsam mit dem Itemparameter in der Wright Map[14] entlang der Logit-Skala darstellen lassen (siehe

---

[14]Die Personen- und Itemparameter werden jeweils, entsprechend ihrer geschätzten Itemschwierigkeiten (Darstellung auf der rechten Seite) und der geschätzten Personenfähigkeiten (Darstellung auf der linken Seite), veranschaulicht. Ein Item wird als Mittelwert der Itemschwierigkeiten berechnet und dann dem Logitwert 0.0 zugeschrieben. Die restlichen Items streuen entsprechend ihrer Schwierigkeit im Bezug zu diesem Item (Bond & Fox, 2015).

Abbildung 13.11). X symbolisiert dabei in dieser Studie 1,5 Fälle. Die mittlere Itemschwierigkeit beträgt 0.00 logits (SD = 0.30) und variiert zwischen −0.54 und 0.36. Die mittlere Personenfähigkeit liegt bei 0.42 logits (SD = 0.97) und streut zwischen −3.27 und 3.65. Sowohl durch die mittleren Werte als auch durch die Abbildung 13.11 lässt sich erkennen, dass die Items etwas zu leicht für diese Probandenauswahl waren und weitere Items mit größerer Itemschwierigkeit bei einer erneuten Erhebung der Fehler-Ursachen-Diagnosefähigkeit nötig wären. Das festgelegte Item 9 (ZRK) war ein Item zum Rechnen mit ganzen Zahlen und wies eine Itemschwierigkeit von 0.06 auf. Die schwierigeren Items 2 (PP1), 3 (PP2), 4 (PP4) und 10 (PDP) thematisierten die Prozentrechnung. Lediglich das Item 1 (ZKS) umfasste auch den Themenbereich ganze Zahlen und war noch schwerer als das Item 9 (ZRK). Die leichteren Items 5 (ZLI),6 (ZMK) und 8 (ZVN) beinhalteten ebenfalls das Themengebiet der ganzen Zahlen. Das leichteste Item innerhalb des Tests war das Item 7 (PAK), das sich auf den verminderten und vermehrten Grundwert bei der Prozentrechnung bezog. Auffällig ist die Tatsache, dass die eigentlichen Parallelitems 7 (PAK) und 10 (PDP) sich hinsichtlich ihrer Schwierigkeit relativ stark unterscheiden. Grund dafür könnte die Aufgabenstruktur des Items 10 (PDP) sein (siehe Abschnitt 13.4.3).

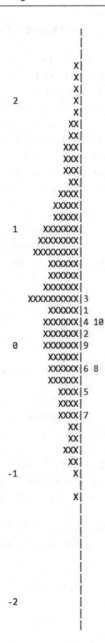

Abbildung 13.11 Wright Map

13.5   Interviews zur Analyse ausgewählter Probanden

Um unter anderem zu analysieren, welche Interventionsinhalte der Ansicht der
Probanden nach den größten Einfluss auf die Entwicklung ihrer diagnostischen
Kompetenz hatten, wurden in der vorliegenden Studie Interviews mit ausgewählten Probanden durchgeführt. Helfferich (2014, S. 561) versteht Interviews
als „eine Kommunikationssituation, in der interaktiv der Text erzeugt wird" und
Döring und Bortz (2016b, S. 358–360) erläutern zudem sechs Kriterien, mit deren
Hilfe Interviews klassifiziert werden können. Diese werden nachfolgend genannt
(siehe 1) bis 6)). Sie dienen als Grundlage, um die durchgeführten Interviews der
vorliegenden Studie zu klassifizieren und dadurch zu beschreiben.

1) Grad der Strukturierung der Interviewsituation und
   Grad der Standardisierung des Interviewinstrumentes
2) Anzahl der gleichzeitig interviewten Personen
3) Art des Interviewkontaktes
4) Anzahl der Interviewenden
5) Art der Befragungsperson
6) Art der Interviewtechnik

Die durchgeführten Interviews waren halbstrukturiert und basierten auf einem
Interviewleitfaden, der aus offenen Fragen bestand (halbstandardisiertes Instrument). Sieben Probanden der Experimentalbedingung 1 wurden zu vier Erhebungszeitpunkten (siehe Abbildung 10.2, Kapitel 10) jeweils einzeln am Telefon
durch den Autor dieser Arbeit interviewt. Die Probanden hatten sich freiwil-
lig vor der Intervention bereit erklärt, an den Interviews teilzunehmen. Da die
Sichtweise sowie die Selbsteinschätzung der Probanden im Mittelpunkt der Analysen standen, handelte es sich um Betroffenen-Interviews, durch die sowohl
Beschreibungen als auch Bewertungen der interviewten Probanden generiert
wurden.
   Im Folgenden wird nun differenzierter auf die Merkmale und den allgemeinen
Ablauf eines halbstrukturierten Interviews eingegangen.

13.5.1 Merkmale und Ablauf eines halbstrukturierten Interviews

Halbstrukturierte Interviews sind durch einen Leitfaden organisiert und werden daher auch Leitfaden-Interviews genannt. Der Leitfaden besteht aus offenen Fragen, auf die die befragten Probanden frei antworten können, wobei spontane Abweichungen möglich sind, sobald sich Vertiefungen oder Zusatzfragen ergeben. Gleichzeitig stellt dieser ein Grundgerüst für die Datenerhebung dar, wodurch die Erhebungssituationen ähnlich ablaufen und eine Vergleichbarkeit unterschiedlicher Interviews ermöglichen (Döring & Bortz, 2016b; Helfferich, 2014). Die Entwicklung eines Interviewleitfadens erfolgt anhand inhaltlicher Themen und Fragestellungen der jeweiligen Studie. In der Regel werden am Anfang biographische Grundinformationen erhoben und anschließend allgemeine Fragen zum Untersuchungsthema gestellt, die durch detaillierte Fragen im Interviewverlauf ergänzt werden können (Döring & Bortz, 2016b). Helfferich (2014) zufolge können in einem Leitfaden offene Fragen, Erzählaufforderungen oder eine Kombination aus beiden enthalten sein. Weiterhin kann ihrer Auffassung nach der Leitfaden unterschiedlich stark strukturiert sein, wobei ein Leitfaden mit starker Strukturierung beispielsweise eine Liste mit Fragen zu konkreten inhaltlichen Aspekten umfasst. Vorteilhaft an einem hohen Strukturierungsgrad ist die Tatsache, dass die für den Forscher relevanten Inhalte definitiv angesprochen werden, auch wenn die Probanden selbst keinen Fokus darauf legen. Hingegen kann durch die starke Strukturierung die Vielfalt möglicher Aussagen eingeschränkt sein (Helfferich, 2014). Gläser und Laudel (2010) zufolge sollte ein Interviewleitfaden aufgrund der Übersichtlichkeit nicht mehr als zwei Seiten umfassen.

Wie bereits erwähnt, wurden die halbstrukturierten Interviews in der vorliegenden Studie telefonisch durchgeführt, da die befragten Probanden zum einen relativ oft interviewt wurden und es zum anderen so einfacher möglich war, Interviewtermine zu vereinbaren. Vorteilhaft an dieser Durchführung ist die Reduktion des zeitlichen und finanziellen Aufwandes. Zudem kann auch der geografische Befragungskreis ausgeweitet werden. Weiterhin ist eine größere Anonymität gewährleistet und unter Umständen fällt es dem Befragten einfacher, über heikle und unangenehme Themen zu sprechen (Döring & Bortz, 2016b). Ungünstig ist hingegen, dass kein persönlicher Kontakt in Form einer „leibgebundene[n] Gesprächssituation" entsteht, wodurch die Situation mit allen Sinnen erlebt werden könnte (Döring & Bortz, 2016b, S. 375). In der Regel wird das Interview während der Durchführung aufgezeichnet und anschließend wortwörtlich verschriftlicht (transkribiert) (Döring & Bortz, 2016b). Auf die verwendeten Transkriptionsregeln in der vorliegenden Studie wird in Unterabschnitt

13.5.3 eingegangen. Zuvor erfolgt eine Darstellung der relevanten Fragen aus den Interviewleitfäden in Unterabschnitt 13.5.2.

13.5.2 Leitfäden der durchgeführten Interviews

In diesem Unterabschnitt werden lediglich die Fragen und Aufforderungen aus den Interviewleitfäden ausführlich dargestellt, die für die Beantwortung der Forschungsfragen 5a, 5b, 6a und 6b relevant waren.

Die interviewten Probanden sollten zum einen zu allen vier Erhebungszeitpunkten ihre diagnostischen Fähigkeiten beispielsweise hinsichtlich des Erkennens von Fehlern, Problemen und Denkprozessen der Schüler (kurz: ihre Fehler-Ursachen-Diagnosefähigkeit) jeweils in den Bereichen ganze Zahlen und Prozentrechnung einschätzen. Dies erfolgte auf einer ordinalen Skala von 1 bis 6, wobei diese Werte den Schulnoten entsprachen. Zum anderen sollten sie am Ende und zwei Monate nach der Intervention unter anderem zu den nachfolgenden Fragen bzw. Aufforderungen Stellung nehmen. Die Interviewleitfäden des ersten und zweiten Erhebungszeitpunktes werden an dieser Stelle nicht berichtet, da die generierten Probandenaussagen zur Beantwortung der vorliegenden Forschungsfragen keinen Beitrag leisten.

3. Erhebungszeitpunkt (ams Ende derIntervention) – „Post"-Interview
– Was verstehen Sie unter Diagnostik im Mathematikunterricht?
– Beschreiben Sie Ihre heutige Sichtweise als zukünftiger Lehrer auf die Diagnostik im Mathematikunterricht.
– Welche Faktoren der Veranstaltung könnten Ihre Sichtweisen bzgl. der Diagnostik im Mathematikunterricht beeinflusst haben und warum?
– Beschreiben Sie den Stellenwert der diagnostischen Interviews (und deren Durchführung) für sich bzgl. Ihrer diagnostischen Kompetenz.
– Welche Auswirkungen hat die Veranstaltung auf Ihr Denken und Handeln?

  • Welche Bedeutung haben dabei die theoretisch kennengelernten Fehler?
  • Welche Bedeutung haben dabei die diagnostischen Interviews und deren Durchführung?

– Welcher Faktor / welche Komponente in der Veranstaltung hatte den größten Einfluss auf Ihre diagnostische Kompetenz?

4. Erhebungszeitpunkt (2 Monate nach der Intervention) – „Follow-up"-Interview
– Was verstehen Sie unter Diagnostik?

- Was verstehen Sie unter Diagnostik im Mathematikunterricht?
- – Beschreiben Sie Ihre heutige Sichtweise als zukünftiger Lehrer auf die Diagnostik im Mathematikunterricht.
- Hat sich Ihre Sichtweise auf die Diagnostik im Mathematikunterricht im Laufe der Veranstaltung „Diagnostik" verändert? Wenn ja, inwiefern?
- – Welche Elemente der Veranstaltung haben Ihre Sichtweisen bzgl. der Diagnostik (im Mathematikunterricht) beeinflusst und inwiefern?
- – Was hatte im Rahmen der Veranstaltung den größten Einfluss auf die Entwicklung Ihrer diagnostischen Kompetenz?
- – Haben Sie die schriftliche Reflexion bereits durchgeführt? Beschreiben Sie den Stellenwert der schriftlichen Reflexion bzgl. Ihrer diagnostischen Kompetenz.
- – Welche Auswirkung hat die Veranstaltung auf Ihr Denken und Handeln?
- Welche Bedeutung haben dabei die theoretisch kennengelernten Fehler, die Durchführung des diagnostischen Interviews und die abschließende Reflexion?

Diese Fragen und Aufforderungen bezogen sich zum einen auf die Sichtweise und allgemeinen Erkenntnisse der Probanden bezüglich der Diagnostik im Mathematikunterricht sowie die entsprechende Relevanz der Interventionsinhalte. Zum anderen war es durch sie auch möglich, die Einschätzung der Probanden hinsichtlich des einflussreichsten Interventionsinhaltes auf ihre eigene diagnostische Kompetenzentwicklung zu erheben.

13.5.3 Transkription

Bevor die durchgeführten und aufgezeichneten Interviews ausgewertet werden können, ist eine wortwörtliche Verschriftlichung – Transkription – notwendig. In einem Transkript sind jedoch nicht nur der Interviewtext enthalten, sondern auch besondere Merkmale des Gesprächsverlaufs, wie zum Beispiel Lachen, Pausen oder gleichzeitiges Sprechen, denn sie können unter Umständen eine Bedeutung für die späteren Interpretationen haben. Inwieweit Füllwörter oder stockende Antworten „geglättet" werden dürfen, hängt vom theoretischen Interesse und dem verwendeten Transkriptionssystem bzw. den entsprechenden Regeln ab (Döring & Bortz, 2016b; Kuckartz, 2016). In der vorliegenden Studie wurde das gesprächsanalytische Transkriptionssystem 2 (kurz: GAT 2) nach Selting et al.

(2009) verwendet und sich dabei an den Regeln für ein Minimaltranskript orientiert, denn die Inhalte der Probandenaussagen standen vor allem im Fokus und sprachliche Aspekte, wie Dialekte oder Füllwörter, waren nicht von Interesse. Auch Kuckartz (2016) zufolge sind für die meisten Forschungsprojekte einfachere Transkriptionssysteme ausreichend.

In den vorliegenden Transkripten wurden alle Wörter klein geschrieben und grammatikalische Sonderzeichen, wie Ausrufezeichen oder Fragezeichen, wurden nicht genutzt, um Akzente zu setzen. Außerdem wurde ein Punkt verwendet, wenn der Satz zu Ende war und zudem die Kommasetzung berücksichtigt. Tilgungen, wie sin = sind, is = ist, nich = nicht, un = und, nen = einen, wurden so erfasst, dass die ursprüngliche Form des Wortes weiterhin erkennbar blieb. Reduktionssilben wurden nicht berücksichtigt (Beispiel: sollen statt solln) und wortübergreifende Prozesse wurden getrennt geschrieben (Beispiel: kannst du statt kannste). Dialekte wurden außerdem in Hochdeutsch aufgezeichnet und Fremdwörter wie in der jeweiligen Sprache geschrieben. Abkürzungen wurden auch als Abkürzungen erfasst und die Zahlen bis 12 ausgeschrieben. Die verwendeten Symbole inklusive ihrer Erläuterungen befinden sich im Anhang (siehe Kapitel A 3).

Tatsächlicher Ablauf der Untersuchung 14

Nach Krauss et al. (2015) ist es empfehlenswert, auf Besonderheiten in der Untersuchungsdurchführung – sei es auffallendes Verhalten der Probanden oder äußere außergewöhnliche Bedingungen – hinzuweisen, um die Ergebnisse besser interpretieren zu können. Diese besonderen Vorkommnisse werden in diesem Kapitel dargelegt.

Das Besondere in der Experimentalbedingung 1 war das selbstständige Durchführen eines diagnostischen Interviews mit einem Lernenden zwischen der dritten und vierten Interventionssitzung, bei der sie gegebenenfalls ihre Fehler-Ursachen-Diagnosekompetenz ausbauen konnten. Erst bei intensiver Auseinandersetzung mit dem bearbeiteten Datenerhebungsmaterial wurde ersichtlich, dass 10 der 37 teilnehmenden Probanden der Experimentalbedingung 1 das diagnostische Interview nicht durchgeführt hatten und demnach nicht an der ganzen Intervention für die Experimentalbedingung 1 teilnahmen. Daher wurden sie aus der Experimentalbedingung 1 ausgeschlossen. Zudem war es nicht möglich, diese 10 Probanden in der Experimentalbedingung 2 zu berücksichtigen, da die Probanden der Experimentalbedingung 2 ihre Fehler-Ursachen-Diagnosekompetenz im Unterricht beim Beobachten von Schülern sowie in Unterrichtsgesprächen anwenden konnten. Aufgrund der Tatsache, dass diese Teilgruppe dennoch ziemlich groß ist und sie beim Untersuchen der Forschungsfragen 2a, 2b, 3a und 3b berücksichtigt werden kann, wurde sie in die Analysen im Ergebnisteil mit einbezogen.

Zudem beantworteten Proband 36 aus der Experimentalbedingung 1 und Proband 115 aus der Experimentalbedingung 2 zum zweiten Messzeitpunkt den Fragebogen nicht, aber nahmen am Leistungstest teil. Ferner bearbeitete Proband 81 aus der Kontrollbedingung versehentlich zu beiden Messzeitpunkten das Testheft A und insgesamt existierten drei Probanden, die auffällige Werte in den erhobenen Konstrukten besaßen. Mit ihnen wurde folgendermaßen umgegangen:

N. Hock, *Förderung von diagnostischen Kompetenzen*, Mathematikdidaktik im Fokus, https://doi.org/10.1007/978-3-658-32286-1_14

- Der Proband 64 ist ein Proband aus der Experimentalbedingung 3, dessen Angaben zur Selbstwirksamkeitserwartung zum zweiten Messzeitpunkt weniger zustimmend waren als bei den anderen Probanden in der Untersuchung. Im Vergleich zu den Einschätzungen zum ersten Messzeitpunkt waren keine großen Veränderungen bei ihm nachweisbar. Die Angaben bezüglich des Selbstkonzeptes waren zudem gruppenkonform, weshalb kein Verdacht auf fehlerhaftes Ankreuzen bestand. Daher wurden die Einschätzungen des Probanden nicht eliminiert.

- Der Proband 87 gehört zur Kontrollbedingung und machte zum Messzeitpunkt 2 zu allen vorgegebenen Items sehr konträre Angaben zum einen zu den Einschätzungen der restlichen Probanden aus dieser Bedingung und zum anderen zu seinen eigenen Angaben zum Messzeit- punkt 1. Vermutlich hatte er die vorgegebene Ratingskala invertiert. Da dies jedoch nur eine Vermutung ist, entschied sich der Autor dieser Arbeit, die Angaben des Probanden im Fragebogen zum Messzeitpunkt 2 nicht zu berücksichtigen und sie als fehlende Werte zu behandeln.

- Der Proband 104 gehört zur Experimentalbedingung 2 und besitzt zum ersten Messzeitpunkt eine niedrigere Fehler-Ursachen-Diagnosefähigkeit als alle anderen Probanden der Untersuchung. Bei den Analysen zu I, in denen die Korrelationen für alle Bedingungen betrachtet werden (siehe Kapitel 16), ist die Fehler-Ursachen-Diagnosefähigkeit dieses Probanden zwar auch schon als „leichter" Ausreißer identifiziert, aber nicht als extremer. Da es sich um einen echten und korrekten Messwert handelt, wurde er weiterhin im Datensatz berücksichtigt.

Methoden zur Datenauswertung 15

In diesem Kapitel werden die verwendeten Auswertungsmethoden dargestellt. Zur Beantwortung der Forschungsfragen hinsichtlich des Zusammenhangs wird zunächst auf Korrelationen eingegangen (Abschnitt 15.1). Anschließend werden die t-Tests bei abhängigen und unabhängigen Stichproben sowie die (Ko-) Varianzanalysen erläutert, denn sie sind maßgeblich, um Unterschiedsanalysen zu realisieren (Abschnitt 15.2). Ferner wird in Abschnitt 15.3 auf die Auswertung der halbstrukturierten Interviews eingegangen, wobei unter anderem die qualitative Inhaltsanalyse Anwendung fand, die daher ebenfalls dargestellt wird.

15.1 Zusammenhangsanalysen – Korrelationen

„Eine Korrelation (r) spiegelt den Zusammenhang zwischen zwei Variablen (oder Merkmalen) wider: das heißt, ob die Ausprägung einer Variablen (X) mit der Ausprägung einer anderen Variable (Y) korrespondiert" (Bühner & Ziegler, 2009, S. 582). Die Stärke des Zusammenhangs wird durch den sogenannten Korrelationskoeffizienten angegeben, der mit r bezeichnet wird und Werte zwischen −1 und +1 annehmen kann (Zöfel, 2003). Ist r positiv, dann gehen höhere Werte in der einen Variablen mit höheren Werten in der anderen Variable einher. Ist r hingegen negativ, dann sind höhere Werte in der einen Variablen mit niedrigeren Werten in der anderen Variablen verbunden (Bühner & Ziegler, 2009; Köhler, Schachtel & Voleske, 2012). Für den linearen Zusammenhang zwischen

Elektronisches Zusatzmaterial Die elektronische Version dieses Kapitels enthält Zusatzmaterial, das berechtigten Benutzern zur Verfügung steht. https://doi.org/10.1007/978-3-658-32286-1_15

zwei intervallskalierten Variablen führten Bravais und Pearson den sogenannten Maßkorrelationskoeffizienten (auch Produkt-Moment-Korrelationskoeffizient
genannt) ein (Köhler et al., 2012). Für dessen Berechnung sollten folgende
Voraussetzungen erfüllt sein (Bühner & Ziegler, 2009, S. 605):

– „bivariate Normalverteilung
– keine Ausreißerwerte
– Linearität [und]
– Intervallskalenniveau".

Um den Zusammenhang zwischen Rangplätzen festzustellen, sollte hingegen die
Spearman-Rangkorrelation bestimmt werden, bei der entweder gleichabständige
Rangplätze oder eine Überführung von intervallskalierten Rohwerten in entsprechende Rangplätze notwendig ist. Zwar ist sie auch anfällig für Ausreißer,
jedoch weniger als die Pearson-Korrelation. Zudem können auch Korrelationen
auf Signifikanz überprüft werden, wobei in der Nullhypothese davon ausgegangen
wird, dass kein Zusammenhang zwischen den zwei Variablen besteht (Bühner &
Ziegler, 2009).

15.2 Unterschiedsanalysen

15.2.1 t-Tests bei abhängigen und unabhängigen Stichproben

Durch t-Tests lassen sich Mittelwertunterschiede bei zwei Gruppen prüfen, wobei
der t-Test für eine Stichprobe, der t-Test für unabhängige Stichproben und der
t-Test für abhängige Stichproben unterschieden werden kann. Beim t-Test für
unabhängige Stichproben werden zwei Stichproben miteinander verglichen, die
sich in einer unabhängigen Variable unterscheiden und dabei die Nullhypothese
geprüft, dass die Mittelwerte (der abhängigen Variable) der zwei Stichproben
gleich sind. Beim t-Test für abhängige Stichproben werden hingegen einige
Personen zu zwei Erhebungszeitpunkten mit demselben Testinstrument unter
Berücksichtigung der Nullhypothese „Die Differenz zwischen den Mittelwerten
(der abhängigen Variable) beträgt null" untersucht. Folgende Voraussetzungen
müssen für die Durchführung des t-Tests bei abhängigen Stichproben erfüllt sein:

– intervallskalierte Messwerte
– Unabhängigkeit der Messwerte der Personen zu den einzelnen Messzeitpunkten und

– Normalverteilung der Differenzen der abhängigen Variable zwischen Messzeitpunkt 1 und 2.

Beim t-Test für unabhängige Stichproben sind ebenfalls intervallskalierte Messwerte sowie deren Unabhängigkeit notwendige Voraussetzungen. Zudem muss die abhängige Variable in beiden Stichproben normalverteilt und die Varianzen in beiden Stichproben homogen sein (Bühner & Ziegler, 2009). Sollten die Varianzen heterogen ausfallen, dann wird ein sogenannter Welch-Test durchgeführt (Bortz & Schuster, 2010).

Der t-Test bei abhängigen und unabhängigen Stichproben gilt als relativ robust gegenüber Verletzungen der Normalverteilung (Bortz & Schuster, 2010; Pagano, 2010; Rasch, Friese, Hofmann & Naumann, 2014a). Beim t-Test für unabhängige Stichproben gilt dies vor allem, wenn gleich große Stichproben vorliegen. Sollten die Stichprobengrößen sehr unterschiedlich sein, aber die Varianzen der unabhängigen Stichproben homogen, dann ist der t-Test weiterhin zuverlässig (Bortz & Schuster, 2010). Nach Bühner und Ziegler (2009) sollte der t-Test bei unabhängigen Stichproben nonparametrischen Verfahren vorgezogen werden, selbst wenn die Daten nicht normalverteilt sind. Die Normalverteilung kann beispielsweise mit dem Kolmogoroff-Smirnoff-Test oder dem Shapiro-Wilk-Test überprüft werden, welche jeweils die Nullhypothese prüfen, dass die erhobenen Daten normalverteilt sind (Bühner & Ziegler, 2009). Der Shapiro-Wilk-Test (Shapiro & Wilk, 1965) besitzt eine höhere statistische Power als der Kolmogoroff-Smirnoff-Test (Razali & Wah, 2011; Steinskog, Tjøstheim & Kvamstø, 2007).

15.2.2 (Ko-)Varianzanalysen

„Die Varianzanalyse […] prüft den Einfluss einer oder mehrerer unabhängiger Variablen auf eine (oder auch mehrere) abhängige Variablen" und ist demnach ein Spezialfall der Regressionsanalyse (Bühner & Ziegler, 2009, S. 324; Rasch, Friese, Hofmann & Naumann, 2014b). Sie beruht auf der Überlegung, dass die Gesamtvarianz der Messwerte der abhängigen Variablen in systematische Varianz und unsystematische Varianz zerlegt werden kann. Die systematische Varianz, auch Effektvarianz genannt, entsteht aufgrund systematischer Einflüsse, die durch das Treatment hervorgerufen wurden. Die unsystematische Varianz wird auch Residualvarianz genannt und entsteht aufgrund unsystematischer Einflüsse, die weder beabsichtigt sind noch systematisch erfasst werden können.

Dies sind zum Beispiel die Motivation bzw. Konzentration der Studienteilneh-
mer oder auch Messfehler, die durch das Untersuchungsinstrument hervorgerufen
werden. Bei der Varianzanalyse mit Messwiederholung kann noch eine weitere
Quelle der Gesamtvarianz, die Personenvarianz, erfasst werden, denn durch die
wiederholten Messungen lassen sich systematische Unterschiede der Versuchs-
personen, wie Motivations- oder Leistungsunterschiede, erfassen und somit die
Residualvarianz verringern (Rasch et al., 2014b).[1] Wird bei einer Varianzanalyse mit Messwiederholung noch ein weiterer zusätzlicher nicht messwiederholter
Faktor als unabhängige Variable, wie zum Beispiel die Gruppenzugehörigkeit
oder das Geschlecht, berücksichtigt, so können noch „[...] weitere Quellen der
Variation der Messwerte identifiziert werden" (Rasch et al., 2014b, S. 79). Sie
wird auch zweifaktorielle Varianzanalyse mit Messwiederholung auf einem Faktor genannt (Rasch et al., 2014b). Durch sogenannte Kovarianzanalysen kann
der Einfluss von Kontrollvariablen, auch Kovariaten genannt, auf die abhängige Variable eliminiert werden, wodurch eine Verringerung der Residualvarianz und/oder Vergrößerung bzw. Verkleinerung der Effektvarianz möglich ist (
Bortz & Schuster, 2010; Döring & Bortz, 2016a; Rey, 2017). Bevor eine Varianzanalyse durchgeführt werden kann, müssen die folgenden Voraussetzungen
geprüft werden (Bühner & Ziegler, 2009):

– Intervallskalenniveau der abhängigen Variable(n)
– Normalverteilung der abhängigen Variable (zu allen Messzeitpunkten bzw. in
  allen Gruppen)
– Varianzhomogenität (Varianz innerhalb der Gruppen muss jeweils gleich sein.)
– Vorhandensein der Sphärizität (Eine Überprüfung ist nur bei Varianzanalysen
  mit mehr als zwei Messzeitpunkten notwendig.)
– Unabhängigkeit der Beobachtungen
– Balanciertheit des Designs (Für jeden Probanden muss bei wiederholten
  Messungen zu jedem Messzeitpunkt ein Messwert vorhanden sein.)

Nach Schmider, Ziegler, Danay, Beyer und Bühner (2010) gilt die Varianzanalyse
bei einer Teilstichprobe ab 25 Personen als robust gegenüber Verletzungen der
Normalverteilung. Bühner und Ziegler (2009, S. 368) geben an, „[...] dass die
Varianzanalyse stabil gegenüber Verletzungen der Normalverteilung ist, so dass
es nicht ratsam ist, sofort ein anderes Verfahren zu nutzen, dass eventuell weniger

---

[1]Bei einer Varianzanalyse ohne Messwiederholung sind personenbezogene Unähnlichkei-
ten ein Teil der nicht erklärbaren Unterschiede und erhöhen daher die Residualvarianz
(Rasch et al., 2014b).

teststark ist". Zudem konnten Blanca, Alarcón, Arnau, Bono und Bendayan (2017) unter anderem belegen, dass die Varianzanalyse auch robust gegenüber Verletzungen der Normalverteilung ist, wenn die Teilstichproben weniger als 25 Probanden umfassen. Dabei sind sie jedoch davon ausgegangen, dass die Varianzhomogenität vorhanden ist. Diese Voraussetzung wird mit Hilfe des Levene-Tests überprüft, bei dem ein nicht-signifikantes Ergebnis auf die Gleichheit der Varianzen hindeutet. Die Varianzanalyse gilt als resistent gegenüber Verletzungen der Varianzhomogenität, vor allem wenn die kontrastierten Gruppen gleich groß sind (Bühner & Ziegler, 2009). Nach Tabachnik und Fidell (2014) sowie Bühner und Ziegler (2009) sollte bei einem signifikanten Ergebnis im Levene-Test ein F_{max}-Test durchgeführt werden. Dabei wird die größte Gruppenvarianz durch die kleinste Gruppenvarianz dividiert. Weiterhin ist das Verhältnis der Gruppengrößen ausschlaggebend, dass am besten relativ gleich sein sollte. Sind die Gruppengrößen maximal im Verhältnis 4:1, dann sollte der F_{max}-Test keinen Wert annehmen, der größer als 10 ist. Falls der Wert größer ausfällt, sollte der α-Fehler auf 0.025 (statt 0.05) gesenkt werden. Weisen die Gruppengrößen ein Verhältnis von 9:1 auf, dann sollte bereits bei einem Wert größer als 3, der α-Fehler reduziert werden. Lässt sich durch eine Varianzanalyse erkennen, dass sich mindestens zwei Gruppenmittelwerte signifikant unterscheiden, können anschließende Pos-hoc-Tests, wie die Bonferroni-Korrektur, feststellen, zwischen welchen Gruppen die signifikanten Mittelwertunterschiede bestehen (Bühner & Ziegler, 2009). Für Kovarianzanalysen gelten die gleichen Voraussetzungen wie für Varianzanalysen. Die Kovariate muss zudem entweder metrisch oder dichotom nominalskaliert (durch Dummy-Codierung) sein. Außerdem sind homogene Steigungen der Regressionen in den Stichproben notwendig, wobei eine Verletzung dieser Voraussetzung akzeptabel ist, wenn die Stichproben gleich groß sind (Bortz & Schuster, 2010; Döring & Bortz, 2016a). Nach Bortz und Schuster (2010, S. 311) „[...] handelt es sich bei der Kovarianzanalyse um ein ausgesprochen robustes Verfahren".

Die aufgetretenen Forschungsfragen werden im Ergebnisteil durch die Anwendung von Korrelationsanalysen, t-Tests bei abhängigen und unabhängigen Stichproben, univariaten Varianzanalysen sowie zweifaktoriellen Varianzanalysen mit Messwiederholung untersucht. Die Voraussetzungen des jeweiligen Analyseverfahrens werden an entsprechender Stelle thematisiert und geprüft.

15.3   Theorie zur Auswertung der halbstrukturierten Interviews

Um die Forschungsfragen 5a und 5b bzw. 6a und 6b zu beantworten, wurden die durchgeführten Interviews durch zwei Methoden ausgewertet. Zum einen wurde die Selbsteinschätzung bezüglich der Fehler-Ursachen-Diagnosefähigkeit mit der tatsächlichen Fehler-Ursachen-Diagnosefähigkeit auf quantitativer Ebene kontrastiert, worauf der Unterabschnitt 15.3.1 eingeht. Zum anderen wurden die Probandenaussagen durch die qualitative Inhaltsanalyse ausgewertet, auf die in Unterabschnitt 15.3.2 ausführlich eingegangen wird.

15.3.1 Kontrastierung der selbsteingeschätzten und der tatsächlichen Fehler-Ursachen-Diagnosefähigkeit auf quantitativer Ebene

Die interviewten Probanden wurden während des Interviews unter anderem gebeten, ihre Fehler-Ursachen-Diagnosefähigkeit jeweils einzeln in den Themengebieten ganze Zahlen und Prozentrechnung auf einer sechsstufigen ordinalen Skala einzuschätzen, wobei die Werte 1 bis 6 den Schulnoten entsprachen (siehe Abschnitt 13.5). Im Rahmen der Forschungsfrage 6a wird diese Selbsteinschätzung zum ersten und dritten Erhebungszeitpunkt[2] mit der tatsächlichen Fehler-Ursachen-Diagnosefähigkeit kontrastiert. Diese wurde jedoch für beide Themengebiete gemeinsam skaliert (siehe Unterabschnitt 13.4.5), weshalb zusätzlich einerseits die Gesamtpunktzahl im Leistungstest (GPZ) für jeden interviewten Proband bestimmt wurde, wobei die maximal zu erreichende Punktzahl 21 Punkte betrug. Andererseits erfolgte eine Summenbildung über die erreichten Punkte für jedes Themengebiet einzeln (SUM_GZ und SUM_PR). Die maximale Punktzahl im Themengebiet der ganzen Zahlen (SUM_GZ) war 9 Punkte und bei der Prozentrechnung (SUM_PR) 12 Punkte. Auf Grundlage des *Hessisches Schulgesetz*es (§ 73, Absatz 4, S. 51), der „Verordnung zur Gestaltung des Schulverhältnisses" (2011, § 28, Absatz 1) und der Oberstufen- & Abiturverordnung (2009, Anlage 9a) des Landes Hessen wurde die Gesamtpunktzahl im Leistungstest bzw. in den einzelnen Themengebieten weiterhin in Schulnoten umgewandelt, denn die Selbsteinschätzung der interviewten Probanden basierte auf den Schulnoten.

---

[2]Dies ist direkt vor und direkt nach der Intervention und damit zeitgleich mit der Durchführung des Leistungstests zur Erhebung der Fehler-Ursachen-Diagnosefähigkeit.

Dadurch war es möglich, die tatsächliche Ausprägung der Fehler-Ursachen-Diagnosefähigkeit mit der zugehörigen Selbsteinschätzung zu vergleichen. Die entsprechenden Umrechnungen befinden sich in den Tabellen 15.1, 15.2 und 15.3 und werden in den Analysen zu XX berücksichtigt.

Tabelle 15.1 Umrechnung der Gesamtpunktzahl (kurz: GPZ) des Leistungstests in Schulnoten

GPZ	21	20	19–18	17	16	15	14	13	12	11
Note	1+	1	1–	2+	2	2–	3+	3	3–	4+

GPZ	10	9	8	7–6	5	≤ 4
Note	4	4–	5+	5	5–	6

Tabelle 15.2 Umrechnung der Punktsumme bei den ganzen Zahlen in Schulnoten

SUM_GZ	9	8	7	6	5	4	3	2	≤ 1
Note	1	1–	2	3	3–	4	5	5–	6

Tabelle 15.3 Umrechnung der Punktsumme bei der Prozentrechnung in Schulnoten

SUM_PR	12	11	10	9	8	7	6	5	4	3	≤ 2
Note	1	1–	2	2–	3+	3	4	4–	5	5–	6

15.3.2 Qualitative Inhaltsanalyse zur Analyse der Probandenaussagen

„Die qualitative Inhaltsanalyse ist eine Form der Auswertung, in welcher Textverstehen und Textinterpretation eine wesentlich größere Rolle spielen als in der klassischen, sich auf manifesten Inhalt beschränkenden, Inhaltsanalyse" (Kuckartz, 2016, S. 26). Kuckartz (2016) zufolge lässt sich die qualitative Inhaltsanalyse durch fünf Kernpunkte charakterisieren, die auch in ähnlicher Form bei Mayring (2015) zu finden sind. Demnach besitzen Kategorien eine zentrale Bedeutung in der qualitativen Inhaltsanalyse, wobei die Vorgehensweise kategorienbasiert und systematisch nach festgelegten Regeln erfolgt. Weiterhin ist es notwendig, Gütekriterien zu berücksichtigen und die gesamten Daten zu klassifizieren bzw. zu kategorisieren. Zudem entstehen die Daten interaktiv und sollen darüber hinaus auch reflektiert werden (Kuckartz, 2016). Durch qualitative Inhaltsanalysen sind beispielsweise Hypothesenfindungen, Theoriebildungen, Einzelfallstudien, Vertiefungen oder Klassifizierungen realisierbar (Mayring, 2015), wobei in der vorliegenden Studie Vertiefungen zu den quantitativen Ergebnissen des Leistungstests generiert wurden, die zum einen eine andere Perspektive auf die entwickelte Intervention und deren Inhalte bietet und zum anderen die Sichtweise sowie die allgemeinen Erkenntnisse der Probanden bezüglich der Diagnostik im Mathematikunterricht verdeutlicht. In der Abbildung 15.1 lässt sich das Ablaufmodell einer qualitativen Inhaltsanalyse nach Kuckartz (2016) erkennen, wobei jede Analysephase (Textarbeit, Kategorienbildung, Codierung, Analyse, Ergebnisdarstellung) mit der Forschungsfrage verbunden ist.

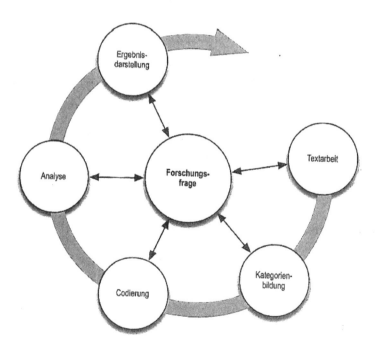

Abbildung 15.1 Ablauf der qualitativen Inhaltsanalyse nach Kuckartz (2016, S. 45)

Durch die Abbildung 15.1 soll deutlich werden, dass die Analysephasen bei der qualitativen Inhaltsanalyse zwar theoretisch nacheinander ablaufen, aber „über die Forschungsfrage" immer Iterationsschritte möglich sind. Zudem lassen sich diese Analysephasen auch nicht strikt voneinander trennen. Die Forschungsfrage spielt in allen fünf Phasen eine entscheidende Rolle und kann während der Analysen auch verändert werden – „sie kann präzisiert werden, neue Aspekte können sich in den Vordergrund schieben und unerwartete Zusammenhänge können entdeckt werden" (Kuckartz, 2016, S. 46). Eine qualitative Inhaltsanalyse wird durch verschiedene Techniken realisiert, wobei Mayring (2015) die Zusammenfassung, die Explikation und die Strukturierung unterscheidet. Ziel der Analysetechnik *Strukturierung* ist es, „[...] bestimmte Aspekte aus dem Material herauszufiltern, unter vorher festgelegten Ordnungskriterien einen Querschnitt durch das Material zu legen oder das Material aufgrund bestimmter Kriterien einzuschätzen" (Mayring, 2015, S. 67). Eine Form ist dabei die inhaltliche Strukturierung, die in der vorliegenden Studie zur Anwendung kam und daher im nächsten Unterabschnitt detaillierter dargestellt wird.

15.3.2.1 Erläuterung der inhaltlichen Strukturierung

„Eine *inhaltliche Strukturierung* will Material zu bestimmten Themen, zu bestimmten Inhaltsbereichen extrahieren und zusammenfassen" (Mayring, 2015, S. 99). Die Erläuterungen zum Ablauf der inhaltlichen Strukturierung fallen bei Mayring (2015) sehr knapp aus und werden bei Kuckartz (2016) auf Grundlage des Ablaufes der qualitativen Inhaltsanalyse (siehe Abbildung 15.1) sehr ausführlich dargestellt. An Kuckartzs Ablauf, der auch in Abbildung 15.2 erkennbar ist, wurde sich in der vorliegenden Studie orientiert.

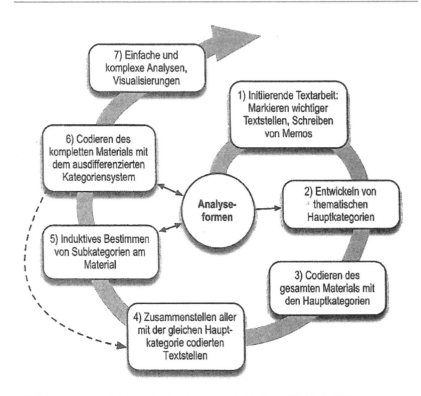

Abbildung 15.2 Inhaltliche Strukturierung nach Kuckartz (2016, S. 100)

Zunächst wurden (deduktiv) thematische Hauptkategorien gebildet (siehe Abbildung 15.2, Nr. 2)), die sich in der vorliegenden Studie aufgrund der theoretischen Bedeutung der Diagnostik für den Unterricht und den Interventionsinhalten ergaben. Diese wurden außerdem beschrieben und durch konkrete Beispiele ergänzt. Anschließend wurden diese Hauptkategorien verwendet, um das Datenmaterial zu codieren (siehe Abbildung 15.2, Nr. 3)). Im Anschluss wurden die codierten Textstellen je nach Hauptkategorie zusammengestellt (siehe Abbildung 15.2, Nr. 4)) und induktiv sowohl Hauptkategorien ergänzt als auch in bestehenden Hauptkategorien Subkategorien bestimmt (siehe Abbildung 15.2, Nr. 5)). Mayring (2015) würde an dieser Stelle von einer induktiven Kategorienbildung sprechen, die er zur Analysetechnik „Zusammenfassung" zuordnet. Nach Kuckartz (2016) tritt eine Vermischung von deduktiver und induktiver Kategorienbildung in Forschungsprojekten, die die qualitative Inhaltsanalyse anwenden, sehr häufig auf. Auf der Grundlage des ausdifferenzierten Kategoriensystems (siehe Unterabschnitt 15.3.2.2) fand dann eine erneute Codierung des kompletten Datenmaterials statt (siehe Abbildung 15.2, Nr. 6)). Um die codierten Probandenaussagen zu analysieren (siehe Abbildung 15.2, Nr. 7)), wurden nach den Empfehlungen von Kuckartz (2016) alle Textstellen der interviewten Probanden zu den einzelnen Hauptkategorien des Kategoriensystems in einer Themenmatrix dargestellt und anschließend fallbezogene Zusammenfassungen für jede Hauptkategorie gebildet. Diese stellten die Grundlage für die „Analysen zu XIX und XXI" im Ergebnisteil dar. Im folgenden Unterabschnitt wird das verwendete Kategoriensystem dargelegt.

15.3.2.2 Entwickeltes Kategoriensystem in der vorliegenden Studie

Das erläuterte Kategoriensystem in diesem Unterabschnitt wurde in der vorliegenden Studie verwendet, um die Aussagen der Probanden zu codieren und anschließend zu analysieren (siehe Abbildung 15.2, Nr. 6 & 7)). Bei den vorliegenden Kategorien handelt es sich um thematische Kategorien, die die Einschätzungen der Probanden unter anderem zu den einzelnen Interventionsinhalten beinhalten. Zudem liegt ein hierarchisches Kategoriensystem vor, denn zum einen lässt sich die Hauptkategorie „Subjektive Sichtweise und allgemeine Erkenntnisse der Probanden bzgl. der Diagnostik im Mathematikunterricht durch die Intervention" über den anderen Hauptkategorien verorten und zum anderen enthalten einzelne Hauptkategorien auch Subkategorien (Kuckartz, 2016). Die Hauptkategorien des Kategoriensystems werden in der Tabelle 15.4 erläutert, indem sie inhaltlich beschrieben werden. Die Abkürzungen „IK" und „DK" in der ersten Tabellenspalte verdeutlichen, ob die Hauptkategorien induktiv (IK) oder deduktiv (DK) gebildet wurden. Wie bereits allgemein erläutert wurde (siehe Abbildung 15.2, Nr. 5)), ergaben sich auch in der vorliegenden Studie die aufgeführten Subkategorien größtenteils induktiv aufgrund der Probandenaussagen. Eine Auflistung von Beispielzitaten für die einzelnen Haupt- und Subkategorien befindet sich im Anhang (siehe kapitel A 1).

Tabelle 15.4 Entwickeltes Kategoriensystem inklusive inhaltlicher Beschreibung

Name der Kategorie	Inhaltliche Beschreibung
Subjektive Sichtweise und allgemeine Erkenntnisse der Probanden bzgl. der Diagnostik im Mathematikunterricht durch die Intervention (DK)	Die Bedeutung der Diagnostik für die individuelle Förderung eines Lernenden, beispielsweise durch die Adaption des Unterrichts, wurde bereits in Kapitel 1 thematisiert. Doch welche Sichtweise besitzen ausgewählte Probanden als zukünftige Lehrkräfte auf die Diagnostik im Mathematikunterricht? Dies wird in dieser Hauptkategorie dargestellt. Dafür wird zunächst auf das Verständnis der Probanden von „Diagnostik im Mathematikunterricht" nach der Intervention eingegangen. Außerdem äußerten einige Probanden nach der Intervention allgemeine Erkenntnisse bezüglich der Diagnostik im Mathematikunterricht, die ebenfalls in dieser Hauptkategorie dargestellt werden. Hinsichtlich der allgemeinen Erkenntnisse lassen sich die folgenden Subkategorien unterscheiden: Subkategorie 1: Die Diagnostik im Lehramtsstudium Subkategorie 2: Selbstständiges Aneignen von Wissen bezüglich der Diagnostik
Relevanz des Interventionsinhaltes „**Vermitteltes diagnostisches Wissen** bzgl. Schülerfehlern und deren Ursachen" für die Sichtweise der Probanden auf die Diagnostik im Mathematikunterricht (DK)	Wie unter anderem in Abschnitt 4.2 durch die Befunde von Karing und Artelt (2013), Klug et al. (2015) oder Busch et al. (2015) deutlich wurde, könnte die Vermittlung diagnostischen Wissens eine zentrale Komponente sein, um die Fehler-Ursachen-Diagnosefähigkeit der Interventionsteilnehmer zu fördern. Nun stellt sich die Frage, welche Bedeutung die Studierenden selbst dieser Wissensvermittlung geben und inwieweit sie die Sichtweise der Studierenden auf die Diagnostik im Mathematikunterricht beeinflusst. In dieser Hauptkategorie lassen sich die zwei folgenden Subkategorien unterscheiden: Subkategorie 1: Bedeutsamkeit der kennengelernten Fehler und möglichen Fehlvorstellungen Subkategorie 2: Bezug zum verwendeten Fehleranalyseleitfaden

(Fortsetzung)

Tabelle 15.4 (Fortsetzung)

Name der Kategorie	Inhaltliche Beschreibung
Relevanz des Interventionsinhaltes **„Auseinandersetzung mit diagnostischen Interviews (FIMS) in den Interventionssitzungen"** für die Sichtweise der Probanden auf die Diagnostik im Mathematikunterricht (DK)	Durch den Unterabschnitt 3.2.1 wurde aufgezeigt, dass neben Fachwissen und fachdidaktischen Wissen auch Wissen über Diagnosemethoden notwendig ist, denn eine überlegte Methodenauswahl ist beispielsweise essenziell für eine gute Diagnostik. Um eine Prozessdiagnostik in der Intervention zu realisieren, wurden entsprechend diagnostische Interviews integriert.
	Infolgedessen setzt sich diese Hauptkategorie mit der Relevanz des Interventionsinhaltes „Auseinandersetzung mit diagnostischen Interviews (FIMS) in den Interventionssitzungen" für die Sichtweise der Probanden auf die Diagnostik im Mathematikunterricht auseinander. Dabei geht es nicht um die Durchführung des diagnostischen Interviews mit einem Lernenden, sondern konkret um diese Diagnosemethode. Es lassen sich ferner die folgenden Subkategorien differenzieren:
	Subkategorie 1: Das diagnostische Interview – eine Diagnosemethode für eine differenzierte Diagnose ausgewählter Schüler
	Subkategorie 2: Wahrnehmung des diagnostischen Interviews bzgl. des späteren Einsatzes im Unterricht
Relevanz des Interventionsinhaltes **„Durchführung eines diagnostischen Interviews (FIMS) mit einem Lernenden"** für die Sichtweise der Probanden auf die Diagnostik im Mathematikunterricht (DK)	In Unterabschnitt 3.4.2.1 wurde außerdem die Lernchance bei der Durchführung eines diagnostischen Interviews mit einem Lernenden erläutert, weshalb die Probanden der Experimentalbedingung 1 das kennengelernte diagnostische Interview auch mit einem Lernenden durchführten. Die Relevanz dieser Erfahrung für die Sichtweise auf die Diagnostik im Mathematikunterricht wird in dieser Kategorie thematisiert. Außerdem lassen sich die folgenden Subkategorien in den erhobenen Daten erkennen:
	Subkategorie 1: Die Durchführung des diagnostischen Interviews als praktische Anwendung des theoretisch erlernten Wissens
	Subkategorie 2: Reflexion des eigenen Verhaltens während der praktischen Interviewdurchführung
Relevanz des Interventionsinhaltes **„Fördermaterial"** für die Sichtweise der Probanden auf die Diagnostik im Mathematikunterricht (IK)	Diese Hauptkategorie beinhaltet Aussagen der Probanden, die sich auf die kennengelernten Fördermöglichkeiten bzw. das Fördermaterial in der Intervention beziehen.

(Fortsetzung)

Tabelle 15.4 (Fortsetzung)

Name der Kategorie	Inhaltliche Beschreibung
Notwendigkeit des Interventionsinhaltes „**Reflexion** des durchgeführten diagnostischen Interviews mit einem Lernenden" für die Studierenden (IK)	Die Studierenden, die an der Intervention teilnahmen, mussten das durchgeführte diagnostische Interview mit einem Lernenden im Rahmen einer Hausarbeit schriftlich reflektieren und hatten die Aufgabe, den ausgewählten Schüler bezüglich seiner Kompetenzen zu beschreiben, die im Interview diagnostizierten Fehler und deren Ursachen zu analysieren und außerdem Fördermöglichkeiten für den Schüler zu erläutern. Da das „Follow-up"-Interview erst zwei Monate nach der Intervention stattfand, hatten die meisten der interviewten Probanden die schriftliche Reflexion zu diesem Zeitpunkt bereits durchgeführt, weshalb dieser Interventionsinhalt als Hauptkategorie im Kategoriensystem ergänzt wurde. Aussagen bezüglich der Notwendigkeit dieses Interventionsinhaltes für die Studierenden werden in dieser Hauptkategorie zusammengefasst und dabei folgende Subkategorien unterschieden: Subkategorie 1: Reflexion als Möglichkeit, erlernte Kenntnisse anzuwenden, durchgeführtes Interview kritisch zu betrachten und noch notwendige Kenntnisse festzustellen Subkategorie 2: Reflexion als Gelegenheit, diagnostische Einschätzungen während des diagnostischen Interviews detailliert zu reflektieren
Interventionsinhalt mit größtem Einfluss auf eigene diagnostische Kompetenzentwicklung (DK)	Wie durch die Zusammenfassung ersichtlich (siehe Kapitel 5), stehen vor allem die

Teil IV
Ergebnisse

Der Ergebnisteil der vorliegenden Arbeit gliedert sich durch die zu untersuchenden Forschungsfragen (siehe Kapitel 9) in sechs Kapitel (Kapitel 16 bis 21). Um die Forschungsfragen, beispielsweise 1a und 1b, zu beantworten, werden die notwendigen Analyseschritte zunächst in den Kapiteln jeweils stichpunktartig aufgelistet und entsprechend nummeriert. Anschließend werden diese Analysen mit den erhobenen Daten durchgeführt. Die Ergebnisse werden nach den Analysen nochmals zusammengefasst und in Bezug zu den einzelnen Forschungsfragen gestellt. Wie bereits in Kapitel 9 erwähnt, entschied sich der Autor dieser Arbeit, die Förderung der Fehler-Ursachen-Diagnosefähigkeit, des Selbstkonzeptes und der Selbstwirksamkeitserwartung durch separate Forschungsfragen zu untersuchen, wobei die notwendigen Analysen bzw. eingesetzten Auswertungsmethoden bei diesen Forschungsfragen sehr ähnlich sind. Daher werden sie lediglich für die Forschungsfragen zur Förderung der Fehler-Ursachen-Diagnosefähigkeit (siehe Kapitel 17) sehr ausführlich dargestellt. Bei der Förderung des Selbstkonzeptes und der Selbstwirksamkeitserwartung (siehe Kapitel 18 und 19) wird entsprechend auf diese Analysen verwiesen. Außerdem werden in ausgewählten Analysen die Bedingungen „EB 1", „EB 1 (kein dI)" und „EB 2" zur „IB" zusammengefasst, denn die Probanden in diesen Bedingungen nahmen an der gesamten Intervention teil und unterscheiden sich lediglich hinsichtlich der Durchführung eines diagnostischen Interviews mit einem Lernenden zwischen der dritten und vierten Interventionssitzung. Daher können sie bei den Forschungsfragen zusammen berücksichtigt werden, die sich auf die ganze Intervention beziehen (siehe Forschungsfrage 2a und 3a). Nachdem alle Forschungsfragen untersucht wurden, werden die zentralen Ergebnisse der vorliegenden Studie in Kapitel 22 überblicksartig zusammengefasst.

Zusammenhänge zwischen Selbstkonzept bzw. Selbstwirksamkeitserwartung und der Fehler-Ursachen-Diagnosefähigkeit

16

16.1 Analysen zu den Forschungsfragen 1a und 1b

Durch die nachfolgenden Analysen werden die Zusammenhänge des Selbstkonzeptes bzw. der Selbstwirksamkeitserwartung bezüglich des Diagnostizierens von Denk- und Fehlvorstellungen und der Fehler-Ursachen-Diagnosefähigkeit untersucht:

I) Zunächst werden alle möglichen Pearson-Korrelationen für die erhobenen Variablen (Selbstkonzept, Selbstwirksamkeitserwartung und Fehler-Ursachen-Diagnosefähigkeit) unter Berücksichtigung aller Probanden berechnet und die im Rahmen der vorliegenden Studie betrachteten Korrelationen grau hervorgehoben.

II) Anschließend werden Pearson-Korrelationen für die Bedingungen bestimmt, die aufgrund der vorhandenen Forschungsfragen von Interesse sind.

Elektronisches Zusatzmaterial Die elektronische Version dieses Kapitels enthält Zusatzmaterial, das berechtigten Benutzern zur Verfügung steht.
https://doi.org/10.1007/978-3-658-32286-1_16

Analysen zu I (Bestimmung aller möglichen Pearson-Korrelationen unter Berücksichtigung aller Probanden)
Die Voraussetzungen einer Pearson-Korrelation wurden überprüft und sind zum größten Teil erfüllt (siehe Abschnitt 15.1).[1] In der Tabelle 16.1 werden nun die Pearson-Korrelationen[2] unter Berücksichtigung aller Probanden dargestellt. Die grau markierten Korrelationen werden im Folgenden näher betrachtet. Da jedoch in der vorliegenden Studie nicht alle Bedingungen bezüglich der Korrelationen von Interesse sind, werden in den „Analysen zu II" die Pearson-Korrelationen für ausgewählte Bedingungen dargestellt.

Tabelle 16.1 Alle möglichen Pearson-Korrelationen in der vorliegenden Studie

	FUD – MZP 1	FUD – MZP 2	SK – MZP 1	SK – MZP 2	SWE – MZP 1	SWE – MZP 2
FUD – MZP 1	1					
FUD – MZP 2	0.566 **	1				
SK – MZP 1	–0.180 †	–0.119	1			
SK – MZP 2	–0.048	0.117	0.505 **	1		
SWE – MZP 1	–0.136	–0.088	0.816 **	0.512 **	1	
SWE – MZP 2	0.008	0.072	0.460 **	0.806 **	0.476 **	1

$** p < 0.01$; $*p < 0.05$; $† p < 0.10$ (Rasch et al., 2014a)

Analysen zu II (Bestimmung der Pearson-Korrelationen bei einzelnen Bedingungen)
In den nachfolgenden Tabellen 16.2 und 16.3 werden die Pearson-Korrelationen für die Probanden der IB dargestellt, denn nur diese haben an der ganzen Intervention teilgenommen.

---

[1]Wie bereits in Kapitel 14 dargestellt, existieren in den vorliegenden Daten einzelne Probanden mit auffälligen Werten, die jedoch nicht eliminiert wurden. Bei diesen Werten handelt es sich zum Teil um Ausreißer, weshalb im Anhang zusätzlich die Ergebnisse der Spearman-Rangkorrelation berichtet werden (siehe Anhang, Abschnitt A 2.1).
[2]Anmerkung: Die Begriffe „Pearson-Korrelation" und „Spearman-Rangkorrelation" werden in der vorliegenden Arbeit, wie bei Bühner und Ziegler (2009), synonym zum jeweiligen Korrelationskoeffizienten verwendet.

Zunächst erfolgt eine Betrachtung der Pearson-Korrelationen bezüglich des Selbstkonzeptes und der Fehler-Ursachen-Diagnosefähigkeit (siehe Tabelle 16.2) und anschließend entsprechend der Selbstwirksamkeitserwartung und der Fehler-Ursachen-Diagnosefähigkeit (siehe Tabelle 16.3). Grund für die separate Darstellung ist die Tatsache, dass bei den Forschungsfragen zum Selbstkonzept eine Berücksichtigung der gesamten IB (EB 1, EB 1 (kein dI) und EB 2) möglich ist. Bei den Forschungsfragen zur Selbstwirksamkeitserwartung hingegen umfasst die IB ausschließlich die EB 1 sowie die EB 2, denn die EB 1 (kein dI) hat keine eigenen Erfolgserfahrungen beim Diagnostizieren während eines diagnostischen Interviews mit einem Lernenden oder im Unterricht erfahren. Somit ist bei ihr die erste Quelle der Selbstwirksamkeitserwartung nicht vorhanden. Wie auch bei den Analysen zu I wurden die Voraussetzungen zur Berechnung der Pearson-Korrelation überprüft und sind größtenteils erfüllt. Die grau-hinterlegten Felder kennzeichnen jeweils, wie in den Analysen zu I, die interessierenden Zusammenhänge in der vorliegenden Studie.

Tabelle 16.2 Pearson-Korrelationen zwischen dem SK und der FUD zum MZP 1 und MZP 2 bei der IB

	FUD – MZP 1	FUD – MZP 2	SK – MZP 1	SK – MZP 2
FUD – MZP 1	1			
FUD – MZP 2	0.527 **	1		
SK – MZP 1	–0.284 *	–0.255 †	1	
SK – MZP 2	–0.011	0.066	0.277 *	1

$**\ p < 0.01$; $*p < 0.05$; † $p < 0.10$ (Rasch et al., 2014a)

Zum MZP 1 korrelieren das SK zum Diagnostizieren von Denk- und Fehlvorstellungen und die FUD signifikant negativ miteinander, was einen geringen Zusammenhang darstellt ($r = -0.284$).[3] Demnach weisen zum MZP 1 Probanden mit einer höheren FUD ein eher geringeres SK im Diagnostizieren von Denk- und Fehlvorstellungen auf und bei Probanden mit einer geringeren FUD liegt eher ein

---

[3]Nach Cohen (1988) gelten folgende Richtwerte bezüglich der Höhe des Korrelationskoeffizienten: r = 0.10 (kleiner Effekt/geringer Zusammenhang), r = 0.30 (mittlerer/moderater Effekt/Zusammenhang) und r = 0.50 (starker Effekt/Zusammenhang)

hohes SK vor. Durch die Intervention bzw. den temporalen Vergleich erhalten sie die Gelegenheit, ihre diagnostische Fähigkeit zu beobachten sowie zu entwickeln, weshalb sie zum MZP 2 ihr SK entsprechend (höher) einschätzen. Jedoch korrelieren zum MZP 2 – nach der Intervention – die Konstrukte nicht mehr signifikant miteinander.

In der nächsten Tabelle 16.3 werden nun die Pearson-Korrelationen bezüglich der Selbstwirksamkeitserwartung und der Fehler-Ursachen-Diagnosefähigkeit dargestellt.

Tabelle 16.3 Pearson-Korrelationen zwischen der SWE und der FUD zum MZP 1 und MZP 2 bei der IB

	FUD – MZP 1	FUD – MZP 2	SWE – MZP 1	SWE – MZP 2
FUD – MZP 1	1			
FUD – MZP 2	0.558 **	1		
SWE – MZP 1	–0.258 †	–0.192	1	
SWE – MZP 2	0.094	–0.027	0.162	1

$**\ p < 0.01$; $*p < 0.05$; † $p < 0.10$ (Rasch et al., 2014a)

Zum MZP 1 korrelieren die SWE und die FUD marginal signifikant negativ, was einen geringen Zusammenhang darstellt ($r = -0.258$). Probanden mit einer geringeren FUD weisen eine eher höhere SWE im Diagnostizieren von Denkprozessen und Fehlvorstellungen auf und Probanden mit einer höheren FUD eine entsprechend geringere SWE. Zum MZP 2 ist die Korrelation hingegen auf keinem signifikanten Niveau. Wie bereits erwähnt, werden im Anhang zusätzlich die entsprechenden Spearman-Rangkorrelationen berichtet, wobei deren Effekte in einzelnen Fällen von den Effekten der Pearson-Korrelationen abweichen (siehe Anhang, Abschnitt A 2.1). Beide Korrelationen gelten als anfällig für Ausreißer, wobei die Pearson-Korrelation noch anfälliger sind (Bühner & Ziegler, 2009). Die vorliegenden Ergebnisse werden daher unter Berücksichtigung der Spearman-Rangkorrelationen sowie bisheriger Befunde im Diskussionsteil dieser Arbeit diskutiert (siehe Abschnitt 23.1).

16.2   Ergebnisse zu den Forschungsfragen 1a und 1b

Durch die vorangegangenen Analysen wurde zunächst nachgewiesen, dass die Fehler-Ursachen-Dia-gnosefähigkeit und das Selbstkonzept vor der Intervention signifikant negativ korrelieren ($r = -0.284$), was einem kleinen Zusammenhang entspricht. Nach der Intervention ist die Korrelation hingegen nicht signifikant (siehe **Forschungsfrage 1a**). Weiterhin wurde gezeigt, dass die Fehler-Ursachen-Diagnosefähigkeit und die Selbstwirksamkeitserwartung vor der Intervention marginal signifikant negativ korrelieren ($r = -0.258$), was einen kleinen Zusammenhang darstellt. Nach der Intervention ist keine signifikante Korrelation vorhanden (siehe **Forschungsfrage 1b**).

Förderung der Fehler-Ursachen-Diagnosefähigkeit 17

17.1 Analysen zu den Forschungsfragen 2a bis 2c

Die notwendigen Analysen zu den Forschungsfragen 2a bis 2c erfolgen durch die folgenden Analyseschritte:

III) Zunächst werden für die Messzeitpunkte 1 und 2 die Häufigkeiten für die Wahrnehmung des Schülerfehlers zu jeder einzelnen Testaufgabe bezüglich der jeweiligen Experimental- bzw. Kontrollbedingung gegenübergestellt.

IV) Darüber hinaus werden die Mittelwerte und Standardabweichungen der Fehler-Ursachen-Diagnosefähigkeit zu den zwei Messzeitpunkten in den einzelnen Bedingungen tabellarisch sowie grafisch gegenübergestellt und erläutert.

V) Zudem erfolgt eine Überprüfung der Voraussetzungen für t-Tests bei unabhängigen und abhängigen Stichproben sowie für Varianzanalysen.

VI) Um zu erkennen, inwieweit sich die Fehler-Ursachen-Diagnosefähigkeit zum Messzeitpunkt 1 in den Bedingungen unterscheidet, werden, sofern die notwendigen Voraussetzungen erfüllt sind, t-Tests bei unabhängigen Stichproben sowie univariate Varianzanalysen durchgeführt.

VII) Außerdem werden, wenn die Voraussetzungen erfüllt sind, t-Tests für abhängige Stichproben bei jeder einzelnen Bedingung durchgeführt, um die Veränderung der Fehler-Ursachen-Diagnosefähigkeit in den einzelnen Bedingungen zu untersuchen. Durch eine zweifaktorielle Varianzanalyse

Elektronisches Zusatzmaterial Die elektronische Version dieses Kapitels enthält Zusatzmaterial, das berechtigten Benutzern zur Verfügung steht.
https://doi.org/10.1007/978-3-658-32286-1_17

mit Messwiederholung und eine Kovarianzanalyse mit Messwiederholung
wird zudem untersucht, inwieweit die Thematik des durchgeführten diagnostischen Interviews mit einem Lernenden (in der Experimentalbedingung 1)
die FUD-Entwicklung beeinflusst.

VIII) Ferner werden, bei erfüllten Voraussetzungen, die Bedingungen durch zweifaktorielle Varianzanalysen mit Messwiederholung kontrastiert und somit
geprüft, zwischen welchen Bedingungen signifikante Unterschiede hinsichtlich der Entwicklung der Fehler-Ursachen-Diagnosefähigkeit bestehen.

Analysen zu III (Absolute Häufigkeiten bzgl. der Wahrnehmung des Schülerfehlers)

Da die Fehler-Ursachen-Diagnosefähigkeit neben der Fehlerbeschreibung und der
Ursachennennung auch die Fehlerwahrnehmung umfasst (siehe Abschnitt 3.1),
diese aber bei der Operationalisierung der Fehler-Ursachen-Diagnosefähigkeit
keine Berücksichtigung fand (siehe Unterabschnitt 13.4.4), werden in diesen Analysen zu III für jede einzelne Bedingung die absoluten Häufigkeiten für die
Wahrnehmung des Schülerfehlers (Teilaufgabe a) bezüglich jeder Testaufgabe zu
den Messzeitpunkten 1 und 2 gegenübergestellt. Zudem werden bei den Testaufgaben mit richtigen Schülerlösungen die absoluten Häufigkeiten der fehlenden
Angaben dargelegt. Die Darstellung der Parallelaufgaben der Testhefte erfolgt
jeweils in einer Spalte.[1] Exemplarisch wird an dieser Stelle die EB 1 ausführlich
dokumentiert (siehe Tabelle 17.1). Die absoluten Häufigkeiten bezüglich der Fehlerwahrnehmung für die anderen Bedingungen weisen sehr große Ähnlichkeiten
zur EB 1 auf und befinden sich daher im Anhang (siehe Anhang, Unterabschnitt
A 2.2.1).

---

[1]Die Hälfte der EB 1 (11 Probanden) bearbeiteten beispielsweise das Testheft A und die
andere Hälfte (11 Probanden) das Testheft B (siehe Unterabschnitt 13.4.2).

Tabelle 17.1 Fehlerwahrnehmung EB 1 (Probandenanzahl = 22) – MZP 1 und MZP 2

	ZKS	ZLI	ZVN	ZMK	ZRK	ZHR	ZHI	PP1	PP2	PP3	PP4	PAK	PDP	PEA	PZA
MZP 1															
FW	21	11	11	11	8	10	9	20	21	21	21	9	9	8	9
keine FW	1	0	0	0	3	0	0	2	1	1	1	2	2	2	0
k. A.				1	2					0				1	2
MZP 2															
FW	22	11	11	10	11	9	9	22	22	18	22	11	11	10	9
keine FW	0	0	0	1	0	1	0	0	0	2	0	0	0	1	0
k. A.				1	2					2				0	2

Bereits zum MZP 1 nehmen die Studierenden aller Bedingungen die Schüler-fehler in den Testaufgaben größtenteils wahr (siehe Tabelle 17.1 und im Anhang Tabelle A 51, A 52, A 53 und A 54 in Unterabschnitt A 4.2.1). Lediglich bei den fehlerenthaltenen Aufgaben ZMK/ZRK, bei der ein doppelter Fehler zur richtigen Schülerlösung führte und den Aufgaben PAK/PDP, in der der verminderte Grund-wert thematisiert wurde, ergeben sich zum MZP 1 eine etwas höhere Rate für die Nichtwahrnehmung des Schülerfehlers in den Bedingungen. Zum MZP 2 sind in den einzelnen Bedingungen zum Teil noch kleine Verbesserungen nachweisbar.

In der EB 1 erkennen zum MZP 2 alle Studierenden – bis auf einer – die Schü-lerfehler in den Aufgaben mit falschen Schülerlösungen (siehe Tabelle 17.1). Die Studierenden der EB 1, die kein diagnostisches Interview durchführten, erkennen zum MZP 2 alle enthaltenen Schülerfehler (siehe Anhang, Unterabschnitt A 2.2.1 – Tabelle A 5). Die Studierenden in der EB 2 nehmen zum MZP 2 mehr Schü-lerfehler wahr als zum MZP 1 (siehe Anhang, Unterabschnitt A 2.2.1 – Tabelle A 6). Die Probanden in der EB 3 identifizieren bereits zum MZP 1 die meisten Fehler. Fehlende Werte treten verstärkt bei den Aufgaben mit richtigen Schüler-lösungen auf, die sich zum MZP 2 reduzieren (siehe Anhang, Unterabschnitt A 2.2.1 – Tabelle A 7). Daher ist kaum eine Entwicklung in dieser EB erkennbar. In der KB sind zum MZP 2 bei den Aufgaben mit richtigen Schülerlösungen weniger fehlende Werte vorhanden als zum MZP 1. Jedoch werden bei den Parallelauf-gaben auch zum MZP 2 nicht alle Schülerfehler wahrgenommen (siehe Anhang, Unterabschnitt A 2.2.1 – Tabelle A 8).

Analysen zu IV (Deskriptive Darstellung der FUD)
In diesen Analysen werden die deskriptiven Werte der FUD zum MZP 1 und
MZP 2 für alle Bedingungen tabellarisch (siehe Tabelle 17.2) und graphisch (siehe
Abbildung 17.1 und 17.2) gegenübergestellt. Bei der graphischen Darstellung sind
die Werte der FUD an der y-Achse eingetragen, wobei das Intervall $[-1; 2]$ dar-
gestellt ist, das sich aus dem Mittelwert der erhobenen Daten von MZP 1 und
MZP 2 plus bzw. minus 1.5 Standardabweichung ergibt.

Tabelle 17.2 Deskriptive Darstellung der FUD der Bedingungen zu den MZP 1 und 2

	N	emp. Min.	emp. Max.	MW	SD
IB					
FUD – MZP 1	55	−3.27	1.80	0.19	0.86
FUD – MZP 2	55	−1.33	3.66	0.84	0.89
EB 1					
FUD – MZP 1	22	−0.71	1.80	0.35	0.64
FUD – MZP 2	22	0.27	3.66	1.03	0.79
EB 1 (kein dI)					
FUD – MZP 1	10	−0.71	1.31	0.31	0.61
FUD – MZP 2	10	−0.32	2.43	1.15	0.73
EB 2					
FUD – MZP 1	23	−3.27	1.78	− 0.02	1.09
FUD – MZP 2	23	−1.33	2.43	0.52	0.98
EB 3					
FUD – MZP 1	34	−0.71	2.43	0.68	0.81
FUD – MZP 2	34	−0.32	3.66	0.84	0.87
KB					
FUD – MZP 1	19	−1.79	1.35	− 0.14	0.74
FUD – MZP 2	19	−1.79	3.66	0.01	1.39

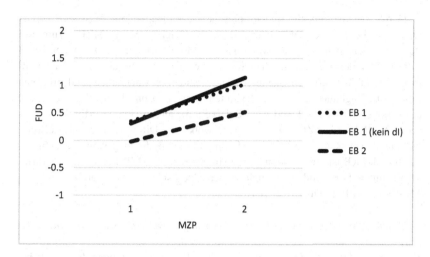

Abbildung 17.1 Entwicklung der FUD in EB 1, EB 1 (kein dI) und EB 2

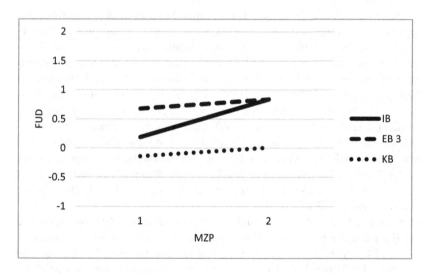

Abbildung 17.2 Entwicklung der FUD in IB, EB 3 und KB

Durch die tabellarische und graphische Gegenüberstellung lässt sich bereits erkennen, dass sich die Mittelwerte in den Bedingungen zum MZP 1 zum Teil stark unterscheiden. Beispielsweise ist der Mittelwert der FUD bei der EB 3 zum MZP 1 deskriptiv deutlich höher als bei der KB. Dieser Sachverhalt wird in Abschnitt 24.1 kritisch diskutiert. Die Standardabweichungen sind hingegen in allen Bedingungen zum MZP 1 ähnlich ausgeprägt und lediglich in der EB 2 etwas höher. In der EB 1 und der EB 1 (kein dI) ändert sich der Mittelwert zwischen MZP 1 und MZP 2 am stärksten, wobei die Differenzen der Mittelwerte zwischen MZP 1 und MZP 2 von Bedingung zu Bedingung weiter abnehmen. Auch in der KB ist eine Erhöhung des Mittelwerts von MZP 1 zu MZP 2 deskriptiv erkennbar. Die Standardabweichung vergrößert sich bei allen Bedingungen von MZP 1 zu MZP 2, außer bei der EB 2.

Analysen zu V (Überprüfung der Voraussetzungen von t-Tests und Varianzanalysen)

In diesen Analysen wird überprüft, inwieweit die Voraussetzungen des t-Tests bei abhängigen und unabhängigen Stichproben sowie der Varianzanalysen erfüllt sind (siehe Abschnitt 15.2).

Durch die Anwendung des Partial-Credit-Modells (siehe Unterabschnitt 13.4.5) konnte empirisch nachgewiesen werden, dass die abhängige Variable (Fehler-Ursachen-Diagnosefähigkeit) intervallskaliert ist. Zudem sind die Beobachtungen bzw. die Messwerte der Probanden in der vorliegenden Studie unabhängig voneinander. Unter Berücksichtigung des Levene- und F_{max}-Tests kann die Varianzhomogenität für alle durchzuführenden Varianzanalysen sowie für alle t-Tests bei unabhängigen Stichproben belegt werden (siehe Anhang, Unterabschnitt A 2.2.2). Die Normalverteilung der abhängigen Variable zu allen Messzeitpunkten bzw. die Normalverteilung ihrer Differenzen wird für alle Bedingungen durch den Shapiro-Wilk-Test bzw. den Kolmogoroff-Smirnoff-Test überprüft, wobei in der Tabelle 17.3 lediglich die Ergebnisse des Shapiro-Wilk-Tests dargelegt sind und im Anhang diejenigen des Kolmogoroff-Smirnoff-Tests (siehe Anhang, Unterabschnitt A 2.2.2).

Nach dem Shapiro-Wilk-Test sind die Daten der IB zum MZP 1, die Messwerte der EB 1 und der EB 3 zum MZP 2 sowie die Differenz der Messwerte der IB und der EB 3 nicht normalverteilt. Dem Kolmogoroff-Smirnoff-Test zufolge sind die Daten der IB zum MZP 1 normalverteilt. Wie bereits in Unterabschnitt 15.2.2 erwähnt, ist die Varianzanalyse nach Schmider et al. (2010) ab einer Stichprobengröße von 25 Probanden robust gegenüber Verletzungen der Normalverteilung. Zudem berichten Blanca et al. (2017), unter Annahme der Varianzhomogenität, von der Robustheit des F-Tests gegenüber Verletzungen der Normalverteilung,

Tabelle 17.3 Überprüfung der Normalverteilung der Daten zur Erhebung der FUD durch den Shapiro-Wilk-Test (Angabe der Überschreitungswahrscheinlichkeit p)

Bedingung	FUD – MZP 1	FUD – MZP 2	FUD – DIFF
IB	**0.001**	0.087	**0.014**
EB 1	0.594	**0.000**	0.081
EB 1 (kein dI)	0.997	0.587	0.314
EB 2	0.060	0.738	0.070
EB 3	0.367	**0.009**	**0.047**
KB	0.415	0.114	0.954

selbst wenn eine Teilstichprobe weniger als 25 Probanden umfasst. Nach Bortz und Schuster (2010) ist auch der t-Test bei abhängigen und unabhängigen Stichproben relativ robust gegenüber Verletzungen der Normalverteilung. Aus diesem Grund werden die t-Tests bei abhängigen und unabhängigen Stichproben sowie die notwendigen Varianzanalysen entsprechend durchgeführt.

Analysen zu VI (Betrachtung des MZP 1 bzgl. der Unterschiede in der FUD zwischen den Bedingungen)
Durch die Analysen zu IV wurde bereits visuell ersichtlich, dass sich die Mittelwerte bezüglich der FUD zum MZP 1 in den Bedingungen unterscheiden. Aus diesem Grund wird in diesem Analyseschritt zunächst durch die Verwendung einer univariaten Varianzanalyse untersucht, ob sich die Mittelwerte der EB 1, der EB 1 (kein dI) und der EB 2 signifikant unterscheiden, denn sie bilden zusammen die IB. Zudem wird durch einen t-Test bei unabhängigen Stichproben untersucht, ob sich die FUD-Mittelwerte der IB und der KB sowie der EB 3 und der KB zum MZP 1 signifikant unterscheiden, da sie in den Analysen zu VIII kontrastiert werden. Es ergeben sich die folgenden Ergebnisse (siehe Tabelle 17.4):

Tabelle 17.4 Untersuchung der Mittelwertunterschiede der FUD in den Bedingungen zum MZP 1

Kontrastierte Bedingungen	t-Tests bei unabhängigen Stichproben/univariate Varianzanalyse
EB 1 vs. EB 1 (kein dI) vs. EB 2	$F(2,52) = 1.175$; $p = 0.317$; part.$\eta^2 = 0.043$
IB vs. KB	$t(72) = 1.490$; $p = 0.141$
EB 3 vs. KB	$t(51) = 3.623$; $p = 0.001$

Demnach unterscheiden sich die Probanden in den Bedingungen EB 1, EB 1 (kein dI) und EB 2 bezüglich der FUD zum MZP 1 nicht signifikant. Auch die FUD der IB und der KB zum MZP 1 unterscheidet sich nicht signifikant voneinander. Hingegen sind bei der EB 3 und der KB signifikante Unterschiede der FUD zum MZP 1 nachweisbar, was beim Interpretieren entsprechender Ergebnisse berücksichtigt werden muss.

Analysen zu VII (Entwicklung der FUD in den einzelnen Bedingungen)
Um die Entwicklung der FUD pro Bedingung auf Signifikanz zu untersuchen, werden nun t-Tests bei abhängigen Stichproben durchgeführt, deren Ergebnisse in Tabelle 17.5 dargestellt sind. Da die Probanden der EB 1 das diagnostische Interview mit einem Lernenden entweder zur Thematik „ganze Zahlen" oder zur Thematik „Prozentrechnung" durchführen konnten, wird außerdem zum einen eine zweifaktorielle Varianzanalyse mit Messwiederholung unter Berücksichtigung der Gruppenzugehörigkeit (Thematik des diagnostischen Interviews (ganze Zahlen oder Prozentrechnung)) angewandt. Zum anderen wird eine Kovarianzanalyse mit Messwiederholung[2] durchgeführt, um die Thematik des diagnostischen Interviews beim Untersuchen der FUD-Entwicklung in der EB 1 zu kontrollieren.[3]

Tabelle 17.5 Entwicklung der FUD in den einzelnen Bedingungen

Bedingungen	Δ MW	SD	t-Tests bei abhängigen Stichproben
IB	0.65	0.85	$t(54) = 5.656$; $p = 0.000$; $d = 0.763$
EB 1	0.68	0.80	$t(21) = 3.950$; $p = 0.001$; $d = 0.842$
EB 1 (kein dI)	0.84	0.84	$t(9) = 3.175$; $p = 0.011$; $d = 1.004$
EB 2	0.54	0.92	$t(22) = 2.810$; $p = 0.010$; $d = 0.586$
EB 3	0.16	0.77	$t(33) = 1.229$; $p = 0.228$; $d = 0.211$
KB	0.15	1.08	$t(18) = 0.612$; $p = 0.548$; $d = 0.140$

---

[2]Kovarianzanalyse unter Berücksichtigung eines gesättigten Modells
[3]Die Voraussetzungen dieser Varianzanalyse und Kovarianzanalyse mit Messwiederholung sind, bis auf die Normalverteilung der FUD zum MZP 2 bei den Probanden, die das diagnostische Interview zur Prozentrechnung durchführten, erfüllt (siehe Anhang, Unterabschnitt A 2.2.2 – Tabelle A 11).

Die Mittelwerte der IB zum MZP 1 und MZP 2 unterscheiden sich signifikant[4] mit einer mittleren, fast großen Effektstärke[5], wobei auch bei den einzelnen
Bedingungen (EB 1, EB 1 (kein dI) und EB 2) signifikante Veränderungen
mit mittlerer und großer Effektstärke erkennbar sind. Durch die zweifaktorielle
Varianzanalyse mit Messwiederholung unter Berücksichtigung der Gruppenzugehörigkeit kann gezeigt werden, dass sich keine signifikanten Unterschiede in den
FUD-Entwicklungen zwischen den Probanden der EB 1 ergeben, die das diagnostische Interview zu den ganzen Zahlen oder zur Prozentrechnung durchführten
($F(1, 20) = 0.056$; $p = 0.815$; $\eta_p^2 = 0.003$).[6] Die Kovarianzanalyse mit Messwiederholung zeigt weiterhin eine signifikante Entwicklung der FUD, die einen
großen Effekt[7] darstellt ($F(1, 20) = 7.714$; $p = 0.012$; $\eta_p^2 = 0.278$). Zwar verringert sich das Signifikanzniveau bei Kontrolle der Interviewthematik, aber die
Effektstärke ist weiterhin groß. Demnach lässt sich durch beide Analysen zeigen,
dass die Thematik des diagnostischen Interviews mit einem Lernenden die FUD-
Entwicklung nicht signifikant beeinflusst. Die Mittelwerte der EB 3 und der KB
verändern sich nicht signifikant.

*Analysen zu VIII (Kontrastierung einzelner Bedingungen bzgl. der FUD-
Entwicklung)*

In den Analysen zu VIII werden nun die einzelnen Bedingungen durch zweifaktorielle Varianzanalysen mit Messwiederholung kontrastiert und somit geprüft,
zwischen welchen Bedingungen signifikante Unterschiede hinsichtlich der FUD-
Entwicklung auftreten. Ein Mehrgruppenvergleich ist an dieser Stelle nicht
möglich, da die EB 3 aufgrund des geringeren Interventionsumfanges nicht mit
der IB vergleichbar ist. Zudem wird diese Kontrastierung auch nicht im Rahmen
der Forschungsfragen angestrebt. Um die Forschungsfrage 2a zu beantworten,
wird die Entwicklung der IB mit der Entwicklung der KB verglichen, denn
die Probanden der IB haben durch die Intervention diagnostisches Wissen zu
Schülerfehlern und deren Ursachen erhalten und dieses auch bei der Auseinandersetzung mit diagnostischen Interviews eingesetzt. Die Probanden in der KB

---

[4]$p \leq 0.01$: auf dem 1 %-Niveau signifikantes Ergebnis; $p \leq 0.05$: auf dem 5 %-Niveau
signifikantes Ergebnis; $p \leq 0.10$: marginal signifikantes Ergebnis (Rasch et al., 2014a,
S. 42)

[5]Nach Cohen (1992) gelten die folgenden Abstufungen für die Effektstärke: $d = 0.20$
(kleiner Effekt), $d = 0.50$ (mittlerer Effekt) und $d = 0.80$ (großer Effekt)

[6]Haupteffekt der Zeit: $F(1, 20) = 14.943$; $p = 0.001$; $\eta_p^2 = 0.428$

[7]Cohen (1988) schlägt für das Effektstärkemaß η_p^2 folgende Interpretationen vor: $\eta_p^2 > 0.01$
(kleiner Effekt), $\eta_p^2 > 0.06$ (mittlerer Effekt) und $\eta_p^2 > 0.14$ (großer Effekt)

haben hingegen an der entwickelten Intervention nicht teilgenommen und stattdessen ein Seminar zum Thema „Neue Medien im Mathematikunterricht" besucht (siehe Kapitel 10). Durch die Kontrastierung der EB 1 mit der EB 1 (kein dI) sowie der EB 1 mit der EB 2 wird die Forschungsfrage 2b untersucht, weil sich diese Experimentalbedingungen lediglich in der Durchführung des diagnostischen Interviews mit einem Lernenden zwischen der dritten und vierten Interventionssitzung unterscheiden. Da die Gegenüberstellung der EB 1 (kein dI) und der EB 2 nicht zur Beantwortung dieser Forschungsfrage beiträgt, wurde an dieser Stelle kein Mehrgruppenvergleich durchgeführt. Weiterhin wird zur Beantwortung der Forschungsfrage 2c die Entwicklung in der KB mit der Entwicklung in der EB 3 kontrastiert, denn die Probanden der EB 3 erhielten einen 90-minütigen Input zu Schülerfehlern und deren Ursachen im Themengebiet der ganzen Zahlen. Durch die zweifaktoriellen Varianzanalysen mit Messwiederholung ergeben sich die nachfolgenden Interaktionseffekte von Zeit und Bedingungszugehörigkeit (siehe Tabelle 17.6). Eine graphische Darstellung dieser Entwicklungen befindet sich in den Analysen zu IV.

Tabelle 17.6 Interaktionseffekte von Zeit und Bedingungszugehörigkeit bzgl. der FUD

Kontrastierte Bedingungen	zweifaktorielle Varianzanalysen mit Messwiederholung
IB vs. KB	$F(1, 72) = 4.166$; $p = 0.045$; $\eta_p^2 = 0.055$
EB 1 vs. EB 1 (kein dI)	$F(1, 30) = 0.292$; $p = 0.593$; $\eta_p^2 = 0.010$
EB 1 vs. EB 2	$F(1, 43) = 0.297$; $p = 0.588$; $\eta_p^2 = 0.007$
EB 3 vs. KB	$F(1, 51) = 0.001$; $p = 0.970$; $\eta_p^2 = 0.000$

Die IB und die KB wirken signifikant unterschiedlich auf die Entwicklung der FUD, was einen mittleren Effekt darstellt. Zwischen den FUD-Entwicklungen der EB 1 und der EB 1 (kein dI) bzw. der EB 1 und der EB 2 ergeben sich jeweils keine signifikanten Unterschiede. Auch die EB 3 unterscheidet sich hinsichtlich ihrer FUD-Entwicklung nicht signifikant von der KB.

Aufgrund der Tatsache, dass beispielsweise die FUD zum MZP 2 in der EB 1 nach dem Shapiro-Wilk-Test und dem Kolmogoroff-Test nicht normalverteilt war, wurde zur Absicherung der vorliegenden Ergebnisse für alle zweifaktoriellen Varianzanalysen mit Messwiederholung zusätzlich jeweils eine univariate Varianzanalyse mit der Differenz der Messwerte von MZP 2 und MZP 1 als abhängige Variable durchgeführt (siehe Anhang, Unterabschnitt A 2.2.3). Bei diesen univariaten Varianzanalysen ist die Voraussetzung „Normalverteilung der Daten" nach dem Shapiro-Wilk-Test auch für die Bedingungen mit weniger als 25 Probanden erfüllt (siehe Analysen zu V).[8] Es ergeben sich die gleichen Ergebnisse, wie bei der zweifaktoriellen Varianzanalyse mit Messwiederholung, wodurch deren Zuverlässigkeit bezüglich der Ergebnisse bekräftigt werden kann.

17.2 Ergebnisse zu den Forschungsfragen 2a bis 2c

Neben der Fehlerbeschreibung und der Ursachennennung gehört auch die Fehlerwahrnehmung zur Fehler-Ursachen-Diagnosefähigkeit, weshalb in den Analysen zu III auch diese analysiert wurde. Zusammenfassend lässt sich festhalten, dass die Experimentalbedingungen sowie die Kontrollbedingung zu beiden Messzeitpunkten in der Fehlerwahrnehmung bei den einzelnen Testaufgaben große Ähnlichkeiten aufweisen, denn fast alle Studierenden sind in der Lage, die Schülerfehler zu erkennen. Zwischen den Messzeitpunkten sind in den Bedingungen nur punktuell Verbesserungen erkennbar, da die Studierenden aller Bedingungen bereits zum ersten Messzeitpunkt die meisten Schülerfehler wahrnehmen. Die Intervention, in der diagnostisches Wissen zu Schülerfehlern und deren Ursachen vermittelt und bei der Auseinandersetzung mit diagnostischen Interviews angewandt wird, wirkt sich positiv auf die Entwicklung der Fehler-Ursachen-Diagnosefähigkeit[9] aus ($p = 0.000$; $d = 0.763$), was einem mittleren Effekt entspricht. Dies kann auch durch den Vergleich mit einer Kontrollbedingung bestätigt werden ($p = 0.045$; $part.\eta^2 = 0.055$) (siehe **Forschungsfrage 2a**). Jedoch hat die praktische Anwendung eines diagnostischen Interviews mit einem Lernenden keine signifikante Auswirkung auf die Entwicklung der Fehler-Ursachen-Diagnosefähigkeit (EB 1 vs. EB 1 (kein dI): $p = 0.593$; $part.\eta^2 = 0.010$; *EB 1 vs. EB 2*: $p = 0.588$; $part.\eta^2 = 0.007$) (siehe **Forschungsfrage 2b**). Die bloße Vermittlung diagnostischen Wissens zu Schülerfehlern und deren Ursachen ruft zudem keine Entwicklung der Fehler-Ursachen-Diagnosefähigkeit hervor ($p = 0.228$; $d = 0.211$). Auch die Gegenüberstellung der Entwicklung zu einer Kontrollbedingung zeigt keine signifikanten Unterschiede (EB 3 vs. KB: $p = 0.970$; $part.\eta^2 = 0.000$). Hierbei muss jedoch berücksichtigt werden, dass die Vergleichbarkeit der Kontrollbedingung und der Experimentalbedingung 3 aufgrund des signifikanten Mittelwertunterschiedes zum ersten Messzeitpunkt eingeschränkt ist (siehe **Forschungsfrage 2c**).

---

[8]Lediglich bei der IB und der EB 3 liegt der p-Wert unter dem Signifikanzniveau von 5 %. In diesen Bedingungen sind jedoch jeweils mehr als 25 Probanden.

[9]Bei der Operationalisierung der Fehler-Ursachen-Diagnosefähigkeit wurden nur die Fehlerbeschreibung und die Ursachennennung berücksichtigt.

Förderung des Selbstkonzeptes zur Diagnose von Schülerfehlern sowie deren Ursachen

18

18.1 Analysen zu den Forschungsfragen 3a bis 3c

Die Forschungsfragen 3a bis 3c werden mit Hilfe der folgenden Analyseschritte untersucht, wobei der Bezug zwischen den Ergebnissen der Analysen und den konkreten Forschungsfragen in Abschnitt 18.2 hergestellt wird.

IX) Zunächst werden die deskriptiven Werte zum Selbstkonzept für die Messzeitpunkte 1 und 2 bezüglich der einzelnen Bedingungen tabellarisch und grafisch gegenübergestellt.

X) Weiterhin werden die Voraussetzungen für t-Tests bei abhängigen und unabhängigen Stichproben sowie für Varianzanalysen geprüft.

XI) Um zu erkennen, ob sich die Bedingungen bezüglich des Selbstkonzeptes zum ersten Messzeitpunkt signifikant unterscheiden, werden sowohl univariate Varianzanalysen als auch t-Tests bei unabhängigen Stichproben durchgeführt, insofern die Voraussetzungen erfüllt sind.

XII) Anschließend werden, bei Gültigkeit der Voraussetzungen, t-Tests bei abhängigen Stichproben durchgeführt, um die Entwicklung des Selbstkonzeptes in den einzelnen Bedingungen auf Signifikanz zu überprüfen.

XIII) Wenn die Voraussetzungen erfüllt sind, wird durch zweifaktorielle Varianzanalysen mit Messwiederholung untersucht, inwieweit die Entwicklung des Selbstkonzeptes durch die Bedingungen beeinflusst wird.

Elektronisches Zusatzmaterial Die elektronische Version dieses Kapitels enthält Zusatzmaterial, das berechtigten Benutzern zur Verfügung steht.
https://doi.org/10.1007/978-3-658-32286-1_18

Die Analyseschritte sowie deren Ablauf entsprechen größtenteils der Vorgehens-weise im vorherigen Kapitel 17, in dem die Förderung der Fehler-Ursachen-Diagnosefähigkeit analysiert wurde. Wie bereits zu Beginn des Ergebnisteils erläutert, werden die notwendigen Analysen zur Untersuchung der Förderung des Selbstkonzeptes kompakter dargestellt und bei Analogien auf die detailliertere Darstellung in Kapitel 17 verwiesen.

Analysen zu IX (Deskriptive Darstellung des SK)
In diesem Analyseschritt werden die deskriptiven Werte der IB, der EB's sowie der KB bezüglich des Selbstkonzeptes zum MZP 1 und MZP 2 in der Tabelle 18.1 berichtet, anschließend veranschaulicht (siehe Abbildung 18.1 und 18.2) und erläutert. Bei der graphischen Darstellung werden an der y-Achse die erhobe-nen Werte zum SK eingetragen, wobei hier das Intervall [1; 6] dargestellt ist, das sich aus den Itemscores von 1 bis 6 ergibt.

Tabelle 18.1 Deskriptive Darstellung des SK der Bedingungen zu den MZP 1 und 2

	N	emp. Min.	emp. Max.	MW	SD
IB					
SK – MZP 1	55	2.40	5.80	3.84	0.74
SK – MZP 2	53	2.60	5.60	4.44	0.54
EB 1					
SK – MZP 1	22	2.80	5.40	3.78	0.68
SK – MZP 2	21	2.60	5.20	4.40	0.60
EB 1 (kein dI)					
SK – MZP 1	10	2.40	4.80	3.34	0.71
SK – MZP 2	10	3.80	5.00	4.38	0.45
EB 2					
SK – MZP 1	23	3.00	5.80	4.12	0.71
SK – MZP 2	22	3.00	5.60	4.50	0.53
EB 3					
SK – MZP 1	34	1.60	5.60	3.68	0.95
SK – MZP 2	34	1.80	5.60	3.88	0.80
KB					
SK – MZP 1	19	3.00	4.80	3.79	0.46
SK – MZP 2	18	2.80	4.60	3.84	0.47

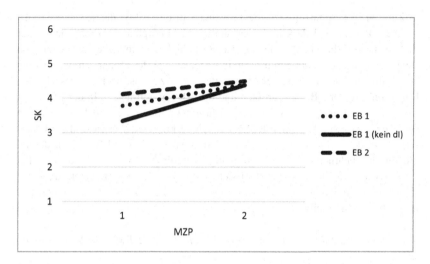

Abbildung 18.1 Entwicklung des SK in EB 1, EB 1 (kein dI) & EB 2

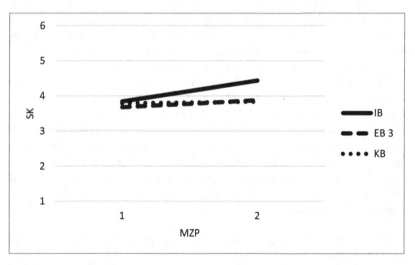

Abbildung 18.2 Entwicklung des SK in IB, EB 3 & KB

Zum MZP 1 schätzen sich die Probanden in der EB 1, der EB 1 (kein dI), der EB 3 und der KB deskriptiv sehr ähnlich ein. Lediglich die Probanden in der EB 2 schätzen die eigenen diagnostischen Fähigkeiten im Diagnostizieren von Denk- und Fehlvorstellungen deskriptiv höher ein als die Probanden der anderen Bedingungen. Die Streuung der Messwerte zum MZP 1 ist nach der deskriptiven Darstellung in der EB 3 am größten und der KB am geringsten. In der EB 1, der EB 1 (kein dI) und der EB 2 hingegen fällt sie ähnlich aus und liegt zwischen den Streuungen von EB 3 und KB. Nach den deskriptiven Werten sind die Unterschiede in den Mittelwerten von MZP 1 und MZP 2 in der EB 1 (kein dI) am größten und nehmen dann von Bedingung zu Bedingung weiter ab (EB 1 → EB 2 → EB 3 → KB). Weiterhin lässt sich in der Tabelle 18.1 erkennen, dass sich die Streuung in den einzelnen Bedingungen von MZP 1 zu MZP 2 verringert und in der KB gleich bleibt.

Analysen zu X (Überprüfung der Voraussetzungen von t-Tests und Varianzanalysen)
In diesen Analysen wird überprüft, ob die Voraussetzungen des t-Tests bei abhängigen sowie unabhängigen Stichproben und der Varianzanalysen erfüllt sind, um diese entsprechend durchführen zu können (siehe Abschnitt 15.2). Das Intervallskalenniveau der abhängigen Variablen „Selbstkonzept" ergibt sich hier zu beiden Messzeitpunkten aus den Annahmen der KTT (siehe Abschnitt 13.1). Weiterhin liegen unabhängige Beobachtungen bzw. Messwerte der Probanden vor. Die Varianzhomogenität kann auf der Grundlage des Levene-Tests und des F_{max}-Tests bei allen durchzuführenden Varianzanalysen angenommen werden. Da der Levene-Test bei den t-Tests mit unabhängigen Stichproben jeweils signifikant ausfällt, wird entsprechend ein Welch-Test durchgeführt. Die Normalverteilung der abhängigen Variablen zu allen Messzeitpunkten sowie ihrer Differenzen wurde untersucht, wobei sich die Ergebnisse des Shapiro-Wilk-Tests und Kolmogoroff-Smirnoff-Tests im Anhang befinden (siehe Anhang, Unterabschnitt A 2.3.1). Nach diesen Tests und den Erläuterungen wie in den Analysen zu V werden die Varianzanalysen, die t-Tests bei abhängigen Stichproben sowie die Welch-Tests entsprechend durchgeführt.

Analysen zu XI (Betrachtung des MZP 1 bzgl. der Unterschiede im SK zwischen den Bedingungen)
Wie bereits in den Analysen zu IX bei der deskriptiven Darstellung deutlich wurde, schätzen die Probanden der EB 2 zum MZP 1 ihre eigenen diagnostischen Fähigkeiten im Diagnostizieren von Denk- und Fehlvorstellungen offenbar besser ein als die Probanden der anderen Bedingungen. Um festzustellen, ob sich

die Mittelwerte der Bedingungen wirklich signifikant zum MZP 1 unterscheiden, werden nun eine univariate Varianzanalyse und t-Tests bei unabhängigen Stichproben für diesen Messzeitpunkt durchgeführt. Bezüglich der Bedingungen EB 1, EB 1 (kein dI) und EB 2 findet eine univariate Varianzanalyse statt, denn sie bilden, wie bereits zu Beginn des Ergebnisteils dargestellt, zusammen die IB. Durch sie ist ersichtlich, dass sich die Bedingungen EB 1, EB 1 (kein dI) und EB 2 zum MZP 1 im Selbstkonzept signifikant unterscheiden ($F(2, 52) = 4.568$; $p = 0.015$; $\eta_p^2 = 0.149$). Eine Bonferroni-Korrektur zeigt einen signifikanten Unterschied ($p = 0.014$) im SK zum MZP 1 zwischen der EB 2 und der EB 1 (kein dI) ($0.78, 95\% - \text{KI}[0.13, 1.44]$). Bei der Beantwortung der Forschungsfrage 3b werden diese zwei Bedingungen jedoch nicht kontrastiert, weshalb die drei Bedingungen weiterhin zur IB zusammengefasst werden.

Weiterhin wird überprüft, ob sich das SK zum MZP 1 bei der IB und der KB sowie der EB 3 und der KB signifikant unterscheiden, denn sie werden in der Analyse zu XIII kontrastiert. Die entsprechenden Welch-Tests zeigen, dass sich die SK der IB und der KB ($t(51.438) = 0.338$; $p = 0.736$) sowie der EB 3 und der KB ($t(50, 181) = -0.556$; $p = 0.581$) zum MZP 1 nicht signifikant unterscheiden.

Analysen zu XII (Entwicklung des SK in den einzelnen Bedingungen)
Nun wird die Entwicklung des SK für jede einzelne Bedingung separat auf Signifikanz untersucht, indem t-Tests bei abhängigen Stichproben durchgeführt werden. Es ergeben sich die nachfolgenden Ergebnisse (siehe Tabelle 18.2):

Tabelle 18.2 Entwicklung des SK in den einzelnen Bedingungen

Bedingungen	Δ MW	SD	t-Tests bei abhängigen Stichproben
IB	0.58	0.79	$t(52) = 5.310$; $p = 0.000$; $d = 0.729$
EB 1	0.62	0.84	$t(20) = 3.349$; $p = 0.003$; $d = 0.731$
EB 1 (kein dI)	1.04	0.62	$t(9) = 5.332$; $p = 0.000$; $d = 1.686$
EB 2	0.33	0.74	$t(21) = 2.102$; $p = 0.048$; $d = 0.448$
EB 3	0.20	0.66	$t(33) = 1.752$; $p = 0.089$; $d = 0.300$
KB	0.08	0.49	$t(17) = 0.711$; $p = 0.487$

Demnach nimmt das SK bezüglich des Diagnostizierens von Denk- und Fehlvorstellungen zwischen MZP 1 und 2 in den Bedingungen, die an der Intervention komplett teilnahmen, signifikant zu, wobei ein mittlerer Effekt vorliegt. Auf einem Signifikanzniveau von 10 % wird auch der Mittelwertunterschied in der EB 3 mit

einem kleinen Effekt noch signifikant. Hingegen ist in der KB keine signifikante
Veränderung des SK erkennbar.

*Analysen zu XIII (Kontrastierung einzelner Bedingungen bzgl. der SK-
Entwicklung)*
In dem letzten Analyseschritt wird nun die Wirkung der Bedingungszugehörigkeit auf die Entwicklung des SK hinsichtlich des Erkennens von Denkprozessen
und Fehlvorstellungen durch zweifaktorielle Varianzanalysen mit Messwiederholung betrachtet, wobei sich die nachfolgenden Interaktionseffekte von Zeit
und Bedingungszugehörigkeit ergeben (siehe Tabelle 18.3). Warum genau diese
Bedingungen kontrastiert werden, wurde in den Analysen zu VIII ausführlich begründet, weshalb an dieser Stelle lediglich entsprechend verwiesen wird.
Eine graphische Darstellung der einzelnen Entwicklungen befindet sich in den
Analysen zu IX.

Tabelle 18.3 Interaktionseffekte von Zeit und Bedingungszugehörigkeit bzgl. des SK

Kontrastierte Bedingungen	zweifaktorielle Varianzanalysen mit Messwiederholung
IB vs. KB	$F(1, 69) = 6.237; p = 0.015; \eta_p^2 = 0.083$
EB 1 vs. EB 1 (kein dI)	$F(1, 29) = 1.993; p = 0.169; \eta_p^2 = 0.064$
EB 1 vs. EB 2	$F(1, 41) = 1.368; p = 0.249; \eta_p^2 = 0.032$
EB 3 vs. KB	$F(1, 50) = 0.433; p = 0.513; \eta_p^2 = 0.009$

Ein signifikanter Unterschied der SK-Entwicklung, der einem mittleren Effekt
entspricht, lässt sich zwischen der IB und der KB nachweisen. Zwischen den
Bedingungen EB 1 und EB 1 (kein dI) bzw. EB 2 ergeben sich keine signifikanten
Unterschiede bezüglich der SK-Entwicklung. Zudem unterscheidet sich auch die
EB 3 nicht signifikant von der KB hinsichtlich der Entwicklung des SK.
      Nach dem Shapiro-Wilk-Test ist das SK zum MZP 2 in den Bedingungen
IB und EB 1 nicht normalverteilt, weshalb zur Absicherung der vorliegenden
Ergebnisse für alle zweifaktorielle Varianzanalysen mit Messwiederholung zusätz-
liche univariate Varianzanalysen mit der Differenz der Messwerte von MZP 2
und MZP 1 als abhängige Variable durchgeführt wurden (siehe Anhang, Unterabschnitt A 2.3.2). Bei ihnen ist die Voraussetzung „Normalverteilung der Daten"
auch nach dem Shapiro-Wilk-Test erfüllt (siehe Anhang, Unterabschnitt A 2.3.1)

und es ergeben sich die gleichen Ergebnisse wie bei den zweifaktoriellen Varianzanalysen mit Messwiederholung, wodurch deren Zuverlässigkeit bezüglich der Ergebnisse gestützt werden kann.

18.2 Ergebnisse zu den Forschungsfragen 3a bis 3c

In diesen Analysen stand die Entwicklung des Selbstkonzeptes der Lehramtsstudierenden bezüglich des Diagnostizierens von Denkprozessen und Fehlvorstellungen in den Themengebieten ganze Zahlen und Prozentrechnung im Zentrum der empirischen Untersuchungen. Eine Intervention, in der sowohl diagnostisches Wissen zu Schülerfehlern und möglichen Ursachen vermittelt als auch praktisch bei der Auseinandersetzung mit diagnostischen Interviews angewandt wird, führt zu einer signifikanten Veränderung des Selbstkonzeptes im Diagnostizieren von Denkprozessen und Fehlvorstellungen, was einem mittleren Effekt entspricht ($p = 0.000; d = 0.729$). Auch ein entsprechender Vergleich mit der Kontrollbedingung bestätigt diese Entwicklung ($p = 0.015; \eta_p^2 = 0.083$) (siehe **Forschungsfrage 3a**). Die Anwendung eines diagnostischen Interviews mit einem Lernenden führt zu keiner signifikanten Entwicklung des Selbstkonzeptes bezüglich des Erkennens von Denk- und Fehlvorstellungen (EB 1 vs. EB 1 (kein dI): $p = 0.169; \eta_p^2 = 0.064$; EB 1 vs. EB 2: $p = 0.249; \eta_p^2 = 0.032$) (siehe **Forschungsfrage 3b**). Die bloße Vermittlung diagnostischen Wissens zu Schülerfehlern und möglichen Ursachen führt zu einer marginal signifikanten Selbstkonzeptentwicklung, die einem kleinen Effekt entspricht ($p = 0.089; d = 0.300$), wobei die Kontrastierung mit der Kontrollbedingung zeigt, dass die Gruppenzugehörigkeit hier keinen signifikanten Einfluss auf die Entwicklung des Selbstkonzeptes hat ($p = 0.513; \eta_p^2 = 0.009$) (siehe **Forschungsfrage 3c**).

Förderung der Selbstwirksamkeitserwartung zur Diagnose von Schülerfehlern und deren Ursachen

19

19.1 Analysen zu den Forschungsfragen 4a und 4b

Durch die nachfolgenden Analysen werden die Forschungsfragen 4a und 4b untersucht, wobei der Ablauf der Analyseschritte dem aus Kapitel 17 und 18 entspricht und daher kompakter dargestellt wird.

XIV) tabellarische und graphische Veranschaulichung der deskriptiven Daten bezüglich der Selbstwirksamkeitserwartung

XV) Überprüfung der Voraussetzungen für t-Tests bei abhängigen und unabhängigen Stichproben sowie für Varianzanalysen

XVI) Überprüfung, ob signifikanter Unterschied zwischen den Bedingungen zum Messzeitpunkt 1 besteht

XVII) Untersuchung der Veränderung der Selbstwirksamkeitserwartung in den einzelnen Bedingungen durch t-Tests bei abhängigen Stichproben

XVIII) Überprüfung der Wirkung der Bedingungen auf die Entwicklung der Selbstwirksamkeitserwartung durch zweifaktorielle Varianzanalysen mit Messwiederholung

Elektronisches Zusatzmaterial Die elektronische Version dieses Kapitels enthält Zusatzmaterial, das berechtigten Benutzern zur Verfügung steht. https://doi.org/10.1007/978-3-658-32286-1_19

Analysen zu XIV (Deskriptive Darstellung der SWE)
Die deskriptiven Daten der SWE in der IB[1], den drei EB und der KB werden
in der Tabelle 19.1 für den MZP 1 und den MZP 2 dargestellt, anschließend
graphisch veranschaulicht (siehe Abbildung 19.1 und 19.2) und dann erläutert. Bei
der graphischen Darstellung sind an der y-Achse die Werte der SWE eingetragen,
wobei das Intervall [1; 6] dargestellt ist. Dieses ergibt sich aufgrund dr ztemscores
von 1 bis 6.

Tabelle 19.1 Deskriptive Darstellung der SWE der Bedingungen zu den MZP 1 und 2

	N	emp. Min.	emp. Max.	MW	SD
IB					
SWE – MZP 1	45	2.80	5.20	4.17	0.73
SWE – MZP 2	43	2.60	5.40	4.55	0.56
EB 1					
SWE – MZP 1	22	2.80	5.20	4.01	0.67
SWE – MZP 2	21	2.60	5.20	4.40	0.66
EB 2					
SWE – MZP 1	23	3.00	5.20	4.33	0.76
SWE – MZP 2	22	4.00	5.40	4.70	0.41
EB 3					
SWE – MZP 1	34	2.00	5.20	3.84	0.84
SWE – MZP 2	34	1.20	5.60	4.05	0.83
KB					
SWE – MZP 1	19	3.00	4.80	3.82	0.42
SWE – MZP 2	18	3.00	5.00	3.88	0.55

---

[1]Bei der SWE umfasst die IB lediglich die EB 1 und die EB 2. Die EB 1 (kein dI)
wird nicht berücksichtigt, da sie keine eigenen Erfolgserfahrungen beim Diagnostizieren
während der Durchführung eines diagnostischen Interviews mit einem Lernenden oder im
Unterricht umfasst und somit die erste Quelle der SWE nicht vorhanden ist.

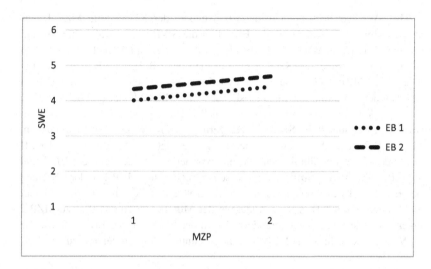

Abbildung 19.1 Entwicklung der SWE in EB 1 & EB 2

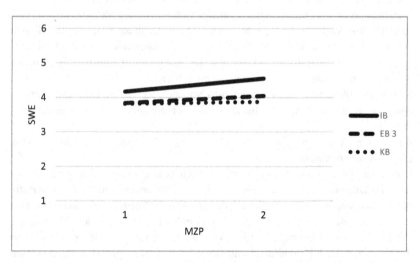

Abbildung 19.2 Entwicklung der SWE in IB, EB 3 & KB

Die SWE der Probanden in der EB 3 und in der KB ist zum MZP 1 sehr ähnlich. Bei den Probanden in der EB 1 fällt die SWE noch etwas höher aus und wie beim SK ist die SWE der Probanden in der EB 2 zum MZP 1 deskriptiv am höchsten ausgeprägt. Die SWE der Probanden der EB 1, der EB 2 und der EB 3 fällt zum MZP 1 höher aus als das SK im selben Bereich (siehe Analysen zu IX). Bei der EB 2 und der EB 3 ist sie auch zum MZP 2 höher und bei der EB 1 liegt die SWE im gleichen Bereich wie das SK. Die Streuung der Messwerte zum MZP 1 ist wie auch beim SK in der KB geringer als in den anderen Bedingungen. In der EB 3 ist die Streuung am höchsten ausgeprägt. Die Streuungen in der EB 1 und der EB 2 sind ähnlich und liegen zwischen den Streuungen der EB 3 und der KB. Die Mittelwertdifferenzen zwischen MZP 2 und MZP 1 in der EB 1 und der EB 2 sind deskriptiv ungefähr gleich groß und fallen in der EB 3 kleiner aus. Auch bei der KB ist eine Änderung der Mittelwerte von MZP 1 zu MZP 2 erkennbar. Die Streuungen verändern sich in der EB 1 und der EB 3 von MZP 1 zu MZP 2 kaum. In der EB 2 nimmt die Streuung ab und in der KB zu.

Analysen zu XV (Überprüfung der Voraussetzungen von t-Tests und Varianzana-lysen)
Die durchzuführenden Analysen zur Überprüfung der Voraussetzungen der t-Tests bei abhängigen und unabhängigen Stichproben sowie der Varianzanalysen entsprechen den Analysen zu X (siehe Kapitel 18), weshalb an dieser Stelle lediglich auf diese verwiesen wird. Die Ergebnisse des notwendigen Levene-Tests, des F_{max}-Tests, des Shapiro-Wilk-Tests und des Kolmogoroff-Smirnoff-Tests befinden sich im Anhang (siehe Anhang, Unterabschnitt A 2.4.1). Die relevanten t-Tests bei abhängigen und unabhängigen Stichproben, Welch-Tests und Varianzanalysen werden in den nachfolgenden Analysen entsprechend durchgeführt.

Analysen zu XVI (Betrachtung des MZP 1 bzgl. der Unterschiede in der SWE zwischen den Bedingungen)
In den Analysen zu XIV wurde bereits deutlich, dass die Probanden der EB 2 ihre SWE im Diagnostizieren von Denk- und Fehlvorstellungen zum MZP 1 deskriptiv höher einschätzen als die Probanden der anderen Bedingungen. Daher ist es notwendig, zu untersuchen, ob sich die SWE zum MZP 1 zwischen der EB 1 und der EB 2 (sie bilden zusammen die IB), zwischen der IB und der KB sowie zwischen der EB 3 und der KB signifikant unterscheidet, denn sie werden in den Analysen zu XVIII kontrastiert. Dies wird bei der ersten Kontrastierung durch einen t-Test für unabhängige Stichproben realisiert und in den anderen zwei Gegenüberstellungen wird ein Welch-Test durchgeführt (siehe Tabelle 19.2), denn die Varianzen

in den einzelnen Bedingungen sind heterogen (siehe Anhang, Unterabschnitt A 2.4.1).

Tabelle 19.2 Untersuchung der Mittelwertunterschiede der SWE in den Bedingungen zum MZP 1

Kontrastierte Bedingungen	t-Test bei unabhängigen Stichproben/Welch-Tests
EB 1 vs. EB 2	$t(43) = -1.489; p = 0.144$
IB vs. KB	$t(55, 519) = 2.407; p = 0.019, \ d = 0.524$
EB 3 vs. KB	$t(50, 663) = 0.116; p = 0.908$

Folglich unterscheiden sich die Mittelwerte bezüglich der SWE zum MZP 1 zwischen der EB 1 und der EB 2 sowie der EB 3 und der KB nicht signifikant. Nach dem Welch-Test unterscheidet sich die SWE zum MZP 1 zwischen der IB und der KB signifikant. Würde an dieser Stelle ein t-Test, trotz Varianzheterogenität, durchgeführt werden, wäre kein signifikanter Unterschied nachweisbar ($t(62) = 1.959; p = 0.055$). Daher ergibt sich dieser signifikante Unterschied bezüglich der SWE zum MZP 1 auch aufgrund der unterschiedlichen Varianzen in den Bedingungen und muss entsprechend bei der Interpretation der nachfolgenden Ergebnisse berücksichtigt werden.

Analysen zu XVII (Entwicklung der SWE in den einzelnen Bedingungen)
In diesen Analysen wird die Entwicklung der SWE zwischen MZP 1 und MZP 2 für jede Bedingung separat auf Signifikanz untersucht, indem jeweils ein t-Test bei abhängigen Stichproben durchgeführt wird. Die Ergebnisse befinden sich in der Tabelle 19.3.

Tabelle 19.3 Entwicklung der SWE in den einzelnen Bedingungen

Bedingungen	Δ MW	SD	t-Tests bei abhängigen Stichproben
IB	0.34	0.84	$t(42) = 2.687; p = 0.010; d = 0.410$
EB 1	0.38	0.92	$t(20) = 1.896; p = 0.072; d = 0.414$
EB 2	0.31	0.77	$t(21) = 1.871; p = 0.075; d = 0.399$
EB 3	0.21	0.66	$t(33) = 1.839; p = 0.075; d = 0.315$
KB	0.11	0.53	$t(17) = 0.867; p = 0.398$

Die SWE bezüglich des Diagnostizierens von Denkprozessen und Fehlvorstellungen nimmt in der IB signifikant zu, was jedoch lediglich einen kleinen Effekt darstellt. Werden die EB 1 und die EB 2 einzeln betrachtet, so lässt sich erkennen, dass die Veränderungen zwischen MZP 1 und MZP 2 jeweils nur auf einem 10 % Niveau signifikant werden und ebenfalls einem kleinen Effekt entsprechen. In der EB 3 lässt sich eine marginal signifikante Veränderung nachweisen, die ebenfalls einem kleinen Effekt entspricht, und in der KB sind keine signifikanten Veränderungen der SWE nachweisbar.

Analysen zu XVIII (Kontrastierung einzelner Bedingungen bzgl. der SWE-Entwicklung)
Die Wirkung der Bedingungen auf die Entwicklung der SWE wird im letzten Analyseschritt durch zweifaktorielle Varianzanalysen mit Messwiederholung analysiert, wobei nachfolgend die Interaktionseffekte von Zeit und Bedingungszugehörigkeit dargestellt werden (siehe Tabelle 19.4). Warum eine Kontrastierung genau dieser Bedingungen erfolgt, wurde bereits in den Analysen zu VIII ausführlich dargestellt, weshalb lediglich darauf verwiesen wird.

Tabelle 19.4 Interaktionseffekte von Zeit und Bedingungszugehörigkeit bzgl. der SWE

Kontrastierte Bedingungen	zweifaktorielle Varianzanalysen mit Messwiederholung
IB vs. KB	$F(1, 59) = 1.205; p = 0.277; \eta_p^2 = 0.020$
EB 3 vs. KB	$F(1, 50) = 0.309; p = 0.581; \eta_p^2 = 0.006$

Zwischen der IB und der KB ergeben sich bezüglich der Entwicklung der SWE zwar keine signifikanten Unterschiede, aber es liegt ein kleiner Effekt vor. An dieser Stelle gilt außerdem zu berücksichtigen, dass die Entwicklung der SWE in diesen Bedingungen nur bedingt miteinander vergleichbar ist, denn sie unterscheiden sich zum MZP 1 signifikant hinsichtlich ihrer SWE. Die EB 1 und die EB 2 werden hier nicht gegenübergestellt, denn die Probanden in beiden Bedingungen konnten während der Intervention eigene Erfolgserfahrungen sammeln. Die SWE der Probanden in der EB 3 und der KB unterscheiden sich zum MZP 1 nicht signifikant, weshalb die Entwicklungen miteinander vergleichbar sind. Hier lässt sich kein Einfluss der Bedingung auf die Entwicklung der SWE feststellen.

Nach dem Shapiro-Wilk-Test sind die Differenzen der Messwerte in den einzelnen Bedingungen normalverteilt, die Messwerte zum MZP 1 und MZP 2 hingegen nicht in allen Bedingungen (siehe Anhang, Unterabschnitt A 2.4.1). Aus diesem Grund wurden, wie auch bei den Analysen zu VIII und XIII, neben den zweifaktoriellen Varianzanalysen mit Messwiederholung noch univariate Varianzanalysen mit der Differenz der Mittelwerte aus MZP 1 und MZP 2 als abhängige

Variable durchgeführt, die die gleichen Ergebnisse ergaben wie die zweifaktoriellen Varianzanalysen mit Messwiederholung (siehe Anhang, Unterabschnitt A
2.4.2). Dadurch können die Ergebnisse in diesem Analyseschritt bestätigt werden.

19.2 Ergebnisse zu den Forschungsfragen 4a und 4b

In diesen Analysen wurde die Entwicklung der Selbstwirksamkeitserwartung
hinsichtlich des Diagnostizierens von Denkprozessen und Fehlvorstellungen in
den Themengebieten ganze Zahlen und Prozentrechnung fokussiert. Durch eine
Intervention, in der sowohl die ersten zwei Quellen der Selbstwirksamkeitserwartung als auch die Vermittlung diagnostischen Wissens Berücksichtigung finden,
lässt sich die Selbstwirksamkeitserwartung signifikant positiv beeinflussen, was
einem kleinen Effekt entspricht ($p = 0.010; d = 0.410$). Eine Gegenüberstellung der Interventions- und der Kontrollbedingung zeigt jedoch keine signifikante
Auswirkung der Bedingungszugehörigkeit auf die Entwicklung der Selbstwirksamkeitserwartung ($p = 0.277; \eta_p^2 = 0.020$), wobei berücksichtigt werden
muss, dass sich diese Bedingungen bezüglich der Selbstwirksamkeitserwartung
zum ersten Messzeitpunkt signifikant voneinander unterscheiden, weshalb ihre
Entwicklung an dieser Stelle nur bedingt miteinander vergleichbar ist (siehe
Forschungsfrage 4a). Die bloße Vermittlung diagnostischen Wissens führt zu
einer marginal signifikanten Veränderung der Selbstwirksamkeitserwartung, was
einem kleinen Effekt entspricht ($p = 0.075; d = 0.315$). Eine entsprechende
Gegenüberstellung von der Experimentalbedingung 3, in der lediglich diagno-
stisches Wissen vermittelt wurde, und der Kontrollbedingung zeigt, dass die
Bedingungszugehörigkeit keinen signifikanten Einfluss auf die Entwicklung der
Selbstwirksamkeitserwartung bezüglich des Diagnostizierens von Denk- und
Fehlvorstellungen hat ($p = 0.581; \eta_p^2 = 0.006$) (siehe **Forschungsfrage 4b**).
Die Entwicklung der SWE in diesen Bedingungen ist außerdem miteinander
vergleichbar, denn sie unterscheidet sich zum ersten Messzeitpunkt nicht.

Subjektive Sichtweise sowie allgemeine Erkenntnisse ausgewählter Probanden bezüglich der Diagnostik im Mathematikunterricht (unter Berücksichtigung der Relevanz einzelner Interventionsinhalte)

20

20.1 Analyse zu den Forschungsfragen 5a und 5b

XIX) Um die Forschungsfragen 5a und 5fb zu untersuchen, wurde die Analysetechnik „inhaltliche Strukturierung" angewandt (siehe Unterabschnitt 15.3.2.1). Die Analysen werden nun entlang der Hauptkategorien präsentiert, wobei die Abbildung 20.1 diese Reihenfolge widerspiegelt.

In jeder Hauptkategorie werden zuerst die Sichtweisen der Probanden zum Interventionsende („Post"-Interview) und anschließend die Auffassungen zwei Monate nach der Intervention („Follow-up"-Interview) erläutert. Ferner wird, wie bereits erwähnt, immer von „dem Probanden" gesprochen, um die Anonymität der interviewten Probanden zu gewährleisten. Zusätzlich wird in der ersten Hauptkategorie das Verständnis der Probanden zur Diagnostik im Mathematikunterricht dargestellt.

Analysen zu XIX (Darstellung der Probandenaussagen bzgl. der Hauptkategorien)

Subjektive Sichtweise sowie allgemeine Erkenntnisse der Probanden durch die Intervention
Zunächst stellt sich die Frage, was die interviewten Lehramtsstudierenden nach der Intervention unter „Diagnostik im Mathematikunterricht" verstehen, wobei dies ebenfalls im Rahmen der durchgeführten Interviews erhoben wurde. Sie verstehen unter „Diagnostik im Mathematikunterricht" das Ermitteln und Analysieren von (fehlerhaften) Denkprozessen und Fehlvorstellungen sowie weiterer Ursachen, auf deren Grundlage unter Umständen Schülerfehler sowie (falsche)

N. Hock, *Förderung von diagnostischen Kompetenzen*, Mathematikdidaktik im Fokus, https://doi.org/10.1007/978-3-658-32286-1_20

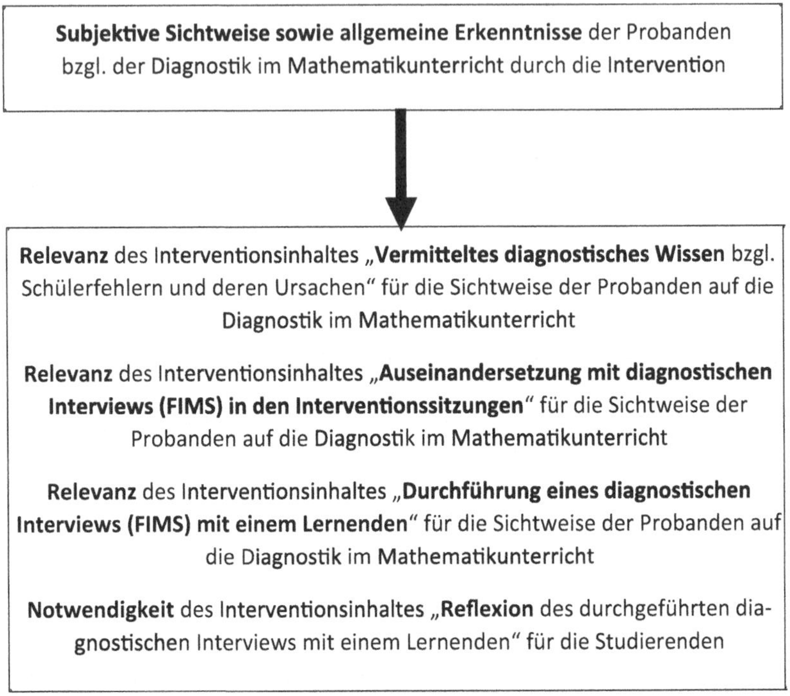

Subjektive Sichtweise sowie allgemeine Erkenntnisse der Probanden
bzgl. der Diagnostik im Mathematikunterricht durch die Intervention

Relevanz des Interventionsinhaltes **„Vermitteltes diagnostisches Wissen** bzgl.
Schülerfehlern und deren Ursachen" für die Sichtweise der Probanden auf die
Diagnostik im Mathematikunterricht

Relevanz des Interventionsinhaltes **„Auseinandersetzung mit diagnostischen
Interviews (FIMS) in den Interventionssitzungen"** für die Sichtweise der
Probanden auf die Diagnostik im Mathematikunterricht

Relevanz des Interventionsinhaltes **„Durchführung eines diagnostischen
Interviews (FIMS) mit einem Lernenden"** für die Sichtweise der Probanden auf
die Diagnostik im Mathematikunterricht

Notwendigkeit des Interventionsinhaltes **„Reflexion** des durchgeführten diagnostischen Interviews mit einem Lernenden" für die Studierenden

Abbildung 20.1   Ablauf der Hauptkategoriendarstellung

Ergebnisse entstehen – „Warum macht der Schüler bestimmte Fehler?". Von
einigen Probanden werden zudem auch die Wahrnehmung des Schülerfehlers
sowie die anschließende Förderung als Aspekte von „Diagnostik im Mathematikunterricht" erwähnt. Dieses Verständnis ergibt sich aufgrund der Intervention,
denn in dieser standen vor allem mögliche fehlerhafte Denkprozesse sowie
Fehlvorstellungen von Lernenden im Fokus.

   Direkt nach der Intervention beim „Post"-Interview teilen alle Probanden, bis
auf PB 7, die Sichtweise, dass die Diagnostik im Mathematikunterricht sehr
wichtig ist, um einen Schüler individuell zu fördern und entsprechend auf dessen Bedürfnisse einzugehen. Proband PB 7 artikuliert bei diesem Interview keine
konkrete Aussage bezüglich seiner Sichtweise. Außerdem äußern PB 1 und PB
6 explizit, dass ihnen vor der Intervention die Bedeutung der Diagnostik für den
Unterricht und den Lernenden kaum bewusst war. Proband PB 2 beschreibt in

diesem Zusammenhang die diagnostische Kompetenz als eine essenzielle Kompetenz einer Lehrkraft, um mögliche Fehler und die zugehörigen Denkprozesse überhaupt korrigieren zu können – „und um das zu können, diese korrek also diese korrektur, muss man halt erstmal das ganze analysieren können. und das sind halt ist halt aufgabe der diagnostik. und das ist glaube ich ganz ganz wichtig, dass ein lehrer das kann." (PB 2, 01:16).

PB 3 und PB 6 sind der Ansicht, dass die Diagnostik noch mehr im Lehramtsstudium berücksichtigt werden sollte, denn PB 3 zufolge wird sie in der Ausbildung „[...] leider sträflich vernachlässigt [...]" (PB 3, 01:03). PB 2 und PB 3 ist durch die Intervention bewusst geworden, dass es notwendig ist, sich noch mehr Wissen bezüglich der Diagnostik sowie möglichen Fehlvorstellungen in anderen Themengebieten anzueignen.

Beim „Follow-up"-Interview sind alle Probanden der Ansicht, dass Diagnostik im Mathematikunterricht wichtig ist, um eine individuelle Förderung von Lernenden zu realisieren. PB 7 zufolge sollte sich die Lehrkraft mit jedem Schüler individuell auseinandersetzen, die etwaigen Probleme diagnostizieren und sich der unterschiedlichen Kenntnisse der Schüler stets bewusst sein. Nach PB 2 wäre es sinnvoll, die fehlerhaften Denkprozesse erstmal zu diagnostizieren und zu korrigieren, bevor weitere Inhalte gelehrt werden, die darauf aufbauen. Ferner äußern alle Probanden Aussagen, die darauf hindeuten, dass ihnen die Bedeutung und Notwendigkeit der Diagnostik für den Lernenden sowie den Mathematikunterricht durch die Intervention bewusst geworden ist. Beispielsweise hat Proband PB 5 vor der Intervention den Begriff Diagnostik eher mit dem Erkennen von Krankheiten, wie zum Beispiel Dyskalkulie, in Verbindung gebracht und Proband PB 6 war vor der Intervention der Auffassung, dass die Ursache für Schülerfehler meistens fehlende Motivation ist. Proband PB 1 kann sich zudem nicht daran erinnern, dass seine ehemaligen Lehrer auf Fehlvorstellungen und fehlerhafte Denkprozesse geachtet hätten. Nach PB 2 ist die Thematik Diagnostik in seinem Studium – bis auf dieses Seminar – kaum thematisiert worden. Wie bereits im „Post"-Interview äußert er als auch PB 3, dass sie sich zukünftig noch mehr mit der Thematik Diagnostik sowie möglichen Fehlvorstellungen, auch in anderen Themengebieten, auseinandersetzen werden bzw. müssen.

Relevanz des Interventionsinhaltes „Vermitteltes diagnostisches Wissen bzgl. Schülerfehlern und deren Ursachen"
Die Sichtweise auf die Diagnostik im Mathematikunterricht wird bei PB 1 bis PB 5 direkt nach der Intervention am meisten durch die Vermittlung diagnostischen Wissens beeinflusst, wobei PB 1 und PB 2 aussagen, dass ihnen durch

die Auseinandersetzung mit den konkreten Beispielen / den Produktvignetten
bewusst wurde, dass derartige Fehler und deren Ursachen überhaupt bei Schülern auftreten können: „[…] dass sie mir die augen geöffnet haben, was denn alles
überhaupt dahinter stecken kann hinter so einem fehler. […] dass es nicht nur einfach falsch sein könnte, dass es falsch gerechnet wurde. Sondern, dass wirklich
eben fehlerhafte denkvorstellungen, zum beispiel beim rechnen der ganzen zahlen,
vorhanden sind. […] also das war mir überhaupt, vorher überhaupt nicht bewusst.
Und das ist mir jetzt auch halt wesentlich bewusster." (PB 2, 05:55). Ferner wird
die Sichtweise des Probanden PB 2 auch durch die Auseinandersetzung mit dem
Fördermaterial geprägt, denn neben der Diagnose ist auch eine Eliminierung der
Fehlvorstellung essenziell. Die Probanden PB 1, PB 3 und PB 4 äußern zudem,
dass sie (mit ein bisschen Übung) nun auch in der Lage sind, Fehler sowie deren
Ursachen bei Schülern zu erkennen. Außerdem beziehen sich PB 4, PB 5 und
PB 6 auf den Fehleranalyseleitfaden, der ihnen zeigt, wie eine Diagnostik bzw.
Fehleranalyse (differenziert) ablaufen sollte. PB 1 äußert bei dieser Hauptkategorie folgende Aussage: „also ähm. ja, also ich finde, ich nehme die fehler jetzt
erstmals wirklich bewusst wahr, weil ähm wenn man sich vorher nie wirklich darüber gedanken macht und die nicht wirklich mal quasi durchbehandelt, ähm dann
merkt man das gar nicht so. also ja wie gesagt, man man ist das ja gewöhnt, dass
man es kann und geht dann ja immer automatisch auch als mensch von sich selbst
aus. […] und wenn man dann eben diese fehler erstmal behandelt hat dann jetzt,
würde ich auch sagen mit ein bisschen übung vielleicht später würde ich die dann
auch erstmal bei den schülern erkennen. ansonsten hätte ich vielleicht so n bisschen lehrerlike: naja, da nochmal ein bisschen üben. aber jetzt weiß ich, wie ich
da jetzt gezielt auch denk ich mal angehen kann." (PB 1, 09:48). Diese Äußerung
unterstreicht noch einmal die Notwendigkeit, den Lehramtsstudierenden Schülerfehler und vor allem mögliche Ursachen näher zu bringen, denn solange die
(angehenden) Lehrkräfte nicht versuchen, sich in einen Schüler hineinzuversetzen, können sie auch dessen Probleme und Denkprozesse nicht verstehen und
reagieren beispielsweise mit „mehr üben". Wie bereits in Unterabschnitt 3.5.2.1
verdeutlicht, sollten jedoch Fehlvorstellungen zunächst korrigiert werden, wobei
ein Schüler durch mehr Übungen diese nicht automatisch selbstständig revidieren kann. Vielmehr muss ihm erstmal aufgezeigt werden, dass seine bisherigen
Vorstellungen fehlerhaft sind.

    Beim „Follow-up"-Interview lassen sich seltener derartige konkrete Aussagen
bezüglich der Auseinandersetzung mit den Produktvignetten und dem dabei vermittelten diagnostischen Wissen finden, wobei für alle Probanden (außer PB 4)
das vermittelte diagnostische Wissen ein Faktor ist, der ihre Sichtweise auf die

Diagnostik im Mathematikunterricht beeinflusst hat. Zudem beziehen sich PB 3, PB 5 und PB 6 auf den Fehleranalyseleitfaden und zeigen somit dessen Bedeutung auf. PB 1 und PB 6 geben außerdem im „Follow-up"-Interview an, dass ihnen die Schülerfehler und deren Ursachen nicht bewusst waren bzw. dass sie so vielfältig sein können.

Relevanz des Interventionsinhaltes „Auseinandersetzung mit diagnostischen Interviews (FIMS) in den Interventionssitzungen"
Die Auseinandersetzung mit diagnostischen Interviews bzw. konkret den FIMS (siehe Unterabschnitt 3.4.2.2) wird beim „Post"-Interview lediglich von PB 3 als Faktor erwähnt, der seine Sichtweise auf die Diagnostik im Mathematikunterricht beeinflusst hat. Die Probanden PB 1, PB 3 und PB 5 nehmen das diagnostische Interview als Diagnosemethode wahr, das eine differenzierte Diagnose ausgewählter Schüler ermöglicht, bei denen bereits Probleme sichtbar waren. PB 6 empfindet es außerdem unentbehrlich, eine vertraute Umgebung zu schaffen, in der Fehler legitim sind. Hingegen sind PB 1, PB 2, PB 3 und PB 4 der Auffassung, dass es im normalen Schulalltag kaum möglich sein wird, eine Durchführung des diagnostischen Interviews zu realisieren.

Nur Proband PB 3 betont beim „Follow-up"-Interview, dass neben dem vermittelten diagnostischen Wissen durch die Fehleranalyse und der thematisierten Förderung nach der Diagnose auch die allgemeine Auseinandersetzung mit der Vorbereitung und der Durchführung eines diagnostischen Interviews relevant für seine Sichtweise auf die Diagnostik im Mathematikunterricht war.

Relevanz des Interventionsinhaltes „Durchführung eines diagnostischen Interviews (FIMS) mit einem Lernenden"
Im „Post"-Interview sind die Probanden PB 1, PB 3 und PB 7 der Auffassung, dass die Durchführung des diagnostischen Interviews mit einem Lernenden ihre Sichtweise auf die Diagnostik im Mathematikunterricht beeinflusst hat. PB 1 und PB 7 schätzen sich selbst als praktische Lerntypen ein und finden es daher wichtig, das theoretisch erlangte Wissen auch anzuwenden. Außerdem ist es PB 1 zufolge eine gute Wiederholung und gleichzeitig Realisierung, wie viele Kenntnisse aus dem Seminar noch präsent sind. Für PB 4 wird das bisher abstrakte theoretische Wissen durch die Anwendung des diagnostischen Interviews mit einem Lernenden greifbar. PB 2, PB 3, PB 4, PB 5 und PB 7 reflektieren ihr Verhalten während der Interviewdurchführung und bemängeln beispielsweise die eigenen Fragestellungen. PB 2 wird zukünftig versuchen, die Schüler nicht sofort zu berichten.

Im „Follow-up"-Interview äußern die Probanden PB 1, PB 4 und PB 7, dass das selbstständige Durchführen des diagnostischen Interviews mit einem Lernenden ihre Sichtweise auf die Diagnostik im Mathematikunterricht beeinflusst hat. PB 7 betont, dass er durch diese Interviewdurchführung die Möglichkeit erhielt, das theoretisch erlangte Wissen praktisch anzuwenden. PB 1 und PB 3 reflektieren ihre Fragestellungen und ihr Verhalten, wobei PB 1 versuchen wird, zukünftig weniger Anweisungen zum konkreten Rechnen zu geben und den Schüler eher auffordern wird, seine Gedankengänge zu artikulieren. PB 3 hatte sich während der Interviewdurchführung bemüht, weniger zu reden, wobei er sich nun außerdem vornimmt, rhetorische Fragen stärker zu vermeiden. PB 2 ist sich nun bewusst, dass sowohl die Interviewdurchführung als auch die Analyse der Schülerfehler schwierig sein kann.

Durch die Analysen zu den letzten drei Hauptkategorien sowie der nachfolgenden Tabelle 20.1 wird deutlich, dass die Interventionsinhalte für die Probanden bezüglich ihrer subjektiven Sichtweise auf die Diagnostik im Mathematikunterricht unterschiedlich bedeutsam waren, wobei vor allem das vermittelte diagnostische Wissen zu Schülerfehlern und denkbaren Ursachen sowie die praktische Anwendung des diagnostischen Interviews mit einem Lernenden die Sichtweise der interviewten Probanden auf die Diagnostik im Mathematikunterricht beeinflusst hat.

Tabelle 20.1 Relevanz der Interventionsinhalte für die subjektive Sichtweise der Probanden auf die Diagnostik im Mathematikunterricht

	Vermitteltes diagnostisches Wissen	Auseinander-setzung mit diagn. Interview	Durchführung des diagn. Interviews	Auseinandersetzung mit Fördermaterial
„Post"-Interview	PB 1, PB 2, PB 3, PB 4, PB 5	PB 3	PB 1, PB 3, PB 7	PB 2
„Follow up"-Interview	PB 1, PB 2, PB 3, PB 5, PB 6, PB 7	PB 3	PB 1, PB 4, PB 7	PB 3

Notwendigkeit des Interventionsinhaltes „Reflexion des durchgeführten diagnostischen Interviews mit einem Lernenden"
Die Studierenden mussten das diagnostische Interview mit einem Lernenden nach der Intervention schriftlich reflektieren. Für PB 1, PB 5 und PB 6 ist die Reflexion eine Möglichkeit, die erlernten Kenntnisse (allein) anzuwenden und entsprechend zu diagnostizieren. Zudem betrachten sich PB 1 und PB 5 kritisch, inwieweit sie während des diagnostischen Interviews erfolgreich diagnostizieren konnten und ob noch weitere Kenntnisse sowie Verhaltensänderungen notwendig sind. PB 4 und PB 6 empfinden die Reflexion ferner als Gelegenheit, die Einschätzungen während der Interviewdurchführung bezüglich der diagnostizierten Fehler und deren Ursachen nochmals detailliert zu reflektieren. Für PB 3 ist die Reflexion des durchgeführten diagnostischen Intausgebildetenerviews wichtig, „[...] aber nicht alles [...]" (PB 3, 11:09), denn neben der Reflexion gehören auch die Durchführung des diagnostischen Interviews oder das Zusammenstellen von geeigneten Aufgaben zu einer gut diagnostischen Kompetenz.

20.2 Ergebnisse zu den Forschungsfragen 5a und 5b

Alle interviewten Probanden teilen nach der Intervention die Sichtweise, dass die Diagnostik im Mathematikunterricht wichtig ist, um einen Lernenden individuell zu fördern und entsprechend auf dessen Bedürfnisse einzugehen. Die Probandenaussagen deuten darauf hin, dass ihnen durch die Intervention die Bedeutung der Diagnostik für den Mathematikunterricht und vor allem für den Lernenden bewusst geworden ist. Zudem äußern einige Studierende, dass es notwendig ist, sich noch mehr Wissen hinsichtlich Diagnostik sowie möglichen Fehlvorstellungen auch in anderen Themengebieten anzueignen. Die Thematik Diagnostik ist in ihrem bisherigen Studium kaum thematisiert worden und sollte noch mehr im Lehramtsstudium berücksichtigt werden (siehe **Forschungsfrage 5a**). Die Relevanz des vermittelten diagnostischen Wissens zu Schülerfehlern und deren Ursachen für die Sichtweise der Probanden auf die Diagnostik im Mathematikunterricht lässt sich zu beiden Erhebungszeitpunkten erkennen. Einige Probanden gehen außerdem explizit auf den Fehleranalyseleitfaden ein. Die Aussage des Probanden PB 1 zum Interventionsende (siehe Hauptkategorie „Relevanz des Interventionsinhaltes „Vermitteltes diagnostisches Wissen bzgl. Schülerfehlern und deren Ursachen"") sollte zum Nachdenken anregen und die tatsächliche Notwendigkeit verdeutlichen, angehende Lehrkräfte mit Schülerfehlern und deren Ursachen zu konfrontieren. Fast kein Proband widmet der Auseinandersetzung mit diagnostischen Interviews in Rollenspielen bzw. durch Videoanalysen Beachtung. Hingegen sind im Vergleich die Aussagen der Studierenden zur Durchführung des diagnostischen Interviews mit einem Lernenden recht umfangreich und ferner besitzt dieser Interventionsinhalt auch einen bedeutenden Wert bei einigen Studierenden bezüglich deren Sichtweise auf die Diagnostik im Mathematikunterricht. Außerdem reflektieren fast alle Probanden in den Interviews ihr Verhalten während der Interviewdurchführung mit einem Lernenden und bemängeln beispielsweise die eigene Fragestellung. Die schriftliche Reflexion stellt, den Aussagen einiger Probanden zufolge, ebenfalls einen wichtigen Inhalt der Intervention dar, weil sie dadurch die Möglichkeit erhalten, unter anderem die erlernten Kenntnisse anzuwenden und entsprechend zu diagnostizieren. Dabei können sie auch feststellen, ob noch weitere Kenntnisse sowie Verhaltensänderungen notwendig sind. Zudem nehmen sie die Reflexion als Gelegenheit wahr, ihre Einschätzungen, die sie während der Durchführung des diagnostischen Interviews hinsichtlich der Schülerfehler und deren Ursachen getroffen hatten, nochmals detailliert zu reflektieren (siehe **Forschungsfrage 5b**).

Einschätzungen ausgewählter Probanden bezüglich der eigenen Fehler-Ursachen-Diagnosefähigkeit in den Themengebieten ganze Zahlen und Prozentrechnung sowie des einflussreichsten Interventionsinhaltes auf die eigene diagnostische Kompetenzentwicklung

21.1 Analysen zu den Forschungsfragen 6a und 6b

XI) Die interviewten Probanden wurden gebeten, ihre eigene Fehler-Ursachen-Diagnosefähigkeit in den Bereichen ganze Zahlen und Prozentrechnung einzuschätzen. Diese Einschätzungen werden nun der tatsächlichen Fehler-Ursachen-Diagnosefähigkeit bzw. den erreichten Punkten im Test gegenübergestellt.

XXI) Weiterhin wurden die interviewten Probanden nach der Intervention und beim „Follow-up"-Interview gebeten, den einflussreichsten Interventionsinhalt bezüglich ihrer eigenen diagnostischen Kompetenzentwicklung zu bestimmen. Diese Einschätzungen sowie deren Veränderungen werden in diesen Analysen thematisiert.

Analysen zu XX (Gegenüberstellung eingeschätzter und tatsächlicher Fehler-Ursachen-Diagnosefähigkeit)

Wie bereits in Unterabschnitt 15.3.1 dargestellt, wurden die Probanden in den Interviews gebeten, ihre FUD auf einer ordinalen Skala von 1 bis 6, deren Werte den Schulnoten entsprachen, jeweils in den Themenbereichen ganze Zahlen (SE_GZ) und Prozentrechnung (SE_PR) einzuschätzen. Diese individuellen Einschätzungen werden in der Tabelle 21.1 für den Interventionsbeginn (MZP 1) und für das Interventionsende (MZP 2) dargestellt. Weiterhin wird in dieser

Tabelle die tatsächliche FUD der interviewten Probanden aufgezeigt und ferner noch die erreichte Gesamtpunktzahl im Test (GPZ) sowie die erreichten Punkte in den Testaufgaben zu den ganzen Zahlen (SUM_GZ) und zur Prozentrechnung (SUM_PR) von jedem Probanden für den MZP 1 und den MZP 2 aufgelistet. Die Zahlen in Klammern repräsentieren die zugeordneten Schulnoten (siehe Unterabschnitt 15.3.1). Zudem wird bei jedem Probanden in dieser Tabelle angegeben, welche Thematik das durchgeführte diagnostische Interview mit einem Lernenden (Thema des d. I.) umfasste.

Nach der tabellarischen Übersicht erfolgt zunächst eine Analyse der Selbsteinschätzungen der Probanden sowie deren Veränderung. Anschließend wird betrachtet, inwiefern sich die FUD der interviewten Probanden tatsächlich auf deskriptiver Ebene verändert und inwieweit die tatsächliche FUD zu beiden Messzeitpunkten der Selbsteinschätzung der Probanden entspricht.

Tabelle 21.1 Übersicht über die FUD, die Gesamtpunktzahl, die Punktzahl in den einzelnen Themengebieten und die Selbsteinschätzung der interviewten Probanden zum MZP 1 und MZP 2

Proband	Thema des d. I.	FUD im Leistungstest (Min. −3.27; Max. 3.65)		GPZ (Max. 21)		SUM_GZ (Max. 9)		SE_GZ		SUM_PR (Max. 12)		SE_PR	
		MZP 1	MZP 2	MZP 1	MZP 2	MZP 1	MZP 2	MZP 1	MZP 2	MZP 1	MZP 2	MZP 1	MZP 2
PB 1	k. dl	1.306	1.351	18 (1−)	18 (1−)	8 (1−)	8 (1−)	3	3−4	10 (2)	10 (2)	3−4	2−3 (eher 2)
PB 2	PR	1.306	3.655	18 (1−)	21 (1+)	8 (1−)	9 (1)	4	2	10 (2)	12 (1)	4	2
PB 3	PR	1.802	1.306	19 (1−)	18 (1−)	9 (1)	8 (1−)	2	3	10 (2)	10 (2)	2 −	2
PB 4	GZ	1.306	0.990	18 (1−)	17 (2+)	7 (2)	7 (2)	3	2	11 (1−)	10 (2)	4	3
PB 5	PR	0.130	0.270	14 (3+)	15 (2−)	7 (2)	7 (2)	3	2−3	7 (3)	8 (3+)	2−3	2−3
PB 6	PR	−0.135	0.580	13 (3)	16 (2)	7 (2)	7 (2)	3	2−3 (eher 3)	6 (4)	9 (2−)	4	3
PB 7	PR	0.580	1.351	16 (2)	18 (1−)	7 (2)	6 (3)	4	2	9 (2−)	12 (1)	3	2

Die interviewten Probanden schätzen ihre eigene FUD sowohl im Themengebiet der ganzen Zahlen als auch bei der Prozentrechnung am Ende der Intervention
meistens besser ein als zu Beginn der Intervention. Lediglich PB 1 bewertet die
eigene FUD bei den ganzen Zahlen gleichbleibend bzw. schlechter, bei PB 3 sinkt
die Selbsteinschätzung im Themengebiet der ganzen Zahlen von 2 auf 3 und bei
PB 5 ändert sich die Selbsteinschätzung im Themengebiet der Prozentrechnung
nicht. Fast alle befragten Probanden führten das diagnostische Interview zur Prozentrechnung durch. PB 1 gehört zu den 10 Probanden, die das diagnostische
Interview zum MZP 2 noch nicht durchgeführt hatten und PB 4 setzte sich mit
dem diagnostischen Interview zu den ganzen Zahlen auseinander. Bei zwei der
befragten Probanden scheint das durchgeführte Interview Auswirkungen auf die
Selbsteinschätzung bezüglich der eigenen FUD zu haben. Beispielsweise führte
PB 3 das Interview zur PR durch und beurteilt die eigene FUD zur Prozentrechnung zum MZP 2 besser als zum MZP 1, aber bezüglich der ganzen Zahlen zum
MZP 2 schlechter als beim MZP 1. PB 4 schätzt die eigene FUD bereits zum
MZP 1 im Bereich der ganzen Zahlen besser ein als bei der Prozentrechnung
und führte auch das diagnostische Interview zu den ganzen Zahlen durch. Im
Anschluss bewertet dieser Proband auch die eigene FUD zum Themengebiet der
ganzen Zahlen höher als zur Prozentrechnung. Alle interviewten Probanden, bis
auf PB 3 und PB 4, verbessern ihre tatsächliche FUD zum MZP 2, wobei diese
zwei Probanden bereits zum MZP 1 eine sehr hohe tatsächliche FUD aufwiesen.

PB 1 unterschätzt die eigene FUD in beiden Themengebieten zum MZP 1.
Zum MZP 2 beurteilt er sie in der Prozentrechnung zwar besser, aber bei den
ganzen Zahlen liegt weiterhin eine starke Unterschätzung vor. Bei der Prozentrechnung entspricht die Selbsteinschätzung der tatsächlichen FUD. Auch PB 2
unterschätzt die eigene FUD in beiden Themengebieten zum MZP 1. Aufgrund
der erreichten höchstmöglichen Punktzahl im Leistungstest zum MZP 2 liegt auch
zu diesem Zeitpunkt noch eine kleine Unterschätzung in beiden Themengebieten
vor. PB 3 bewertet die eigene FUD zum MZP 1 passender als die Probanden PB
1 und PB 2. Er unterschätzt sie bei den ganzen Zahlen und bezüglich der Prozentrechnung stimmt die Selbsteinschätzung mit der tatsächlichen FUD überein. Zum
MZP 2 ist sowohl bei der tatsächlichen FUD als auch bei der Selbsteinschätzung
lediglich eine kleine Änderung erkennbar, wobei die tatsächliche FUD und die
Selbsteinschätzung hinsichtlich der Prozentrechnung wieder übereinstimmen. Die
FUD bei den ganzen Zahlen wird weiterhin unterschätzt. PB 4 unterschätzt seine
eigene FUD bezüglich der Prozentrechnung und den ganzen Zahlen zum MZP 1.
Zum MZP 2 ist die tatsächliche FUD insgesamt zwar geringer ausgeprägt, aber
der Proband schätzt sich besser ein, wodurch die Selbsteinschätzung in der Prozentrechnung fast der bestimmten FUD entspricht (kleine Unterschätzung) und

bei den ganzen Zahlen eine Übereinstimmung vorliegt. Der Proband PB 5 schätzt zum MZP 1 die eigene FUD vor allem in der Prozentrechnung etwas besser ein als die Probanden PB 1, PB 2 und PB 4, aber weist eine geringere tatsächliche FUD auf, wodurch die FUD bezüglich der ganzen Zahlen nur etwas unterschätzt wird. Bezüglich der Prozentrechnung liegt eine fast passende lediglich kleine Überschätzung vor. Die tatsächliche FUD und die Selbsteinschätzung erhöhen sich jeweils zwischen MZP 1 und MZP 2, wobei zum MZP 2 die tatsächliche FUD sowohl bei den ganzen Zahlen als auch bei der Prozentrechnung passend eingeschätzt wird. Proband PB 6 besitzt eine geringere FUD als die Probanden PB 1, PB 2 und PB 4, aber schätzt sie zum MZP 1 ähnlich wie diese Probanden ein. Bezüglich der ganzen Zahlen liegt daher nur eine kleine Unterschätzung vor und hinsichtlich der Prozentrechnung stimmt die Selbsteinschätzung mit der tatsächlichen FUD überein. Zum MZP 2 unterschätzt er seine eigene FUD in beiden Themengebieten lediglich geringfügig. Bei PB 7 ist die tatsächliche FUD zum MZP 1 geringer ausgeprägt als bei den Probanden PB 1, PB 2 und PB 4, aber die Einschätzung der eigenen FUD ist wiederum ähnlich, wodurch hier bezüglich der Prozentrechnung die tatsächliche FUD lediglich etwas unterschätzt wird und bei den ganzen Zahlen eine starke Unterschätzung vorhanden ist. Zum MZP 2 unterschätzt er seine FUD in der Prozentrechnung und überschätzt sie bei den ganzen Zahlen.

Aus den vorherigen Erläuterungen ergibt sich die Tabelle 21.2 bezüglich der Anzahl an Über-, Unter- und passenden Selbsteinschätzungen hinsichtlich der eigenen FUD in den Themengebieten ganze Zahlen und Prozentrechnung.

Tabelle 21.2 Absolute Häufigkeiten der Unter-, Über- und passenden Selbsteinschätzung bei jedem interviewten Proband für MZP 1 und MZP 2

Proband	Unterschätzung		Passende Einschätzung		Überschätzung	
	MZP 1	MZP 2	MZP 1	MZP 2	MZP 1	MZP 2
PB 1	II	I		I		
PB 2	II	II				
PB 3	I	I	I	I		
PB 4	II	I		I		
PB 5	I		I	II		
PB 6	I	II	I			
PB 7	II	I				I

Demnach lässt sich festhalten, dass diese sieben Probanden sowohl zum MZP 1 als auch zum MZP 2 in den meisten Fällen ihre FUD in den beiden Themengebieten unterschätzen bzw. passend einschätzen. Überschätzungen sind zu beiden Messzeitpunkten kaum vorhanden. Die guten Ergebnisse der interviewten Probanden bezüglich der Gesamtpunktzahl im Leistungstest („GPZ") ergeben sich auch aufgrund der Tatsache, dass alle interviewten Probanden in der Lage waren, die Schülerfehler in den Aufgaben des Leistungstests zu erkennen, und dafür bereits einen Punkt erhielten. Demnach hat jeder interviewte Proband mindestens 7 von 21 Punkten im Leistungstest erhalten und folglich bereits die Note „5" erreicht (siehe Unterabschnitt 15.3.1).

Analysen zu XXI (Einflussreichster Interventionsinhalt bzgl. der eigenen diagnostischen Kompetenzentwicklung)

Tabelle 21.3 Einschätzung der Probanden bzgl. des Interventionsinhaltes mit dem größten Einfluss auf die eigene diagnostische Kompetenzentwicklung im „Post"-Interview

Vermitteltes diagnostisches Wissen	Durchführung diagnostisches Interview mit einem Lernenden	Vermitteltes diagnostisches Wissen + Durchführung diagnostisches Interview mit einem Lernenden
PB 2 PB 4 PB 5	PB 1	PB 3 PB 7

Wie die Tabelle 21.3 verdeutlicht, schätzen die interviewten Probanden den Interventionsinhalt mit dem größten Einfluss bezüglich ihrer eigenen diagnostischen Kompetenzentwicklung beim „Post"-Interview unterschiedlich ein. PB 2, PB 4 und PB 5 zufolge hat das vermittelte diagnostische Wissen bei der Auseinandersetzung mit den konkreten Beispielen den größten Einfluss auf ihre diagnostische Kompetenzentwicklung, wobei PB 2 die Notwendigkeit betont, dass das vermittelte diagnostische Wissen themenbezogen war – „[...] also nur wenn, nur wenn ich mich allgemein mit der diagnostik beschäftige, kann ich ja trotzdem noch nicht für ein bestimmtes themengebiet jetzt die fehler heraussehen. deswegen waren die beispiele halt schon sehr gut, [...]" (PB 2, 18:08). Für PB 1 ist die Durchführung des diagnostischen Interviews aufgrund der notwendigen Vorbereitungen am einflussreichsten. Mit dieser Vorbereitung könnte gegebenenfalls auch die Auseinandersetzung mit den thematisierten Schülerfehlern und deren möglichen Ursachen verbunden sein. PB 3 und PB 7 empfinden das Zusammenspiel aus vermittelten diagnostischen Wissen zu Schülerfehlern und deren Ursachen sowie der selbstständigen Durchführung des diagnostischen Interviews mit einem Lernenden als hilfreich, wobei das vermittelte diagnostische Wissen die Grundlage darstellt, die Schülerfehler und deren Ursachen zu erkennen. Bei PB 6 hat die Auseinandersetzung mit den Schülerfehlern im Leistungstest den größten Einfluss auf seine eigene diagnostische Kompetenz. Dies könnte mit der Tatsache verbunden sein, dass dieser zum Zeitpunkt der Interviewdurchführung zeitlich am kürzesten vergangen war.

Durch diese Analysen wird deutlich, dass die Interventionsinhalte für die sieben Probanden bezüglich der eigenen diagnostischen Kompetenzentwicklung unterschiedlich bedeutsam waren. Im Grunde stellt jedoch das vermittelte diagnostische Wissen durch die Auseinandersetzung mit konkreten Beispielen/Produktvignetten bei fünf der sieben Probanden den entscheidenden Einflussfaktor bezüglich der eigenen diagnostischen Kompetenzentwicklung im Post-Interview dar.

Im Folgenden werden die Einschätzungen der interviewten Studierenden hinsichtlich des einflussreichsten Interventionsinhaltes auf die eigene diagnostische Kompetenzentwicklung aus dem „Follow-up"-Interview tabellarisch gegenübergestellt, wobei sich hier Unterschiede zu den vorherigen Analysen erkennen lassen (siehe Tabelle 21.4).

Tabelle 21.4 Einschätzung der Probanden bzgl. des Interventionsinhaltes mit dem größten Einfluss auf die eigene diagnostische Kompetenzentwicklung im „Follow-up"-Interview

Durchführung diagnostisches Interview mit einem Lernenden	Durchführung diagnostisches Interview + vermitteltes diagnostisches Wissen	Durchführung diagnostisches Interview + Reflexion	Fehleranalyseleitfaden
PB 3 PB 7	PB 2	PB 1 PB 4 PB 5	PB 6

PB 3 und PB 7 nennen die selbstständige Durchführung des diagnostischen Interviews mit einem Lernenden als größten Einflussfaktor auf die eigene diagnostische Kompetenzentwicklung und PB 2 stellt außerdem den Bezug zum vermittelten diagnostischen Wissen zu Schülerfehlern und deren Ursachen her. PB

6 bezieht sich explizit auf den Fehleranalyseleitfaden, da er diesen auf Schülerlösungen in diversen Themengebieten anwenden kann. Den größten Einfluss auf die Entwicklung der eigenen diagnostischen Kompetenz hat bei PB 1, PB 4 und PB 5 die Durchführung des diagnostischen Interviews mit einem Lernenden und dessen Reflexion. Dies könnte mit der Tatsache verbunden sein, dass die meisten Probanden die Reflexion ungefähr zu der Zeit verschriftlicht haben, als dieses Interview durchgeführt wurde. Zudem wird in der Reflexion der Bezug zu allen vermittelten Kenntnissen aus dem Seminar hergestellt, wobei PB 7 diesen Zusammenhang folgendermaßen zusammenfasst: „also erstens der theoretische aspekt sowieso, generell um das hintergrundwissen zu haben über defiti, defizite, kompetenzen und was es alles so gibt schönes. ähm die praxis, um das angewandte äh bzw. das gelernte anzuwenden und ähm zu sehen, ok was hab ich richtig gemacht, was hab ich falsch gemacht, was könnt ich verbessern usw. und die schriftliche reflexion in dem sinne, um alles insgesamt zu packen, um auch zu reflektieren, was man hätte besser machen können, […]" (PB 7, 10:59).

Zusammenfassend lässt sich erkennen, dass zwei Monate nach der Intervention fast alle Probanden (außer PB 6) der selbstständigen Durchführung des diagnostischen Interviews mit einem Lernenden eine große Bedeutung hinsichtlich der eigenen diagnostischen Kompetenzentwicklung geben, wodurch deutlich wird, dass dieser Praxisbezug notwendig ist, auch wenn er in den quantitativen Untersuchungen keine signifikanten Unterschiede in der Fehler-Ursachen-Diagnosefähigkeit und dem Selbstkonzept hervorruft (siehe Kapitel 17 und 18).

21.2   Ergebnisse zu den Forschungsfragen 6a und 6b

Durch die vorangegangenen Analysen lässt sich erkennen, dass die sieben interviewten Probanden nach der Intervention ihre Fehler-Ursachen-Diagnosefähigkeit in beiden Themengebieten meist besser einschätzen als zu Beginn der Intervention. Sowohl zum MZP 1 als auch zum MZP 2 schätzen sie ihre eigene Fehler-Ursachen-Diagnosefähigkeit entweder passend ein oder unterschätzen sie. Eine Überschätzung lässt sich zu beiden Messzeitpunkten kaum beobachten (siehe **Forschungsfrage 6a**). Am Ende der Intervention wird deutlich, dass das vermittelte diagnostische Wissen zu Schülerfehlern und deren möglichen Ursachen in den Themengebieten ganze Zahlen und Prozentrechnung bei der Auseinandersetzung mit konkreten Beispielen/Produktvignetten für die meisten interviewten Studierenden den größten Einflussfaktor auf die eigene diagnostische Kompetenzentwicklung darstellt. Zwei Monate nach der Intervention lässt sich dies nicht mehr beobachten, denn fast alle Studierende charakterisieren die Durchführung des diagnostischen Interviews mit einem Lernenden (und dessen Reflexion) als zentralen Einflussfaktor auf die eigene diagnostische Kompetenzentwicklung, wodurch dessen Bedeutung deutlich wird (siehe **Forschungsfrage 6b**).

Zusammenfassung aller Ergebnisse der vorliegenden Studie

Im Kontext dieser Arbeit stand die Frage im Mittelpunkt, inwieweit die sogenannte Fehler-Ursachen-Diagnosekompetenz von Mathematik-Lehramtsstudierenden durch eine Intervention gefördert werden kann, denn sie ist notwendig, um Schülerfehler in diagnostischen Situationen im Rahmen eines diagnostischen Prozesses wahrzunehmen und zu beschreiben sowie deren Ursachen zu analysieren.[1] Die abschließende Diagnose bildet dann die Grundlage für eine individuelle Förderung der Lernenden, indem beispielsweise eine entsprechende Adaption des Unterrichts stattfindet. Aufgrund der durchgeführten Analysen im Ergebnisteil dieser Arbeit kann die Förderung der Fehler-Ursachen-Diagnosekompetenz durch die entwickelte Intervention während der universitären Phase der Lehrerbildung nachgewiesen werden, was zunächst in der nachfolgenden Abbildung 22.1 entsprechend veranschaulicht wird. Anschließend werden in der Tabelle 22.1 alle Ergebnisse der vorliegenden Studie nochmals überblicksartig dargestellt.

---

[1]Die vorliegende Arbeit verfolgte zu keinem Zeitpunkt das Ziel, die theoretische Konzeption der Fehler-Ursachen-Diagnosekompetenz empirisch zu prüfen.

© Der/die Autor(en), exklusiv lizenziert durch Springer Fachmedien Wiesbaden GmbH, ein Teil von Springer Nature 2021
N. Hock, *Förderung von diagnostischen Kompetenzen*, Mathematikdidaktik im Fokus, https://doi.org/10.1007/978-3-658-32286-1_22

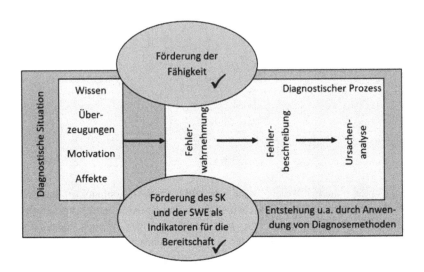

Abbildung 22.1 Darstellung der zentralen Ergebnisse der vorliegenden Studie

Tabelle 22.1 Zusammenfassung aller Ergebnisse der vorliegenden Studie

Zusammenhänge zwischen Selbstkonzept bzw. Selbstwirksamkeitserwartung (bezüglich des Diagnostizierens von Denkprozessen und Fehlvorstellungen) und der Fehler-Ursachen-Diagnosefähigkeit		
FF 1a: Die Fehler-Ursachen-Diagnosefähigkeit und das Selbstkonzept korrelieren vor der Intervention signifikant negativ, was einem kleinen Zusammenhang entspricht. Nach der Intervention ist die Korrelation nicht signifikant.	FF 1b: Die Fehler-Ursachen-Diagnosefähigkeit und die Selbstwirksamkeitserwartung korrelieren vor der Intervention marginal signifikant negativ, was einem kleinen Zusammenhang entspricht. Nach der Intervention liegt keine signifikante Korrelation vor.	

(Fortsetzung)

Tabelle 22.1 (Fortsetzung)

Förderung der Fehler-Ursachen-Diagnosefähigkeit von Lehramtsstudierenden		
FF 2a: Die Fehler-Ursachen-Diagnosefähigkeit der Lehramtsstudierenden wird durch die entwickelte Intervention gefördert. Die Lehramtsstudierenden waren bereits vor der Intervention größtenteils in der Lage, die Schülerfehler in den Aufgaben des Leistungstests zu erkennen.	FF 2b: Die praktische Anwendung eines diagnostischen Interviews mit einem Lernenden fördert die Fehler-Ursachen-Diagnosefähigkeit der Lehramtsstudierenden nicht.	FF 2c: Die bloße Vermittlung diagnostischen Wissens zu Schülerfehlern und deren Ursachen ruft keine Förderung der Fehler-Ursachen-Diagnosefähigkeit bei den Lehramtsstudierenden hervor.
Förderung des Selbstkonzeptes zum Diagnostizieren von Denk- und Fehlvorstellungen		
FF 3a: Das Selbstkonzept der Lehramtsstudierenden kann durch die entwickelte Intervention gefördert werden.	FF 3b: Allein die praktische Anwendung eines diagnostischen Interviews mit einem Lernenden fördert das Selbstkonzept der Lehramtsstudierenden nicht.	FF 3c: Die bloße Vermittlung diagnostischen Wissens zu Schülerfehlern und deren Ursachen fördert das Selbstkonzept der Lehramtsstudierenden nicht.
Förderung der Selbstwirksamkeitserwartung zum Diagnostizieren von Denk- und Fehlvorstellungen		
FF 4a: Die Selbstwirksamkeitserwartung der Lehramtsstudierenden wird durch die entwickelte Intervention gefördert.	FF 4b: Durch die Vermittlung diagnostischen Wissens zu Schülerfehlern und deren Ursachen kann die Selbstwirksamkeitserwartung der Lehramtsstudierenden nicht gefördert werden.	
Subjektive Sichtweise sowie allgemeine Erkenntnisse ausgewählter Probanden bzgl. der „Diagnostik im Mathematikunterricht" (unter Berücksichtigung der Relevanz einzelner Interventionsinhalte)		
FF 5a: Alle interviewten Probanden besitzen nach der Intervention die Sichtweise, dass die Diagnostik wichtig ist, um einen Lernenden individuell zu fördern. Durch die Intervention ist ihnen die Bedeutung der Diagnostik für den Lernenden sowie den Unterricht bewusst geworden. Zudem berichten sie, dass die Diagnostik in ihrem bisherigen Studium kaum thematisiert wurde und es notwendig ist, sich noch mehr Wissen hinsichtlich Diagnostik sowie möglichen Fehlvorstellungen in anderen Themengebieten anzueignen.	FF 5b: Vor allem das „vermittelte diagnostische Wissen" sowie die „Durchführung des diagnostischen Interviews mit einem Lernenden" hat die Sichtweise der interviewten Studierenden auf die Diagnostik im Mathematikunterricht beeinflusst. In der schriftlichen Reflexion können sie ihrer Meinung nach unter anderem die erlernten Kenntnisse anwenden und gleichzeitig feststellen, ob noch weitere Kenntnisse sowie Verhaltensänderungen notwendig sind. Weiterhin können sie die eigenen Einschätzungen während des diagnostischen Interviews detailliert reflektieren.	

(Fortsetzung)

Tabelle 22.1   (Fortsetzung)

Einschätzungen ausgewählter Probanden bezüglich der eigenen
Fehler-Ursachen-Diagnosefähigkeit in den Themengebieten ganze Zahlen und
Prozentrechnung sowie des einflussreichsten Interventionsinhaltes auf die eigene
diagnostische Kompetenzentwicklung

| FF 6a: Die interviewten Studierenden schätzen ihre eigene Fehler-Ursachen-Diagnosefähigkeit nach der Intervention besser ein als zu deren Beginn. Sowohl vor als auch nach der Intervention stimmt die Selbsteinschätzung entweder mit der tatsächlichen FUD überein oder eine Unterschätzung liegt vor. Eine Überschätzung lässt sich kaum beobachten. | FF 6b: Am Ende der Intervention sind die meisten Probanden der Ansicht, dass das vermittelte diagnostische Wissen den größten Einfluss auf die eigene diagnostische Kompetenzentwicklung hatte. Zwei Monate nach der Intervention sind hingegen fast alle Studierenden der Ansicht, dass die Durchführung des diagnostischen Interviews mit einem Lernenden (und dessen Reflexion) die eigene diagnostische Kompetenzentwicklung am meisten beeinflusst hat. | |

Teil V
Diskussion

Im Diskussionsteil dieser Arbeit werden zunächst die gewonnenen Ergebnisse in Kapitel 23 diskutiert und anschließend in Kapitel 24 auf die Grenzen der vorliegenden Studie eingegangen. Im letzten Kapitel 25 erfolgt, unter Berücksichtigung aktueller Forschungsprojekte, eine Vorstellung weiterer Forschungsmöglichkeiten.

Diskussion der Ergebnisse 23

In diesem Kapitel werden alle Ergebnisse der vorliegenden Studie zusammen-hängend dargestellt und vor allem auf Grundlage bisheriger Erkenntnisse und Befunde diskutiert. Dabei wird zunächst auf den Zusammenhang zwischen dem Selbstkonzept bzw. der Selbstwirksamkeitserwartung (bezüglich des Diagnostizierens von Denkprozessen und Fehlvorstellungen) und der Fehler-Ursachen-Diagnosefähigkeit eingegangen und zudem auch die tatsächliche und selbsteingeschätzte Fehler-Ursachen-Diagnosefähigkeit der interviewten Probanden thematisiert (Abschnitt 23.1). Anschließend erfolgt eine Diskussion der vorliegenden quantitativen Ergebnisse zur Förderung der Fehler-Ursachen-Diagnosefähigkeit unter Berücksichtigung der Aussagen der interviewten Probanden, denn sie eröffnen nochmals eine andere Perspektive auf die entwickelte Intervention und deren Inhalte (Abschnitt 23.2). Die Ergebnisse zur Förderung des Selbstkonzeptes sowie der Selbstwirksamkeitserwartung werden unter Berücksichtigung bisheriger Erkenntnisse in Abschnitt 23.3 betrachtet. Auf mögliche Implikationen für die zukünftige universitäre Lehrerbildung, die sich aus der durchgeführten Studie ergeben, wird anschließend eingegangen (Abschnitt 23.4).

Bei der Interpretation der gewonnenen Ergebnisse gilt es zu beachten, dass die Gesamtstichprobe keine Zufallsstichprobe ist und ferner die vorliegende Studie ein quasi-experimentelles Design vorweist. Daher erhebt diese Studie keinen Anspruch auf Allgemeingültigkeit.

© Der/die Autor(en), exklusiv lizenziert durch Springer Fachmedien Wiesbaden GmbH, ein Teil von Springer Nature 2021
N. Hock, *Förderung von diagnostischen Kompetenzen*, Mathematikdidaktik im Fokus, https://doi.org/10.1007/978-3-658-32286-1_23

23.1 Zusammenhänge zwischen Selbstkonzept bzw. Selbstwirksamkeitserwartung und der Fehler-Ursachen-Diagnosefähigkeit

In der Literatur wird oftmals der Zusammenhang zwischen der Leistung – hier ist das die Fehler-Ursachen-Diagnosefähigkeit – und dem Selbstkonzept sowie der Selbstwirksamkeitserwartung thematisiert und untersucht. In der vorliegenden Studie wurden zu Beginn und am Ende der Intervention sowohl die Fehler-Ursachen-Diagnosefähigkeit als auch das Selbstkonzept sowie die Selbstwirk-samkeitserwartung im Diagnostizieren von Denkprozessen und Fehlvorstellungen erhoben und deren Zusammenhang untersucht, wobei an dieser Stelle zu berück-sichtigen gilt, dass das Diagnostizieren von Denkprozessen und Fehlvorstellungen lediglich einen Aspekt der Fehler-Ursachen-Diagnosefähigkeit repräsentiert, die zudem auch die Fehlerwahrnehmung und deren Beschreibung sowie die Ana-lyse weiterer Ursachen umfasst, die keine Fehlvorstellungen des Schülers sein müssen. Dieser Sachverhalt begründet auch die geringen, kaum signifikanten Korrelationen zur tatsächlichen Fehler-Ursachen-Diagnosefähigkeit. Die Fehler-Ursachen-Diagnosefähigkeit und das Selbstkonzept bezüglich des Diagnostizie-rens von Denk- und Fehlvorstellungen korrelieren nach der Pearson-Korrelation vor der Intervention signifikant negativ, was einem kleinen Zusammenhang entspricht. Auch die Selbstwirksamkeitserwartung und die Fehler-Ursachen-Diagnosefähigkeit korrelieren nach der Pearson-Korrelation negativ miteinander, jedoch lediglich marginal signifikant. Nach der Intervention lassen sich sowohl beim Selbstkonzept als auch bei der Selbstwirksamkeitserwartung bezüglich des Diagnostizierens von Denkprozessen und Fehlvorstellungen keine signifi-kanten Zusammenhänge mit der Fehler-Ursachen-Diagnosefähigkeit nachweisen. Wie bereits in den Zusammenhangsanalysen erwähnt, weichen die Effekte der Spearman-Rangkorrelation in der vorliegenden Studie in einzelnen Fällen von den Effekten der Pearson-Korrelation ab. Nach der Spearman-Rangkorrelation korrelieren das Selbstkonzept bzw. die Selbstwirksamkeitserwartung und die Fehler-Ursachen-Diagnosefähigkeit vor der Intervention zwar auch negativ gering miteinander, aber auf keinem signifikanten Niveau. Diese unterschiedlichen Ergebnisse ergeben sich gegebenenfalls aufgrund der Probanden mit nicht grup-penkonformen Werten, die jedoch in den Analysen nicht eliminiert wurden, da es sich um echte sowie korrekte Messwerte handelt (siehe Kapitel 14). Dennoch zei-gen die vorliegenden Ergebnisse Tendenzen auf, die nun unter Berücksichtigung bisheriger Studien diskutiert werden.

Die signifikant negative geringe Korrelation zwischen dem Selbstkonzept im Diagnostizieren von Denkprozessen sowie Fehlvorstellungen und der Fehler-Ursachen-Diagnosefähigkeit vor der Intervention deutet auf eine Selbstüberschätzung bzw. Selbstunterschätzung der eigenen diagnostischen Fähigkeiten durch die Lehramtsstudierenden hin, was mit deren fehlenden Praxiserfahrungen begründet werden könnte. Gegebenenfalls wussten einige Lehramtsstudierende zum Messzeitpunkt 1 noch nicht, wie schwierig es sein kann, Denkprozesse und Fehlvorstellungen zu diagnostizieren und überschätzten daher ihre eigenen diagnostischen Fähigkeiten. Unter Umständen wussten diejenigen, die sich schlechter einschätzten und eine höhere Fehler-Ursachen-Diagnosefähigkeit besaßen, also diejenigen, bei denen eine Unterschätzung vorlag, bereits vor der Intervention, was es bedeutet, Denk- und Fehlvorstellungen zu diagnostizieren und nahmen daher ihre entsprechenden Fähigkeiten geringer wahr. Klug et al. (2015) konnten im Rahmen ihrer Untersuchung feststellen, dass bei Lehramtsstudierenden eine hohe Selbstwirksamkeitserwartung im Diagnostizieren mit einer geringeren Fähigkeit im aktionalen Diagnostizieren einherging (siehe Unterabschnitt 3.2.2.2). Diese Befunde können in der vorliegenden Studie zwar nur auf einem marginal signifikanten Niveau bestätigt werden, aber auch hier ist eine negative geringe Korrelation zwischen der Selbstwirksamkeitserwartung bezüglich des Diagnostizierens von Denkprozessen und Fehlvorstellungen und der Fehler-Ursachen-Diagnosefähigkeit erkennbar.

Am Ende der Intervention lässt sich zwar eine mögliche Selbstüberschätzung bzw. Selbstunterschätzung wie vor der Intervention nicht mehr beobachten, jedoch sind die vorliegenden Ergebnisse auch kein Nachweis dafür, dass sich die Studierenden nach der Intervention realistischer einschätzen. Wie bereits in den Unterabschnitten 3.2.2.1 und 3.2.2.2 dargestellt, korrelieren sowohl in der Schule als auch im Studium das fachbezogene akademische Selbstkonzept und die akademische Leistungen der Schüler bzw. Studierenden positiv miteinander (Möller & Köller, 2004; Retelsdorf et al., 2014). Außerdem lassen sich auch bei der akademischen Selbstwirksamkeitserwartung und der akademischen Leistung positive Korrelationen nachweisen (Honicke & Broadbent, 2016; Talsma et al., 2018). Bei diesen Literaturbezügen muss jedoch berücksichtigt werden, dass es sich zwar um Fähigkeiten bzw. akademische Leistungen der Schüler sowie der Studierenden in der Schule und im Studium handelt, jedoch wird bei den Ergebnissen der vorliegenden Studie eine andere Domäne betrachtet, nämlich das Diagnostizieren von Schülerfehlern und möglichen Ursachen, wodurch ein Vergleich mit diesen Korrelationen nur bedingt möglich ist. Untersuchungen, die einen derartigen Zusammenhang betrachtet haben, gibt es – außer die Studie von Klug et al. (2015) –, der Ansicht des Autors nach, noch nicht.

Außerdem beruhen die bisher berichteten Korrelationen auf einem kleinem Stichprobenumfang (N = 55 bei Korrelationen mit dem Selbstkonzept; N = 45 bei Korrelationen mit der Selbstwirksamkeitserwartung), denn es wurden nur die Probanden in den Bedingungen bei den Korrelationsanalysen berücksichtigt, die an der ganzen Intervention teilnahmen. Dies könnte ebenfalls für die kaum signifikanten Korrelationen bei beiden Konstrukten (Selbstkonzept und Selbstwirksamkeitserwartung) ausschlaggebend sein (Rasch et al., 2014a).

Durch die oberen Analysen wurde der Zusammenhang zwischen dem Selbstkonzept sowie der Selbstwirksamkeitserwartung im Diagnostizieren von Denkprozessen und Fehlvorstellungen und der tatsächlichen Fehler-Ursachen-Diagnosefähigkeit in den Themengebieten ganze Zahlen und Prozentrechnung untersucht. Außerdem wurden im Rahmen der Interviews, die interventionsbegleitend durchgeführt wurden, ausgewählte Lehramtsstudierende gebeten, ihre eigene Fehler-Ursachen-Diagnosefähigkeit jeweils in den Themengebieten ganze Zahlen und Prozentrechnung einzuschätzen, wobei diese Einschätzungen der tatsächlichen Fehler-Ursachen-Diagnosefähigkeit dieser Probanden gegenübergestellt wurde. Dabei zeigt sich, dass die interviewten Studierenden zum einen ihre Fehler-Ursachen-Diagnosefähigkeit in beiden Themengebieten nach der Intervention besser einschätzen als zu deren Beginn. Zum anderen schätzen sie ihre Fehler-Ursachen-Diagnosefähigkeit sowohl vor der Intervention als auch nach der Intervention entweder passend ein oder unterschätzen sie. Eine Überschätzung lässt sich kaum beobachten. Die interviewten Studierenden sind bezüglich ihrer eigenen Fehler-Ursachen-Diagnosefähigkeit in den Themengebieten ganze Zahlen und Prozentrechnung also eher bescheiden. Die vorliegenden Ergebnisse gehen nicht mit den Befunden von Seifried et al. (2012a, 2012b) einher, bei denen sich die Lehramtsstudierenden bezüglich ihrer Fähigkeit, Schülerfehler zu erkennen und zu korrigieren, überschätzten (siehe Unterabschnitt 3.5.2.2). Ursächlich für diesen Unterschied könnte zum einen der geringe Stichprobenumfang – lediglich sieben Probanden – in der vorliegenden Studie sein, denn bei Seifried und Kollegen (2012a, 2012b) fand eine quantitative Analyse mit deutlich mehr Probanden statt. Zum anderen könnte auch die Erhebungsmethode zum Unterschied beitragen, denn bei Seifried et al. (2012a, 2012b) fand eine schriftliche Befragung statt und hier eine mündliche. Gegebenenfalls sind Probanden bei schriftlichen Selbsteinschätzungen selbstsicherer, da keine eindeutige Zuordnung zu einer konkreten Person möglich ist.

Ferner muss an dieser Stelle kritisch angemerkt werden, dass bei der Gegenüberstellung nicht die tatsächliche Fehler-Ursachen-Diagnosefähigkeit mit den Selbsteinschätzungen kontrastiert wurde, denn die Fehler-Ursachen-Diagnosefähigkeit wurde unter Berücksichtigung des Partial-Credit-Modells für beide Themengebiete gemeinsam skaliert und die Erhebung der Selbsteinschätzung fand hingegen themenspezifisch statt. Daher wurde auf die erreichten Punkte je Themengebiet im Leistungstest zurückgegriffen, obwohl die jeweiligen Aufgaben keine eigenen Skalen bilden. Zudem sollten die Probanden während der Interviews ihre eigenen diagnostischen Fähigkeiten einschätzen und dabei beispielsweise das Erkennen von Fehlern, Problemen und Denkprozessen bei den Lernenden berücksichtigen (siehe Unterabschnitt 13.5.2). Diese Beispielaufzählung enthält zwar eine Vielzahl der Fähigkeiten, die auch die Fehler-Ursachen-Diagnosefähigkeit umfasst, aber die interviewten Probanden hatten während der Interviews nicht genau die Fehler-Ursachen-Diagnosekompetenzdefinition erhalten, welche in Abschnitt 3.1 definiert wurde. Trotzdem ermöglicht diese Gegenüberstellung bereits erste Erkenntnisse, inwieweit die Selbsteinschätzung und die tatsächliche Fehler-Ursachen-Diagnosefähigkeit von Lehramtsstudierenden übereinstimmen.

23.2 Förderung der Fehler-Ursachen-Diagnosefähigkeit

Einzelne Probanden äußern während der Interviews, dass die Diagnostik in ihrem bisherigen Studium kaum thematisiert wurde und noch mehr im Lehramtsstudium berücksichtigt werden sollte. Diese Einschätzung spiegelt zum einen das Ergebnis von Oser (2001) wider, nach dem Lehramtsstudierende der Sekundarstufe I und II mehrheitlich zur Thematik „Diagnose von Lernschwierigkeiten" im Studium nichts gehört bzw. es nur theoretisch ohne Übungen und Praxis thematisiert hatten. Zum anderen geht dies auch mit den Befunden von König und Tachtsoglou (2012) einher, nach denen Lehramtsstudierende aller Schulstufen die Gelegenheiten im Studium zur Auseinandersetzung mit der Kompetenz Beurteilen im Vergleich zu den Kompetenzen Unterrichten und Erziehen am geringsten einschätzten, obwohl Lehramtsstudierende nach den Standards der Lehrerbildung auch diese Kompetenz im Studium ausbauen sollten (Kultusministerkonferenz, 2004). In der entwickelten Intervention der vorliegenden Studie erlangten die Studierenden nicht nur diagnostisches Wissen über Schülerfehler und deren Ursachen in den Themengebieten ganze Zahlen und Prozentrechnung durch Fehleranalysen an schriftlichen Schülerlösungen, sondern hatten auch die Möglichkeit, dieses Wissen bei der Auseinandersetzung mit diagnostischen Interviews praktisch einzusetzen. Durch diese entwickelte Intervention ist es möglich, die Fehler-Ursachen-Diagnosefähigkeit zu fördern. Der Erfolg der Intervention geht mit den Erkenntnissen von Lipowsky (2014) einher, nach denen Erfolg versprechende

Fortbildungen über einen längeren Zeitraum stattfinden und dabei eine Verknüpfung von Inputphasen, in denen Wissen vermittelt wird, mit Erprobungs- sowie Reflexionsphasen erfolgt. Diese Phasen sowie der längere Zeitraum spiegeln sich auch in der entwickelten Intervention wider.

Bezüglich der Fehlerwahrnehmung – eine Teilfähigkeit der Fehler-Ursachen-Diagnosefähigkeit – weisen die Probanden in den Bedingungen zu beiden Messzeitpunkten starke Ähnlichkeiten auf, denn die meisten waren bereits zum ersten Messzeitpunkt in der Lage, die Schülerfehler in den eingesetzten Testaufgaben zu den Themengebieten ganze Zahlen und Prozentrechnung wahrzunehmen. Dieser Befund weicht von den Ergebnissen nach Seifried et al. (2012a, 2012b) ab, nach denen es Bachelor- und Masterstudierenden eher schwer fiel, Schülerfehler zu erkennen und (inhaltlich) zu korrigieren. Dieser Unterschied könnte mit den untersuchten Themengebieten und den verwendeten Aufgaben einhergehen, denn in der vorliegenden Studie wurden die mathematischen Bereiche ganze Zahlen und Prozentrechnung betrachtet und bei Seifried et al. (2012a, 2012b) standen Inhaltsbereiche des Rechnungswesenunterrichts, wie Bestands- und Erfolgskonten oder Vor- und Umsatzsteuer, im Fokus (siehe Unterabschnitt 3.5.2.2). Zwischen den Messzeitpunkten lassen sich aufgrund der guten Fehlerwahrnehmung zum Messzeitpunkt 1 lediglich kleine Verbesserungen in den Bedingungen dokumentieren. Obwohl sich die entwickelte Intervention signifikant (1 % - Niveau) auf die Entwicklung der Fehler-Ursachen-Diagnosefähigkeit in der Interventionsbedingung auswirkt, was einem mittleren, fast großen Effekt entspricht, sind bei der Kontrastierung von Interventions- und Kontrollbedingung lediglich mittlere Effekte nachweisbar und das Ergebnis ist auf einem 5 % - Niveau signifikant. Dies ergibt sich gegebenenfalls aufgrund einer kleinen (nicht signifikanten) Entwicklung in der Kontrollbedingung, wobei durch eine zusätzliche Befragung der Seminarleiterin gewährleistet werden kann, dass sich diese Probanden lediglich mit neuen Medien im Mathematikunterricht beschäftigten. Die beobachtete Entwicklung in der Kontrollbedingung könnte zum einen mit der Möglichkeit verbunden sein, dass sich die Probanden der Kontrollbedingung mit den Probanden der Experimentalbedingung 1 austauschten, denn die Intervention in der Experimentalbedingung 1, die an der Universität Halle-Wittenberg stattfand, wurde vom Autor dieser Arbeit durchgeführt, der kein Mitarbeiter der Universität Halle-Wittenberg war, wodurch ein größeres Interesse an den Inhalten der Intervention bestehen könnte und die Probanden der Kontrollbedingung daher Informationen und Kenntnisse zum Diagnostizieren im Mathematikunterricht erhalten haben

könnten. Zum anderen absolvierte ein Großteil der Probanden aus der Kontrollbedingung[1] zeitgleich die Schulpraktischen Übungen sowie das Begleitseminar,
in denen die Studierenden zum ersten Mal Unterricht selbst gestalten, durchführen und auswerten können (Martin-Luther-Universität Halle-Wittenberg, 2013a,
2013b, 2017b, 2017a). In den Schulpraktischen Übungen kann es durchaus möglich sein, dass die Studierenden ihre Unterrichtsstunden zu den Themengebieten
„ganze Zahlen" und „Prozentrechnung" durchführen und sich daher auch mit den
möglichen Schülerfehlern und deren Ursachen auseinandersetzen. Weiterhin wird
nach den Angaben der Seminarleiterin der Kontrollbedingung die Diagnostik auch
allgemein in dem Begleitseminar thematisiert, wobei auf keine speziellen mathematischen Themengebiete eingegangen wird. Es findet eher ein Austausch zu
dieser Thematik bezüglich der selbst gesammelten Erfahrungen in den Schulpraktischen Übungen statt. Da die Fehler-Ursachen-Diagnosefähigkeit der Probanden
aus der Kontrollbedingung zum ersten Messzeitpunkt im Vergleich zu den Probanden der anderen Bedingungen geringer war, könnte in dieser Bedingung
zudem ein Regressionseffekt aufgetreten sein, nach dem bei extrem niedrigen oder
extrem hohen Merkmalsausprägungen eine Tendenz zur Mitte bei wiederholten
Messungen zu erwarten ist (Döring & Bortz, 2016d).

In Heinrichs´ (2015) Untersuchung konnte die Kompetenz zur Ursachendiagnose
(der fehlerdiagnostischen Kompetenz) von Mathematik-Lehramtsstudierenden
durch die entwickelte Intervention gefördert werden, jedoch war der Effekt sehr klein
(siehe Abschnitt 4.3). Ein Transfer der Kompetenz zur Ursachendiagnose von einem
mathematischen Inhaltsgebiet auf ein weiteres bzw. von einem Fehler auf einen
weiteren Fehler ist für Lehramtsstudierende offenbar nicht trivial. Das Ergebnis der
vorliegenden Studie zeigt hingegen, dass die Fehler-Ursachen-Diagnosefähigkeit
in einem spezifischen mathematischen Themengebiet gefördert werden kann, wenn
das vermittelte und praktisch angewandte diagnostische Wissen in der Intervention diesem Themengebiet entspricht. Außerdem gehen die vorliegenden Befunde
mit den Ergebnissen von Brown und Burton (1978) einher (siehe Abschnitt 4.3),
die Lehramtsstudierende darin fördern konnten, regelmäßige Fehlerursachen in
arithmetischen Problemen von Grundschülern zu erkennen, wobei sie zur Förderung ein computerbasiertes Lernspiel einsetzten, dass fehlerhafte Schülerlösungen
präsentierte, wodurch die Studierenden die Strategien des Schülers analysieren
konnten. Durch die vorliegende Studie kann außerdem Predigers (2010) Erkenntnis

---

[1]Die genaue Probandenanzahl kann nicht bestimmt werden, da lediglich die Teilnehmer-
listen der verschiedenen Seminare miteinander verglichen wurden und daher auf die große
Schnittmenge geschlossen werden konnte. Eine Verbindung mit den Codes der Probanden
auf dem Datenerhebungsmaterial ist nicht möglich.

bestärkt werden, die diagnostische Tiefenschärfe[2] zu fördern, indem der Erwerb fachdidaktischen Wissens mit authentischen diagnostisch-kritischen Situationen aus dem Unterricht verknüpft wird und ferner das implizite Wissen der Studierenden als Basis dient. Diese Herangehensweise wurde in der entwickelten Intervention berücksichtigt, indem das diagnostische Wissen zu Schülerfehlern und deren Ursachen durch die Auseinandersetzung mit fehlerhaften schriftlichen Schülerlösungen vermittelt wurde und dabei zunächst das Wissen der Studierenden im Mittelpunkt stand. Zudem setzten sie dieses Wissen auch bei der Analyse von Videovignetten ein, in denen ein diagnostisches Interview durchgeführt wurde und Schülerfehler sowie mögliche Vorstellungen sichtbar waren, wodurch an dieser Stelle ebenfalls diagnostisch-kritische Situationen betrachtet wurden. Neben der quantitativ nachgewiesenen Förderung der Fehler-Ursachen-Diagnosefähigkeit deuten die Aussagen der interviewten Studierenden darauf hin, dass ihnen erst durch die Intervention die Bedeutung der Diagnostik für den Lernenden sowie den Mathematikunterricht bewusst geworden ist. Auch die Erkenntnis einiger Probanden, dass sie sich noch mehr Wissen hinsichtlich Diagnostik sowie möglichen Fehlvorstellungen in anderen Themengebieten aneignen müssen, ist erfreulich, denn innerhalb einer Intervention können niemals alle mathematischen Themengebiete angesprochen werden. Aber die Studierenden sollten zumindest das Bewusstsein erlangen, dass es fundamental ist, sich mit dieser Thematik auseinanderzusetzen.

An dieser Stelle wird nun intensiver auf einzelne Interventionsinhalte eingegangen, indem die Befunde der vorliegenden quantitativen Analysen zu den Aussagen der interviewten Probanden in Beziehung gesetzt werden und zudem eine Einordnung in den Forschungskontext stattfindet. Durch die Befunde von Busch et al. (2015), Klug et al. (2015) sowie Karing und Artelt (2013) wurde die Bedeutung und Notwendigkeit des diagnostischen Wissens deutlich, dass daher auch in die entwickelte Intervention integriert wurde, indem diagnostisches Wissen zu Schülerfehlern sowie möglichen Ursachen vermittelt wurde. Die Vermittlung des diagnostischen Wissens erfolgte jedoch nicht frontal und ohne Anwendungsbezug, sondern auf der Grundlage des bisherigen diagnostischen Wissens der Studierenden durch fallbasiertes Lernen, indem sie sich mit fehlerhaften schriftlichen Schülerlösungen als Produktvignetten auseinandersetzten und Fehleranalysen durchführten (siehe von Aufschnaiter et al. (2017)). Dennoch

---

[2]siehe Abschnitt 4.3 (Die diagnostische Tiefenschärfe umfasst das Interesse am Schülerdenken, eine interpretative Grundkompetenz, um u. a. die Gedanken des Schülers nachzuvollziehen, Wissen über fachliche Lernprozesse sowie fachdidaktisches Wissen über Schwierigkeiten des Schülers und dessen (Fehl-)Vorstellungen.)

reicht die bloße Vermittlung diagnostischen Wissens nicht aus, um die Fehler-Ursachen-Diagnosefähigkeit zu fördern. Bei der Interpretation dieses Ergebnisses gilt es zu berücksichtigen, dass die Experimentalbedingung 3 lediglich eine 90-minütige Einheit umfasste, weshalb es sich um eine sogenannte One-Shot-Fortbildung handelte, deren Effektivität eher zweifelhaft ist (Lipowsky, 2014). Außerdem sollten nach Timperley, Wilson, Barrar und Fung (2007) wirksame Lehrerfortbildungen diverse Lerngelegenheiten anbieten, was in dieser kurzen Intervention nicht realisiert wurde, denn es erfolgte lediglich eine Wissensvermittlung durch die Auseinandersetzung mit Produktvignetten. Ferner besaßen die Probanden in dieser Bedingung bereits zum ersten Messzeitpunkt deskriptiv die höchste Fehler-Ursachen-Diagnosefähigkeit von allen Bedingungen in den Themengebieten ganze Zahlen und Prozentrechnung, weshalb auch ein geringerer Zuwachs als bei den anderen Bedingungen denkbar ist. Darüber hinaus beinhaltete diese Bedingung „nur" die Schülerfehler und deren Ursachen zu den ganzen Zahlen und nicht diejenigen zur Prozentrechnung. Folglich mussten die Probanden im Leistungstest ihre Fehler-Ursachen-Diagnosefähigkeit bezüglich eines Themengebietes (der Prozentrechnung) anwenden, zu dem sie in der Intervention keine Kenntnisse erhalten hatten. Durch die vorliegenden Ergebnisse können demnach auch Heinrichs (2015) Befunde zum Teil repliziert werden, nach denen es für Lehramtsstudierende offenbar nicht trivial ist, die diagnostische Kompetenz von einem mathematischen Inhaltsgebiet auf ein anderes zu übertragen (siehe Abschnitt 4.3). Hierbei muss jedoch angemerkt werden, dass die Probanden in der vorliegenden Untersuchung, im Gegensatz zu Heinrichs' Untersuchung, Wissen zu einem untersuchten Themengebiet (den ganzen Zahlen) erhalten haben, weshalb die Befunde nicht unmittelbar miteinander vergleichbar sind. Die Interviews mit den ausgewählten Probanden zeigen hingegen die enorme Bedeutung des vermittelten diagnostischen Wissens, denn zum einen hat es die Sichtweise vieler Probanden auf die Diagnostik im Mathematikunterricht beeinflusst. Zum anderen sind die meisten Probanden direkt nach der Intervention der Ansicht, dass dieses den größten Einfluss auf ihre eigene diagnostische Kompetenzentwicklung hatte. Da die Wissensvermittlung durch fallbasiertes Lernen realisiert wurde, stellt die Arbeit mit diesen Produktvignetten offenbar eine wertvolle Lernumgebung für die Lehramtsstudierenden dar. Zudem gehen auch einige Probanden auf den Fehleranalyseleitfaden ein, der ihnen zeigt, wie eine Diagnostik bzw. Fehleranalyse ablaufen sollte. Dadurch wird dessen Wert für die Lehramtsstudierenden bezüglich der durchzuführenden Diagnostik deutlich.

Nach Ade-Thurow et al. (2014), Schrader (2009) sowie Karing und Seidel (2017) sollte Wissen zudem nicht nur vermittelt, sondern auch praktisch eingesetzt bzw. geübt werden. Da nach Hascher (2008) eine überlegte Methodenwahl essenziell für eine gute Diagnostik ist und im Rahmen diagnostischer Interviews das Wissen der Lernenden, deren Vorstellungen sowie Vorgehensweisen diagnostiziert werden können (Bräuning & Steinbring, 2011; Hafner & vom Hofe, 2008), wurden sie in der Intervention integriert. Dadurch konnte das vermittelte diagnostische Wissen in der Intervention auch praktisch bei der Auseinandersetzung mit diagnostischen Interviews zum einen in Rollenspielen und zum anderen in Videoanalysen eingesetzt werden. Außerdem bietet die Durchführung eines diagnostischen Interviews mit einem Lernenden die Möglichkeit, sich intensiv mit diesem in einem abgeschlossenen und schützenden Rahmen auseinanderzusetzen und dessen individuelle Lösungswege sowie (fehlerhafte) Vorstellungen nachzuvollziehen (Bräuning & Steinbring, 2011; Selter & Spiegel, 1997). Dabei können gleichzeitig die erlernten Kenntnisse zu Schülerfehlern und deren Ursachen praktisch angewandt werden. Aus diesem Grund führte auch ein Teil der vorliegenden Stichprobe das diagnostische Interview selbst mit einem Lernenden durch, wobei die praktische Anwendung eines diagnostischen Interviews mit einem Lernenden nicht zur positiven Veränderung der Fehler-Ursachen-Diagnosefähigkeit beiträgt. Der Leistungstest, mit dem die Fehler-Ursachen-Diagnosefähigkeit erhoben wurde, geht nicht explizit auf das diagnostische Interview ein, sondern die Durchführung dessen mit einem Lernenden bietet den Probanden lediglich eine Gelegenheit, das erlernte diagnostische Wissen nochmals anzuwenden und stellt folglich „nur" eine Übungsphase dar. Diese Erkenntnis geht mit dem Befund von Klug et al. (2016) einher, bei denen innerhalb der Lehrerfortbildung zur Thematik „Diagnose von Schülerlernverhalten" die zusätzliche Anwendung eines Tagebuches, um die eigenen diagnostischen Aktivitäten im Unterricht selbst zu überwachen, keinen zusätzlichen Interventionseffekt hervorrief (siehe Abschnitt 4.3). Obwohl die Durchführung des diagnostischen Interviews keine signifikante Entwicklung der Fehler-Ursachen-Diagnosefähigkeit hervorruft und daher auf eine Entfernung dieses Interventionsinhaltes geschlussfolgert werden könnte, besitzt für einige interviewte Studierende die Durchführung des diagnostischen Interviews mit einem Lernenden eine bedeutende Relevanz für ihre Sichtweise auf die Diagnostik im Mathematikunterricht. Sie würden dadurch die Möglichkeit erhalten, das theoretisch erlernte Wissen praktisch anzuwenden. Dies geht mit den Beobachtungen in der Studie von Girgulat et al. (2013) einher, bei der die Lehramtsstudierenden den Einsatz der theoretisch erlernten Inhalte durch die Anwendung diagnostischer Interviews in der Praxis lobten (siehe Abschnitt 4.3). Darüber hinaus zeigt sich auch zwei Monate nach der Intervention die herausragende Bedeutung und Unersetzbarkeit der diagnostischen Interviewdurchführung mit einem Lernenden, denn fast alle interviewten

Studierenden sind der Auffassung, dass diese ihre diagnostische Kompetenzentwicklung unter anderem am meisten beeinflusst hat. Die häufige Nennung der Interviewdurchführung lässt sich im Grunde durch die Befunde von Cramer, Horn und Schweitzer (2009) erklären, die in ihrer Untersuchung Lehramtsstudierende befragten, welche Bedeutsamkeit sie den einzelnen Bestandteilen des Studiums zumessen. Dabei ergab sich die folgende Rangfolge: 1. Schulpraktika, 2. Vorbereitungsdienst, 3. Berufsbegleitende Unterstützung während des Berufseinstieges, 4. Didaktisch-methodisches Studium, 5. Bildungswissenschaftliches Studium, 6. Fachwissenschaftliches Studium. Hierbei wird ersichtlich, dass Studierende den berufspraktischen Anteilen eine große Bedeutung zumessen, was sich auch in der vorliegenden Studie zeigt, und die sogar noch größer wahrgenommen wird als die Bedeutung des fachdidaktischen und bildungswissenschaftlichen Studiums. Zudem spiegelt die häufige Nennung der Interviewdurchführung auch indirekt die Aufteilung der Wissensbereiche nach Ophuysen (2010) wider, die zwischen allgemeinen- und spezifischen Methodenwissen, Handlungswissen und konkreten Fähigkeiten unterscheidet (siehe Unterabschnitt 3.2.1.4). Denn in der Intervention hatten sich die Studierenden auch theoretisch mit der Vorbereitung und Durchführung eines diagnostischen Interviews auseinandergesetzt und es weiterhin in Rollenspielen geübt. Diese Interventionsinhalte werden jedoch in den Interviews selten als bedeutsam für ihre Sichtweise auf die Diagnostik im Mathematikunterricht benannt. Vor allem die konkrete Anwendung (bei Ophuysen: „konkrete Fähigkeiten") bleibt den Studierenden länger in Erinnerung als das „Handlungswissen" und deutet auf dessen Notwendigkeit hin. Ferner kann auch Selters (1990) Auffassung bestätigt werden, nach der eine Auseinandersetzung mit diagnostischen Interviews die Einstellung von Lehramtsstudierenden verändern kann (siehe Unterabschnitt 3.4.2.1). Denn die interviewten Studierenden reflektieren in der vorliegenden Studie beispielsweise über ihre Fragestellungen und ihr Verhalten während der Interviewdurchführung mit einem Lernenden, indem sie sich beispielsweise vornehmen, den Lernenden zukünftig eher aufzufordern, seine Gedankengänge zu artikulieren.

Außerdem widmen die interviewten Studierenden der schriftlichen Reflexion des durchgeführten diagnostischen Interviews viel Beachtung. Sie sind der Auffassung, dass sie dadurch ihre Einschätzungen bezüglich vorhandener Schülerfehler und deren Ursachen, die sie während der Interviewdurchführung trafen, nochmals detailliert reflektieren können und zudem die erlernten Kenntnisse aus der Intervention anwenden. Ferner lässt sich dabei beispielsweise auch feststellen, ob noch weitere Kenntnisse sowie Verhaltensänderungen notwendig sind. Folglich könnte die Entwicklung der Fehler-Ursachen-Diagnosefähigkeit bei den Probanden der Experimentalbedingung 1 noch umfangreicher und womöglich

signifikant unterschiedlich zur Experimentalbedingung 2 bzw. Experimentalbedingung 1 (keine Durchführung des diagnostischen Interviews) sein, wenn die
Studierenden das diagnostische Interview nicht nur durchführen, sondern dieses
auch vor der Posterhebung ausführlich (zum Beispiel im Rahmen einer Hausarbeit) schriftlich reflektieren müssten. Diese Überlegung findet sich auch bei Ohle
et al. (2015), nach denen eine einfache diagnostische Praxis keinen Anstieg in
der Lehrerkompetenz verursacht. „Practical experience can only be fruitful for the
development of (diagnostic) competence and its cognitive, emotional-motivational
prerequisites, if teachers systematically reflect their diagnostic experiences [...]"
(Ohle et al., 2015, S. 16). Demnach bilden die diagnostische Wissensvermittlung,
die Anwendung dessen, unter anderem bei der Durchführung des diagnostischen
Interviews mit einem Lernenden, sowie die schriftliche Reflexion zusammen
eine Einheit, um die Fehler-Ursachen-Diagnosefähigkeit zu fördern, weshalb auf
keinen der Interventionsinhalte verzichtet werden sollte, auch wenn sie einzeln
betrachtet keine entsprechende Förderung hervorrufen.

23.3 Förderung der selbstbezogenen Kognitionen

Wie bereits im theoretischen Rahmen dieser Arbeit ausführlich dargestellt, ist
neben der Fähigkeit auch die Bereitschaft notwendig, Schülerfehler und deren
Ursachen zu diagnostizieren. Daher wurde in der vorliegenden Studie versucht,
durch die entwickelte Intervention ebenfalls die selbstbezogenen Kognitionen
Selbstkonzept sowie Selbstwirksamkeitserwartung zu fördern, denn sie gelten
als wichtige Indikatoren für das Verhalten (Retelsdorf et al., 2014). Steigen die
Selbstwirksamkeitserwartung sowie das Selbstkonzept einer Person, dann ist sie
auch eher bereit zu handeln und diese Bereitschaft führt dann zum tatsächli-
chen Handeln bzw. dem Verhalten. Demzufolge sind das Selbstkonzept und die
Selbstwirksamkeitserwartung auch Indikatoren der entsprechenden Bereitschaft.
   Im Folgenden wird zunächst die Entwicklung des Selbstkonzeptes im Rahmen
der vorliegenden Untersuchung thematisiert und anschließend entsprechend die
Selbstwirksamkeitserwartung. Wie bereits in Abschnitt 13.3 erläutert, wurden das
Selbstkonzept und die Selbstwirksamkeitserwartung bezüglich des Diagnostizierens von Denkprozessen und Fehlvorstellungen erhoben, was lediglich einen Teil
der Fehler-Ursachen-Diagnosefähigkeit darstellt.
   Möller und Trautwein (2009) zufolge kann unter anderem ein temporа-
ler Vergleich der eigenen Fähigkeiten zur günstigen Entwicklung des Selbstkonzeptes beitragen, weshalb die entwickelte Intervention zur Förderung der

Fehler-Ursachen-Diagnosefähigkeit eine positive Veränderung des Selbstkonzeptes bezüglich des Diagnostizierens von Denkprozessen und Fehlvorstellungen
hervorrufen könnte, was durch die quantitativen Analysen bestätigt werden kann,
denn die entwickelte Intervention wirkt sich positiv auf dieses Selbstkonzept aus.
Nach Retelsdorf et al. (2014) sollte das Selbstkonzept domänenspezifisch erhoben werden, was in der vorliegenden Studie auch realisiert wird. Moschner und
Dickhäuser (2006) zufolge ist es weniger stabil und lässt sich daher leichter
beeinflussen als stark-globalisierte Selbstkonzept-Bereiche, wodurch die positive
Veränderung in der vorliegenden Studie begründet werden kann. Das vorliegende
Ergebnis geht ferner mit den Befunden der Metaanalyse von O'Mara et al. (2006)
einher, nach denen durch direkte sowie indirekte Interventionen das Selbstkonzept
gefördert werden konnte, was einem mittleren Effekt entsprach. Wie bereits in
Abschnitt 23.2 erläutert, sollte sowohl durch die Vermittlung diagnostischen Wissens als auch durch die praktische Durchführung eines diagnostischen Interviews
mit einem Lernenden die Fehler-Ursachen-Diagnosefähigkeit gefördert werden,
was jedoch nicht möglich war. Diese Befunde gehen mit der Förderung des
Selbstkonzeptes im Diagnostizieren von Denkprozessen und Fehlvorstellungen
einher, denn auch dieses kann durch die einzelnen Interventionsinhalte nicht signifikant gefördert werden. Möller und Trautwein (2009) zufolge können positive
Lernerfahrungen zu einer günstigen Selbstkonzeptentwicklung führen, wobei die
Durchführung eines diagnostischen Interviews mit einem Lernenden eine derartige Lernerfahrung sein kann. Gegebenenfalls hatten auch die Probanden der
Experimentalbedingung 2 positive Lernerfahrungen im Unterricht, weshalb keine
Unterschiede zwischen diesen Bedingungen erkennbar sind. Jedoch treten auch
keine signifikanten Unterschiede zwischen den Probanden der Experimentalbedingung 1 auf, die das diagnostische Interview durchführten bzw. nicht durchführten.
Gegebenenfalls nehmen die Probanden das Durchführen des diagnostischen Interviews mit einem Lernenden auch nicht als positive Lernerfahrung, sondern eher
als Verpflichtung wahr, wodurch die nicht-signifikanten Unterschiede begründet
werden könnten. Die nicht-signifikante Wirkung des vermittelten diagnostischen
Wissens auf die Entwicklung des Selbstkonzeptes könnte ferner auf der Struktur
des Fragebogens bzw. der Items beruhen, denn die einzuschätzenden Aussagen
bezogen sich auf beide Themengebiete (ganze Zahlen und Prozentrechnung),
aber es wurde in der Experimentalbedingung 3 nur Wissen zu den ganzen
Zahlen vermittelt. Daher waren die vorgegebenen Aussagen zur Erhebung des
Selbstkonzeptes für die Probanden in dieser Bedingung unter Umständen schwer
einschätzbar. Wenn die Probanden aller Bedingungen ihre Ergebnisse im Vortest
erhalten hätten, wäre die Einschätzung ihrer eigenen diagnostischen Fähigkeiten

im Diagnostizieren von Denkprozessen und Fehlvorstellungen am Ende der Intervention gegebenenfalls noch positiver ausgefallen. Denn dann wäre es für sie möglich gewesen, ihre subjektive Einschätzung mit ihrer eigenen tatsächlichen Leistung sowie der Entwicklung ihrer eigenen Fähigkeiten zu vergleichen. Die Modifikation der Selbstwirksamkeitserwartung kann durch verschiedene Quellen realisiert werden, wobei die eigenen und die stellvertretenden Erfahrungen durch Beobachten von Verhaltensmodellen die stärksten Einflüsse besitzen (Bandura, 1997; Schoreit, 2016; Schwarzer & Jerusalem, 2002; Schwarzer & Warner, 2014). Daher wurden sie in der entwickelten Intervention integriert, um eine Förderung der Selbstwirksamkeitserwartung im Diagnostizieren von Denkprozessen und Fehlvorstellungen zu realisieren. Die Studierenden konnten zum einen durch die Analyse von Videovignetten stellvertretende Erfahrungen sammeln, denn in den Videos führten andere Studierende diagnostische Interviews mit einem Lernenden durch und dabei waren Denkprozesse und Fehlvorstellungen der interviewten Schüler erkennbar. Zum anderen konnten sie eigene Erfahrungen im Diagnostizieren bei Beobachtungen im Unterricht bzw. in Unterrichtsgesprächen sowie beim Durchführen eines diagnostischen Interviews machen. Zudem empfiehlt Wong (1997), die Unterrichtsfähigkeiten von Lehrkräften in den Bereichen zu fördern, in denen sie sich noch unsicher fühlen, wobei auch fachdidaktisches Wissen essenziell ist, ohne dessen der Erfolg einer Lehrkraft im Unterricht beeinträchtigt ist. Durch die entwickelte Intervention, in der diese Erkenntnisse berücksichtigt wurden, lässt sich die Selbstwirksamkeitserwartung positiv verändern. Talsma et al. (2018) zufolge ist die Selbstwirksamkeitserwartung eine Reflexion der vergangenen Leistung. In der entwickelten Intervention konnten die Studierenden durch die eigenen und stellvertretenden Erfahrungen wahrnehmen, wie gut sie Denkprozesse und Fehlvorstellungen von Schülerinnen und Schülern diagnostizieren können, weshalb ihre Selbstwirksamkeitserwartung entsprechend höher als zum Interventionsbeginn ausfällt. Zwar konnten auch zum einen Hoy und Woolfolk (1990) sowie Hoy und Spero (2005) einen signifikanten Zuwachs der „personal teaching efficacy" bei Lehramtsstudierenden nachweisen und zum anderen ließ sich auch bei Schulte (2008) ein signifikanter Anstieg der Selbstwirksamkeitserwartung bezüglich der Diagnose von Lernvoraussetzungen und der Leistungsbeurteilung erkennen. Jedoch beruhte der signifikante Anstieg in diesen Studien auf den ersten praktischen Lernerfahrungen im Rahmen eines Schulpraktikums, wobei diese eigenen Erfahrungen zeitlich viel umfangreicher waren als in der vorliegenden Studie. In der Studie von Parameswaran (1998) konnte ebenso ein signifikanter Anstieg der allgemeinen und spezifischen Lehrerselbstwirksamkeitserwartung nachgewiesen werden, aber auch hier waren die praktischen Erfahrungen zeitlich viel umfangreicher und erstreckten sich über ein

Semester. Obwohl die eigenen sowie stellvertretenden Erfahrungen in der entwickelten Intervention zeitlich kürzer als in den bisher beschriebenen Studien sind, weisen sie offenbar trotzdem eine hohe Effizienz hinsichtlich der Förderung der Selbstwirksamkeitserwartung im Diagnostizieren von Denkprozessen und Fehlvorstellungen auf.

Aufgrund Wongs (1997) Überlegungen kam die Vermutung auf, dass es auch ausreichend sein könnte, diagnostisches Wissen zu vermitteln, um die diagnostischen Fähigkeiten zum Diagnostizieren von Schülerfehlern und deren Ursachen zu fördern und entsprechend auch die Selbstwirksamkeitserwartung im Diagnostizieren von Denkprozessen und Fehlvorstellungen positiv zu beeinflussen. Dies lässt sich jedoch in der vorliegenden Studie nicht nachweisen. Gegebenenfalls könnte die nicht-signifikante Veränderung der Selbstwirksamkeitserwartung dadurch begründet werden, dass es sich bei der Wissensvermittlung um keine Quelle zur Modifikation der Selbstwirksamkeitserwartung handelt (siehe Unterabschnitt 3.2.2.2). Ferner sollte berücksichtigt werden, dass die Probanden der Experimentalbedingung 3 lediglich diagnostisches Wissen zu den ganzen Zahlen erhielten und sie die Selbstwirksamkeitserwartung in den Bereichen ganze Zahlen und Prozentrechnung einschätzen sollten. Entsprechend waren auch bei der Selbstwirksamkeitserwartung die vorgegebenen Aussagen für diese Probanden gegebenenfalls schwer einschätzbar.

23.4 Implikationen für die Lehrerbildung

In der heutigen Wissensgesellschaft kommt dem Lehrer bzw. der Lehrerin und damit auch der Lehrerbildung wachsende Bedeutung zu. Zugleich steigen die Anforderungen an die Lehrerschaft, z. B. durch eine veränderte und zunehmend heterogener werdende Schülerschaft, hohe Erwartungen der Elternschaft, Erziehungsprobleme in den Familien sowie Phänomene wie Schuldistanz, Aggression, Gewalt, Mobbing usw. Um für diese Herausforderungen gewappnet zu sein, bedarf es gut ausgebildeter Lehrkräfte und gut funktionierender Lehrerkollegien. (Schubarth, 2017, S. 127)

Nach Schubarth (2017) erfüllt die Lehrerbildung in Deutschland ihre Aufgabe einer professionsbezogenen Vorbereitung jedoch nur unzureichend. Allerdings werden Lehrkräfte als entscheidend für eine gute Bildung wahrgenommen, weshalb das Bundesministerium für Bildung und Forschung gemeinsam mit den Bundesländern die Hochschulen in Deutschland aufgerufen hat, im Rahmen des Projektes „Qualitätsoffensive Lehrerbildung" die Lehrerbildung in Deutschland zu modifizieren und dabei nachhaltig zu verbessern. Dadurch sollen angehende Lehrkräfte optimal auf ihre zukünftigen Aufgaben im Lehrerberuf vorbereitet werden (BMBF – Qualitätsoffensive Lehrerbildung). Auch die vorliegende Studie ist, wie bereits in der Einleitung erwähnt, im Zuge dieser Qualitätsoffensive entstanden, weshalb durch die vorliegenden Ergebnisse nicht nur gezeigt wird, dass es möglich ist, die Fehler-Ursachen-Diagnosekompetenz von angehenden Lehrkräften durch eine derartige Intervention zu fördern. Sie geben gleichzeitig Hinweise und Anregungen für die zukünftige Lehrerbildung, die in diesem Abschnitt dargestellt werden.

Das Projekt „Qualitätsoffensive Lehrerbildung" möchte Verbesserungen in sechs Handlungsfeldern erreichen und dabei unter anderem die Lehrerbildung in Deutschland bezüglich der Anforderungen „Heterogenität der Schülerschaft" und „Umsetzung von Inklusion in den Schulen" weiter entwickeln, denn bisher wurden die angehenden Lehrkräfte kaum darauf vorbereitet. Eine inklusiv orientierte Lehrerbildung muss dabei gewisse Anforderungen erfüllen und unter anderem die Entwicklung diagnostischer Kompetenzen ermöglichen. Diese stellen eine notwendige Voraussetzung dar, um eine individuelle Förderung der Schüler zu realisieren (Altrichter, Trautmann, Wischer, Sommerauer & Doppler, 2009; Brümmer, Durdel, Fischer-Münnich, Fittkau & Weiger, 2018). Auf die Bedeutsamkeit der Diagnostik und die Notwendigkeit, sich mit ihr während des Studiums auseinanderzusetzen, wurde bereits in der Einleitung dieser Arbeit eingegangen und wird auch durch die Standards der Lehrerbildung (2004) nochmals deutlich, denn nach ihnen üben Lehrkräfte unter anderem eine Beurteilungs- und Beratungsaufgabe aus, für die entsprechende pädagogisch-psychologisch sowie diagnostische Kompetenzen erforderlich sind. Daher sollte „Diagnostik, Beurteilung und Beratung" ein inhaltlicher Schwerpunkt der Ausbildung sein (Kultusministerkonferenz, 2004, S. 5). Sowohl die Standards der Lehrerbildung als auch die „Qualitätsoffensive" akzentuieren die Bedeutung der diagnostischen Kompetenz von Lehrkräften, die im Rahmen der vorliegenden Studie bei angehenden Lehrkräften gefördert wurde, um Schülerfehler zu erkennen und zu beschreiben sowie mögliche Ursachen zu analysieren. Jedoch sind diagnostische Kompetenzen auch essenziell, um beispielsweise die Lernausgangslage von Schülern zu diagnostizieren oder um geeignete Aufgaben zur Diagnostik zu entwickeln bzw. zu selektieren (Brunner et al., 2011; Hößle et al., 2017; T. Leuders et al., 2018). Daher ist es offenbar unerlässlich, sich mit Diagnostik im Lehramtsstudium auseinanderzusetzen und dabei die diagnostischen Kompetenzen der angehenden Lehrkräfte auszubauen. Durch die Aussage des Probanden PB 1 wird zudem nochmals die Relevanz verdeutlicht, Lehramtsstudierende für Schülerfehler sowie deren Ursachen zu sensibilisieren und deren Fehler-Ursachen-Diagnosekompetenz bereits im Studium auszubilden. Im „Post"-Interview gibt er an (siehe Analysen zu XIX), sich bisher nie Gedanken über Schülerfehler und deren Ursachen gemacht zu haben, weil er (bzw. seiner Meinung nach jeder Mensch) von sich selbst ausgeht und derartige Aufgaben lösen kann. Diese Äußerung geht mit den Überlegungen von Tietze (1988, S. 197) einher, nach denen „[…] Mathematiklehrer am Gymnasium die kognitiven Prozesse beim Lösen von Aufgaben und Problemen entsprechend ihrem eigenen geschulten Denken modellieren". Erst nach der Intervention hat PB 1 die Schülerfehler wirklich bewusst wahrgenommen und vorher hätte er auf Schülerfehler in seinem zukünftigen Unterricht eher mit „mehr üben" reagiert. Durch „mehr üben" lassen sich jedoch Fehlvorstellungen nicht automatisch revidieren, denn dem Lernenden muss erstmal bewusst werden, dass seine bisherigen Vorstellungen fehlerhaft sind (siehe Unterabschnitt 3.5.2.1).

Weiterhin möchte das Projekt „Qualitätsoffensive Lehrerbildung" eine „Qualitätsverbesserung des Praxisbezugs in der Lehrerbildung" erreichen, wobei dieses Handlungsfeld bzw. dieses Anliegen eine hohe Relevanz besitzt (Brümmer et al., 2018, S. 61). Fast alle geförderten Projekte in diesem Handlungsfeld versuchen, eine bessere Verzahnung von Theorie und Praxis in der universitären Phase der Lehrerbildung zu realisieren. Erst dann folgt – hinsichtlich der Häufigkeit – eine verbesserte Verzahnung der Phasen der Lehrerbildung (universitäre Phase, Vorbereitungsdienst, Fort- und Weiterbildung) (Brümmer et al., 2018). Seitdem die Lehrerbildung an Universitäten stattfindet, wird der fehlende Praxisbezug im Studium als Dauerproblem benannt (Merzyn, 2002; Pasternack, Baumgarth, Burkhardt, Paschke & Thielemann, 2017). Schubarth (2017) nennt den mangelnden Praxis- und Berufsfeldbezug als einen von sieben Gründen, die verantwortlich sind für die unzureichende Lehrerbildung in unserer heutigen Zeit. Eine systematische Verzahnung von Theorie und Praxis findet lediglich geringfügig statt, weshalb den Studierenden die Bedeutung der wissenschaftlichen Theorien für die Schulpraxis kaum bewusst ist und zudem auch von den Praktikern häufig als nutzlos wahrgenommen wird. Folglich ist meist nicht klar, welche berufsbezogenen Kompetenzen durch das Studium entwickelt werden sollen (Schubarth, 2017). Dabei kann der Bezug zwischen Theorie und Praxis in der universitären Lehrerbildung durch unterschiedliche Formen bzw. Konzeptionen hergestellt werden (Cramer, 2014; Hedtke, 2003). Nach Cramer (2014, S. 351) lassen sich folgende Theorie-Praxis-Konzeptionen unterscheiden:

(1) forschungsbasierte Lehre und ‚Forschendes Lernen'; (2) gemeinsame Verantwortung und/oder Betreuung der Schulpraxis durch Personal der ersten und zweiten Phase; (3) curriculare Abstimmung der beiden Phasen; (4) Fallarbeit (mit Texten

und Videos); (5) Kooperationen zwischen Universität und Schule; (6) Lernbeglei-
tung einzelner Schülerinnen und Schüler durch Studierende; (7) Dokumentation und
Reflexion der Theorie und Praxis verbindenden Anteile mittels Portfolio.

Hedtke (2003) zufolge stehen vor allem Großformen, wie Schulpraktika, Praxissemester und Schulpraktische Studien, im Mittelpunkt der bildungspolitischen und
professionspolitischen Aufmerksamkeit. Daneben sollten jedoch auch die Mikroformen, wie die Auseinandersetzung mit Fallstudien oder die Durchführung von
Interviews mit Lernenden und Praktikern, mehr Beachtung erhalten. Auch in der
entwickelten Intervention fand eine Verzahnung von Theorie und Praxis statt,
wobei Mikroformen zur Anwendung kamen, denn zum einen analysierten die
Lehramtsstudierenden Fälle anhand schriftlicher Schülerlösungen sowie in Videovignetten und zum anderen führten sie diagnostische Interviews mit Lernenden
durch.

Bei Praxisphasen stellt die Einstellung der Studierenden eine Herausforderung
dar, denn ihre Hauptintention ist es, Praxiserfahrungen zu sammeln und dabei zu
'erfahren, inwieweit es ihnen beispielsweise gelingt, guten Unterricht zu gestalten. Indes spielt die Evidenz- und Theoriebasierung in dem Praxisbezug eine
eher untergeordnete Rolle (Arens-Voshege, Kovermann, Schneider & Sommerfeld, 2006; Brümmer et al., 2018). Dies wird auch durch die Befunde von Niggli,
Gerteis und Gut (2008) sowie Schüssler und Keuffer (2012) deutlich:

Niggli et al. (2008) konnten in ihrer Studie zeigen, dass die untersuchten Lehramtsstudierenden eher weniger Interesse besaßen, das eigene Handeln in Praktika
auf der Grundlage von Theorie zu reflektieren. Größeres Interesse bestand hingegen an einem Feedback bezüglich der eigenen Fähigkeiten. Nach Schüssler und
Keuffer (2012) lassen sich zwei Positionen von Lehramtsstudierenden bezüglich
des Praxisverständnisses unterscheiden. Eine Position möchte Studieninhalte mit
konkretem Anwendungsbezug, durch die „Anwendungswissen" vermittelt wird
und die vor allem auf die späteren Unterrichtstätigkeiten eingehen. „Konkret
möchten die Studierenden dieser Position Unterrichtsverlaufspläne planen und
durchführen oder korrigieren lernen" (Schüssler & Keuffer, 2012, S. 189). Einige
empfinden die fachwissenschaftlichen Studiumsinhalte auch als unbrauchbar.
Sie wollen immer mehr Praxisbezug erfahren, widmen dabei den Praxisphasen sowie den Erfahrungen im Unterricht bzw. in der Schule eine sehr hohe
Bedeutung und weisen gleichzeitig aber eine Theoriedistanz auf. Die von Niggli et al. (2008) beschriebenen Befunde lassen sich eher dieser Position zuordnen.
Die Lehramtsstudierenden der anderen Position bemängeln ebenfalls die geringe
Anwendungsrelevanz der Inhalte des Studiums, da nur selten konkrete Praxisbe-
züge hergestellt werden. Im Gegensatz zu den Studierenden der ersten Position

schätzen sie jedoch die fachwissenschaftlichen Studiumsinhalte und befürworten die wissenschaftliche Bildung im Studium. Durch das Studium erhalten sie notwendige Kernkompetenzen, wie zum Beispiel Zeitmanagement, Lösen von Problemen, selbstständiges Erarbeiten von Fachinhalten oder strukturiertes Denken, wodurch ein gewisser Weitblick möglich ist. Auch die Lehramtsstudierenden dieser Position schätzen Praktika, wobei diese lediglich eine Möglichkeit des Praxisbezuges darstellen. Allerdings müssten sie, und darin unterscheidet sich die Sichtweise dieser Studierenden von den Studierenden der ersten Position, theoretisch wissenschaftlich begleitet sowie reflektiert werden. Hierbei wird deutlich, dass sich diese Lehramtsstudierenden „[...] der Notwendigkeit der wechselseitigen Relationierung von Theorie und Praxis bewusst sind [...]" (Schüssler & Keuffer, 2012, S. 188). Schüssler und Keuffer (2012) kommen aufgrund der herausgearbeiteten Positionen zu dem Entschluss, dass der Wunsch nach mehr Praxisbezug im Rahmen des Studiums nicht zu pauschal betrachtet oder zu leichtfertig versetzt werden sollte. Es ist eher erforderlich, die Verknüpfung zwischen Theorie und Praxis im Studium mehr herauszustellen.

Durch die entwickelte Intervention in der vorliegenden Studie wird diese Verknüpfung vielversprechend realisiert, denn zum einen erhalten die Lehramtsstudierenden durch die Fallarbeit praxisorientiert diagnostisches Wissen zu Schülerfehlern und deren Ursachen und wenden es aber auch gleichzeitig bei der Analyse von Videovignetten wieder an. Zum anderen können die Studierenden bei der Durchführung von diagnostischen Interviews Praxiserfahrungen sammeln, wodurch ihr Bedürfnis gestillt wird, aber sie müssen aufgrund der kontrollierten Lernumgebung sowie der Fokussierung auch gleichzeitig die im Seminar erlernte Theorie anwenden. Obwohl die praktische Durchführung eines diagnostischen Interviews mit einem Lernenden statistisch keine signifikante Entwicklung der Fehler-Ursachen-Diagnosefähigkeit bewirkt, wird sie von den interviewten Probanden sehr positiv eingeschätzt und bleibt ihnen auch länger in Erinnerung als zum Beispiel die Vermittlung diagnostischen Wissens bei der Auseinandersetzung mit schriftlichen Schülerlösungen. Demzufolge stellt das diagnostische Interview ein geeignetes Hilfsmittel dar, um einen stärkeren Bezug zwischen theoretisch erlerntem Wissen und der Schulpraxis zu verwirklichen.

Außerdem kann dieser Bezug durch eine schriftliche Reflexion noch differenzierter und detaillierter erfolgen, was auch durch die Aussagen der interviewten Probanden deutlich wird. Die schriftliche Reflexion des diagnostischen Interviews mit einem Lernenden nimmt bei den interviewten Studierenden eine zentrale Rolle hinsichtlich der Entwicklung ihrer Fehler-Ursachen-Diagnosekompetenz ein, denn sie erhalten in dem Moment die Möglichkeit, die getroffenen Einschätzungen während der Durchführung des diagnostischen Interviews detailliert zu reflektieren und ferner die erlernten Kenntnisse aus der Intervention anzuwenden. Aus diesem Grund könnte es daher ebenfalls förderlich für die Entwicklung der Fehler-Ursachen-Diagnosekompetenz der Lehramtsstudierenden sein, gezielt den Bezug zwischen dem diagnostischen Wissen und dessen praktische Anwendung durch eine schriftliche Reflexion hervorzurufen, was auch gut als Studienleistung in bestehende Veranstaltungen integriert werden könnte.

Eine besondere Aufmerksamkeit soll an dieser Stelle der entwickelte Fehleranalyseleitfaden erhalten, der nicht nur bei den hier berücksichtigten Themengebieten ganze Zahlen und Prozentrechnung angewandt werden kann, sondern auch für alle anderen Themengebiete der Sekundarstufe nützlich ist. Er wurde auch zum Teil von den interviewten Probanden erwähnt, da er ihnen zeige, wie eine Diagnostik bzw. Fehleranalyse differenziert ablaufen sollte (siehe Analysen zu XIX & Abschnitt 23.2). Mit seiner Hilfe kann jede (schriftliche) Schülerlösung „Schritt für Schritt" detailliert analysiert werden, was auch der Vorgehensweise von einigen Lehrkräften entspricht (Philipp, 2018). Darüber hinaus lenken derartige Kriterienraster die Aufmerksamkeit der (angehenden) Lehrkräfte auf unterschiedliche Schülerfähigkeiten und unterstützen dadurch deren Erhebung (Praetorius et al., 2012).

Zudem darf es nicht das Ziel sein, in zukünftigen Veranstaltungen zur Lehrerbildung „nur" (diagnostische) Fähigkeiten zu fördern – auch die entsprechende Bereitschaft muss gefördert werden. Hierzu liefert die vorliegende Studie erste Ansatzpunkte, denn durch die entwickelte Intervention konnte nicht nur die Fehler-Ursachen-Diagnosefähigkeit, sondern auch das Selbstkonzept sowie die Selbstwirksamkeitserwartung hinsichtlich des Diagnostizierens von Denk- und Fehlvorstellungen – als Indikatoren für die Bereitschaft – positiv verändert werden. Demnach sollten auch in zukünftigen Veranstaltungen beispielsweise sowohl stellvertretende als auch eigene praktische Erfahrungen integriert werden, um die Selbstwirksamkeitserwartung der Studierenden auch bezüglich anderer (diagnostischer) Fähigkeiten zu erhöhen. Zwar ließ sich auch das Selbstkonzept durch temporale Vergleiche der eigenen Fähigkeiten positiv beeinflussen, da soziale Vergleiche aber den stärksten Einfluss auf das Selbstkonzept haben (siehe Möller und Trautwein (2009)), sollten auch diese gegebenenfalls in zukünftigen Interventionen mehr Beachtung erhalten. Dies könnte beispielsweise durch gemeinsame Analysen und Reflexionen des durchgeführten diagnostischen Interviews realisiert werden.

Zusammenfassend ergeben sich daher folgende Implikationen für die zukünftige Lehrerbildung:

– Die Thematik Diagnostik sollte aufgrund seiner enormen Bedeutsamkeit für eine individuelle Förderung der Lernenden immer im Lehramtsstudium thematisiert werden.

– Die Aussage des Probanden im Interview verdeutlicht, dass es notwendig ist, Lehramtsstudierende darauf aufmerksam zu machen, dass Schülerfehler oftmals nicht unbegründet entstehen und zum Teil auf Fehlvorstellungen beruhen. Diese lassen sich nicht durch „mehr üben" abbauen. Aus diesem Grund sollte die Fehler-Ursachen-Diagnosefähigkeit von Lehramtsstudierenden gefördert werden.

– Außerdem sollten nicht nur Fähigkeiten, sondern auch die Bereitschaften in Form von Überzeugungen und motivationalen Aspekten zur Diagnostik im Studium ausgebaut werden. Dabei kann beispielsweise die entsprechende Selbstwirksamkeitserwartung durch stellvertretende und eigene Erfahrungen, wie zum Beispiel praktische Erfahrungen, positiv beeinflusst werden.

– Durch die vorliegenden Ergebnisse wird außerdem deutlich, dass eine Verzahnung von Theorie und Praxis zur Entwicklung der Diagnosekompetenz förderlich ist, denn zum einen kann theoretisches Wissen durch Fallarbeit vermittelt und praktisch eingesetzt werden und zum anderen kann die Durchführung eines diagnostischen Interviews konkrete Praxiserfahrungen ermöglichen, die gleichzeitig den Einsatz von theoretischem Wissen hervorrufen. Daher sollten in der zukünftigen Lehrerbildung diagnostische Kompetenzen durch Fallarbeit gefördert werden, wobei auch die Anwendung diagnostischer Interviews bedacht werden sollte, denn sie ermöglichen nicht nur den von Lehramtsstudierenden geforderten Praxisbezug und den Kontakt mit Schülern, sondern auch eine systematische Verzahnung von Theorie und Praxis.

– Abschließend soll die Nützlichkeit des Fehleranalyseleitfadens nochmals betont werden, denn mit seiner Hilfe ist es möglich, (schriftliche) Schülerlösungen diverser mathematischer Themengebiete „Schritt für Schritt" zu analysieren. Dadurch können Lehramtsstudierende bereits in der universitären Phase der Lehrerbildung angeregt werden, Schülerlösungen differenziert zu betrachten.

Grenzen der vorliegenden Studie **24**

Die Grenzen der vorliegenden Studie beziehen sich zum einen auf die Untersuchungsdurchführung bzw. die Datenerhebung und zum anderen auf die Datenauswertung und sollten bei der Interpretation der Ergebnisse stets berücksichtigt werden. Im Folgenden wird zunächst auf die Vergleichbarkeit der Bedingungen (siehe Abschnitt 24.1) eingegangen. Anschließend werden die Schwächen der Testinstrumente (siehe Abschnitt 24.2) sowie der Zeitpunkt der Datenerhebung im Rahmen der Intervention ausführlich erläutert (siehe Abschnitt 24.3). Zudem wird hinsichtlich der Datenauswertung auf die Normalverteilung der erhobenen Daten (siehe Abschnitt 24.4) eingegangen.

24.1 Vergleichbarkeit der Bedingungen

Wie bereits in Kapitel 12 erwähnt, stellte die Intervention nicht nur die „unabhängige Variable" dar, um die Fehler-Ursachen-Diagnosekompetenz zu beeinflussen, sondern die Entwicklung dieser Intervention bzw. dieses Seminars selbst war bereits ein Projektziel. Sie wurde auch im Modulhandbuch der Universität Kassel verankert und ist zum jetzigen Zeitpunkt das flankierende Seminar zum Praxissemester. Da die entwickelte Intervention mit Hilfe quantitativer und qualitativer Datenerhebungs- und Auswertungsmethoden untersucht werden sollte und die Teilnehmerzahlen an der Universität Kassel sehr gering waren, entschied sich der Autor dieser Arbeit, die vorliegende Studie auf andere Universitäten zu erweitern, obwohl die Vergleichbarkeit der Bedingungen dadurch reduziert werden könnte. Diese Ausweitung auf andere Universitäten steht jedoch auch im Einklang mit dem übergeordneten Projekt „Qualitätsoffensive Lehrerbildung", denn nicht

© Der/die Autor(en), exklusiv lizenziert durch Springer Fachmedien Wiesbaden 335
GmbH, ein Teil von Springer Nature 2021
N. Hock, *Förderung von diagnostischen Kompetenzen*, Mathematikdidaktik
im Fokus, https://doi.org/10.1007/978-3-658-32286-1_24

nur die Lehrerbildung an der Universität Kassel soll nachhaltig verbessert werden, sondern in ganz Deutschland. Die Probanden der Experimentalbedingung 1 sowie der Kontrollbedingung waren Studierende der Universität Halle-Wittenberg. Die Probanden der Experimentalbedingung 2 studierten an der Universität Kassel und die Probanden der Experimentalbedingung 3 besuchten die Universität Leipzig, weshalb es sich bei der vorliegenden Stichprobe um eine Gelegenheitsstichprobe handelt, die nicht repräsentativ ist (Döring & Bortz, 2016e). Zudem nahmen die Probanden der Experimentalbedingung 1 im Rahmen einer freiwilligen Veranstaltung an der Studie teil, wodurch denkbar ist, dass deren Motivation, in diesem Bereich dazuzulernen, gegebenenfalls größer war als zum Beispiel bei den Probanden der Experimentalbedingung 2, für die es sich hierbei um eine Pflichtveranstaltung handelte. Durch eine Curriculumanalyse ließ sich feststellen, dass die Probanden in allen drei Universitäten zum einen in den mathematikdidaktischen Veranstaltungen Kenntnisse im diagnostischen Bereich erlangten und zum anderen auch das jeweilige Kernstudium auf diese Kompetenz einging. Daher besaßen alle Probanden in der vorliegenden Studie zum ersten Messzeitpunkt gewisse Erfahrungen im Diagnosebereich und keine Bedingung wies theoretisch große Vorteile gegenüber den anderen Bedingungen auf. Jedoch hatten die Probanden der Experimentalbedingung 3 zum ersten Messzeitpunkt eine signifikant größere Fehler-Ursachen-Diagnosefähigkeit als die Probanden der Kontrollbedingung (siehe Analysen zu VI). Ursächlich hierfür könnte zum einen die Zusammensetzung der Bedingungen sein, denn die Experimentalbedingung 3 umfasste nur angehende Gymnasiallehrkräfte bzw. Wirtschaftspädagogen und in der Kontrollbedingung waren neben 17 angehenden Gymnasiallehrkräften noch 7 angehende Sekundarstufenlehrkräfte enthalten. Zum anderen befanden sich die Probanden der Experimentalbedingung 3 und der Kontrollbedingung in unterschiedlichen Fachsemestern. Die Probanden der Experimentalbedingung 2 besaßen außerdem zum ersten Messzeitpunkt deskriptiv ein höheres Selbstkonzept als die Probanden der anderen Bedingungen und unterschieden sich signifikant zu den Probanden der Experimentalbedingung 1, die kein diagnostisches Interview durchgeführt hatten. Dies könnte mit dem Sachverhalt einhergehen, dass sich die Probanden der Experimentalbedingung 2 zum ersten Messzeitpunkt bereits im Praxissemester befanden und daher ihre eigenen diagnostischen Fähigkeiten bezüglich des Diagnostizierens von Denk- und Fehlvorstellungen gegebenenfalls eingesetzt bzw. wahrgenommen hatten und sie deshalb höher einschätzten.

Obwohl eine Kontrastierung einzelner Bedingungen aufgrund der Unterschiede im ersten Messzeitpunkt manchmal schwierig ist, sollte sie dennoch, wenn möglich, durchgeführt werden, um Testeffekte zu kontrollieren (siehe Abschnitt 24.3). Aufgrund der eingesetzten Datenerhebungsmethoden und der entsprechenden

Skalierung lässt sich zudem die Entwicklung jeder einzelnen Bedingung auch individuell beurteilen, was ebenfalls berücksichtigt werden sollte.

24.2 Schwächen der Testinstrumente

24.2.1 Leistungstest zur Erhebung der Fehler-Ursachen-Diagnosefähigkeit

Die Codierung der Probandenantworten im Leistungstest war, wie bereits in Unterabschnitt 13.4.4 dargestellt, zum Teil durchaus schwierig, denn einige Probanden vermischten die Teilaufgaben zur Fehlerbeschreibung und Ursachennennung. Dieses Problem könnte bei nachfolgenden Studien behoben werden, indem die Bearbeitung der Teilaufgaben in getrennten Bereichen stattfindet. Zusätzlich könnte die Wahrnehmung des Schülerfehlers in den Testaufgaben kontrolliert werden, indem eine Integration von Teilaufgaben erfolgt, bei denen die Probanden eine weitere Aufgabe unter Berücksichtigung des Schülerfehlers bearbeiten müssen. Außerdem sollten in zukünftigen Untersuchungen zentrale Variablen, wie das fachliche und fachdidaktische Wissen, kognitive Fähigkeiten im Allgemeinen, schulische Leistungen in Mathematik oder bisherige Leistungen im Studium, erhoben und kontrolliert werden, denn sie könnten theoretisch die Entwicklung der Fehler-Ursachen-Diagnosefähigkeit beeinflussen. Nach J. Leuders und Leuders (2014) lassen sich reichhaltigere diagnostische Aussagen zu Schülerlösungen bei Lehramtsstudierenden erkennen, wenn sie vorher die Möglichkeit hatten, die Aufgabe selbst zu bearbeiten. Daher könnten die Lehramtsstudierenden zudem auch aufgefordert werden, die Aufgabe zunächst selbst zu bearbeiten. Ferner wurde bereits in Unterabschnitt 13.4.3 (Erläuterung der Testaufgaben) auf ungünstige Formulierungen in einzelnen Testaufgaben eingegangen. Diese dürften zwar die Erhebung der Fehler-Ursachen-Diagnosefähigkeit theoretisch nicht beeinflusst haben, sollten aber bei einem erneuten Einsatz des Leistungstests überarbeitet werden. Daneben verdeutlichte das Wright Map (siehe Unterabschnitt 13.4.5), dass zum einen die Anzahl der Aufgaben bei einer nachfolgenden Studie erhöht werden müsste und zum anderen auch mehr Aufgaben im höheren Anforderungsbereich notwendig sind, um eine größere Differenzierung zwischen den Probanden zu realisieren.

Außerdem wären auch geschlossene Antwortformate denkbar, wobei es hierbei zu berücksichtigen gilt, dass die Lehramtsstudierenden dann zum einen weniger ermutigt werden, bezüglich möglicher Ursachen nachzudenken, und zum anderen könnten sie während der Testbearbeitung bereits dazulernen. Weiterhin könnten die fehlerhaften schriftlichen Schülerlösungen als Limitation wahrgenommen werden, denn nach Radatz (1980a) kann es bei schriftlichen Schülerlösungen ohne ein Gespräch mit den Lernenden durchaus auch zu Fehlinterpretationen kommen. Zudem geben schriftliche Schülerlösungen auch keinen Einblick in mögliche Konzentrationsmängel oder Ablenkung in der jeweiligen Situation (Radatz, 1980a). Demnach müssten die Studierenden bei der Datenerhebung eher die Möglichkeit erhalten, ein Video zu sehen oder mit dem Lernenden zu sprechen, um dessen Lösungsweg nachzuvollziehen. In der vorliegenden Studie wurde dennoch bewusst die Auseinandersetzung mit schriftlichen Schülerlösungen zur Datenerhebung gewählt, denn zum einen treten sie in Tests und Klassenarbeiten immer wieder auf und ermöglichen demnach der Lehrkraft eine erste Fehleranalyse, auf die weitere Diagnosemaßnahmen folgen können (siehe Unterabschnitt 3.4.1). Zum anderen wurde im Leistungstest nicht das Ziel verfolgt, dass die Lehramtsstudierenden genau die eine richtige Ursache diagnostizieren, sondern sie zu animieren, über mögliche Ursachen für den Schülerfehler nachzudenken und diese entsprechend zu analysieren.

24.2.2 Fragebogen zur Erhebung des Selbstkonzeptes und der Selbstwirksamkeitserwartung

„Selbstkonzepte sind Vorstellungen, Einschätzungen und Bewertungen, die die eigene Person betreffen [...]" (Möller & Trautwein, 2009, S. 180), wobei Items zur Erhebung des Selbstkonzeptes Formulierungen enthalten, die sich eher auf den Ist-Zustand beziehen (siehe Retelsdorf et al. (2014)). Die Selbstwirksamkeitserwartung ist hingegen „[...] die subjektive Gewissheit, neue oder schwierige Anforderungssituationen auf Grund eigener Kompetenzen bewältigen zu können" (Schwarzer & Jerusalem, 2002, S. 35) und weist demnach eine Zukunftsorientierung auf (Bong & Skaalvik, 2003; Schoreit, 2016). In den verwendeten Items wird sie durch Formulierungen wie „Ich bin mir sicher …" oder „Ich traue mir zu…" operationalisiert. Außerdem ist in Items, die die Selbstwirksamkeitserwartung erheben, oftmals eine Barrieren- bzw. Hürdenformulierung integriert (siehe Schwarzer und Schmitz (1999)), die in den verwendeten Items bei zukünftigen Untersuchungen noch integriert werden sollte, um auch die Abgrenzung zum Selbstkonzept noch mehr zu verdeutlichen. Zwei der Items zur Selbstwirksamkeitserwartung beziehen sich ferner auf die Diagnostik im eigenen Unterricht, was für die Probanden zum Teil schwer einschätzbar war, da sie meistens nur geringe Unterrichtserfahrungen besitzen. Bei einem erneuten Einsatz der Skala zur Selbstwirksamkeitserwartung sollten diese Formulierungen modifiziert werden, indem beispielsweise ein „zukünftig" vor dem Wort „Unterricht" integriert wird, wodurch gleichzeitig die Zukunftsorientierung der Selbstwirksamkeitserwartung nochmals herausgestellt wird.

Manche Lehramtsstudierenden wussten zudem gegebenenfalls vor der Intervention nicht, wie schwierig es sein kann, Denk- und Fehlvorstellungen zu diagnostizieren, weshalb der Einsatz einer „weiß nicht"-Antwortkategorie hilfreich sein könnte (Jonkisz et al., 2012). Dann ist es jedoch nicht möglich, die Entwicklung in den Einschätzungen zu untersuchen, was unter anderem Ziel dieser Studie war. Obwohl die verkürzte Formulierung „Diagnostizieren von Denk- und Fehlvorstellungen" sicherlich als trivial angesehen werden kann, sollte sie gegebenenfalls in zukünftigen Untersuchungen durch „Diagnostizieren von Denkprozessen und Fehlvorstellungen" ersetzt werden, um Missverständnisse zu vermeiden. Außerdem erweist sich, rückblickend betrachtet, die Formulierung „meiner Schüler" in einigen Items als ungünstig und sollte ebenfalls bei einem weiteren Einsatz dieser Skalen verändert werden. Als die angelehnten Items entstanden, wurde zum einen daran gedacht, dass die Lehramtsstudierenden durch Praktika auch „eigene" Schüler haben und zum anderen sollte dadurch der Selbstbezug noch mehr verdeutlicht werden. Jedoch sind die eigenen Unterrichtserfahrungen – und somit auch die Zeit mit „eigenen" Schülern" – zeitlich sehr begrenzt, weshalb eher von Schülern allgemein gesprochen werden sollte.

Die Items im Fragebogen zum Selbstkonzept und zur Selbstwirksamkeitserwartung sollten von den Studierenden in Bezug zu den Themengebieten ganze Zahlen und Prozentrechnung beurteilt werden, wobei sich die Aussagen gleichzeitig auf beide Themengebiete bezogen, denn die Fehler-Ursachen-Diagnosefähigkeit wurde auch unter Berücksichtigung beider Themengebiete skaliert und somit konnten die jeweiligen Zusammenhänge analysiert werden. Durch die Selbsteinschätzung der ausgewählten Probanden im Interview wurde jedoch deutlich, dass die Studierenden ihre diagnostischen Fähigkeiten in den Themengebieten ganze Zahlen und Prozentrechnung unterschiedlich einschätzen und es den Lehramtsstudierenden demnach schwergefallen sein könnte, die Items unter Berücksichtigung beider Themengebiete zu beurteilen.

24.3 Zeitpunkt der Datenerhebung

Die Datenerhebung fand in der ersten und in der vierten Interventionssitzung statt, wodurch vor allem die Inhalte der zweiten und dritten Interventionssitzung untersucht wurden, die jedoch auch theoretisch zentral sind, um die Fehler-Ursachen-Diagnosekompetenz zu beeinflussen. In der ersten Interventionssitzung wurde zuerst, wie bereits in Kapitel 10 dargestellt, der Fragebogen und dann der Leistungstest durch die teilnehmenden Lehramtsstudierenden bearbeitet und in der vierten Interventionssitzung wurde zunächst der Leistungstest und anschließend der Fragebogen beantwortet. Diese Vorgehensweise war in allen Bedingungen gleich, womit deren Vergleichbarkeit gewährleistet ist. Nach Moriarty (2014) kann jedoch der Zeitpunkt des Leistungstests die Einschätzung der Selbstwirksamkeitserwartung beeinflussen, wobei diese Überlegungen, der Ansicht des Autors nach, auch auf das Selbstkonzept übertragen werden können, denn sowohl die Selbstwirksamkeitserwartung als auch das Selbstkonzept sind selbstbezogene Kognitionen. Zu Beginn der Intervention – der Leistungstest wurde noch nicht durchgeführt – wussten die Studierenden vermutlich noch nicht, wie schwierig es sein kann, Denk- und Fehlvorstellungen zu diagnostizieren. Bei der Erhebung am Ende der Intervention nahmen die Studierenden durch die vorherige Bearbeitung des Leistungstests nochmals ihre eigenen diagnostischen Fähigkeiten im Diagnostizieren von Schülerfehlern und möglichen Ursachen wahr, die sie durch die Intervention ausgebaut hatten, und schätzten anschließend im Fragebogen ihr Selbstkonzept und ihre Selbstwirksamkeitserwartung bezüglich des Diagnostizierens von Denkprozessen und Fehlvorstellungen ein. Demzufolge könnte die positive Entwicklung im Selbstkonzept und in der Selbstwirksamkeitserwartung durch die vorherige Bearbeitung des Leistungstests begünstigt werden. Wäre der Fragebogen und der Leistungstest zum zweiten Messzeitpunkt in umgekehrter Reihenfolge eingesetzt worden, hätten sich trotzdem positive Entwicklungen im Selbstkonzept und in der Selbstwirksamkeitserwartung zeigen können, denn das Diagnostizieren von Denkprozessen und Fehlvorstellungen war Inhalt der Interventionssitzungen.

Außerdem könnte es aufgrund des vorliegenden Studiendesigns mit einer Datenerhebung vor und nach der Intervention zusätzlich zu Testeffekten kommen, bei denen die Erfahrung mit dem Datenerhebungsmaterial das Antwortverhalten der Probanden verändert. Diese können jedoch unter Berücksichtigung der Kontrollbedingung kontrolliert werden, denn falls sich derartige Effekte zeigen, würden sie in allen Bedingungen auftreten. Ferner existierten im Leistungstest parallele Aufgaben, wodurch dieser Effekt ebenfalls verringert werden kann (Döring & Bortz, 2016a, 2016d).

24.4   Normalverteilung der erhobenen Daten

Eine Voraussetzung des t-Tests sowie der (Ko-)Varianzanalyse ist die Normalverteilung der abhängigen Variablen (bzw. deren Differenzen). Wie bereits in

Abschnitt 15.2 erläutert, verweisen diverse Autoren auf die Robustheit des t-Tests bzw. der (Ko-)Varianzanalyse gegenüber Verletzungen der Normalverteilung, vor allem wenn die Teilstichproben entsprechend groß sind. Da sich in den einzelnen Bedingungen der vorliegenden Studie teilweise weniger als 25 Probanden befanden, wurde die Normalverteilung der abhängigen Variablen vor der Durchführung des entsprechenden Tests geprüft und dabei der Shapiro-Wilk-Test sowie der Kolmogoroff-Smirnoff-Test durchgeführt. Stellenweise war die jeweils abhängige Variable in den Bedingungen nicht normalverteilt, weshalb zusätzlich entsprechende Tests durchgeführt wurden, bei denen die Voraussetzungen erfüllt waren (siehe Verweise in den Analysen zu VIII (Kapitel 17), Analysen zu XIII (Kapitel 18) und Analysen zu XVIII (Kapitel 19)). Bei diesen ergaben sich die gleichen Ergebnisse wie bei den Tests, bei denen keine normalverteilte abhängige Variable vorlag, wodurch deren Ergebnisse bestärkt werden können.

Wie bereits erwähnt, ist es wichtig, diese Limitationen bei der Interpretation der Ergebnisse zu bedenken. Dennoch liefert diese Arbeit einen Beitrag zur Diskussion von Möglichkeiten, um die (Fehler-Ursachen-)Diagnosekompetenz und damit die Professionalität von angehenden Mathematiklehrkräften im Rahmen der universitären Phase der Lehrerbildung zu fördern.

Ausblick

25

In der vorliegenden Studie stand die Frage im Mittelpunkt, inwieweit die sogenannte Fehler-Ursachen-Diagnosekompetenz bei Mathematik-Lehramtsstudierenden durch eine Intervention gefördert werden kann, denn sie ist essenziell, um Schülerfehler wahrzunehmen und zu beschreiben sowie die zugehörigen Ursachen zu analysieren. Denn sobald die Ursachen für auftretende Schülerfehler bekannt sind, ist es auch möglich, einen Lernenden, beispielsweise durch eine Adaption des Unterrichts, individuell zu fördern. Somit stellt die Fehler-Ursachen-Diagnosekompetenz eine entsprechende Grundlage dar, um überhaupt eine individuelle Förderung des Lernenden realisieren zu können. Durch die Analysen im Ergebnisteil konnte unter anderem empirisch nachgewiesen werden, dass es möglich ist, die Fehler-Ursachen-Diagnosefähigkeit durch eine Intervention zu fördern, in der diagnostisches Wissen zu Schülerfehlern und deren Ursachen vermittelt und dieses weiterhin bei der Auseinandersetzung mit diagnostischen Interviews angewandt wird. Außerdem konnten auch das Selbstkonzept und die Selbstwirksamkeitserwartung bezüglich des Diagnostizierens von Denkprozessen und Fehlvorstellungen durch die entwickelte Intervention gefördert werden. In diesem Kapitel werden nun weitere Forschungsmöglichkeiten thematisiert, die sich aufgrund der vorliegenden Untersuchung und deren Ergebnisse ergeben. Dabei wird gleichzeitig auch auf aktuelle Forschungsprojekte zur Diagnosekompetenz verwiesen, wodurch das große aktuelle Interesse an der diagnostischen Kompetenz sowie den diagnostischen Aktivitäten von (angehenden) Lehrkräften deutlich wird.

Nicht nur in der vorliegenden Studie wird aktuell versucht, die diagnostische Kompetenz von angehenden Lehrkräften zu verbessern, denn beispielsweise die Arbeitsgruppe von Jürgen Roth verwendet das Videotool ViviAn – das

© Der/die Autor(en), exklusiv lizenziert durch Springer Fachmedien Wiesbaden GmbH, ein Teil von Springer Nature 2021
N. Hock, *Förderung von diagnostischen Kompetenzen*, Mathematikdidaktik im Fokus, https://doi.org/10.1007/978-3-658-32286-1_25

sind „Videovignetten zur Analyse von Unterrichtsprozessen" –, um die diagnostischen Kompetenzen angehender Lehrkräfte zu fördern. In diesem Videotool
ist eine Videovignette enthalten, die einen Gruppenarbeitsprozess von Schülern
zeigt. Außerdem haben die Lehramtsstudierenden die Möglichkeit, auf weitere
Informationen zur dargestellten Situation zurückzugreifen. Anhand konkreter Dia-
gnoseaufträge analysieren sie die Lernprozesse sowie die Lernschwierigkeiten der
Schüler in den Videovignetten. Abschließend können sie die eigenen Diagnosen mit Expertendiagnosen vergleichen (Barthel & Roth, 2017). Dabei stehen
zum einen unterschiedliche mathematische Themengebiete im Fokus und zum
anderen weisen die einzelnen Lernumgebungen zum Teil weitere methodische
Besonderheiten auf. Enenkiel und Roth (2018, 2019), erheben beispielsweise
die Entwicklung diagnostischer Fähigkeiten angehender Mathematiklehrkräfte bei
Flächen-, Längen- und Rauminhaltsbestimmungen und untersuchen zudem die
Wirkung von verzögertem und sofortigem Feedback. Durch den Einsatz von
ViviAn können die diagnostischen Fähigkeiten der Lehramtsstudierenden in diesen mathematischen Themengebieten gefördert werden, wobei das sofortige und
verzögerte Feedback gleichermaßen wirksam sind. Hofmann und Roth (2017,
2019) hingegen betrachten die Veränderung der diagnostischen Fähigkeiten von
Lehramtsstudierenden bezüglich des Funktionalen Denkens von Schülern, wobei
sie zur Förderung neben dem Videotool ViviAn auch Aufgaben einsetzen. Hierbei
zeigt sich, dass sich die diagnostischen Fähigkeiten sowohl zur Aufgabenanalyse
als auch zur Lernprozessdiagnose wechselseitig fördern lassen.

Auch das Projekt COSIMA an der Universität München versucht, in diversen
Teilprojekten die Diagnosekompetenz von Lehramts- sowie Medizinstudierenden
zu fördern, wobei sie simulationsbasierte Lernumgebungen einsetzen (COSIMA).
Beispielsweise sollen im Teilprojekt von Reiss, Obersteiner und Fischer die
diagnostischen Kompetenzen zur dokumentenbasierten Diagnose mathematischer
Schülerleistungen durch simulationsbasierte Lernumgebungen gefördert werden,
in denen virtuelle Schüler der dritten Klasse Mathematikaufgaben bearbeiten und
typische Fehlvorstellungen zeigen. Die Lehramtsstudierenden können nun den
Schülern diverse Aufgaben vorlegen und somit die Schülerfehler diagnostizieren
und weiterhin das Kompetenzniveau des Schülers festlegen (COSIMA – Teilprojekt 1). Ferner existiert an der Universität Freiburg das Promotionskolleg DiaKom
1, das sich in 12 Teilprojekte unterteilt und sich mit den Einflüssen, der Struktur
sowie der Förderung diagnostischer Kompetenzen beschäftigt (DiaKom 1). Außerdem wird im August 2020 das Promotionskolleg DiaKom 2 beginnen, welches
sich ebenfalls in 12 Teilprojekten mit „Diagnostische[n] Urteilsprozesse[n] als
Informationsverarbeitung und die Bedeutung von Personen- und Situationsmerkmalen" auseinandersetzt (DiaKom 2). Zudem kooperierten von 2014 bis 2017

die Universitäten Bremen, Dortmund, Gießen und Oldenburg im Rahmen des Entwicklungsverbundes „Diagnose und Förderung heterogener Lerngruppen" miteinander, um konkrete Konzepte sowie Materialien für die MINT-Lehrerbildung zu entwickeln und auch zu erforschen. Dabei standen neben der „Sensibilisierung für Heterogenität" auch die Aspekte „Entwicklung von Diagnose- und Förderkompetenz" sowie „Umsetzung von Diagnose und Förderung in Praxisphasen" im Vordergrund und wurden in den einzelnen Teilprojekten entsprechend realisiert (siehe Selter et al. (2017)).

Diese Vielzahl an aktuellen Untersuchungen zeigt, dass es durchaus verschiedene Möglichkeiten gibt, die diagnostische Kompetenz von angehenden Lehrkräften zu fördern. Außerdem wird durch diese Aufzählung nochmals deutlich, dass die diagnostische Kompetenz zum einen mehr umfasst als das Diagnostizieren von Schülerfehlern und möglichen Ursachen in diagnostischen Situationen und zum anderen auch unterschiedlich analysiert werden kann, indem zum Beispiel auch eine Betrachtung des Einflusses von Situations- oder Personenmerkmalen auf den diagnostischen Prozess möglich ist. Durch die vorliegende, durchgeführte Studie ergeben sich dennoch weitere Forschungsmöglichkeiten, auf die im Folgenden, auch unter Berücksichtigung der aktuellen Forschungsprojekte, eingegangen wird.

Die Interviews mit den ausgewählten Probanden verdeutlichen, dass die schriftliche Reflexion des durchgeführten diagnostischen Interviews mit einem Lernenden einen besonderen Wert für die Probanden bei der Entwicklung der Fehler-Ursachen-Diagnosekompetenz einnimmt, da sie ihrer Meinung nach die Möglichkeit erhalten, unter anderem die erlernten Kenntnisse anzuwenden, und zudem feststellen, ob noch weitere Kenntnisse sowie Verhaltensänderungen notwendig sind. Ferner reflektieren sie auch nochmals detailliert ihre Einschätzungen, die sie während der Durchführung des diagnostischen Interviews hinsichtlich der Schülerfehler und deren Ursachen getroffen hatten (siehe Analysen zu XIX). Aus diesem Grund sollte in künftigen Untersuchungen die schriftliche Reflexion noch intensiver beforscht werden. Dies verdeutlicht auch die Aussage von Ohle et al. (2015), nach der praktische Erfahrungen nur dann zur Entwicklung der diagnostischen Kompetenz führen, wenn eine systematische Reflexion dieser stattfindet. Durch eine Follow-up Erhebung könnte zum einen die Wirkung der schriftlichen Reflexion auf die Fehler-Ursachen-Diagnosekompetenz untersucht und zum anderen auch die nachhaltige Wirkung der Intervention auf die Entwicklung der Fehler-Ursachen-Diagnosekompetenz betrachtet werden. Außerdem könnte nicht nur die Fehler-Ursachen-Diagnosekompetenz durch systematische schriftliche Reflexionen von praktischen Erfahrungen positiv beeinflusst werden, sondern auch die diagnostische Kompetenz bei anderen diagnostischen Aktivitäten, wie zum Beispiel bei Beobachtungen von Lernenden im Unterricht, um Informationen über die Lernausgangslage, den Lernprozess oder das Lernergebnis zu erhalten. Auch Lengnink, Bikner-Ahsbahs und Knipping (2017) empfehlen ein Wechselspiel von Aktivität und Reflexion in Veranstaltungen, um Diagnose- und Förderkompetenzen zu entwickeln. Demnach wäre eine Förderung der diagnostischen Kompetenz von Lehramtsstudierenden durch systematische Reflexionen praktischer Erfahrungen denkbar, was durch weitere Studien untersucht werden sollte. Dabei könnten die Effekte einer schriftlichen Reflexion (als Hausarbeit) mit einer Reflexion anhand eines videografierten diagnostischen Interviews im Rahmen des Plenums kontrastiert werden. Denn auch bei Girgulat et al. (2013) fand eine gemeinsame Reflexion der durchgeführten diagnostischen Interviews im Plenum statt und wurde von den Studierenden als positiv empfunden. Zudem reflektierten Groß-Mlynek, Graf, Harring und Feldhoff (2018) Unterricht systematisch mit Hilfe von Videos im Plenum und konnten dabei unter anderem zeigen, dass Studierende die Reflexion des eigenen Unterrichtshandelns in den Videos als sehr gewinnbringend wahrnahmen. Außerdem gilt nach Bikner-Ahsbahs, Bönig und Korff (2017, S. 125) „gemeinsam lernt es sich reflektierter", weshalb eine gemeinsame Reflexion im Plenum im Rahmen der Veranstaltung offenbar produktiver ist. In den beschriebenen aktuellen Studien zur Förderung der diagnostischen Kompetenz erhält die Reflexion eher wenig Beachtung. Lediglich in einem Teilprojekt von COSIMA wird unter anderem der Effekt von Reflexionsphasen auf die Förderung der diagnostischen Kompetenz untersucht (COSIMA – Teilprojekt 7). Außerdem verdeutlichen Walz´ und Roths (2019) Ergebnisse, dass bei einer Reflexion stärkere Anleitungen notwendig sind, was in weiteren Studien entsprechend Berücksichtigung finden sollte.

In der vorliegenden Studie wurde lediglich die Fehler-Ursachen-Diagnosekompetenz von Lehramtsstudierenden erhoben und gefördert. Da Seifried et al. (2012a, 2012b) nachweisen konnten, dass die sogenannte professionelle Fehlerkompetenz bei praktizierenden Lehrkräfte signifikant höher ausgebildet ist als bei Studierenden und Referendaren (siehe Unterabschnitt 3.5.2.2) stellt sich nun die Frage, ob eine derartige Beobachtung auch bezüglich der Fehler-Ursachen-Diagnosekompetenz möglich ist. Inwieweit verändert sich die Fehler-Ursachen-Diagnosekompetenz im Laufe der beruflichen Entwicklung? Zudem könnte es auch gewinnbringend sein, nicht nur die jeweilige Fehler-Ursachen-Diagnosekompetenz der unterschiedlichen Phasen der Lehrerbildung (universitäre Phase, Vorbereitungsdienst und erste Jahre im Lehrerberuf) gegeneinander zu kontrastieren, sondern eine Zusammenarbeit zu stärken, um die Diagnosekompetenz aller Beteiligten positiv zu verändern. Diese Überlegung geht mit aktuellen Veränderungen im deutschen Bildungssystem einher, denn auch bei sogenannten Seiteneinsteigern (siehe zum Beispiel in den Bundesländern Sachsen oder Thüringen) sind diagnostische Kompetenzen erforderlich.

Außerdem erfolgte im Leistungstest eine sehr detaillierte Codierung der genannten möglichen Ursachen für die vorhandenen Schülerfehler, weshalb eine differenzierte Auswertung im Rahmen einer qualitativen Inhaltsanalyse denkbar wäre. Somit könnte zum einen die Häufigkeit der einzelnen Ursachen ermittelt werden und zum anderen wäre eine Klassifizierung der erwähnten Ursachen möglich. Darüber hinaus könnten die Formulierungen der Studierenden, wie bei Busch et al. (2015), analysiert werden. Busch und Kollegen (2015) führten fachdidaktische Fortbildungen im Bereich Funktionen bei Sekundarstufenlehrkräften durch, um deren diagnostische Kompetenz bezüglich der Beurteilung von Schülerlernständen zu fördern. Durch eine Clusteranalyse ergaben sich verschiedene Diagnosetypen, wobei die meisten teilnehmenden Lehrkräfte nach der Intervention konkrete Analysen durchführten, in der sie das erlernte fachdidaktische Wissen anwandten und zudem weniger korrigierten (siehe Abschnitt 4.3). Gegebenenfalls lassen sich auch in der vorliegenden Studie ähnliche Typen und Veränderungen bei Lehramtsstudierenden nachweisen und somit die Befunde von Busch et al. (2015) replizieren bzw. auf Studierende übertragen. Aufgrund der vorliegenden Forschungsfragen sowie des Studiendesigns in dieser Untersuchung war es ferner nicht möglich, die bloße Vermittlung diagnostischen Wissens mit einer Kombination aus Vermittlung und praktischer Anwendung dessen (beispielsweise auch bei der Durchführung eines diagnostischen Interviews) zu vergleichen. In nachfolgenden Studien sollte dies untersucht werden, um einschätzen zu können, wie umfangreich die praktische Anwendung des vermittelten (diagnostischen) Wissens sein sollte.

Neben der Fehler-Ursachen-Diagnosefähigkeit betrachtete der Autor dieser Arbeit auch die nicht-kognitive Disposition Motivation durch die Aspekte Selbstkonzept und Selbstwirksamkeitserwartung bezüglich des Diagnostizierens von Denkprozessen und Fehlvorstellungen. Nach Karing und Seidel (2017) sollten auch die nicht-kognitiven Dispositionen der diagnostischen Kompetenz entsprechend gefördert werden, wobei sie vor allem auf die motivationalen Aspekte der diagnostischen Kompetenz eingehen, die auch nach Chernikova et al. (2020) mehr untersucht werden sollten. Zwar wurden in der vorliegenden Studie die Selbstwirksamkeitserwartung und das Selbstkonzept untersucht, dennoch sollten in zukünftigen Untersuchungen die nicht-kognitiven Dispositionen der diagnostischen Kompetenz – neben der Motivation beispielsweise auch die Überzeugung – mehr Beachtung erhalten. Diese Forschungslücke fällt auch in den aktuellen

Studien auf, denn obwohl im Promotionskolleg DiaKom 2 die Bedeutung von Personenmerkmalen auf den diagnostischen Urteilsprozess betrachtet werden, steht in den meisten Teilprojekten der Einfluss des Wissens im Vordergrund. Lediglich bei dem Teilprojekt, in dem es um den „Einfluss subjektiver Theorien über den Zusammenhang zwischen Autismus und schulischer Leistungsfähigkeit auf die Wahrnehmung und Interpretation des Lernens autistischer Schüler(innen)" geht, wird die Berücksichtigung nicht-kognitiver Dispositionen deutlich (DiaKom 2). Daher sollten zukünftig die nicht-kognitiven Dispositionen der diagnostischen Kompetenz noch mehr Beachtung erhalten, denn neben der Fähigkeit ist auch die Bereitschaft für diagnostische Aktivitäten notwendig.

Die Lehramtsstudierenden, die an der im Rahmen dieser Studie entwickelten Intervention teilnahmen, konnten ihre Fehler-Ursachen-Diagnosekompetenz signifikant ausbauen. Obwohl im Rahmen der Intervention auch die Förderung eines Lernenden in der letzten Interventionssitzung thematisiert wurde, lag dennoch der Hauptfokus auf der Diagnosekompetenz der Lehramtsstudierenden. Im „Followup"-Interview mit dem Probanden PB 2 äußert dieser, dass neben der Erkennung des Schülerfehlers auch dessen Behebung notwendig ist, „[…] ansonsten wenn ich nur diagnostiziere und nicht behebe, ist ja das schön und gut, aber dann bringt mir das auch nicht viel" (IF, PB 2, 08:36). Diese Aussage verdeutlicht zudem gleichzeitig zwei weitere Forschungsschwerpunkte, die es noch zu untersuchen gilt: Als erster Forschungsschwerpunkt sollte neben den Diagnosekompetenzen auch die Kompetenzen zur individuellen Förderung der Lernenden intensiv durch eine Intervention gestärkt und dabei beforscht werden, das heißt die angehende Lehrkraft muss die erhaltenen diagnostischen Informationen auch nutzen, um eine individuelle Förderung zu realisieren. Im Modell zur „Diagnostischen Kompetenz" von T. Leuders et al. (2018) (siehe Unterabschnitt 2.2.4) ist dieser Aspekt bereits durch das beobachtbare diagnostische Verhalten berücksichtigt und auch in den diagnostischen Prozessmodellen von Heinrichs (2015) und Klug et al. (2013) lässt er sich erkennen, denn Heinrichs betrachtet auch den „Umgang mit dem Fehler" und nach Klug und Kollegen findet in der postaktionalen Phase ein Feedback an den Schüler, eine Elternberatung, ein adaptiver Unterricht oder das Schreiben von Förderplänen statt. Außerdem findet er auch im Entwicklungsverbund „Diagnose und Förderung heterogener Lerngruppen" Berücksichtigung (Selter et al., 2017). Dennoch wird in den meisten aktuellen Forschungsprojekten nicht beachtet, dass nach der Diagnose auch eine entsprechende individuelle Förderung des Lernenden notwendig ist. Eine Ausnahme ist hierbei das Teilprojekt von Dreher und Obersteiner im Promotionskolleg DiaKom 2, denn sie untersuchen den Urteilsprozess im Hinblick auf das Erkennen von Fehlvorstellungen und die Auswahl adaptiver Aufgaben zur Überwindung dieser Fehlvorstellungen (DiaKom 2).

Beretz et al. (2017, S. 165, Hervorhebung im Original) konnten durch die Analysen ihrer interventionsbegleitenden Erhebungen erkennen, dass die teilnehmenden Lehramtsstudierenden zwar imstande sind, „im Rahmen der Diagnostik zu extrahieren, *was* den Schülerinnen und Schülern fehlt und im Sinne einer Zielsetzung gefördert werden müsste, fachdidaktische Konzepte, *wie* das umzusetzen ist, fehlen ihnen aber in beiden Veranstaltungen". An dieser Stelle könnte argumentiert werden, dass die individuelle Förderung von Lernenden eher in der zweiten Ausbildungsphase – dem Vorbereitungsdienst – thematisiert wird, was auch mit den Standards der Lehrerbildung einhergeht (siehe Kultusministerkonferenz (2004)). Jedoch könnte es für die Studierenden zum einen unbefriedigend sein, lediglich auf diese Phase zu verweisen, und zum anderen ist diese Phase auch zeitlich viel kürzer als die universitäre Phase, weshalb auch diesbezüglich die ersten Grundlagen bereits in der universitären Phase erlangt werden sollten. Folglich erscheint es ratsam, zukünftig auch diesen Aspekt mehr zu fördern und entsprechend zu untersuchen.

Als zweiter Forschungsschwerpunkt stellt sich die Frage, inwieweit sich die Fehler-Ursachen-Diagnosekompetenz (sowie die Kompetenz zur individuellen Förderung) der Lehramtsstudierenden überhaupt auf die Kompetenzen der Lernenden auswirkt. Lehramtsstudierende könnten beispielsweise für den interviewten Lernenden eine entsprechende individuelle Förderung entwickeln, diese einsetzen und dadurch dessen Fähigkeiten fördern bzw. dessen Fehlvorstellungen abbauen. Die Entwicklung des Schülers müsste dann ebenfalls empirisch untersucht werden. Zugleich könnten die Lehramtsstudierenden dadurch besser nachvollziehen, dass es notwendig ist, diagnostische Kompetenzen auszubauen und sind dementsprechend auch motivierter, sich mit dieser Thematik – auch außerhalb des Studiums – auseinanderzusetzen. Demnach sollte in zukünftigen Studien auch untersucht werden, inwieweit mit der Förderung der diagnostischen Kompetenzen (und der Kompetenzen zur individuellen Förderung) eine Förderung des Lernenden einhergeht. In bisherigen Studien bezüglich der Urteilsgenauigkeit sind die Befunde uneinheitlich, inwieweit die diagnostische Kompetenz einer Lehrkraft positive Wirkungen auf die Leistung der Lernenden hat (Karst et al., 2014). Hingegen hat sich das formative Assessment als effektiv für die Selbstwirksamkeitserwartung sowie das Interesse der Lernenden erwiesen, wobei sich auch indirekte Effekte auf die Schülerleistungen ergaben (Rakoczy et al., 2018; 2019).

Abschließend werden die in diesem Kapitel beschriebenen Forschungsideen nochmals zusammenfassend überblicksartig dargestellt:

- Die Diagnosekompetenz von Lehramtsstudierenden könnte durch systematische Reflexionen praktischer Erfahrungen gefördert werden, wobei in der entsprechenden Untersuchung eine Gegenüberstellung von schriftlichen Reflexionen und gemeinsamen Reflexionen im Rahmen des Plenums denkbar wäre.
- Außerdem wäre es gegebenenfalls gewinnbringend für die Förderung der (Fehler-Ursachen-) Diagnosekompetenz, wenn die unterschiedlichen Phasen der Lehrerbildung zusammenarbeiten. Ferner könnte dabei auch untersucht werden, ob sich die Fehler-Ursachen-Diagnosekompetenz während der beruflichen Entwicklung verändert.
- Neben den diagnostischen Fähigkeiten sollten auch die entsprechenden nicht-kognitiven Dispositionen, wie Überzeugungen und Motivationen, mehr Beachtung in der Forschung erhalten und ebenfalls gefördert werden.
- Außerdem müsste neben den diagnostischen Kompetenzen auch die Kompetenzen zur individuellen Förderung im Studium gefördert und beforscht werden.
- Abschließend sollte auch untersucht werden, inwieweit sich die (Fehler-Ursachen-)Diagnosekompetenz und die Kompetenz zur individuellen Förderung überhaupt auf die Kompetenzen eines Lernenden bzw. dessen Förderung auswirkt.

Literaturverzeichnis

Abs, H. J. (2007). Überlegungen zur Modellierung diagnostischer Kompetenz bei Lehrerinnen und Lehrern. In M. Lüders & J. Wissinger (Hrsg.), *Forschung zur Lehrerbildung. Kompetenzentwicklung und Programmevaluation* (S. 63–84). Münster: Waxmann.

Adams, R. & Wu, M. L. (2002). *PISA 2000 Technical Report,* OECD. Zugriff am 04.02.2019. Verfügbar unter https://www.oecd.org/pisa/data/33688233.pdf

Adams, R., Wu, M. L. & Wilson, M. (2012). The Rasch Rating Model and the Disordered Threshold Controversy. *Educational and Psychological Measurement, 72*(4), 547–573.

Ade-Thurow, M., Bos, W., Helmke, A., Helmke, T., Hovenga, N., Lebens, M. et al. (2014). *Aus- und Fortbildung der Lehrkräfte in Hinblick auf Verbesserung der Diagnosefähigkeit, Umgang mit Heterogenität, individuelle Förderung.* Münster: Waxmann.

Alsawaie, O. N. & Alghazo, I. M. (2010). The effect of video-based approach on prospective teachers' ability to analyze mathematics teaching. *Journal of Mathematics Teacher Education, 13,* 223–241.

Altrichter, H., Trautmann, M., Wischer, B., Sommerauer, S. & Doppler, B. (2009). Unterrichten in heterogenen Gruppen: Das Qualitätspotenzial von Individualisierung, Differenzierung und Klassenschülerzahl. In W. Specht (Hrsg.), *Nationaler Bildungsbericht Österreich 2009. Band 2: Fokussierte Analysen bildungspolitischer Schwerpunktthemen* (S. 341–360). Graz: Leykam.

Appell, K. (2004). Prozentrechnen. Formel, Dreisatz, Brüche und Operatoren. *Der Mathematikunterricht, 50*(6), 23–32.

Arens-Voshege, B., Kovermann, B., Schneider, R. & Sommerfeld, D. (2006). Das Dortmunder Theorie-Praxis-Modul in der Lehrerinnen- und Lehrerausbildung. *Hochschuldidaktisches Zentrum der Technischen Universität Dortmund,* (1), 10–14. Zugriff am 03.12.2019. Verfügbar unter https://eldorado.tu-dortmund.de/bitstream/2003/26883/1/Dortmunder.pdf

Artelt, C. & Gräsel, C. (2009). Diagnostische Kompetenz von Lehrkräften. *Zeitschrift für Pädagogische Psychologie, 23*(3–4), 157–160.

Artelt, C., Stanat, P., Schneider, W. & Schiefele, U. (2001). Lesekompetenz. Testkonzeption und Ergebnisse. In Deutsches PISA-Konsortium (Hrsg.), *PISA 2000. Basiskompetenzen von Schülerinnen und Schülern im internationalen Vergleich*. Opladen: Leske und Budrich.

Ball, D. L., Thames, M. H. & Phelps, G. (2008). Content Knowledge for Teaching. What makes it special? *Journal of Teaching Education, 59*(5), 389–407.

Bandura, A. (1997). *Self-Efficacy. The Exercise of Control* (11. Auflage). New York: W. H. Freeman and Company.

Barnhart, T. & Es, v. E. A. (2015). Studying teacher noticing. Examining the relationship among pre-service science teachers' ability to attend, analyze and respond to student thinking. *Teaching and Teacher Education, 45*, 83–93.

Barthel, M.-E. & Roth, J. (2017). Diagnostische Kompetenz von Lehramtsstudierenden fördern. In J. Leuders, T. Leuders, S. Prediger & S. Ruwisch (Hrsg.), *Mit Heterogenität im Mathematikunterricht umgehen lernen. Konzepte und Perspektiven für eine zentrale Anforderung an die Lehrerbildung* (S. 43–52). Wiesbaden: Springer Fachmedien.

Barzel, B., Büchter, A. & Leuders, T. (2015). *Mathematik – Methodik. Handbuch für die Sekundarstufe I und II* (8. Auflage). Berlin: Cornelsen Scriptor.

Bauer, L. (2009). Diagnose und Förderung im Mathematikunterricht der Hauptschule. Fallstudien zum Bruch- und Prozentrechnen. In A. Fritz & S. Schmidt (Hrsg.), *Fördernder Mathematikunterricht in der Sekundarstufe I* (S. 141–166). Weinheim und Basel: Beltz Verlag.

Baumert, J., Blum, W., Brunner, M., Dubberke, T., Jordan, A., Klusmann, U. et al. (2008). *Professionswissen von Lehrkräften, kognitiv aktivierender Mathematikunterricht und die Entwicklung von mathematischer Kompetenz (COACTIV). Dokumentation der Erhebungsinstrumente*. Berlin: Max-Planck-Institut für Bildungsforschung.

Baumert, J. & Kunter, M. (2011). Das Kompetenzmodell von COACTIV. In M. Kunter, J. Baumert, W. Blum, U. Klusmann, S. Krauss & M. Neubrand (Hrsg.), *Professionelle Kompetenz von Lehrkräften. Ergebnisse des Forschungsprogramms COACTIV* (S. 29–53). Münster: Waxmann.

Baumert, J. & Kunter, M. (2013). Professionelle Kompetenz von Lehrkräften. In I. Gogolin, H. Kuper, H.-H. Krüger & J. Baumert (Hrsg.), *Stichwort Zeitschrift für Erziehungswissenschaft* (S. 277–337). Wiesbaden: Springer Fachmedien.

Baumert, J., Kunter, M., Blum, W., Brunner, M., Voss, T., Jordan, A. et al. (2010). Teachers' Mathematical Knowledge, Cognitive Activation in the Classroom, and Student Progress. *American Educational Research Journal, 47*(1), 133–180.

Beatty, R. (2010). Behind and below zero: sixth grade students use linear graphs to explore negative numbers. In P. Brosnan, D. B. Erchick & L. Flevares (Hrsg.), *Proceedings of the 32nd annual meeting of the North American Chapter of the International Group for the Psychology of Mathematics Education* (S. 219–226). Columbus, OH: The Ohio State University.

Beck, E., Baer, M., Guldimann, T., Bischoff, S., Brühwiler, C., Müller, P. et al. (2008). *Adaptive Lehrkompetenz. Analyse und Struktur, Veränderbarkeit und Wirkung handlungssteuernden Lehrerwissens*. Münster: Waxmann.

Becker, G. (1985). Fehler in geometrischen Beweisen von Schülern der Sekundarstufe. *Der Mathematikunterricht, 31*(6), 48–64.

Behrmann, L. & Kaiser, J. (2017). Das Modell pädagogischer Diagnostik nach Ingenkamp und Lissmann. In A. Südkamp & A.-K. Praetorius (Hrsg.), *Diagnostische Kompetenz von Lehrkräften. Theoretische und methodische Weiterentwicklungen* (S. 59–62). Münster: Waxmann.

Benz, C., Peter-Koop, A. & Grüßing, M. (2015). *Frühe mathematische Bildung: Mathematiklernen der Drei- bis Achtjährigen.* Berlin: Springer Spektrum.

Beretz, A.-K., Lengnink, K. & von Aufschnaiter, C. (2017). Diagnostische Kompetenz gezielt fördern – Videoeinsatz im Lehramtsstudium Mathematik und Physik. In C. Selter, S. Hußmann, C. Hößle, C. Knipping, K. Lengnink & J. Michaelis (Hrsg.), *Diagnose und Förderung heterogener Lerngruppen. Theorien, Konzepte und Beispiele aus der MINT-Lehrerbildung* (S. 149–168). Münster: Waxmann.

Berger, R. (1989). *Prozent- und Zinsrechnen in der Hauptschule. Didaktische Analysen und empirische Ergebnisse zu Schwierigkeiten, Lösungsverfahren und Selbstkorrekturverhalten der Schüler am Ende der Hauptschulzeit.* Regensburg: Roderer Verlag.

Berger, R. (1991). Leistungen von Schülern im Prozent- und Zinsrechnen am Ende der Hauptschulzeit. Ergebnisse einer fehleranalytisch orientierten empirischen Untersuchung. *Der Mathematikunterricht, 12*(1), 30–44.

Beschlüsse der Kultusministerkonferenz. (2003). *Bildungsstandards im Fach Mathematik für den Mittleren Schulabschluss. Beschluss vom 4.12.2003.* Zugriff am 14.10.2018. Verfügbar unter https://www.kmk.org/fileadmin/veroeffentlichungen_beschluesse/2003/2003_12_04-Bildungsstandards-Mathe-Mittleren-SA.pdf

Besser, M., Leiss, D. & Blum, W. (2015). Theoretische Konzeption und empirische Wirkung einer Lehrerfortbildung am Beispiel des mathematischen Problemlösens. *Journal für Mathematik-Didaktik, 36,* 285–313.

Beutelspacher, A. (2008). Horizonterweiternde Stolpersteine. Über die Unmöglichkeit und die Notwendigkeit von Fehlern in der Mathematik. In R. Caspary (Hrsg.), *Nur wer Fehler macht, kommt weiter. Wege zu einer neuen Lernkultur* (S. 86–96). Freiburg im Breisgau: Herder.

Bikner-Ahsbahs, A., Bönig, D. & Korff, N. (2017). Inklusive Lernumgebungen im Praxissemester: Gemeinsam lernt es sich reflexiver. In C. Selter, S. Hußmann, C. Hößle, C. Knipping, K. Lengnink & J. Michaelis (Hrsg.), *Diagnose und Förderung heterogener Lerngruppen. Theorien, Konzepte und Beispiele aus der MINT-Lehrerbildung* (S. 107–128). Münster: Waxmann.

Binder, K., Krauss, S., Hilbert, S., Brunner, M., Anders, Y. & Kunter, M. (2018). Diagnostic Skills of Mathematics Teachers in the COACTIV Study. In T. Leuders, K. Philipp & J. Leuders (Hrsg.), *Diagnostic Competence of Mathematics Teachers. Unpacking a Complex Construct in Teacher Education and Teacher Practice* (S. 33–53). Cham: Springer International Publishing AG.

Birenbaum, M., Breuer, K., Cascallar, E., Dochy, F., Dori, Y., Ridgway, J. et al. (2006). A learning integrated assessment system. *Educational Research Review, 1,* 61–67.

Black, P. & Wiliam, D. (1998). Assessment and Classroom Learning. *Assessment in Education, 5*(1), 7–74.

Blanca, M. J., Alarcón, R., Arnau, J., Bono, R. & Bendayan, R. (2017). Non-normal data. Is ANOVA still a valid option? *Psicothema, 29*(4), 552–557.

Blanck, B. (2008). Entwicklung einer Fehleraufsuchdidaktik und Erwägungsorientierung. Unter Berücksichtigung von Beispielen aus dem Grundschulunterricht. In R. Caspary

(Hrsg.), *Nur wer Fehler macht, kommt weiter. Wege zu einer neuen Lernkultur* (S. 97–119). Freiburg im Breisgau: Herder.

Blomberg, G., Renkl, A., Sherin, M., Borko, H. & Seidel, T. (2013). Five research-based heuristics for using video in pre-service teacher education. *Journal for educational research online, 5*(1), 90–114.

Blömeke, S. (2007). Qualitativ-quantitativ, induktiv – deduktiv, Prozess – Produkt, national – irrational. In M. Lüders & J. Wissinger (Hrsg.), *Forschung zur Lehrerbildung. Kompetenzentwicklung und Programmevaluation* (S. 13–36). Münster: Waxmann.

Blömeke, S. (2009). Lehrerausbildung. In S. Andresen, R. Casale, T. Gabriel, R. Horlacher, S. Larcher Klee & J. Oelkers (Hrsg.), *Handwörterbuch Erziehungswissenschaft* (S. 547–562). Weinheim: Beltz.

Blömeke, S., Felbrich, A. & Müller, C. (2008). Theoretischer Rahmen und Untersuchungsdesign. In S. Blömeke, G. Kaiser & R. Lehmann (Hrsg.), *Professionelle Kompetenz angehender Lehrerinnen und Lehrer. Wissen, Überzeugungen und Lerngelegenheiten deutscher Mathematikstudierender und -referendare. Erste Ergebnisse zur Wirksamkeit der Lehrerausbildung* (S. 15–48). Münster [u. a.]: Waxmann.

Blömeke, S., Gustafsson, J.-E. & Shavelson, R. J. (2015). Beyond Dichotomies. Competence Viewed as a Continuum. *Zeitschrift Für Psychologie, 223*(1), 3–13.

Blömeke, S., Kaiser, G. & Lehmann, R. (2011). Messung professioneller Kompetenz angehender Lehrkräfte. „Mathematics Teaching in the 21st Century" und die IEA-Studie TEDS-M. In H. Bayrhuber, U. Harms, B. Muszynski, B. Ralle, M. Rothgangel, L.-H. Schön et al. (Hrsg.), *Empirische Fundierung in den Fachdidaktiken* (Fachdidaktische Forschungen, Bd. 1, S. 9–26). Münster [u. a.]: Waxmann.

Blömeke, S., Kaiser, G., Schwarz, B., Lehmann, R., Seeber, S., Müller, C. et al. (2008). Entwicklung des fachbezogenen Wissens in der Lehrerausbildung. In S. Blömeke, G. Kaiser & R. Lehmann (Hrsg.), *Professionelle Kompetenz angehender Lehrerinnen und Lehrer. Wissen, Überzeugungen und Lerngelegenheiten deutscher Mathematikstudierender und -referendare. Erste Ergebnisse zur Wirksamkeit der Lehrerausbildung* (S. 135–170). Münster [u. a.]: Waxmann.

Blömeke, S. & König, J. (2010). Messung des pädagogischen Wissens. Theoretischer Rahmen und Teststruktur. In S. Blömeke, G. Kaiser & G. Lehmann (Hrsg.), *TEDS-M 2008 – Professionelle Kompetenz und Lerngelegenheiten angehender Mathematiklehrkräfte für die Sekundarstufe I im internationalen Vergleich* (S. 239–264). Münster [u. a.]: Waxmann.

Blömeke, S., Seeber, S., Lehmann, R., Kaiser, G., Schwarz, B., Felbrich, A. et al. (2008). Messung des fachbezogenen Wissens angehender Mathematiklehrkräfte. In S. Blömeke, G. Kaiser & R. Lehmann (Hrsg.), *Professionelle Kompetenz angehender Lehrerinnen und Lehrer. Wissen, Überzeugungen und Lerngelegenheiten deutscher Mathematikstudierender und -referendare. Erste Ergebnisse zur Wirksamkeit der Lehrerausbildung* (S. 49–88). Münster [u. a.]: Waxmann.

Blömeke, S., Suhl, U., Kaiser, G., Felbrich, A., Schmotz, C. & Lehmann, R. (2010). Lerngelegenheiten und Kompetenzerwerb angehender Mathematiklehrkräfte im internationalen Vergleich. *Unterrichtswissenschaft – Zeitschrift für Lernforschung, 38*(1), 29–50.

Blum, W. (2010). Modellierungsaufgaben im Mathematikunterricht. Herausforderung für Schüler und Lehrer. *Praxis der Mathematik in der Schule, 52*(34), 42–48.

Blum, W. & vom Hofe, R. (2003). Welche Grundvorstellungen stecken in der Aufgabe? *mathematik lehren*, (118), 14–18.

Blum, W., vom Hofe, R., Jordan, A. & Kleine, M. (2004). Grundvorstellungen als aufgabenanalytisches und diagnostisches Instrument bei PISA. In M. Neubrand (Hrsg.), *Mathematische Kompetenzen von Schülerinnen und Schülern in Deutschland. Vertiefende Analysen im Rahmen von PISA 2000* (S. 145–157). Wiesbaden: Verlag für Sozialwissenschaften.

BMBF – Qualitätsoffensive Lehrerbildung.. *Programm*. Zugriff am 03.12.2019. Verfügbar unter https://www.qualitaetsoffensive-lehrerbildung.de/de/programm-50.html

Böer, H., Kliemann, S., Mallon, C., Puscher, R., Segelken, S., Schmidt, W. et al. (2007). *mathe live 7. Mathematik für Sekundarstufe I* (1. Auflage). Stuttgart: Ernst Klett.

Bofferding, L. (2010). Addition and Subtraction with Negatives: Acknowledging the Multiple Meanings of the Minus Sign. In P. Brosnan, D. B. Erchick & L. Flevares (Hrsg.), *Proceedings of the 32nd annual meeting of the North American Chapter of the International Group for the Psychology of Mathematics Education* (S. 703–710). Columbus, OH: The Ohio State University.

Böhmer, I., Hörstermann, T., Gräsel, C., Krolak-Schwerdt, S. & Glock, S. (2015). Eine Analyse der Informationssuche bei der Erstellung der Übergangsempfehlung. Welcher Urteilsregel folgen Lehrkräfte? *Journal for educational research online*, 7(2), 59–81.

Bond, T. G. & Fox, C. M. (2015). *Applying the Rasch Model. Fundamental Measurement in the Human Sciences* (3. Auflage). London: Routledge.

Bong, M. & Skaalvik, E. (2003). Academic Self-Concept and Self-Efficacy. How Different Are They Really? *Educational Psychology Review*, 15(1), 1–40.

Borromeo Ferri, R. (2011). *Wege zur Innenwelt des mathematischen Modellierens. Kognitive Analysen zu Modellierungsprozessen im Mathematikunterricht*. Wiesbaden: Vieweg + Teubner Verlag.

Bortz, J. & Schuster, C. (2010). *Statistik für Human- und Sozialwissenschaftler* (7., vollständig überarbeitete und erweiterte Auflage). Berlin, Heidelberg: Springer.

Brand, S. (2014). *Erwerb von Modellierungskompetenzen. Empirischer Vergleich eines holistischen und eines atomistischen Ansatzes zur Förderung von Modellierungskompetenzen*. Wiesbaden: Springer Fachmedien.

Brauer, L., Fischer, A., Hößle, C., Niesel, V., Voß, S. & Warnstedt, J. A. (2017). Vignettenbasierte Instrumente zur Förderung der diagnostischen Fähigkeiten von Studierenden mit den Fächern Biologie und Mathematik (Sekundarstufe I). In C. Selter, S. Hußmann, C. Hößle, C. Knipping, K. Lengnink & J. Michaelis (Hrsg.), *Diagnose und Förderung heterogener Lerngruppen. Theorien, Konzepte und Beispiele aus der MINT-Lehrerbildung* (S. 257–276). Münster: Waxmann.

Bräuning, K. & Steinbring, H. (2011). Communicative characteristics of teachers' mathematical talk with children: from knowledge transfer to knowledge investigation. *ZDM Mathematics Education*, 43, 927–939.

Bromme, R. (1997). Kompetenzen, Funktionen und unterrichtliches Handeln des Lehrers. In F. E. Weinert (Hrsg.), *Psychologie des Unterrichts und der Schule* (Bd. 3, S. 177–212). Göttingen [u. a.]: Hogrefe.

Bromme, R. (2008). Lehrerexpertise, Teacher's skill. In W. Schneider & M. Hasselhorn (Hrsg.), *Handbuch der Pädagogischen Psychologie* (Bd. 10, S. 159–167). Göttingen: Hogrefe.

Bromme, R. (2014). *Der Lehrer als Experte. Zur Psychologie des professionellen Wissens*. Münster: Waxmann.

Brouwer, N. & Korthagen, F. (2005). Can teacher education make a difference? *American Educational Research Journal, 42*(1), 153–224.

Brovelli, D., Bölsterli, K., Rehm, M. & Wilhelm, M. (2013). Erfassen professioneller Kompetenzen für den naturwissenschaftlichen Unterricht. Ein Vignettentest mit authentisch komplexen Unterrichtssituationen und offenem Antwortformat. *Unterrichtswissenschaft – Zeitschrift für Lernforschung, 41*(4), 306–329.

Brown, J. S. & Burton, R. R. (1978). Diagnostic Models for Procedural Bugs in Basic Mathematical Skills. *Cognitive Science, 2*(2), 155–192.

Bruder, S., Klug, J., Hertel, S. & Schmitz, B. (2010). Messung, Modellierung und Förderung der Beratungskompetenz und Diagnostischen Kompetenz von Lehrkräften. In K. Beck & O. Zlatkin-Troitschanskaia (Hrsg.), *Lehrerprofessionalität. Was wir wissen und was wir wissen müssen* (S. 173–193). Landau in der Pfalz: Verlag Empirische Pädagogik.

Brümmer, F., Durdel, A., Fischer-Münnich, C., Fittkau, J. & Weiger, W. (Ramboll, Hrsg.). (2018). *Qualitätsoffensive Lehrerbildung. Zwischenbericht der Evaluation*. Zugriff am 03.12.2019. Verfügbar unter https://de.ramboll.com/media/rde/2018_qlb_zwischenb ericht

Brunner, M., Anders, Y., Hachfeld, A. & Krauss, S. (2011). Diagnostische Fähigkeiten von Mathematiklehrkräften. In M. Kunter, J. Baumert, W. Blum, U. Klusmann, S. Krauss & M. Neubrand (Hrsg.), *Professionelle Kompetenz von Lehrkräften. Ergebnisse des Forschungsprogramms COACTIV* (S. 213–234). Münster: Waxmann.

Buchholtz, N., Kaiser, G. & Stancel-Piatac, A. (2011). Professionelles Wissen von Studierenden des Lehramts Mathematik. In S. Blömeke, A. Bremerich-Vos, H. Haudeck, G. Kaiser, G. Nold, K. Schwippert et al. (Hrsg.), *Kompetenzen von Lehramtsstudierenden in gering strukturierten Domänen. Erste Ergebnisse aus TEDS-LT* (S. 101–133). Münster [u. a.]: Waxmann.

Büchter, A. & Leuders, T. (2016). *Mathematikaufgaben selbst entwickeln. Lernen fördern – Leistung überprüfen* (7. überarbeitete Neuauflage). Berlin: Cornelsen.

Bühner, M. (2011). *Einführung in die Test- und Fragebogenkonstruktion* (3. aktualisierte und erweiterte Auflage). München [u. a.]: Pearson.

Bühner, M. & Ziegler, M. (2009). *Statistik für Psychologen und Sozialwissenschaftler*. München: Pearson Studium.

Busch, J., Barzel, B. & Leuders, T. (2015). Die Entwicklung eines Instruments zur kategorialen Beurteilung der Entwicklung diagnostischer Kompetenzen von Lehrkräften im Bereich Funktionen. *Journal für Mathematik-Didaktik, 36*, 315–337.

Caspary, R. (Hrsg.). (2008). *Nur wer Fehler macht, kommt weiter. Wege zu einer neuen Lernkultur*. Freiburg im Breisgau: Herder.

Chernikova, O., Heitzmann, N., Fink, M. C., Timothy, V., Seidel, T. & Fischer, F. (2020). Facilitating Diagnostic Competences in Higher Education – a Meta-Analysis in Medical and Teacher Education. *Educational Psychology Review*.

Chi, M. T. H., Siler, S. A. & Jeong, H. (2004). Can Tutors Monitor Students´ Understanding Accurately? *Cognition and Instruction, 22*(3), 363–387.

Clarke, D., Cheeseman, J., Gervasoni, A., Gronn, D., Horne, M., McDonough, A. et al. (2002). *Early Numeracy Research Project Final Report*, Mathematics Teaching and Learning Centre, Australian Catholic University. Zugriff am 04.04.2019. Verfügbar

unter https://www.researchgate.net/publication/237837181_Early_Numeracy_Project_F
inal_Report

Clarke, D., Roche, A. & Clarke, B. (2018). Supporting Mathematics Teachers´ Diagnostic Competence Through the Use of One-to-One, Task-Based Assessment Interviews. In T. Leuders, K. Philipp & J. Leuders (Hrsg.), *Diagnostic Competence of Mathematics Teachers. Unpacking a Complex Construct in Teacher Education and Teacher Practice* (S. 173–192). Cham: Springer International Publishing AG.

Cohen, J. (1988). *Statistical Power Analysis for the Behavioral Sciences* (2. Auflage). New Jersey: Lawrence Erlbaum Associates, Publishers.

Cooper, S. (2009). Preservice Teachers' Analysis of Children's Work to Make Instructional Decisions. *School Science and Mathematics, 109*(6), 355–362.

COSIMA.. *Förderung von Diagnosekompetenzen in simulationsbasierten Lernumgebungen in der Hochschule.* Zugriff am 20.12.2019. Verfügbar unter https://www.for2385.uni-muenchen.de/index.html

COSIMA – Teilprojekt 1.. *Förderung von Kompetenzen zur dokumentenbasierten Diagnose mathematischer Schülerleistungen in simulationsbasierten Lernumgebungen.* Zugriff am 20.12.2019. Verfügbar unter https://www.for2385.uni-muenchen.de/teilprojekte1/tei lprojekt1/index.html

COSIMA – Teilprojekt 7.. *Förderung von Professionswissen und diagnostischen Kompe-tenzen der interaktiven mathematischen Lernstandsdiagnose: Effekte von übernomme-ner Rolle und begleitender vs. abschließender Reflexion in simulierter Lehrer-Schüler-Interaktion (COSIMA/DiMaL).* Zugriff am 20.12.2019. Verfügbar unter https://www.for 2385.uni-muenchen.de/teilprojekte1/teilprojekt7/index.html

Cox, L. (1975a). Diagnosing and remediating systematic errors in addition and subtraction computations. *The arithmetic teacher, 22*(2), 151–157.

Cox, L. (1975b). Systematic errors in the four vertical algorithms in normal and handicapped populations. *Journal for Research in Mathematics Education, 6*(4), 202–220.

Cramer, C. (2014). Theorie und Praxis in der Lehrerbildung. Bestimmung des Ver-hältnisses durch Synthese von theoretischen Zugängen, empirischen Befunden und Realisierungsformen. *Die deutsche Schule, 106*(4), 344–357.

Cramer, C., Horn, K.-P. & Schweitzer, F. (2009). Zur Bedeutsamkeit von Ausbildungs-komponenten des Lehramtsstudiums im Urteil von Erstsemestern. Erste Ergebnisse der Studie „Entwicklung Lehramtsstudierender im Kontext institutioneller Rahmenbedin-gungen" (ELKiR). *Zeitschrift für Pädagogik, 55*(5), 761–780.

Cronbach, L. (1955). Processes affecting scores on "understanding of others" and "assumed similarity". *Psychological Bulletin, 52*, 177–193.

DiaKom 1.. *Einflüsse, Struktur und Förderung.* Zugriff am 20.12.2019. Verfügbar unter https://www.kebu-freiburg.de/diakom/teilprojekte.htm

DiaKom 2.. *Diagnostische Urteilsprozesse als Informationsverarbeitung und die Bedeu-tung von Personen- und Situationsmerkmalen.* Zugriff am 20.12.2019. Verfügbar unter https://www.kebu-freiburg.de/diakom/teilprojekte2.htm

Döhrmann, M., Kaiser, G. & Blömeke, S. (2010). Messung des mathematischen und mathematikdidaktischen Wissens. Theoretischer Rahmen und Teststruktur. In S. Blö-meke, G. Kaiser & G. Lehmann (Hrsg.), *TEDS-M 2008 – Professionelle Kompetenz und Lerngelegenheiten angehender Mathematiklehrkräfte für die Sekundarstufe I im internationalen Vergleich* (S. 169–196). Münster [u. a.]: Waxmann.

Döring, N. & Bortz, J. (2016a). Datenanalyse. In N. Döring & J. Bortz (Hrsg.), *Forschungsmethoden und Evaluation in den Sozial- und Humanwissenschaften* (5. vollständig überarbeitete, aktualisierte und erweiterte Auflage, S. 597–784). Berlin, Heidelberg: Springer-Verlag.

Döring, N. & Bortz, J. (2016b). Datenerhebung. In N. Döring & J. Bortz (Hrsg.), *Forschungsmethoden und Evaluation in den Sozial- und Humanwissenschaften* (5. vollständig überarbeitete, aktualisierte und erweiterte Auflage, S. 323–577). Berlin, Heidelberg: Springer-Verlag.

Döring, N. & Bortz, J. (2016c). Operationalisierung. In N. Döring & J. Bortz (Hrsg.), *Forschungsmethoden und Evaluation in den Sozial- und Humanwissenschaften* (5. vollständig überarbeitete, aktualisierte und erweiterte Auflage, S. 221–290). Berlin, Heidelberg: Springer-Verlag.

Döring, N. & Bortz, J. (2016d). Qualitätskriterien in der empirischen Sozialforschung. In N. Döring & J. Bortz (Hrsg.), *Forschungsmethoden und Evaluation in den Sozial- und Humanwissenschaften* (5. vollständig überarbeitete, aktualisierte und erweiterte Auflage, S. 81–119). Berlin, Heidelberg: Springer-Verlag.

Döring, N. & Bortz, J. (2016e). Stichprobenziehung. In N. Döring & J. Bortz (Hrsg.), *Forschungsmethoden und Evaluation in den Sozial- und Humanwissenschaften* (5. vollständig überarbeitete, aktualisierte und erweiterte Auflage, S. 291–320). Berlin, Heidelberg: Springer-Verlag.

Döring, N. & Bortz, J. (2016f). Untersuchungsdesign. In N. Döring & J. Bortz (Hrsg.), *Forschungsmethoden und Evaluation in den Sozial- und Humanwissenschaften* (5. vollständig überarbeitete, aktualisierte und erweiterte Auflage, S. 181–220). Berlin, Heidelberg: Springer-Verlag.

Dünnebier, K., Gräsel, C. & Krolak-Schwerdt, S. (2009). Urteilsverzerrungen in der schulischen Leistungsbeurteilung: Eine experimentelle Studie zu Ankereffekten. *Zeitschrift für Pädagogische Psychologie, 23*(3-4), 187–195.

Eisenhart, M., Borko, H., Underhill, R., Brown, C., Jones, D. & Agard, P. (1993). Conceptual knowledge falls through the cracks. Complexities of learning to teach mathematics for understanding, *24*(1), 8–40.

Enenkiel, P. & Roth, J. (2018, 2019). Der Einfluss von Feedback auf die Entwicklung diagnostischer Fähigkeiten von Mathematiklehramtsstudierenden. In *Beiträge zum Mathematikunterricht 2019* .

Enenkiel, P. & Roth, J. (2018). Diagnostische Fähigkeiten von Lehramtsstudierenden mithilfe von Videovignetten fördern – Der Einfluss von Feedback. In Fachgruppe Didaktik der Mathematik der Universität Paderborn (Hrsg.), *Beiträge zum Mathematikunterricht 2018* (S. 513–516). Münster: WTM-Verlag.

ENRP. (2002). *Early Numeracy Research Project. Summary of the Final Report.* Zugriff am 31.07.2019. Verfügbar unter http://www.education.vic.gov.au/Documents/school/tea chers/teachingresources/discipline/maths/enrpreport.pdf

Feinberg, A. B. & Shapiro, E. S. (2009). Teacher Accuracy. An Examination of Teacher-Based Judgments of Students´ Reading With Differing Achievement Levels. *The Journal of Educational Research, 102*(6), 453–462.

Fischbein, E., Tirosh, D., Stavy, R. & Oster, A. (1990). The Autonomy of Mental Models. *For the Learning of Mathematics, 10*(1), 23–30.

Fives, H. (2003). *What is teacher efficacy and how does it relate to teachers' knowledge? A theoretical review.*, Paper presented at the annual meeting of the American Educational Research Association. Zugriff am 02.09.2019. Verfügbar unter http://citeseerx.ist.psu.edu/viewdoc/download?doi=10.1.1.135.6460&rep=rep1&type=pdf

Fölsch, H., Kempf, H., Meerstein, C., Remmes, B., Seeler, T. von, Sominka, J. et al. (2015). *Mathe macht stark. Aufstieg-Gipfel-Heft „Ganze Zahlen"* (2. Auflage). Berlin: Cornelsen.

Förster, N. & Karst, K. (2017). Modelle diagnostischer Kompetenz. Gemeinsamkeiten und Unterschiede. In A. Südkamp & A.-K. Praetorius (Hrsg.), *Diagnostische Kompetenz von Lehrkräften. Theoretische und methodische Weiterentwicklungen* (S. 63–66). Münster: Waxmann.

Führer, L. (1997). *Pädagogik des Mathematikunterrichts. Eine Einführung in die Fachdidaktik für Sekundarstufen.* Braunschweig/Wiesbaden: Friedr. Vieweg & Sohn.

Gallardo, A. (2003). "It is possible to die before being born". Negative Integers Subtraction. A Case Study. In N. A. Pateman, B. J. Dougherty & J. T. Ziliox (Hrsg.), *Proceedings of the 27th Conference of the International Group for the Psychology of Mathematics Education held jointly with the 25th Conference of PME- NA. (13-18 July, 2003, Honolulu, HI)* (Bd. 2, S. 405–411).

Geering, P. (1995). Aus Fehlern lernen im Mathematikunterricht. In E. Beck, T. Guldimann & M. Zutavern (Hrsg.), *Eigenständig lernen* (S. 59–70). St. Gallen: UVK.

Gerster, H.-D. (2012). *Schülerfehler bei schriftlichen Rechenverfahren. Diagnose und Therapie* (unveränderter Nachdruck der Originalausgabe. Diese erschien 1982 im Herder Verlag, Freiburg i.Br.). Münster: WTM-Verlag.

Girgulat, A., Nührenbörger, M. & Wember, F. B. (2013). Fachdidaktisch fundierte Reflexion von Diagnose und individuelle Förderung im Unterrichtskontext – am Beispiel des Faches Mathematik unter Beachtung sonderpädagogischer Förderung. In S. Hußmann & C. Selter (Hrsg.), *Diagnose und individuelle Förderung in der MINT-Lehrerbildung. Das Projekt dortMINT* (S. 150–166). Münster: Waxmann.

Gläser, J. & Laudel, G. (2010). *Experteninterviews und qualitative Inhaltsanalyse. als Instrumente rekonstruierender Untersuchungen* (4. Auflage). Wiesbaden: VS Verlag für Sozialwissenschaften.

Glogger-Frey, I. & Herppich, S. (2017). Formative Diagnostik als Teilaspekt diagnostischer Kompetenz. In A. Südkamp & A.-K. Praetorius (Hrsg.), *Diagnostische Kompetenz von Lehrkräften. Theoretische und methodische Weiterentwicklungen* (S. 42–45). Münster: Waxmann.

Griesel, H. & Postel, H. (1992). Prozentrechnung. Themen aus Wirtschaft und Bankwesen. *Mathematik in der Schule, 30*(2), 71–77.

Griesel, H., Postel, H. & vom Hofe, R. (2011). *Mathematik heute. Klasse 7, Hessen.* Braunschweig: Bildungshaus Schulbuchverlage Westermann Schroedel.

Groß-Mlynek, L., Graf, T., Harring, M. & Feldhoff, T. (2018). Unterrichtsvideos als Element der Theorie-Praxis-Verzahnung. *Journal für Lehrerinnen- und Lehrerbildung, 18*(3), 56–61.

Gubler-Beck, A. (2008). Konstruktiver Umgang mit Schülerfehlern. Hindernisse und Chancen. In E. Vásáhelyi (Hrsg.), *Beiträge zum Mathematikunterricht 2008. Vorträge auf der 42. Tagung für Didaktik der Mathematik vom 13.3. bis 18.3.2007 in Budapest.* Münster: WTM – Verl. für Wiss. Texte und Medien.

Guldimann, T. & Zutavern, M. (1999). „Das passiert uns nicht noch einmal!". Schülerinnen und Schüler lernen gemeinsam den bewußten Umgang mit Fehlern. In W. Althof (Hrsg.), *Fehlerwelten. Vom Fehlermachen und Lernen aus Fehlern. Beiträge und Nachträge zu einem interdisziplinären Symposium aus Anlaß des 60. Geburtstags von Fritz Oser* (S. 233–258). Wiesbaden: VS Verlag für Sozialwissenschaften.

Haberzettl, N. (2016). *Neue Wege des Diagnostizierens und Förderns im mathematischen Anfangsunterricht.* Kassel: kassel university press GmbH.

Hafner, T. (2012). *Proportionalität und Prozentrechnung in der Sekundarstufe I. Empirische Untersuchung und didaktische Analysen.* Wiesbaden: Vieweg & Teubner.

Hafner, T. & vom Hofe, R. (2008). Aufgaben analysieren und Schülervorstellungen erkennen. Diagnostische Interviews zur Prozentrechnung. *mathematik lehren,* (150), 14–19.

Hagen, K., Gutkin, T., Palmer Wilson, C. & Oats, R. (1998). Using Vicarious Experience and Verbal Persuasion to Enhance Self-Efficacy in Pre-service Teachers: "Priming the Pump" for Consultation. *School Psychology Quarterly, 13*(2), 169–178.

Hartig, J., Jude, N. & Wagner, W. (2008). Methodische Grundlagen der Messung und Erklärung sprachlicher Kompetenzen. In DESI-Konsortium (Hrsg.), *Unterricht und Kompetenzerwerb in Deutsch und Englisch. Ergebnisse der DESI-Studie* (S. 34–54). Weinheim und Basel: Beltz.

Hartig, J. & Kühnbach, O. (2006). Schätzung von Veränderung mit „plausible values" in mehrdimensionalen Rasch-Modellen. In A. Ittel & H. Merkens (Hrsg.), *Veränderungsmessung und Längsschnittstudien in der empirischen Erziehungswissenschaft* (S. 27–44). Wiesbaden: VS Verlag für Sozialwissenschaften.

Hascher, T. (2003). Diagnose als Voraussetzung für gelingende Lernprozesse. *Journal für Lehrerinnen- und Lehrerbildung, 3*(2), 25–30.

Hascher, T. (2008). Diagnostische Kompetenzen im Lehrerberuf. In C. Kraler & M. Schratz (Hrsg.), *Wissen erwerben, Kompetenzen entwickeln* (S. 71–86). Münster: Waxmann.

Hasemann, K. (1986). *Mathematische Lernprozesse. Analysen mit kognitionstheoretischen Modellen.* Braunschweig: Friedr. Vieweg & Sohn.

Hasselhorn, M., Decristan, J. & Klieme, E. (2019). Individuelle Förderung. In O. Köller, M. Hasselhorn, F. W. Hesse, K. Maaz, J. Schrader, H. Solga et al. (Hrsg.), *Das Bildungswesen in Deutschland. Bestand und Potentiale* (S. 375–401). Bad Heilbrunn: UTB/Klinkhardt.

Hattermann, M. (2014). Spiele und ihre Grenzen. Welches Spiel passt zu mir und meiner Klasse? *mathematik lehren,* (183), 33–37.

Heckhausen, J. & Heckhausen, H. (2018). Motivation und Handeln. Einführung und Überblick. In J. Heckhausen & H. Heckhausen (Hrsg.), *Motivation und Handeln* (5., überarbeitete und erweiterte Auflage, S. 1–11). Berlin: Springer-Verlag.

Hedtke, R. (2003). *Das unstillbare Verlangen nach Praxisbezug. Zum Theorie-Praxis-Problem der Lehrerbildung am Exempel Schulpraktischer Studien.* Zugriff am 03.12.2019. Verfügbar unter https://www.uni-bielefeld.de/soz/ag/hedtke/pdf/praxis bezug_lang.pdf

Heinrichs, H. (2015). *Diagnostische Kompetenz von Mathematik-Lehramtsstudierenden. Messung und Förderung.* Wiesbaden: Springer Spektrum. https://doi.org/10.1007/978-3-658-09890-2

Heinrichs, H. & Kaiser, G. (2018). Diagnostic Competence for Dealing with Students´ Errors. Fostering Diagnostic Competence in Error Situations. In T. Leuders, K. Philipp & J. Leuders (Hrsg.), *Diagnostic Competence of Mathematics Teachers. Unpacking a Complex Construct in Teacher Education and Teacher Practice* (S. 79–94). Cham: Springer International Publishing AG.

Heinze, A. (2004). Zum Umgang mit Fehlern im Unterrichtsgespräch der Sekundarstufe I. *Journal für Mathematik Didaktik, 25*(3/4), 221–244.

Heinze, A., Ufer, S., Rach, S. & Reiss, K. (2012). The Student Perspective on Dealing with Errors in Mathematics Class. In E. Wuttke & J. Seifried (Eds.), *Learning from Errors at School and at Work* (pp. 65–79). Opladen, Berlin & Farmington Hills: Barbara Budrich.

Helfferich, C. (2014). Leitfaden- und Experteninterviews. In N. Baur & J. Blasius (Hrsg.), *Handbuch Methoden der empirischen Sozialforschung* (S. 559–574). Wiesbaden: Springer Fachmedien.

Helmke, A. (2007). *Unterrichtsqualität erfassen, bewerten, verbessern* (6. Auflage). Seelze: Klett/Kallmeyer.

Helmke, A. (2012). *Unterrichtsqualität und Lehrerprofessionalität: Diagnose, Evaluation und Verbesserung des Unterrichts* (4. Auflage). Seelze-Velber: Klett/Kallmeyer.

Helmke, A., Helmke, T., Lenske, G., Pham, G., Praetorius, A.-K., Schrader, F.-W. et al. (2011). Unterrichtsdiagnostik – Voraussetzung für die Verbesserung der Unterrichtsqualität. In A. Bartz, M. Dammann, S. Huber, C. Kloft & M. Schreiner (Hrsg.), *PraxisWissen SchulLeitung, AL 28* (Kap. 30.71; 1–9). Köln: Wolters Kluwer.

Helmke, A., Hosenfeld, I. & Schrader, F.-W. (2004). Vergleichsarbeiten als Instrument zur Verbesserung der Diagnosekompetenz von Lehrkräften. In R. Arnold & C. Griese (Hrsg.), *Schulleitung und Schulentwicklung: Voraussetzungen, Bedingungen, Erfahrungen* (S. 119–143). Baltmannsweiler: Schneider Hohengehren.

Helmke, A. & Schrader, F.-W. (1987). Interactional effects of instructional quality and teacher judgement accuracy on achievement. *Teaching and Teacher Education, 3*, 91–98.

Herppich, S., Praetorius, A.-K., Hetmanek, A., Glogger-Frey, I., Ufer, S., Leutner, D. et al. (2017). Ein Arbeitsmodell für die empirische Erforschung der diagnostischen Kompetenz von Lehrkräften. In A. Südkamp & A.-K. Praetorius (Hrsg.), *Diagnostische Kompetenz von Lehrkräften. Theoretische und methodische Weiterentwicklungen* (S. 75–94). Münster: Waxmann.

Herppich, S., Wittwer, J., Nückles, M. & Renkl, A. (2014). Adressing knowledge deficits in tutoring and the role of teaching experience. Benefits of learning and summative assessment. *Journal of Educational Psychology, 106*(4), 934–945.

Hesse, I. & Latzko, B. (2011). *Diagnostik für Lehrkräfte* (2. Auflage). Opladen: Budrich.

Hessen. Oberstufen- und Abiturverordnung. OAVO. Zugriff am 20.08.2019. Verfügbar unter https://www.rv.hessenrecht.hessen.de/bshe/document/hevr-OSt_AbiVHEV7P3

Hessisches Kultusministerium. (2011a). *Bildungsstandards und Inhaltsfelder – Das neue Kerncurriculum für Hessen. Sekundarstufe I – Gymnasium – Mathematik.* Zugriff am 05.11.2018. Verfügbar unter https://kultusministerium.hessen.de/sites/default/files/ media/kerncurriculum_mathematik_gymnasium.pdf

Hessisches Kultusministerium. (2011b). *Bildungsstandards und Inhaltsfelder – Das neue Kerncurriculum für Hessen. Sekundarstufe I – Hauptschule – Mathematik.* Zugriff am 05.11.2018. Verfügbar unter https://kultusministerium.hessen.de/sites/default/files/ media/kerncurriculum_mathematik_hauptschule.pdf

Hessisches Kultusministerium. (2011c). *Bildungsstandards und Inhaltsfelder – Das neue Kerncurriculum für Hessen. Sekundarstufe I – Realschule – Mathematik.* Zugriff am 05.11.2018. Verfügbar unter https://kultusministerium.hessen.de/sites/default/files/ media/kerncurriculum_mathematik_realschule.pdf

Hessisches Kultusministerium. (2011d). *Lehrplan Mathematik. Bildungsgang Hauptschule.* Zugriff am 05.11.2018. Verfügbar unter https://kultusministerium.hessen.de/sites/def ault/files/HKM/lphauptmathe.pdf

Hessisches Kultusministerium. (2011e). *Lehrplan Mathematik. Bildungsgang Realschule.* Zugriff am 05.11.2018. Verfügbar unter https://kultusministerium.hessen.de/sites/def ault/files/HKM/lprealmathe.pdf

Hessisches Kultusministerium. (2011f). *Lehrplan Mathematik. Gymnasialer Bildungsgang – Jahrgangsstufen 5 bis 13.* Zugriff am 05.11.2018. Verfügbar unter https://kultusmin isterium.hessen.de/sites/default/files/media/g9-mathematik.pdf

Hessisches Kultusministerium. (2011g). *Lehrplan Mathematik. Gymnasialer Bildungsgang – Jahrgangsstufen 5G bis 9G.* Zugriff am 05.11.2018. Verfügbar unter https://kultus ministerium.hessen.de/sites/default/files/media/g8-mathematik.pdf

Hessisches Schulgesetz. Zugriff am 18.08.2019. Verfügbar unter https://kultusministerium. hessen.de/sites/default/files/media/hkm/lesefassung_schulgesetz_mit_inhaltsverzeich nis_zweispaltig_stand_30.05.2018.pdf

Hill, H., Ball, D. L. & Schilling, S. (2008). Unpacking Pedagogical Content Knowledge. Conceptualizing and Measuring Teachers´ Topic-Specific Knowledge of Students. *Journal for Research in Mathematics Education, 39*(4), 372–400.

Hirt, U. & Wälti, B. (2012). *Lernumgebungen im Mathematikunterricht. Natürliche Differenzierung für Rechenschwache bis Hochbegabte* (3. Auflage). Seelze: Klett/Kallmeyer.

Hischer, J., Tiedtke, J. & Warncke, H. (2016). *Kaufmännisches Rechnen. Die wichtigsten Rechenarten Schritt für Schritt mit integriertem Lösungsbuch* (4. Auflage). Wiesbaden: Springer Fachmedien.

Hock, N. & Borromeo Ferri, R. (2019). Diagnostische Interviews – eine Chance zur Förderung der diagnostischen Kompetenz von angehenden Mathematiklehrkräften der Sekundarstufen. In M. Degeling, N. Franken, S. Freund, S. Greiten, D. Neuhaus & J. Schellenbach-Zell (Hrsg.), *Herausforderung Kohärenz: Praxisphasen in der universitären Lehrerbildung. Bildungswissenschaftliche und fachdidaktische Perspektiven* (S. 447–459). Bad Heilbrunn: Julius Klinkhardt.

Hofmann, R. & Roth, J. (2017, 2019). Bedingen sich Aufgabendiagnose und videogestützte Prozess-diagnose gegenseitig bzw. lassen sie sich wechselseitig fördern? In *Beiträge zum Mathematikunterricht 2019* .

Hofmann, R. & Roth, J. (2017). Fähigkeiten und Schwierigkeiten im Umgang mit Funktionsgraphen erkennen – Diagnostische Fähigkeiten fördern. In U. Kortenkamp & A. Kuzle (Hrsg.), *Beiträge zum Mathematikunterricht 2017* (S. 453–456). Münster: WTM-Verlag.

Hoge, R. D. & Coladarci, T. (1989). Teacher-based judgments of academic achievement. *Review of Educational Research, 59*(3), 297–313.

Hollmann, E. (1975). Bruchoperatoren in der Prozent- und Zinsrechnung. *Der Mathematikunterricht, 21*(1), 19–34.

Honicke, T. & Broadbent, J. (2016). The influence of academic self-efficacy on academic performance. A systematic review. *Educational Research Review, 17,* 63–84.

Horstkemper, M. (2006). Fördern heißt diagnostizieren. In G. Becker, M. Horstkemper, E. Risse, L. Stäudel, R. Werning & F. Winter (Hrsg.), *Diagnostizieren und Fördern* (Bd. 24, S. 4–7). Seelze: Friedrich.

Hosenfeld, I., Helmke, A. & Schrader, F.-W. (2002). Diagnostische Kompetenz. Unterrichts- und lernrelevante Schülermerkmale und deren Einschätzung durch Lehrkräfte in der Unterrichtsstudie SALVE. In M. Prenzel & J. Doll (Hrsg.), *Bildungsqualität von Schule. Schulische und außerschulische Bedingungen mathematischer, naturwissenschaftlicher und überfachlicher Kompetenzen* (S. 65–82). Weinheim: Beltz.

Hößle, C., Hußmann, S., Michaelis, J., Niesel, V. & Nührenbörger, M. (2017). Fachdidaktische Perspektiven auf die Entwicklung von Schlüsselkenntnissen einer förderorientierten Diagnostik. In C. Selter, S. Hußmann, C. Hößle, C. Knipping, K. Lengnink & J. Michaelis (Hrsg.), *Diagnose und Förderung heterogener Lerngruppen. Theorien, Konzepte und Beispiele aus der MINT-Lehrerbildung* (S. 19–38). Münster: Waxmann.

Hoth, J. (2016). *Situationsbezogene Diagnosekompetenz von Mathematiklehrkräften. Eine Vertiefungsstudie zur TEDS-Follow-Up-Studie.* Wiesbaden: Springer Spektrum.

Hoy, W. & Spero, R. B. (2005). Changes in teacher efficacy during the early years of teaching:. A comparison of four measures. *Teaching and Teacher Education, 21,* 343–356.

Hoy, W. & Woolfolk, A. (1990). Sozialization of Student Teachers. *American Educational Research Journal, 27*(2), 279–300.

Hußmann, S. & Selter, C. (Hrsg.). (2013a). *Diagnose und individuelle Förderung in der MINT-Lehrerbildung. Das Projekt dortMINT.* Münster: Waxmann.

Hußmann, S. & Selter, C. (2013b). Das Projekt dortMINT. In S. Hußmann & C. Selter (Hrsg.), *Diagnose und individuelle Förderung in der MINT-Lehrerbildung. Das Projekt dortMINT* (S. 15–26). Münster: Waxmann.

Ingenkamp, K. (1985). Erfassung und Rückmeldung des Lernerfolgs. In D. Lenzen & O. Gunter (Hrsg.), *Enzyklopädie der Erziehungswissenschaft. Methoden und Medien der Erziehung und des Unterrichts* (Bd. 4, S. 173–205). Stuttgart: Klett-Cotta.

Ingenkamp, K. & Lissmann, U. (2008). *Lehrbuch der pädagogischen Diagnostik* (6. Auflage). Weinheim und Basel: Beltz.

Institut zur Qualitätsentwicklung im Bildungswesen. (2013). *VERA.* Zugriff am 16.12.2018. Verfügbar unter https://www.iqb.hu-berlin.de/vera/aufgaben/ma1

Jäger, R. S. (2006). Diagnostischer Prozess. In F. Petermann (Hrsg.), *Handbuch der psychologischen Diagnostik* (Bd. 4, S. 89–96). Göttingen [u. a.]: Hogrefe.

Jäger, R. S. (2007). *Beobachten, beurteilen und fördern! Lehrbuch für die Aus-, Fort- und Weiterbildung.* Landau: Empirische Pädagogik.

Jäger, R. S. (2009). Diagnostische Kompetenz und Urteilsbildung als Element von Lehrerprofessionalität. In O. Zlatkin-Troitschanskaia, K. Beck, D. Sembill, R. Nickolaus & R. Mulder (Hrsg.), *Lehrprofessionalität. Bedingungen, Genese, Wirkungen und ihre Messung* (S. 105–116). Weinheim und Basel: Beltz Verlag.

Jonkisz, E., Moosbrugger, H. & Brandt, H. (2012). Planung und Entwicklung von Tests und Fragebogen. In H. Moosbrugger & A. Kelava (Hrsg.), *Testtheorie und Fragebogenkonstruktion* (2., aktualisierte und überarbeitete Auflage, S. 27–74). Berlin, Heidelberg: Springer-Verlag.

Jordan, A. (2006). *Mathematische Bildung von Schülern am Ende der Sekundarstufe I. Analysen und empirische Untersuchungen.* Hildesheim, Berlin: Franzbecker.

Jordan, A., Kleine, M., Wynands, A. & Flade, L. (2004). Mathematische Fähigkeiten bei Aufgaben zur Proportionalität und Prozentrechnung – Analyse und ausgewählte Ergebnisse. In M. Neubrand (Hrsg.), *Mathematische Kompetenzen von Schülerinnen und Schülern in Deutschland. Vertiefende Analysen im Rahmen von PISA 2000* (S. 159–173). Wiesbaden: Verlag für Sozialwissenschaften.

Jordan, A., Krauss, S., Löwen, K., Blum, W., Neubrand, M., Brunner, M. et al. (2008). Aufgaben im COACTIV-Projekt. Zeugnisse des kognitiven Aktivierungspotentials im deutschen Mathematikunterricht. *Journal für Mathematik-Didaktik, 29*(2), 83–107.

Jordan, A., Ross, N., Krauss, S., Baumert, J., Blum, W., Neubrand, M. et al. (2006). *Klassifikationsschema für Mathematikaufgaben. Dokumentation der Aufgabenkategorisierung im COACTIV-Projekt.*

Jost, D., Erni, J. & Schmassmann, M. (1997). *Mit Fehlern muss gerechnet werden* (2. Auflage). Zürich: sabe AG.

Joyce, T. & Yates, S. (2007). A Rasch analysis of the Academic Self-Concept Questionnaire. *International Education Journal, 8*(2), 470–484. Zugriff am 02.09.2019. Verfügbar unter https://files.eric.ed.gov/fulltext/EJ834282.pdf

Kaiser, J. & Möller, J. (2017). Diagnostische Kompetenz von Lehramtsstudierenden. In C. Gräsel & K. Trempler (Hrsg.), *Entwicklung von Professionalität pädagogischen Personals. Interdisziplinäre Betrachtungen, Befunde und Perspektiven* (S. 55–74). Wiesbaden: Springer Fachmedien.

Kaiser, J., Praetorius, A.-K., Südkamp, A. & Ufer, S. (2017). Die enge Verwobenheit von diagnostischem und pädagogischem Handeln als Herausforderung bei der Erfassung diagnostischer Kompetenz. In A. Südkamp & A.-K. Praetorius (Hrsg.), *Diagnostische Kompetenz von Lehrkräften. Theoretische und methodische Weiterentwicklungen* (S. 114–122). Münster: Waxmann.

Karing, C. (2009). Diagnostische Kompetenz von Grunschul- und Gymnasiallehrkräften im Leistungsbereich und im Bereich Interessen. *Zeitschrift für Pädagogische Psychologie, 23*(3-4), 197–209.

Karing, C. & Artelt, C. (2013). Genauigkeit von Lehrpersonenurteilen und Ansatzpunkte ihrer Förderung in der Aus-und Weiterbildung von Lehrkräften. *Beiträge zur Lehrerinnen- und Lehrerbildung, 31*(2), 166–173.

Karing, C., Pfost, M. & Artelt, C. (2011). Hängt die diagnostische Kompetenz von Sekundarstufenlehrkräften mit der Entwicklung der Lesekompetenz und der mathematischen Kompetenz ihrer Schülerinnen und Schüler zusammen? *Journal for educational research online, 3*(2), 119–147.

Karing, C. & Seidel, T. (2017). Ausblick zur Förderung diagnostischer Kompetenz. In A. Südkamp & A.-K. Praetorius (Hrsg.), *Diagnostische Kompetenz von Lehrkräften. Theoretische und methodische Weiterentwicklungen* (S. 240–246). Münster: Waxmann.

Karst, K. (2012). *Kompetenzmodellierung des diagnostischen Urteils von Grundschullehrern.* Münster: Waxmann.

Karst, K. & Förster, N. (2017). Ansätze zur Modellierung diagnostischer Kompetenz. In A. Südkamp & A.-K. Praetorius (Hrsg.), *Diagnostische Kompetenz von Lehrkräften. Theoretische und methodische Weiterentwicklungen* (S. 19–20). Münster: Waxmann.

Karst, K., Klug, J. & Ufer, S. (2017). Strukturierung diagnostischer Situationen im inner- und außerunterrichtlichen Handeln von Lehrkräften. In A. Südkamp & A.-K. Praetorius (Hrsg.), *Diagnostische Kompetenz von Lehrkräften. Theoretische und methodische Weiterentwicklungen* (S. 102–113). Münster: Waxmann.

Karst, K., Schoreit, E. & Lipowsky, F. (2014). Diagnostische Kompetenz von Mathematiklehrern und ihr Vorhersagewert für die Lernentwicklung von Grundschulkindern. *Zeitschrift für Pädagogische Psychologie, 28*(4), 237–248.

Katzenbach, M. (2008). Das Numeracy-Project. *mathematik lehren*, (150), 62–63.

Kaufmann, S. & Wessolowski, S. (2015). *Rechenstörungen. Diagnose und Förderbausteine* (5. Auflage). Seelze: Kallmeyer/Klett.

Kelava, A. & Moosbrugger, H. (2012). Deskriptivstatistische Evaluation von Items (Itemanalyse) und Testwertverteilungen. In H. Moosbrugger & A. Kelava (Hrsg.), *Testtheorie und Fragebogenkonstruktion* (2., aktualisierte und überarbeitete Auflage, S. 75–102). Berlin, Heidelberg: Springer-Verlag.

Kelle, U. (2014). Mixed Methods. In N. Baur & J. Blasius (Hrsg.), *Handbuch Methoden der empirischen Sozialforschung* (S. 153–166). Wiesbaden: Springer Fachmedien.

Klassen, R., Tze, V. M., Betts, S. M. & Gordon, K. A. (2011). Teacher Efficacy Research 1998 – 2009. Signs of Progress or Unfulfilled Promise? *Educational Psychology Review, 23*, 21–43.

Klauer, K.-J. (1982). Perspektiven der Pädagogischen Diagnostik. In K.-J. Klauer (Hrsg.), *Handbuch der pädagogischen Diagnostik* (1. Auflage, Bd. 1, S. 3–15). Düsseldorf: Schwann.

Kleber, E. W. (1992). *Diagnostik in pädagogischen Handlungsfeldern. Einführung in Bewertung, Beurteilung, Diagnose und Evaluation.* Weinheim: Juventa-Verlag.

Kleine, M. (2012). *Lernen fördern: Mathematik. Unterricht in der Sekundarstufe I.* Seelze: Kallmeyer/Klett.

Klieme, E. & Hartig, J. (2007). Kompetenzkonzepte in den Sozialwissenschaften und im erziehungswissenschaftlichen Diskurs. In M. Prenzel, I. Gogolin & H.-H. Krüger (Hrsg.), Kompetenzdiagnostik. (Sonderheft 8), 11–29 [Themenheft]. Wiesbaden: VS Verlag für Sozialwissenschaften.

Klieme, E. & Leutner, D. (2006). Kompetenzmodelle zur Erfassung individueller Lernergebnisse und zur Bilanzierung von Bildungsprozessen: Beschreiben eines neu eingerichteten Schwerpunktprogramms der DFG. *Zeitschrift für Pädagogik, 52*(6), 876–903.

Klieme, E., Maag-Merki, K. & Hartig, J. (2007). Kompetenzbegriff und Bedeutung von Kompetenzen im Bildungswesen. In J. Hartig & E. Klieme (Hrsg.), *Möglichkeiten und Voraussetzungen technologiebasierter Kompetenzdiagnostik. Eine Expertise im Auftrag des Bundesministeriums für Bildung und Forschung* (S. 5–15). Bonn, Berlin: Bundesministerium für Bildung und Forschung.

Klippert, H. (2016). *Heterogenität im Klassenzimmer. Wie Lehrkräfte effektiv und zeitsparend damit umgehen können* (4., unveränderte Auflage). Weinheim und Basel: Beltz Verlag.

Klug, J. (2017). Ein Prozessmodell zur Diagnostik und Förderung von selbstregulierten Lernen. In A. Südkamp & A.-K. Praetorius (Hrsg.), *Diagnostische Kompetenz von Lehrkräften. Theoretische und methodische Weiterentwicklungen* (S. 54–58). Münster: Waxmann.

Klug, J., Bruder, S., Kelava, A., Spiel, C. & Schmitz, B. (2013). Diagnostic competence of teachers: A process model that accounts for diagnosing learning behavior tested by means of a case scenario. *Teaching and Teacher Education, 30*(1), 38–46.

Klug, J., Bruder, R. & Schmitz, B. (2015). Which variables predict teachers´ diagnostic competence when diagnosting students´ learning behavior at different stages of a teacher´s career? *Teachers and Teaching: Theory and Practice, 22*(4), 461–484.

Klug, J., Gerich, M. & Schmitz, B. (2016). Can diagnostic competences of teachers be fostered by training and the use of a diagnosis diary? *Journal for educational research online, 8*(3), 184–206.

Knipping, C., Tolsdorf, Y. & Markic, S. (2017). Heterogene Schülervorstellungen und fachliche Vorstellungen fokussieren – Beiträge zur praxisnahen Lehramtsausbildung in der Chemie- und Mathematikdidaktik. In C. Selter, S. Hußmann, C. Hößle, C. Knipping, K. Lengnink & J. Michaelis (Hrsg.), *Diagnose und Förderung heterogener Lerngruppen. Theorien, Konzepte und Beispiele aus der MINT-Lehrerbildung* (S. 191–212). Münster: Waxmann.

Köhler, W., Schachtel, G. & Voleske, P. (2012). *Biostatistik. Eine Einführung für Biologen und Agrarwissenschaftler* (5., aktualisierte und erweiterte Auflage). Berlin, Heidelberg: Springer Spektrum.

Köller, O., Baumert, J. & Neubrand, J. (2000). Epistemologische Überzeugungen und Fachverständnis im Mathematik- und Physikunterricht. In J. Baumert, W. Bos & R. Lehmann (Hrsg.), *TIMSS/III Dritte Internationale Mathematik- und Naturwissenschaftsstudie – Mathematische und naturwissenschaftliche Bildung am Ende der Schullaufbahn. Mathematische und physikalische Kompetenzen am Ende der gymnasialen Oberstufe* (Bd. 2, S. 229–269). Opladen: Leske und Budrich.

König, J. & Tachtsoglou, S. (2012). Pädagogisches Professionswissen und selbsteingeschätzte Kompetenz. In J. König & A. Seifert (Hrsg.), *Lehramtsstudierende erwerben pädagogisches Professionswissen. Ergebnisse der Längsschnittstudie LEK zur Wirksamkeit der erziehungswissenschaftlichen Lehrerausbildung* (S. 284–297). Münster [u. a.]: Waxmann.

Konrad, K. (2010). Lautes Denken. In G. May & K. Mruck (Hrsg.), *Handbuch Qualitative Forschung in der Psychologie* (S. 476–490). Wiesbaden: Springer.

Krammer, K. & Reusser, K. (2005). Unterrichtsvideos als Medium der Aus- und Weiterbildung von Lehrpersonen. *Beiträge zur Lehrerinnen- und Lehrerbildung, 23*(1), 35–50.

Krampen, G. (1993). Effekte von Bewerbungsinstruktionen und Subskalenextraktion in der Fragebogendiagnostik. *Diagnostica, 39*, 97–108.

Krapp, A. & Hascher, T. (2014a). Die Erforschung menschlicher Motivation. In L. Ahnert (Hrsg.), *Theorien in der Entwicklungspsychologie* (S. 234–251). Berlin, Heidelberg: Springer VS.

Krapp, A. & Hascher, T. (2014b). Theorien der Lern- und Leistungsmotivation. In L. Ahnert (Hrsg.), *Theorien in der Entwicklungspsychologie* (S. 252–281). Berlin, Heidelberg: Springer VS.

Krauss, S., Blum, W., Brunner, M., Neubrand, M., Baumert, J., Kunter, M. et al. (2011). Konzeptualisierung und Testkonstruktion zum fachbezogenen Professionswissen von Mathematiklehrkräften. In M. Kunter, J. Baumert, W. Blum, U. Klusmann, S. Krauss & M. Neubrand (Hrsg.), *Professionelle Kompetenz von Lehrkräften. Ergebnisse des Forschungsprogramms COACTIV* (S. 135–161). Münster: Waxmann.

Krauss, S. & Bruckmaier, G. (2014). Das Experten-Paradigma in der Forschung zum Lehrerberuf. In E. Terhart, H. Bennewitz & M. Rothland (Hrsg.), *Handbuch der Forschung zum Lehrerberuf* (2. überarbeitete und erweiterte Auflage, S. 241–261). Münster: Waxmann.

Krauss, S., Bruckmaier, G., Schmeisser, C. & Brunner, M. (2015). Quantitative Forschungsmethoden in der Mathematikdidaktik. In R. Bruder, L. Hefendehl-Hebeker, B. Schmidt-Thieme & H.-G. Weigand (Hrsg.), *Handbuch der Mathematikdidaktik* (S. 613–642). Berlin, Heidelberg: Springer Spektrum.

Krauthausen, G. & Scherer, P. (2007). *Einführung in die Mathematikdidaktik.* Heidelberg: Spektrum Akademischer Verlag.

Kretschmann, R. (2004). „Pädagnostik" – zur Förderung der Diagnosekompetenz von Lehrerinnen und Lehrern. In H. Bartnitzky & A. Speck-Hamdan (Hrsg.), *Leistungen der Kinder wahrnehmen – würdigen – fördern. Beiträge zur Reform der Grundschule* (Bd. 118, S. 180–215). Frankfurt am Main: Arbeitskreis Grundschule – Grundschulverband.

Krolak-Schwerdt, S., Böhmer, M. & Gräsel, C. (2009). Verarbeitung von schülerbezogener Information als zielgeleiteter Prozess: der Lehrer als „flexibler Denker". *Zeitschrift für Pädagogische Psychologie, 23*(3-4), 175–186.

Kuckartz, U. (2016). *Qualitative Inhaltsanalyse. Methoden, Praxis, Computerunterstützung* (Grundlagentexte Methoden, 3. überarbeitete Auflage). Weinheim: Beltz Juventa. Verfügbar unter http://www.content-select.com/index.php?id=bib_view&ean=978 3779943860

Kultusministerkonferenz. (2004). *Standards für die Lehrerbildung – Bildungswissenschaften – Beschluss der Kultusministerkonferenz vom 16. Dezember 2004.* Zugriff am 23.06.2017. Verfügbar unter https://www.kmk.org/fileadmin/Dateien/veroeffentlichu ngen_beschluesse/2004/2004_12_16-Standards-Lehrerbildung.pdf

Kunter, M. (2011). Motivation als Teil der professionellen Kompetenz – Forschungsbefunde zum Enthusiasmus von Lehrkräften. In M. Kunter, J. Baumert, W. Blum, U. Klusmann, S. Krauss & M. Neubrand (Hrsg.), *Professionelle Kompetenz von Lehrkräften. Ergebnisse des Forschungsprogramms COACTIV* (S. 259–275). Münster: Waxmann.

Kunter, M., Klusmann, U. & Baumert, J. (2009). Professionelle Kompetenz von Mathematiklehrkräften. Das COACTIV-Modell. In O. Zlatkin-Troitschanskaia, K. Beck, D. Sembill, R. Nickolaus & R. Mulder (Hrsg.), *Lehrprofessionalität. Bedingungen, Genese, Wirkungen und ihre Messung* (S. 153–165). Weinheim und Basel: Beltz Verlag.

Langfeldt, H.-P. (2014). *Psychologie für die Schule* (2. Auflage). Weinheim: Beltz.

Lehmann, R., Peek, R., Gänsefuß, R., Lutkat, S., Mücke, S. & Barth, I. (2000). *Qualitätsuntersuchungen an Schulen zum Unterricht in Mathematik (QuaSUM).* Potsdam: Ministerium für Bildung, Jugend und Sport des Landes Brandenburg.

Leinhardt, G., Zaslavsky, O. & Stein, M. K. (1990). Functions, Graphs, and Graphing: Tasks, Learning, and Teaching. *Review of Educational Research, 60*(1), 1–64.

Leiß, D. & Blum, W. (2011). Beschreibung zentraler mathematischer Kompetenzen. In W. Blum, C. Drüke-Noe, R. Hartung & O. Köller (Hrsg.), *Bildungsstandards Mathematik: konkret. Sekundarstufe I: Aufgabenbeispiele, Unterrichtsanregungen, Fortbildungsideen* (5. Auflage, S. 33–50). Berlin: Cornelsen-Verl. Scriptor.

Lengnink, K., Bikner-Ahsbahs, A. & Knipping, C. (2017). Aktivität und Reflexion in der Entwicklung von Diagnose- und Förderkompetenz im MINT-Lehramtsstudium. In C. Selter, S. Hußmann, C. Hößle, C. Knipping, K. Lengnink & J. Michaelis (Hrsg.), *Diagnose und Förderung heterogener Lerngruppen. Theorien, Konzepte und Beispiele aus der MINT-Lehrerbildung* (S. 61–83). Münster: Waxmann.

Leuders, J. & Leuders, T. (2014). Diagnostische Kompetenz von Lehramtsstudierenden bei der Beurteilung von Schülerlösungen. In J. Roth (ed.), *Beiträge zum Mathematikunterricht 2014* (S. 735–738). Münster: WTM – Verl. für Wiss. Texte und Medien.

Leuders, T., Dörfler, T., Leuders, J. & Philipp, K. (2018). Diagnostic Competence of Mathematics Teachers. Unpacking a Complex Construct. In T. Leuders, K. Philipp & J. Leuders (Hrsg.), *Diagnostic Competence of Mathematics Teachers. Unpacking a Complex Construct in Teacher Education and Teacher Practice* (S. 3–31). Cham: Springer International Publishing AG.

Leuders, T., Hußmann, S., Barzel, B. & Prediger, S. (2011). „Das macht Sinn"! Sinnstiftung mit Kontexten und Kernideen. *Praxis der Mathematik in der Schule*, 53(37), 2–9.

Leuders, T., Leuders, J. & Philipp, K. (2014). Diagnostische Kompetenzen von Mathematiklehrerinnen und -lehrern verstehen und erfassen. In J. Roth (ed.), *Beiträge zum Mathematikunterricht 2014* (S. 65–66). Münster: WTM – Verl. für Wiss. Texte und Medien.

Leutner, D. (2010). Pädagogisch-psychologische Diagnostik. In D. H. Rost (Hrsg.), *Handwörterbuch Pädagogische Psychologie* (S. 624–635). Weinheim und Basel: Beltz.

Lin, P.-J. & Tsai, w.-H. (2013). Enhancing pre-service teachers´ knowledge of students´ errors by using researched-based cases. In A. Lindmeier & A. Heinze (Hrsg.), *Proceedings of the 37th Conference of the International Group for the Psychology of Mathematics Education* (Bd. 3, S. 273–280). Kiel: PME.

Lindmeier, A. (2013). Video-vignettenbasierte standardisierte Erhebung von Lehrerkognitionen. In U. Riegel & K. Macha (Hrsg.), *Videobasierte Kompetenzforschung in den Fachdidaktiken* (S. 45–61). Münster [u. a.]: Waxmann.

Lipowsky, F. (2004). Was macht Fortbildungen für Lehrkräfte erfolgreich? *Die deutsche Schule*, 96(4), 462–479.

Lipowsky, F. (2014). Theoretische Perspektiven und empirische Befunde zur Wirksamkeit von Lehrerfort- und -weiterbildungen. In E. Terhart, H. Bennewitz & M. Rothland (Hrsg.), *Handbuch der Forschung zum Lehrerberuf* (2. überarbeitete und erweiterte Auflage, S. 510–541). Münster: Waxmann.

Lipowsky, F. & Rzejak, D. (2015). Was wir über gelingende Lehrerfortbildungen wissen. *Journal für Lehrerinnen- und Lehrerbildung*, 15(4), 26–32.

Lorenz, C. & Artelt, C. (2009). Fachspezifität und Stabilität diagnostischer Kompetenz von Grundschullehrkräften in den Fächern Deutsch und Mathematik. *Zeitschrift für Pädagogische Psychologie*, 23(3-4), 211–222.

Lorenz, C. & Karing, C. (2011). Kinder richtig einschätzen. Diagnostische Kompetenz bei Grundschullehrkräften. *Die Grundschulzeitschrift, 25*(248.249), 18–21.

Lorenz, J. H. (1992). *Anschauung und Veranschaulichungsmittel im Mathematikunterricht. Mentales und visuelles Operieren und Rechenleistung.* Göttingen: Hogrefe.

Lorenz, J. H. & Radatz, H. (1993). *Handbuch des Förderns im Mathematikunterricht.* Hannover: Schroedel Schulbuchverlag.

Lüdtke, O., Robitzsch, A., Trautwein, U. & Köller, O. (2007). Umgang mit fehlenden Werten in der psychologischen Forschung. Probleme und Lösungen. *Psychologische Rundschau, 58*(2), 103–117.

Maier, U. (2010). Formative Assessment – Ein erfolgsversprechendes Konzept zur Reform von Unterricht und Leistungsmessung. *Zeitschrift für Erziehungswissenschaft, 13*, 293–308.

Malle, G. (1988). Die Entstehung neuer Denkgegenstände – untersucht am Beispiel der negativen Zahlen. In W. Dörfler (Hrsg.), *Kognitive Aspekte mathematischer Begriffsentwicklung. Arbeiten aus dem Projekt „Entwicklung formaler Qualifikationen im Mathematikunterricht". Schriftenreihe Didaktik der Mathematik* (Bd. 16, S. 259–319). Wien: Hölder-Pichler-Tempsky.

Malle, G. (1989). Die Entstehung negativer Zahlen als eigene Denkgegenstände. *mathematik lehren*, (35), 14–17.

Malle, G. (2007a). Die Entstehung negativer Zahlen. Der Weg vom ersten Kennenlernen bis zu eigenständigen Denkobjekten. *mathematik lehren*, (142), 52–57.

Malle, G. (2007b). Zahlen fallen nicht vom Himmel. Ein Blick in die Geschichte der Mathematik. *mathematik lehren*, (142), 4–11.

Malle, G. & Wittmann, E. C. (1993). *Didaktische Probleme der elementaren Algebra.* Wiesbaden: Vieweg + Teubner Verlag. https://doi.org/10.1007/978-3-322-89561-5

Marsh, H. W. (1986). Verbal and Math Self-Concepts. An Internal/External Frame of Reference Model. *American Educational Research Journal, 23*(1), 129–149.

Marsh, H. W. (1987). The Big-Fish-Little-Pond Effect on Academic Self-Concept. *Journal of Educational Psychology, 79*(3), 280–295.

Marsh, H. W. & Craven, R. G. (2006). Reciprocal Effects of Self-Concept and Performance From a Multidimensional Perspective. *Perspectives on Psychological Science, 1*, 133–163.

Marsh, H. W. & Martin, A. J. (2011). Academic self-concept and academic achievement. Relations and causal ordering. *British Journal of Educational Psychology, 81*, 59–77.

Marsh, H. W., Pekrun, R., Murayama, K. & Arens, A. K. (2018). An Integrated Model of Academic Self-Concept Development. Academic Self-Concept, Grades, Test Scores, and Tracking Over 6 Years. *Developmental Psychology, 54*(2), 263–280.

Marsh, H. W., Trautwein, U., Lüdtke, O., Köller, O. & Baumert, J. (2006). Integration of Multidimensional Self-Concept and Core Personality Constructs. Construct Validation and Relations to Well-Being and Achievement. *Journal of Personality, 74*(2), 403–456.

Martin-Luther-Universität Halle-Wittenberg. (2013a). *Modulhandbuch für das Studienfach: Mathematik (Gymnasium) im Lehramt Gymnasien.* Zugriff am 15.11.2018. Verfügbar unter http://www.natfak2.uni-halle.de/studiendekanat/Module/Modulhandbuch_MalAG%20(2007).pdf

Martin-Luther-Universität Halle-Wittenberg. (2013b). *Modulhandbuch für das Studienfach: Mathematik (Sekundarschule) im Lehramt Sekundarschulen.* Zugriff am 15.11.2018. Verfügbar unter http://www.natfak2.uni-halle.de/studiendekanat/Module/Modulhandbuch_MaLAS%20(2007).pdf

Martin-Luther-Universität Halle-Wittenberg. (2017a). *Modulhandbuch für das Studienfach: Mathematik (Sekundarschule) im Lehramt Sekundarschulen.* Zugriff am 15.11.2018. Verfügbar unter http://www.natfak2.uni-halle.de/studiendekanat/Module/Modulhandbuch_MaLAS(2012).pdf

Martin-Luther-Universität Halle-Wittenberg. (2017b). *Modulhandbuch für das Studienfach: Mathematik (Gymnasium) im Lehramt Gymnasien.* Zugriff am 15.11.2018. Verfügbar unter http://www.natfak2.uni-halle.de/studiendekanat/Module/Modulhandbuch_MaLAG(2012).pdf

Mayring, P. (2015). *Qualitative Inhaltsanalyse. Grundlagen und Techniken* (12., überarbeitete Auflage). Weinheim: Beltz.

McElvany, N., Schroeder, S., Hachfeld, A., Baumert, J., Richter, T., Schnotz, W. et al. (2009). Diagnostische Fähigkeiten von Lehrkräften. bei der Einschätzung von Schülerleistungen und Aufgabenschwierigkeiten bei Lernmedien mit instruktionalen Bildern. *Zeitschrift für Pädagogische Psychologie, 23*(3–4), 223–235.

Meißner, H. (1982). Eine Analyse zur Prozentrechnung. *Journal für Mathematik Didaktik, 3*(2), 122–144.

Merzyn, G. (2002). *Stimmen zur Lehrerausbildung. Ein Überblick über die Diskussion.* Baltmannsweiler: Schneider-Verlag Hohengehren.

Mindnich, A., Wuttke, E. & Seifried, J. (2008). Aus Fehlern wird man klug? Eine Pilotstudie zur Typisierung von Fehlern und Fehlersituationen. In E.-M. Lankes (Hrsg.), *Pädagogische Professionalität als Gegenstand empirischer Forschung* (S. 153–164). Münster [u. a.]: Waxmann.

Möller, J. & Köller, O. (2004). Die Genese akademischer Selbstkonzepte: Effekte dimensionaler und sozialer Vergleiche. *Psychologische Rundschau, 55*(1), 19–27.

Möller, J., Retelsdorf, J., Köller, O. & Marsh, H. W. (2011). The Reciprocal Internal/External Frame of Reference Model. An Integration of Models of Relations Between Academic Achievement and Self- Concept. *American Educational Research Journal, 48*(6), 1315–1346.

Möller, J. & Trautwein, U. (2009). Selbstkonzept. In E. Wild & J. Möller (Hrsg.), *Pädagogische Psychologie* (S. 179–203). Heidelberg: Springer Medizin Verlag.

Moosbrugger, H. (2012a). Item-Response-Theorie. In H. Moosbrugger & A. Kelava (Hrsg.), *Testtheorie und Fragebogenkonstruktion* (2., aktualisierte und überarbeitete Auflage, S. 227–274). Berlin, Heidelberg: Springer-Verlag.

Moosbrugger, H. (2012b). Klassische Testtheorie (KTT). In H. Moosbrugger & A. Kelava (Hrsg.), *Testtheorie und Fragebogenkonstruktion* (2., aktualisierte und überarbeitete Auflage, S. 103–118). Berlin, Heidelberg: Springer-Verlag.

Moosbrugger, H. & Kelava, A. (2012). Qualitätsanforderungen an einen psychologischen Test (Testgütekriterien). In H. Moosbrugger & A. Kelava (Hrsg.), *Testtheorie und Fragebogenkonstruktion* (2., aktualisierte und überarbeitete Auflage, S. 7–26). Berlin, Heidelberg: Springer-Verlag.

Moriarty, B. (2014). Research design and the predictive power of measures of self-efficacy. *Issues in Educational Research, 24*(1), 55–66.

Moschner, B. & Dickhäuser, O. (2006). Selbstkonzept. In D. H. Rost (Hrsg.), *Handwörterbuch Pädagogische Psychologie* (3. Auflage, S. 685–692). Weinheim: Beltz PVU.

Moser Opitz, E. & Nührenbörger, M. (2015). Diagnostik und Leistungsbeurteilung. In R. Bruder, L. Hefendehl-Hebeker, B. Schmidt-Thieme & H.-G. Weigand (Hrsg.), *Handbuch der Mathematikdidaktik*. Berlin, Heidelberg: Springer Spektrum.

Müller, A. (2003). Fehlertypen und Fehlerquellen beim Physiklernen. Was weiß die Denkpsychologie. *Praxis der Naturwissenschaften – Physik in der Schule, 52*(1), 11–17.

Müller, F. (2018). *Praxisbuch Differenzierung und Heterogenität. Methoden und Materialien für den gemeinsamen Unterricht*. Weinheim und Basel: Beltz Verlag.

Murray, J. C. (1985). Children's Informal Conceptions of Integer Arithmetic. In L. Streefland (Hrsg.), *Proceedings of the Annual Conference of the International Group for the Psychology of Mathematics Education. (9th, Noordwijkerhout, The Netherlands, July 22–29, 1985)* (S. 147–153). Culemborg: Technipress Culemborg.

Neuweg, G. H. (2011). Das Wissen der Wissensvermittler. Problemstellungen, Befunde und Perspektiven der Forschung zum Lehrerwissen. In E. Terhart, H. Bennewitz & M. Rothland (Hrsg.), *Handbuch der Forschung zum Lehrerberuf* (1. Auflage, S. 451–477). Münster: Waxmann.

Niggli, A., Gerteis, M. & Gut, R. (2008). Wirken – erkennen – sich selbst sein: Validierung unterschiedlicher Interessen von Studierenden und Praxislehrpersonen in Unterrichtsbesprechungen. *Beiträge zur Lehrerinnen- und Lehrerbildung, 26*(2), 140–153.

Nunnally, J. C. & Bernstein, I. H. (1994). *Psychometric theory*. New York: McGrawHill.

O'Mara, A. J., Marsh, H. W., Craven, R. G. & Debus, R. L. (2006). Do Self-Concept Interventions Make a Difference? A Synergistic Blend of Construct Validation and Meta-Analysis. *Educational Psychologist, 41*(3), 181–206.

OECD. (2009). *PISA 2006 Technical Report*. Zugriff am 04.02.2019. Verfügbar unter https://www.oecd.org/pisa/data/42025182.pdf

Ohle, A., McElvany, N., Horz, H. & Ullrich, M. (2015). Text-picture integration – Teachers' attitudes, motivation and self-related cognitions in diagnostics. *Journal for educational research online, 7*(2), 11–33.

Ohst, A., Glogger, I., Nückles, M. & Renkl, A. (2015). Helping preservice teachers with inaccurate and fragmentary prior knowledge to acquire conceptual understanding of psychological principles. *Psychology Learning & Teaching, 14*(1), 5–25.

Ophuysen, S. v. (2006). Vergleich diagnostischer Entscheidungen von Novizen und Experten am Beispiel der Schullaufbahnempfehlung. *Zeitschrift für Entwicklungspsychologie und Pädagogische Psychologie, 38*(4), 154–161.

Ophuysen, S. v. (2009). Die Einschätzung sozialer Beziehungen der Schüler nach dem Grundschulübergang durch den Klassenlehrer. *Unterrichtswissenschaft – Zeitschrift für Lernforschung, 37*(4), 330–346.

Ophuysen, S. v. (2010). Professionelle pädagogisch-diagnostische Kompetenz – eine theoretische und empirische Annäherung. In N. Berkemeyer, W. Bos, H. G. Holtappels, N. McElvany & R. Schulz-Zander (Hrsg.), *Jahrbuch der Schulentwicklung. Daten, Beispiele und Perspektiven* (Bd. 16, S. 203–234). Weinheim, München: Juventa-Verlag.

Ophuysen, S. v. & Behrmann, L. (2015). Die Qualität pädagogischer Diagnostik im Lehrerberuf – Anmerkungen zum Themenheft „Diagnostische Kompetenzen von Lehrkräften und ihre Handlungsrelevanz". *Journal for educational research online, 7*(2), 82–98.

Ophuysen, S. v. & Lintorf, K. (2014). Unterschiede in der diagnostischen Praxis – Eine Frage der pädagogischen Zielsetzung. *Empirische Pädagogik, 28*(3), 211–228.

Oser, F. (2001). Standards: Kompetenzen von Lehrpersonen. In F. Oser & J. Oelkers (Hrsg.), *Die Wirksamkeit der Lehrerbildungssysteme. Von der Allrounderbildung zur Ausbildung professioneller Standards* (S. 215–342). Chur, Zürich: Rüegger.

Oser, F., Curcio, G.-P. & Düggeli, A. (2007). Kompetenzmessung in der Lehrerbildung.– Fragen und Zugänge. *Beiträge zur Lehrerinnen- und Lehrerbildung, 25*(1), 14–26.

Oser, F., Hascher, T. & Spychiger, M. (1999). Lernen aus Fehlern: Zur Psychologie des „negativen Wissens". In W. Althof (Hrsg.), *Fehlerwelten. Vom Fehlermachen und Lernen aus Fehlern. Beiträge und Nachträge zu einem interdisziplinären Symposium aus Anlaß des 60. Geburtstags von Fritz Oser* (S. 11–41). Wiesbaden: VS Verlag für Sozialwissenschaften.

Oser, F., Heinzer, S. & Salzmann, P. (2010). Die Messung der Qualität von professionellen Kompetenzprofilen von Lehrpersonen mit Hilfe der Einschätzung von Filmvignetten. *Unterrichtswissenschaft – Zeitschrift für Lernforschung, 38*, 5–28.

Ostermann, A., Leuders, T. & Philipp, K. (2019). Fachbezogene diagnostische Kompetenzen von Lehrkräften – Von Verfahren der Erfassung zu kognitiven Modellen zur Erklärung. In T. Leuders, M. Nückles, S. Mikelskis-Seifert & K. Philipp (Hrsg.), *Pädagogische Professionalität in Mathematik und Naturwissenschaften* (S. 93–116). Wiesbaden: Springer Fachmedien.

Pagano, R. R. (2010). *Understanding statistics in the behavioral sciences* (9. Auflage). Australia, Belmont, CA: Thomson Wadsworth.

Paradies, L., Linser, H. J. & Greving, J. (2009). *Diagnostizieren, Fordern und Fördern* (3. Auflage). Berlin: Cornelsen Scriptor.

Parameswaran, G. (1998). Incorporating multi-cultural issues in educational psychology classes using field experiences. *Journal of Instructional Psychology, 25*(1), 9–13.

Park, S. & Chen, Y.-C. (2012). Mapping Out the Integration of the Components of Pedagogical Content Knowledge (PCK). Examples From High School Biology Classrooms. *Journal of Research in Science Teaching, 49*(7), 922–941.

Pasternack, P., Baumgarth, B., Burkhardt, A., Paschke, S. & Thielemann, N. (2017). *Drei Phasen. Die Debatte zur Qualitätsentwicklung in der Lehrer_innenbildung*. Bielefeld: Bertelsmann.

Peled, I., Mukhopadhyay, S. & Resnick, L. B. (1989). Formal and informal sources of mental models for negative numbers. In G. Vergnaud, J. Rogalski & M. Artigue (Hrsg.), *Proceedings of the Annual Conference of the International Group for the Psychology of Mathematics Education. 13th, Paris, France, July 9–13, 1989* (Bd. 3, S. 106–110).

Philipp, K. (2018). Diagnostic Competences of Mathematics Teachers with a View to Process and Knowledge Resources. In T. Leuders, K. Philipp & J. Leuders (Hrsg.), *Diagnostic Competence of Mathematics Teachers. Unpacking a Complex Construct in Teacher Education and Teacher Practice* (S. 109–127). Cham: Springer International Publishing AG.

Praetorius, A.-K., Greb, K., Lipowsky, F. & Gollwitzer, M. (2010). Lehrkräfte als Diagnostiker. Welche Rolle spielt die Schülerleistung bei der Einschätzung von mathematischen Selbstkonzepten? *Journal for educational research online, 2*(1), 121–144.

Praetorius, A.-K., Hetmanek, A., Herppich, S. & Ufer, S. (2017). Herausforderungen bei der empirischen Erforschung diagnostischer Kompetenz. In A. Südkamp & A.-K. Praetorius (Hrsg.), *Diagnostische Kompetenz von Lehrkräften. Theoretische und methodische Weiterentwicklungen* (S. 95–102). Münster: Waxmann.

Praetorius, A.-K., Lipowsky, F. & Karst, K. (2012). Diagnostische Kompetenz von Lehrkräften. Aktueller Forschungsstand, unterrichtspraktische Umsetzbarkeit und Bedeutung für den Unterricht. In R. Lazarides & A. Ittel (Hrsg.), *Differenzierung im mathematisch-naturwissenschaftlichen Unterricht. Implikationen für Theorie und Praxis* (S. 115–146). Bad Heilbrunn: Klinkhardt.

Praetorius, A.-K. & Südkamp, A. (2017). Eine Einführung in das Thema der diagnostischen Kompetenz von Lehrkräften. In A. Südkamp & A.-K. Praetorius (Hrsg.), *Diagnostische Kompetenz von Lehrkräften. Theoretische und methodische Weiterentwicklungen* (S. 13–18). Münster: Waxmann.

Prediger, S. (2009). Inhaltliches Denken vor Kalkül. In A. Fritz & S. Schmidt (Hrsg.), *Fördernder Mathematikunterricht in der Sekundarstufe I* (S. 213–234). Weinheim und Basel: Beltz Verlag.

Prediger, S. (2010). How to develop mathematics-for-teaching and for understanding: the case of meanings of the equal sign. *Journal of Mathematics Teacher Education, 13*(1), 73–93.

Prediger, S., Tschierschky, K., Wessel, L. & Seipp, B. (2012). Professionalisierung für fach- und sprachintegrierte Diagnose und Förderung im Mathematikunterricht. *Zeitschrift für Interkulturellen Fremdsprachenunterricht, 17*(1), 40–58.

Prediger, S. & Wittmann, G. (2009). Aus Fehlern lernen – (wie) ist das möglich? *Praxis der Mathematik in der Schule, 51*(27), 1–8.

Putnam, R. T. (1987). Structuring and Adjusting Content for Students. A Study of Live and Simulated Tutoring of Addition. *American Educational Research Journal, 24*(1), 13–48.

Radatz, H. (1980a). *Fehleranalysen im Mathematikunterricht.* Wiesbaden: Vieweg + Teubner Verlag.

Radatz, H. (1980b). Untersuchungen zu Fehlerleistungen im Mathematikunterricht. *Journal für Mathematik Didaktik, 1*(4), 213–228.

Radatz, H. (1985). Möglichkeiten und Grenzen der Fehleranalyse im Mathematikunterricht. *Der Mathematikunterricht, 31*(6), 18–24.

Radatz, H. & Schipper, W. (1983). *Handbuch für den Mathematikunterricht an Grundschulen.* Hannover: Schroedel Schulbuchverlag.

Rakoczy, K., Pinger, P., Hochweber, J., Schütze, B. & Besser, M. (2018). (Wie) wirkt formatives Assessment in Mathematik auf Leistung und Interesse von Lernenden? *Infobrief Schulpsychologie BW, 18*(1), 1–7.

Rakoczy, K., Pinger, P., Hochweber, J., Schütze, B. & Besser, M. (2019). Formative assessment in mathematics: Mediated by feedback's perceived usefulness and students' self-efficacy. *Learning and Instruction, 60*, 154–165.

Rasch, B., Friese, M., Hofmann, W. J. & Naumann, E. (2014a). *Quantitative Methoden 1. Einführung in die Statistik für Psychologen und Sozialwissenschaftler* (4., überarbeitete Auflage). Berlin, Heidelberg: Springer-Verlag.

Rasch, B., Friese, M., Hofmann, W. J. & Naumann, E. (2014b). *Quantitative Methoden 2. Einführung in die Statistik für Psychologen und Sozialwissenschaftler* (4. überarbeitete Auflage). Berlin, Heidelberg: Springer-Verlag.

Razali, N. M. & Wah, Y. B. (2011). Power comparisons of Shapiro-Wilk, Kolmogorov-Smirnov, Lilliefors and Anderson-Darling tests. *Journal of Statistical Modeling and Analytics, 2*(1), 21–33.

Rehm, M. & Bölsterli, K. (2014). Entwicklung von Unterrichtsvignetten. In D. Krüger, I. Parchmann & H. Schecker (Hrsg.), *Methoden in der naturwissenschaftsdidaktischen Forschung* (S. 213–225). Berlin, Heidelberg: Springer-Verlag.

Reinhold, S. (2018). Revealing and Promoting Pre-service Teachers´ Diagnostic Strategies in Mathematical Interviews with First-Graders. In T. Leuders, K. Philipp & J. Leuders (Hrsg.), *Diagnostic Competence of Mathematics Teachers. Unpacking a Complex Construct in Teacher Education and Teacher Practice* (S. 129–148). Cham: Springer International Publishing AG.

Reiss, K. & Hammer, C. (2013). *Grundlagen der Mathematikdidaktik. Eine Einführung für den Unterricht in der Sekundarstufe.* Basel: Birkhäuser.

Reiss, K. & Obersteiner, A. (2019). Competence Models as a Basis for Defining, Understanding, and Diagnosing Students´ Mathematical Competences. In A. Fritz, V. G. Haase & P. Räsänen (Hrsg.), *International Handbook of Mathematical Learning Difficulties. From the Laboratory to the Classroom* (S. 43–56). Cham: Springer International Publishing AG.

Retelsdorf, J., Bauer, J., Gebauer, K., Kauper, T. & Möller, J. (2014). Erfassung berufsbezogener Selbstkonzepte von angehenden Lehrkräften (ERBSE-L). *Diagnostica, 60*(2), 98–110.

Reusser, K. (1999). Schülerfehler – die Rückseite des Spiegels. In W. Althof (Hrsg.), *Fehlerwelten. Vom Fehlermachen und Lernen aus Fehlern. Beiträge und Nachträge zu einem interdisziplinären Symposium aus Anlaß des 60. Geburtstags von Fritz Oser* (S. 203–231). Wiesbaden: VS Verlag für Sozialwissenschaften.

Rey, G. D. (2017). *Methoden der Entwicklungspsychologie. Datenerhebung und Datenauswertung* (2. überarbeitete Auflage). Norderstedt: Books on Demand GmbH.

Rheinberg, F. (2006). *Motivation* (6., überarbeitete und erweiterte Auflage). Stuttgart: Kohlhammer.

Rheinberg, F. & Vollmeyer, R. (2019). *Motivation* (9., erweiterte und überarbeitete Auflage). Stuttgart: Kohlhammer.

Rost, D. H. & Spada, H. (1982). Probabilistische Testtheorie. In K.-J. Klauer (Hrsg.), *Handbuch der pädagogischen Diagnostik* (1. Auflage, Bd. 1, S. 59–97). Düsseldorf: Schwann.

Rost, J. (2004). *Testtheorie-Testkonstruktion* (2. überarbeitete und erweiterte Auflage). Bern: Hans Huber.

Rubin, D. (1976). Inference and Missing Data. *Biometrika, 63*(3), 581–592.

Rütten, C. (2016). *Sichtweisen von Grundschulkindern auf negative Zahlen. Metaphernanalytisch orientierte Erkundungen im Rahmen didaktischer Rekonstruktion.* Wiesbaden: Springer Spektrum.

Santagata, R. & Yeh, C. (2014). Learning to teach mathematics and to analyze teaching effectiveness: evidence from a video- and practice-based approach. *Journal of Mathematics Teacher Education, 17*, 491–514.

Santagata, R., Zannoni, C. & Stigler, J. W. (2007). The role of lesson analysis in preservice teacher education: an empirical investigation of teacher learning from a virtual video-based field experience. *Journal of Mathematics Teacher Education, 10,* 123–140.

Scheid, H. & Schwarz, W. (2016). *Elemente der Arithmetik und Algebra* (6. Auflage). Berlin, Heidelberg: Springer Spektrum.

Scherer, P. & Moser Opitz, E. (2010). *Fördern im Mathematikunterricht der Primarstufe.* Heidelberg: Spektrum Akademischer Verlag.

Schermelleh-Engel, K. & Werner, C. S. (2012). Methoden der Reliabilitätsbestimmung. In H. Moosbrugger & A. Kelava (Hrsg.), *Testtheorie und Fragebogenkonstruktion* (2., aktualisierte und überarbeitete Auflage, S. 119–142). Berlin, Heidelberg: Springer-Verlag.

Schiefele, U. (2009). Motivation. In E. Wild & J. Möller (Hrsg.), *Pädagogische Psychologie* (S. 151–177). Heidelberg: Springer Medizin Verlag.

Schiefele, U. & Schaffner, E. (2015). Motivation. In E. Wild & J. Möller (Hrsg.), *Pädagogische Psychologie* (2. vollständig überarbeitete und aktualisierte Auflage, S. 153–175). Berlin, Heidelberg: Springer-Verlag.

Schindler, M. (2014). *Auf dem Weg zum Begriff der negativen Zahl. Empirische Studie zur Ordnungsrelation für ganze Zahlen aus inferentieller Perspektive.* Wiesbaden: Springer Fachmedien.

Schipper, W. (2009). *Handbuch für den Mathematikunterricht an Grundschulen.* Braunschweig: Schroedel.

Schlaak, G. (1974). *Fehler im Rechenunterricht* (3. Auflage). Hannover: Hermann Schroedel.

Schmider, E., Ziegler, M., Danay, E., Beyer, L. & Bühner, M. (2010). Is It Really Robust? Reinvestigating the Robustness of ANOVA Against Violations of the Normal Distribution Assumption. *Methodoloy, 6*(4), 147–151.

Schmitt, N. (1996). Uses and Abuses of Coefficient Alpha. *Psychological Assessment, 8*(4), 350–353.

Schmitz, G. S. (2000). *Zur Struktur und Dynamik der Selbstwirksamkeitserwartung von Lehrern. Ein protektiver Faktor gegen Belastung und Burnout?* Dissertation. Zugriff am 03.09.2019. Verfügbar unter https://refubium.fu-berlin.de/handle/fub188/12208

Schmitz, G. S. & Schwarzer, R. (2000). Selbstwirksamkeitserwartung von Lehrern: Längsschnittbefunde mit einem neuen Instrument. *Zeitschrift für Pädagogische Psychologie, 14*(1), 12–25.

Schmitz, G. S. & Schwarzer, R. (2002). Individuelle und kollektive Selbstwirksamkeitserwartung von Lehrern. In M. Jerusalem & D. Hopf (Hrsg.), *Selbstwirksamkeit und Motivationsprozesse in Bildungsinstitutionen* (S. 192–214). Zeitschrift für Pädagogik, 44. Beiheft. Weinheim und Basel: Beltz Verlag.

Schneider, J. (2016). *Lehramtsstudierende analysieren Praxis. Ein Vergleich der Effekte unterschiedlicher fallbasierter Lehr-Lern-Arrangements.* Zugriff am 10.04.2019. Verfügbar unter https://publikationen.uni-tuebingen.de/xmlui/handle/10900/71843

Schoreit, E. (2016). *Kompetent und trotzdem ängstlich? Profile über Kompetenzwahrnehmungen und Prüfungsängstlichkeit in der Grundschule und die Vorhersagbarkeit der Prüfungsängstlichkeit aufgrund elterlicher Merkmale.* Kassel: kassel university press GmbH.

Schott, F. & Azizi Ghanbari, S. (2012). *Bildungsstandards, Kompetenzdiagnostik und kompetenzorientierter Unterricht zur Qualitätssicherung des Bildungswesens eine problemorientierte Einführung in die theoretischen Grundlagen*. Münster [u. a.]: Waxmann.

Schoy-Lutz, M. (2005). *Fehlerkultur im Mathematikunterricht. Theoretische Grundlegung und evaluierte unterrichtspraktische Erprobung anhand der Unterrichtseinheit „Einführung in die Satzgruppe des Pythagoras“*. Hildesheim: Franzbecker.

Schrader, F.-W. (1989). *Diagnostische Kompetenzen von Lehrern und ihre Bedeutung für die Gestaltung und Effektivität des Unterrichts*. Frankfurt am Main: Peter Lang.

Schrader, F.-W. (2006). Diagnostische Kompetenz von Eltern und Lehrern (3.). In : D.H. Rost (Hrsg.), Handwörterbuch Pädagogische Psychologie (S. 91–96). Weinheim: Beltz.

Schrader, F.-W. (2008). Diagnoseleistungen und diagnostische Kompetenzen von Lehrkräften. In W. Schneider & M. Hasselhorn (Hrsg.), *Handbuch der Pädagogischen Psychologie* (S. 168–177). Göttingen: Hogrefe.

Schrader, F.-W. (2009). Anmerkungen zum Themenschwerpunkt Diagnostische Kompetenz von Lehrkräften. *Zeitschrift für Pädagogische Psychologie, 23*(34), 237–245.

Schrader, F.-W. (2011). Lehrer als Diagnostiker. In E. Terhart, H. Bennewitz & M. Rothland (Hrsg.), *Handbuch der Forschung zum Lehrerberuf* (1. Auflage, S. 683–698). Münster: Waxmann.

Schrader, F.-W. (2013). Diagnostische Kompetenz von Lehrpersonen. *Beiträge zur Lehrerbildung, 31*(2), 154–165.

Schrader, F.-W. (2014). Lehrer als Diagnostiker. In E. Terhart, H. Bennewitz & M. Rothland (Hrsg.), *Handbuch der Forschung zum Lehrerberuf* (2. überarbeitete und erweiterte Auflage, S. 865–882). Münster: Waxmann.

Schrader, F.-W. (2017). Diagnostische Kompetenz von Lehrkräften – Anmerkungen zur Weiterentwicklung des Konstrukts. In A. Südkamp & A.-K. Praetorius (Hrsg.), *Diagnostische Kompetenz von Lehrkräften. Theoretische und methodische Weiterentwicklungen* (S. 247–255). Münster: Waxmann.

Schrader, F.-W. & Helmke, A. (1987). Diagnostische Kompetenz von Lehrern. Komponenten und Wirkungen. *Empirische Pädagogik, 1*(1), 27–52.

Schrader, F.-W. & Helmke, A. (2014). Alltägliche Leistungsbeurteilung durch Lehrer. In F. E. Weinert (Hrsg.), *Leistungsmessungen in Schulen* (3. Auflage, S. 45–58). Weinheim: Beltz.

Schrader, F.-W., Helmke, A., Hosenfeld, I., Halt, A. C. & Hochweber, J. (2006). Kompetenzen der Diagnosegenauigkeit von Lehrkräften. Ergebnisse aus Vergleichsarbeiten in der Grundschule. In F. Eder, A. Gastager & F. Hofmann (Hrsg.), *Qualität durch Standards? Beiträge zum Schwerpunktthema der 67. Tagung der AEPF* (S. 265–278). Münster: Waxmann.

Schubarth, W. (2017). Lehrerbildung in Deutschland – sieben Thesen zur Diskussion. In W. Schubarth, S. Mauermeister & A. Seidel (Hrsg.), *Studium nach Bologna. Befunde und Positionen* (S. 127–136). Potsdam: Universitätsverlag Potsdam.

Schulte, K. (2008). *Selbstwirksamkeitserwartungen in der Lehrerbildung – Zur Struktur und dem Zusammenhang von Lehrer- Selbstwirksamkeitserwartungen, Pädagogischem Professionswissen und Persönlichkeitseigenschaften bei Lehramtsstudierenden und Lehrkräften*. Zugriff am 23.09.2018. Verfügbar unter http://ediss.uni-goettingen.de/bit stream/handle/11858/00-1735-0000-0006-AD1A-3/schulte.pdf?sequence=1

Schumacher, R. (2008). Der produktive Umgang mit Fehlern. Fehler als Lerngelegenheit und Orientierungshilfe. In R. Caspary (Hrsg.), *Nur wer Fehler macht, kommt weiter. Wege zu einer neuen Lernkultur* (S. 49–72). Freiburg im Breisgau: Herder.

Schunk, D., Pintrich, P. & Meece, J. (2010). *Motivation in Education. Theory, Research, and Applications* (3. Auflage). Upper Saddle River, New Jersey: Pearson Education.

Schupp, H. (2011). Variation von Aufgaben. In W. Blum, C. Drüke-Noe, R. Hartung & O. Köller (Hrsg.), *Bildungsstandards Mathematik: konkret. Sekundarstufe I: Aufgabenbeispiele, Unterrichtsanregungen, Fortbildungsideen* (5. Auflage, S. 152–161). Berlin: Cornelsen-Verl. Scriptor.

Schüssler, R. & Keuffer, J. (2012). „Mehr ist nicht genug (…)!" Praxiskonzepte von Lehramtsstudierenden – Ergebnisse einer qualitativen Untersuchung. In W. Schubarth, K. Speck, A. Seidel, C. Gottmann, C. Kamm & M. Krohn (Hrsg.), *Studium nach Bologna: Praxisbezüge stärken? Praktika als Brücke zwischen Hochschule und Arbeitsmarkt* (S. 185–195). Wiesbaden: Springer Fachmedien.

Schütze, B., Souvignier, E. & Hasselhorn, M. (2018). Stichwort – Formatives Assessment. *Zeitschrift für Erziehungswissenschaft, 21*(4), 697–715.

Schwartze, H. (1980). *Elementarmathematik aus didaktischer Sicht. Band 1: Arithmetik und Algebra*. Bochum: Kamp.

Schwarzer, R. & Jerusalem, M. (2002). Das Konzept der Selbstwirksamkeit. In M. Jerusalem & D. Hopf (Hrsg.), *Selbstwirksamkeit und Motivationsprozesse in Bildungsinstitutionen* (S. 28–53). Zeitschrift für Pädagogik, 44. Beiheft. Weinheim und Basel: Beltz Verlag.

Schwarzer, R. & Schmitz, G. S. (1999). Skala zur Lehrer-Selbstwirksamkeitserwartung. In R. Schwarzer & M. Jerusalem (Hrsg.), *Skalen zur Erfassung von Lehrer- und Schülermerkmalen. Dokumentation der psychometrischen Verfahren im Rahmen der Wissenschaftlichen Begleitung des Modellversuchs Selbstwirksame Schulen* (S. 60–61). Berlin.

Schwarzer, R. & Warner, L. M. (2014). Forschung zur Selbstwirksamkeit bei Lehrerinnen und Lehrern. In E. Terhart, H. Bennewitz & M. Rothland (Hrsg.), *Handbuch der Forschung zum Lehrerberuf* (2. überarbeitete und erweiterte Auflage, S. 662–678). Münster: Waxmann.

Seifried, J., Türling, J. M. & Wuttke, E. (2010). Professionelles Lehrerhandeln – Schülerfehler erkennen und für Lernprozesse nutzen. In J. Warwas & D. Sembill (Hrsg.), *Schule zwischen Effizienzkriterien und Sinnfragen* (S. 137–156). Baltmannsweiler: Schneider-Verlag Hohengehren.

Seifried, J. & Wuttke, E. (2010a). „Professionelle Fehlerkompetenz". Operationalisierung einer vernachlässigten Kompetenzfacette von (angehenden) Lehrkräften. *Wirtschaftspsychologie, 12*(4), 17–28.

Seifried, J. & Wuttke, E. (2010b). Student errors: how teachers diagnose and respond to them. *Empirial Research in Vocational Education and Training, 2*(2), 147–162.

Seifried, J., Wuttke, E. & Türling, J. M. (2012a). Professioneller Umgang mit Fehlern im Unterricht. Teil 1: Theoretische Grundlagen. *Erziehungswissenschaft und Beruf, 3,* 339–346.

Seifried, J., Wuttke, E. & Türling, J. M. (2012b). Professioneller Umgang mit Fehlern im Unterricht. Teil 2: Empirische Befunde. *Erziehungswissenschaft und Beruf, 4,* 482–493.

Selter, C. (1990). Klinische Interviews in der Lehrerausbildung. *Beiträge zum Mathematikunterricht*, 261–264.

Selter, C., Hußmann, S., Hößle, C., Knipping, C., Lengnink, K. & Michaelis, J. (2017). Konzeption des Entwicklungsverbundes ‚Diagnose und Förderung heterogener Lerngruppen'. In C. Selter, S. Hußmann, C. Hößle, C. Knipping, K. Lengnink & J. Michaelis (Hrsg.), *Diagnose und Förderung heterogener Lerngruppen. Theorien, Konzepte und Beispiele aus der MINT-Lehrerbildung* (S. 11–18). Münster: Waxmann.

Selter, C. & Spiegel, H. (1997). *Wie Kinder rechnen* (1. Auflage). Leipzig [u. a.]: Klett-Grundschulverlag.

Selting, M., Auer, P., Barth-Weingarten, D., Bergmann, J., Bergmann, P., Birkner, K. et al. (2009). Gesprächsanalytisches Transkriptionssystem 2 (GAT 2). *Gesprächsforschung-Online-Zeitschrift zur verbalen Interaktion, 10*, 353–402. Zugriff am 05.07.2019. Verfügbar unter http://www.gespraechsforschung-online.de/fileadmin/dateien/heft2009/px-gat2.pdf

Shapiro, S. S. & Wilk, M. B. (1965). An analysis of variance test for normality (complete samples). *Biometrika, 52*(3-4), 591–611.

Shavelson, R. J. (2010). On the measurment of competency. *Empirial research in vocational education and training, 2*(1), 41–63.

Shavelson, R. J., Hubner, J. J. & Stanton, G. C. (1976). Self-Concept. Validation of Construct Interpretations. *Review of Educational Research, 46*(3), 407–441.

Shavelson, R. J., Young, D. B., Ayala, C., Brandon, P. R., Furtak, E. M. & Ruiz-Primo, M. A. (2008). On the Impact of Curriculum-Embedded Formative Assessment on Learning: A Collaboration between Curriculum and Assessment Developers. *Applied Measurment in Education, 21*, 295–314.

Sherin, M., Linsenmeier, K. A. & Es, v. E. A. (2009). Selecting Video Clips to Promote Mathematics Teachers' Discussion of Student Thinking. *Journal of Teacher Education, 60*(3), 213–230.

Shulman, L. S. (1986). Those who understand: knowledge growth in teaching. *Educational Researcher, 15*(2), 4–14.

Shulman, L. S. (1987). Knowldege and teaching: foundations of the new reform. *Harward Educational Review, 57*, 1–22.

Siemes, A. (2012). Diagnosetheorien. In S. Kliemann (Hrsg.), *Diagnostizieren und Fördern in der Sekundarstufe I. Schülerkompetenzen erkennen, unterstützen und ausbauen* (5. Auflage, S. 12–22). Berlin: Cornelsen-Verlag Scriptor.

Spinath, B. (2005). Akkuratheit der Einschätzung von Schülermerkmalen durch Lehrer und das Konstrukt der diagnostischen Kompetenz. *Zeitschrift für Pädagogische Psychologie, 19*(1/2), 85–95.

Sprenger, M., Wartha, S. & Lipowsky, F. (2015). *Skalenhandbuch der Fortbildungsstudie QUASUM – Wirkungen einer Qualifizierungsmaßnahme zum Thema Rechenstörungen auf das diagnostische Wissen und die Selbstwirksamkeitserwartungen von Mathematiklehrpersonen*. Pädagogische Hochschule Karlsruhe.

Spychiger, M. (2008). Ein offenes Spiel. Lernen aus Fehlern und Entwicklung von Fehlerkultur. In R. Caspary (Hrsg.), *Nur wer Fehler macht, kommt weiter. Wege zu einer neuen Lernkultur* (S. 25–48). Freiburg im Breisgau: Herder.

Spychiger, M., Kuster, R. & Oser, F. (2006). Dimensionen von Fehlerkultur in der Schule und deren Messung. Der Schülerfragebogen zur Fehlerkultur im Unterricht für Mittel- und Oberstufe. *Schweizerische Zeitschrift für Bildungswissenschaften, 28*(1), 87–110.

Star, J. R. & Strickland, S. K. (2008). Learning to observe: using video to improve preservice mathematics teachers' ability to notice. *Journal of Mathematics Teacher Education, 11*, 107–125.

Steffensky, M. & Kleinknecht, M. (2016). Wirkungen videobasierter Lernumgebungen auf die professionelle Kompetenz und das Handeln (angehender) Lehrpersonen. Ein Überblick zu Ergebnissen aus aktuellen (quasi-)experimentellen Studien. *Unterrichtswissenschaft – Zeitschrift für Lernforschung, 44*(4), 305–321.

Steinskog, D. J., Tjøstheim, D. B. & Kvamstø, N. G. (2007). A Cautionary Note on the Use of the Kolmogorov-Smirnov Test for Normality. *Monthly Weather Review, 135*(3), 1151–1157.

Strehl, R. (1979). *Grundprobleme des Sachrechnens.* Breisgau: Herder.

Südkamp, A., Kaiser, J. & Möller, J. (2012). Accuracy of Teachers' Judgments of Students'Academic Achievement: A Meta-Analysis. *Journal of Educational Psychology, 104*(3), 743–762.

Südkamp, A., Möller, J. & Pohlmann, B. (2008). Der Simulierte Klassenraum. *Zeitschrift für Pädagogische Psychologie, 22*(3-4), 261–276.

Südkamp, A. & Praetorius, A.-K. (2017). Editorial. In A. Südkamp & A.-K. Praetorius (Hrsg.), *Diagnostische Kompetenz von Lehrkräften. Theoretische und methodische Weiterentwicklungen* (S. 11–12). Münster: Waxmann.

Swan, M. (2001). Dealing with misconceptions in mathematics. In P. Gates (Ed.), *Issues in Mathematics Teaching* (pp. 147–165). London: RoutledgeFalmer.

Tabachnik, B. G. & Fidell, L. S. (2014). *Using Multivariate Statistics* (6. Auflage). New York: Pearson Education Limited.

Talsma, K., Schütz, B., Schwarzer, R. & Norris, K. (2018). I believe, therefore I achieve (and vice versa): A meta-analytic cross-lagged panel analysis of self-efficacy and academic performance. *Learning and Individual Differences, 61*, 136–150.

Tatsuoka, K. K. (1983). Rule Space. An Approach for Dealing with Misconceptions Based on Item Response Theory. *Journal of Educational Measurement, 20*(4), 345–354.

Tenorth, H.-E. & Tippelt, R. (Hrsg.). (2007). *Beltz Lexikon Pädagogik* (1. Auflage). Weinheim: Beltz.

Terhart, E. (2011). Lehrerberuf und Professionalität. Gewandeltes Begriffsverständnis – neue Herausforderungen. In W. Helsper & R. Tippelt (Hrsg.), *Pädagogische Professionalität* (S. 202–224). Weinheim [u. a.]: Beltz.

Thomaidis, Y. & Tzanakis, C. (2007). The notion of historical "parallelism" revisted. Historical evolution and students' conception of the order relation on the number line. *Educational Studies in Mathematics, 66*(2), 165–183.

Thomas, G. & Tagg, A. (2005). *Numeracy Development Project Longitudinal Study. Patterns of Achievement.* In: Findings from the New Zealand Numeracy Development Projects 2005.

Thomas, G., Tagg, A. & Ward, J. (2005). *Numeracy Assessment. How Reliable are Teachers' Judgments?* In: Findings from the New Zealand Numeracy Development Projects 2005.

Tietze, U.-P. (1988). Schülerfehler und Lernschwierigkeiten in Algebra und Arithmetik — Theoriebildung und empirische Ergebnisse aus einer Untersuchung. *Journal für Mathematik-Didaktik*, *9*(2-3), 163–204.

Timperley, H., Wilson, A., Barrar, H. & Fung, I. (2007). *Teacher Professional Learning and Development. Best Evidence Synthesis Iteration [BES]*. Wellington, New Zealand: Ministry of Education.

Tschannen-Moran, M., Woolfolk Hoy, A. & Hoy, W. (1998). Teacher Efficacy. Its Meaning and Measure. *Review of Educational Research*, *68*(2), 202–248.

Türling, J. M. (2014). *Die professionelle Fehlerkompetenz von (angehenden) Lehrkräften. Eine empirische Untersuchung im Rechnungswesenunterricht*. Wiesbaden: Springer VS.

Ulovec, A. (2007). Wenn sich Vorstellungen wandeln. Ebenen der Zahlbereichserweiterungen. *mathematik lehren*, (142), 14–17.

Universität Kassel-PRONET.. *Projektbeschreibung PRONET*. Zugriff am 19.11.2018. Verfügbar unter https://www.uni-kassel.de/themen/pronet/projektbeschreibung.html

Urhahne, D., Zhou, J., Stobbe, M., Chao, S.-H., Zhu, M. & Shi, J. (2010). Motivationale und affektive Merkmale unterschätzter Schüler. Ein Beitrag zur diagnostischen Kompetenz von Lehrkräften. *Zeitschrift für Pädagogische Psychologie*, *24*(3-4), 275–288.

Valentine, J. C., DuBois, D. L. & Cooper, H. (2004). The Relation Between Self-Beliefs and Academic Achievement. A Meta-Analytic Review. *Educational Psychologist*, *39*(2), 111–133.

Vergnaud, G. (1982). A Classification of Cognitive Tasks and Operations of Thought Involved in Addition and Subtraction Problems. In T. P. Carpenter, J. Moser & T. A. Romberg (Hrsg.), *Addition and Subtraction. A Cognitive Perspective* (S. 39–59). Hillsdale, NJ: Lawrence Erlbaum Associates.

Verordnung zur Gestaltung des Schulverhältnisses. Zugriff am 18.08.2019. Verfügbar unter http://lvl-hessen.de/file/verordnung_gestaltung_schulverhaeltnisses.pdf

Vlassis, J. (2008). The Role of Mathematical Symbols in the Development of Number Conceptualization. The Case of the Minus Sign. *Philosophical Psychology*, *21*(4), 555–570.

Vollmeyer, R. (2009). Motivationspsychologie des Lernens. In V. Brandstätter & J. H. Otto (Hrsg.), *Handbuch der Allgemeinen Psychologie – Motivation und Emotion* (S. 335–346). Göttingen [u. a.]: Hogrefe Verlag.

Vom Hofe, R. (1995). *Grundvorstellungen mathematischer Inhalte*. Heidelberg [u. a.]: Spektrum Akademischer Verlag.

Vom Hofe, R. (1996). Grundvorstellungen – Basis für inhaltliches Denken. *mathematik lehren*, (78), 4–8.

Vom Hofe, R. (2003). Grundbildung durch Grundvorstellungen. *mathematik lehren*, (118), 4–8.

Vom Hofe, R. (2007). Varianten im Unterrichtsgang. Von den natürlichen zu den rationalen Zahlen. *mathematik lehren*, (142), 12–13.

Vom Hofe, R. (2014). Primäre und sekundäre Grundvorstellungen. In J. Roth (ed.), *Beiträge zum Mathematikunterricht 2014* (S. 1267–1270). Münster: WTM – Verl. für Wiss. Texte und Medien.

Vom Hofe, R. & Blum, W. (2016). "Grundvorstellungen" as a Category of Subject-Matter Didactics. *Journal für Mathematik-Didaktik*, *37*(1), 225–254.

Vom Hofe, R. & Hattermann, M. (2014). Zugänge zu negativen Zahlen. *mathematik lehren*, (183), 2–7.

Von Aufschnaiter, C., Cappell, J., Dübbelde, G., Ennemoser, M., Mayer, J., Stiensmeier-Pelsterm J. et al. (2015). Diagnostische Kompetenz. Theoretische Überlegungen zu einem zentralen Konstrukt der Lehrerbildung. *Zeitschrift für Pädagogik, 5*, 738–758.

Von Aufschnaiter, C., Selter, C. & Michaelis, J. (2017). Nutzung von Videovignetten zur Entwicklung von Diagnose- und Förderkompetenzen – Konzeptionelle Überlegungen und Beispiele aus der MINT-Lehrerbildung. In C. Selter, S. Hußmann, C. Hößle, C. Knipping, K. Lengnink & J. Michaelis (Hrsg.), *Diagnose und Förderung heterogener Lerngruppen. Theorien, Konzepte und Beispiele aus der MINT-Lehrerbildung* (S. 85–105). Münster: Waxmann.

Voss, T., Kleickmann, T., Kunter, M. & Hachfeld, A. (2011). Überzeugungen von Mathematiklehrkräften. In M. Kunter, J. Baumert, W. Blum, U. Klusmann, S. Krauss & M. Neubrand (Hrsg.), *Professionelle Kompetenz von Lehrkräften. Ergebnisse des Forschungsprogramms COACTIV* (S. 235–257). Münster: Waxmann.

Voßmeier, J. (2012). *Schriftliche Standortbestimmungen im Arithmetikunterricht. Eine Untersuchung am Beispiel inhaltsbezogener Kompetenzen.* Wiesbaden: Springer Fachmedien.

Wagemann, E. B. (1983). Kritische Anmerkungen über MEISSNERs Analyse zur Prozentrechnung. *Journal für Mathematik Didaktik, 4*(2), 99–112.

Wahl, D., Weinert, F. E. & Huber, G. L. (1997). *Psychologie für die Schulpraxis. Ein handlungsorientiertes Lehrbuch für Lehrer* (6. Auflage). München: Kösel-Verlag.

Walter, O. & Rost, J. (2011). Psychometrische Grundlagen von Large Scale Assessments. In L. F. Hornke, M. Amelang & M. Kersting (Hrsg.), *Methoden der psychologischen Diagnostik* (S. 88–149). Göttingen [u. a.]: Hogrefe Verlag.

Walz, M. & Roth, J. (2019). Interventionen in Schülergruppenarbeitsprozesse und Reflexion von Studierenden – Einfluss diagnostischer Fähigkeiten. In *Beiträge zum Mathematikunterricht 2019* .

Wartha, S. (2009). Wenn Übersetzen das Problem ist. Hintergründe zum Diagnostizieren und Bearbeiten semantischer Fehler am Beispiel Bruchrechnung. *Praxis der Mathematik in der Schule, 51*(27), 9–13.

Wartha, S., Rottmann, T. & Schipper, W. (2008). Wenn Üben einfach nicht hilft. Prozessorientierte Diagnostik verschleppter Probleme aus der Grundschule. *mathematik lehren*, (150), 20–25.

Weimer, H. (1925). *Psychologie der Fehler.* Leipzig: Julius Klinkhardt.

Weinert, F. E. (2000). Lehren und Lernen für die Zukunft – Ansprüche an das Lernen in der Schule. *Pädagogische Nachrichten Rheinland Pfalz, 2*, 1–18.

Weinert, F. E. (2001). Concept of competence. A conceptual clarification. In D. S. Rychen & L. H. Salganik (Hrsg.), *Defining and selecting key competencies* (S. 45–65). Seattle: Hogrefe & Huber.

Weinert, F. E. (2014). Vergleichende Leistungsmessung in Schulen – eine umstrittene Selbstverständlichkeit. In F. E. Weinert (Hrsg.), *Leistungsmessungen in Schulen* (3. Auflage, S. 17–32). Weinheim: Beltz.

Weingardt, M. (2004). *Fehler zeichnen uns aus. Transdisziplinäre Grundlagen zur Theorie und Produktivität des Fehlers in Schule und Arbeitswelt.* Bad Heilbrunn: Klinkhardt.

Weinsheimer, J. B. (2016). *Diagnostische Fähigkeiten von Mathematiklehrkräften bei der Begleitung von Lernprozessen im arithmetischen Anfangsunterricht. Theoretische Konzeptualisierung, empirische Erfassung und Analyse* (1. Auflage). Hildesheim: Franzbecker.

Welzel, M. & Stadler, H. (Hrsg.). (2005). „*Nimm doch mal die Kamera!“ Zur Nutzung von Videos in der Lehrerbildung – Beispiele und Empfehlungen aus den Naturwissenschaften.* Münster [u. a.]: Waxmann.

Wessolowski, S. (2012). Grenzen standardisierter Tests und Stärken informeller Testverfahren im Hinblick auf eine gezielte Förderung. In Landesinstitut für Schulentwicklung (Hrsg.), *Förderung gestalten: Kinder und Jugendliche mit besonderem Förderbedarf und Behinderungen. Modul B – Besondere Schwierigkeiten in Mathematik* (S. 58–66). Landesinstitut für Schulentwicklung.

Wetzel, E. & Carstensen, C. H. (2014). Reversed Thresholds in Partial Credit Models. A Reason for Collapsing Categories? *Assessment, 21*(6), 765–774.

Widjaja, W., Stacey, K. & Steinle, V. (2011). Locating Negative Decimals in the Number Line. Insights into the Thinking of Pre-Service Primary Teachers. *Journal of Mathematical Behavior, 30*, 80–91.

Wiliam, D. & Thompson, M. (2008). Integrating assessment with learning. What will it take to make it work? In C. A. Dwyer (Hrsg.), *The future of assessment. Shaping teaching and learning* (S. 53–82). New York: Lawrence Erlbaum.

Winter, K. & Wittmann, G. (2009). Wo liegt der Fehler? Schülerinnen und Schüler analysieren fehlerhafte Lösungswege beim Rechnen mit Brüchen und Dezimalzahlen. *Praxis der Mathematik in der Schule, 51*(27), 15–21.

Wischer, B. & Trautmann, M. (2014). Individualisierung – Standardisierung. *Die deutsche Schule, 106*(2), 105–118.

Wittmann, E. C. (1982). *Mathematisches Denken bei Vor- und Grundschulkindern. Eine Einführung in psychologisch-didaktische Experimente.* Braunschweig: Vieweg.

Wittmann, G. (2007). Von Fehleranalysen zur Fehlerkultur. In *Beiträge zum Mathematikunterricht 2007* (S. 175–178). Hildesheim [u. a.]: Franzbecker.

Wollring, B., Peter-Koop, A. & Grüßing, M. (2013). Das ElementarMathematische BasisInterview. In M. Hasselhorn, A. Heinze, W. Schneider & U. Trautwein (Hrsg.), *Diagnostik mathematischer Kompetenzen* (S. 81–96). Test und Trends, N. F. Band 11. Göttingen [u. a.]: Hogrefe Verlag.

Wong, B. (1997). Clearing Hurdles in Teacher Adoption and Sustained Use of Research-Based Instruction. *Journal of Learning Disabilities, 30*(5), 482–485.

Wu, M. L., Adams, R., Wilson, M. & Haldane, S. (2007). *ACER ConQuest. Version 2.0.* Australian Counsil for Educational Research Ltd: ACER Press.

Ziegler, G. M., Weigand, H.-G. & Campo, a. A. (2008). *Standards für die Lehrerbildung im Fach Mathematik. Empfehlungen der DMV,GDM, MNU.* Zugriff am 03.09.2019. Verfügbar unter http://www.mnu.de/images/PDF/fachbereiche/mathematik/stellungnahme2008.pdf

Zöfel, P. (2003). *Statistik für Psychologen im Klartext.* München: Pearson Studium.

Printed in the United States
by Baker & Taylor Publisher Services